面 向 21 世 纪 课 程 教 材
21世纪高等学校机械设计制造及其自动化专业系列教材

液压传动与气压传动（第四版）

主　编　杨曙东　刘银水　唐群国
副主编　杨　钢　唐晓群　李晓晖　陈清奎
主　审　王明智

华中科技大学出版社
中国·武汉

内 容 简 介

　　本书是根据教育部机电类专业本科教育人才培养目标和培养方案,以及课程教学大纲的要求而编写的,内容包括:液压流体力学基础,液压元件(泵、马达、缸、开关控制阀、比例阀、逻辑阀、数字阀、伺服阀和辅助元件)的结构原理,液压基本回路,典型液压系统,液压系统的设计计算;气压传动基础知识,气动元件的结构原理,气动基本回路和气动系统设计等。

　　本书适合作为高等院校机械类、自动化类、动力工程类等各专业教材,也可供从事机电、液压气压传动与控制技术的工程技术人员参考。

图书在版编目(CIP)数据

　液压传动与气压传动/杨曙东,刘银水,唐群国主编. —4版. —武汉:华中科技大学出版社,2019.12
(2024.1重印)
　21世纪高等学校机械设计制造及其自动化专业系列教材
　ISBN 978-7-5680-5818-6

　Ⅰ.①液…　Ⅱ.①杨…　②刘…　③唐…　Ⅲ.①液压传动-高等学校-教材　②气压传动-高等学校-教材
Ⅳ.①TH13

　　　　　　　中国版本图书馆 CIP 数据核字(2019)第 233192 号

液压传动与气压传动(第四版)　　　　　　　　　　　杨曙东　　刘银水　　唐群国　　主编
Yeya Chuandong yu Qiya Chuandong(Di-si Ban)

策划编辑:万亚军
责任编辑:姚同梅
封面设计:原色设计
责任监印:周治超
出版发行:华中科技大学出版社(中国·武汉)　　　　　电话:(027)81321913
　　　　　武汉市东湖新技术开发区华工科技园　　　　　邮编:430223
录　　排:武汉三月禾文化传播有限公司
印　　刷:武汉开心印印刷有限公司
开　　本:787mm×1092mm　1/16
印　　张:22
字　　数:560千字
版　　次:2024年1月第4版第4次印刷
定　　价:59.80元

21 世纪高等学校
机械设计制造及其自动化专业系列教材
编审委员会

顾问： 姚福生　　　　黄文虎　　　　张启先
　　　　（工程院院士）　　（工程院院士）　　（工程院院士）

　　　　谢友柏　　　　宋玉泉　　　　艾　兴
　　　　（工程院院士）　　（科学院院士）　　（工程院院士）

　　　　熊有伦
　　　　（科学院院士）

主任： 杨叔子　　　　周　济　　　　李培根
　　　　（科学院院士）　　（工程院院士）　　（工程院院士）

委员： （按姓氏笔画顺序排列）

于骏一　王安麟　王连弟　王明智　毛志远

左武炘　卢文祥　朱承高　师汉民　刘太林

杜彦良　李　斌　杨家军　吴　波　吴昌林

吴宗泽　何玉林　何岭松　陈　明　陈心昭

陈定方　陈康宁　张　策　张春林　张健民

张福润　冷增祥　范华汉　周祖德　洪迈生

姜　楷　殷国富　宾鸿赞　黄纯颖　童秉枢

傅水根　傅祥志　廖效果　黎秋萍　戴　同

秘书： 徐正达　万亚军

21世纪高等学校
机械设计制造及其自动化专业系列教材

总 序

"中心藏之,何日忘之",在新中国成立 60 周年之际,时隔"21 世纪高等学校机械设计制造及其自动化专业系列教材"出版 9 年之后,再次为此系列教材写序时,《诗经》中的这两句诗又一次涌上心头,衷心感谢作者们的辛勤写作,感谢多年来读者对这套系列教材的支持与信任,感谢为这套系列教材出版与完善作过努力的所有朋友们。

追思世纪交替之际,华中科技大学出版社在众多院士和专家的支持与指导下,根据 1998 年教育部颁布的新的普通高等学校专业目录,紧密结合"机械类专业人才培养方案体系改革的研究与实践"和"工程制图与机械基础系列课程教学内容和课程体系改革研究与实践"两个重大教学改革成果,约请全国 20 多所院校数十位长期从事教学和教学改革工作的教师,经多年辛勤劳动编写了"21 世纪高等学校机械设计制造及其自动化专业系列教材"。这套系列教材共出版了20 多本,涵盖了"机械设计制造及其自动化"专业的所有主要专业基础课程和部分专业方向选修课程,是一套改革力度比较大的教材,集中反映了华中科技大学和国内众多兄弟院校在改革机械工程类人才培养模式和课程内容体系方面所取得的成果。

这套系列教材出版发行 9 年来,已被全国数百所院校采用,受到了教师和学生的广泛欢迎。目前,已有 13 本列入普通高等教育"十一五"国家级规划教材,多本获国家级、省部级奖励。其中的一些教材(如《机械工程控制基础》《机电传动控制》《机械制造技术基础》等)已成为同类教材的佼佼者。更难得的是,"21 世纪高等学校机械设计制造及其自动化专业系列教材"也已成为一个著名的丛书品牌。9 年前为这套教材作序的时候,我希望这套教材能加强各兄弟院校在教学改革方面的交流与合作,对机械工程类专业人才培养质量的提高起到积极的促进作用,现在看来,这一目标很好地达到了,让人倍感欣慰。

李白讲得十分正确:"人非尧舜,谁能尽善?"我始终认为,金无足赤,人无完人,文无完文,书无完书。尽管这套系列教材取得了可喜的成绩,但毫无疑问,这套书中,某本书中,这样或那样的错误、不妥、疏漏与不足,必然会存在。何况形势总在不断地发展,更需要进一步来完善,与时俱进,奋发前进。较之9年前,机械工程学科有了很大的变化和发展,为了满足当前机械工程类专业人才培养的需要,华中科技大学出版社在教育部高等学校机械类专业教学指导委员会的指导下,对这套系列教材进行了全面修订,并在原基础上进一步拓展,在全国范围内约请了一大批知名专家,力争组织最好的作者队伍,有计划地更新和丰富"21世纪高等学校机械设计制造及其自动化专业系列教材"。此次修订可谓非常必要,十分及时,修订工作也极为认真。

"得时后代超前代,识路前贤励后贤。"这套系列教材能取得今天的成绩,是几代机械工程教育工作者和出版工作者共同努力的结果。我深信,对于这次计划进行修订的教材,编写者一定能在继承已出版教材优点的基础上,结合高等教育的深入推进与本门课程的教学发展形势,广泛听取使用者的意见与建议,将教材凝练为精品;对于这次新拓展的教材,编写者也一定能吸收和发展原教材的优点,结合自身的特色,写成高质量的教材,以适应"提高教育质量"这一要求。是的,我一贯认为我们的事业是集体的,我们深信由前贤、后贤一起一定能将我们的事业推向新的高度!

尽管这套系列教材正开始全面的修订,但真理不会穷尽,认识不是终结,进步没有止境。"嘤其鸣矣,求其友声",我们衷心希望同行专家和读者继续不吝赐教,及时批评指正。

是为之序。

中国科学院院士

2009.9.9

前　言

　　本书是在教育部面向 21 世纪课程教材《液压传动与气压传动》(杨曙东、何存兴主编,华中科技大学出版社出版)基础上,参照教育部高等学校机械类专业教学指导委员会和中国机械工程学会制定的《中国机械工程学科教程》及各高校机械类专业人才培养目标和培养方案及课程教学大纲的要求修改完善的。根据当前各高校"液压与气压传动"课程教学课时要求,全书内容按照 48～60 学时安排(书中带"＊"号的章、节供学生参考,不在课堂上讲授)。

　　本书主要内容包括:液压流体力学基础,液压元件(泵、马达、缸、开关控制阀、比例阀、逻辑阀、数字阀、伺服阀和辅助元件)的结构原理,液压基本回路,典型液压系统,液压系统的设计计算;气压传动基础知识,气动元件的结构原理,气动基本回路和气动系统设计等。本书适用于高等院校机械类、自动化类、动力工程类等各专业,也可供从事机电、液压气压传动与控制技术的工程技术人员参考。

　　在编写过程中,编者力求贯彻少而精和理论联系实际的原则,突出理论知识的应用,加强针对性和实用性,并尽量反映国内外最新成就和发展趋势。在书中介绍液压与气压元件与回路时,插图均力求按照当前颁布的流体传动系统及元件图形符号和回路图标准(GB/T 786.1—2009)绘制。

　　为了方便开展教学,本书还配套建设了相关数字化教学资源。具体使用方法如下:先扫描本书封底二维码,安装 APP,然后打开 APP 扫描书中标有"　"的插图,即可在手机上呈现相关资源。

　　本书由华中科技大学杨曙东、刘银水、唐群国任主编,华中科技大学杨钢、唐晓群,南京工程学院李晓晖和山东建筑大学陈清奎任副主编。具体编写分工如下:杨曙东编写绪论和第 4、7、9、13、14 章及附录,刘银水编写第 1、5、6 章,唐群国编写第 2、3 章,杨钢编写第 15 至 16 章,唐晓群编写第 10、11 章,李晓晖编写第 8、12 章;书中数字化教学资源由陈清奎负责制作。杨曙东对全书进行了统稿。本书由太原科技大学王明智教授任主审。

　　在本书编写、出版过程中,何存兴教授提出了许多有益的建议和意见,本书的出版是对他的缅怀和纪念。

　　由于编者水平有限,书中难免有缺点和错误,敬请广大读者批评指正。联系地址:武汉华中科技大学机械科学与工程学院(邮编 430074)。

编者

2019 年 9 月

目　　录

绪　　论

　　液压传动与气压传动都是以流体为介质,利用各种元件(液压元件或气压元件)组成具有不同控制功能的基本回路,再由若干基本回路组成传动系统来进行能量转换、传递和控制的。为了研究这门学科,必须掌握液压流体力学和气体力学的基础知识,需要熟悉组成系统的各类元件的结构、工作原理、工作性能及由这些元件所组成的各种基本控制回路的性能特点,并在此基础上根据主机负载的需要进行液压与气压传动及控制系统的设计。

　　以液体为工作介质的液压传动具有无级调速和传动平稳的优点,故在磨、插、拉、刨、铣等机床上得到了广泛应用;其因布置方便并易于实现自动化,故在组合机床上用得较广;由于执行元件的输出力(或转矩)较大、操纵方便、布置灵活,且液压元件和电器元件组成的液压传动系统易实现自动化和遥控,在冶金机械、矿山机械、钻探机械、起重运输机械、建筑机械、塑料机械、农业机械、液压机、铸锻机,以及飞机和军舰上的许多控制机构都普遍采用液压传动。但因液压传动的阻力损失较大,故其不宜用于远距离传输。而工作介质为空气的气压传动,因工作压力较低(一般在 1 MPa 以下),且有可压缩性,所以传递动力小,运动不如液压传动平稳;但因空气黏度小,传递过程阻力损失小,速度快,反应灵敏,故气压传动能用于较远距离的传输,特别是在易燃、易爆、多尘埃、强磁、辐射、振动等恶劣环境中,气压传动比液压、电子、电气传动优越。有时为了综合利用液压传动与气压传动的优点,采用气液联合传动来获得成本低廉、性能优越、运动平稳的传动及控制装置。

第 1 章　液压传动概述

1.1　液压传动的定义、工作原理及组成

1.1.1　液压传动的定义

一部完整的机器一般主要由三部分组成:原动机、传动机构和工作机。

原动机包括电动机、内燃机等,用于将各种形态的能量转变为机械能。

工作机即完成该机器工作任务的直接工作部分,如剪床的剪刀,车床的刀架、车刀、卡盘等。

由于原动机的转矩和转速变化范围有限,为了适应工作机的工作力(转矩)和工作速度(转速)变化范围较宽的需求,以及其他操纵性能(如停车、换向等)需求,在原动机和工作机之间设置了传动机构(或称传动装置)。

传动机构通常分为机械传动、电气传动和流体传动机构。

机械传动是通过齿轮、齿条、带、链等部件来传递动力和进行控制。

电气传动是利用电力设备并调节电参数来传递动力和进行控制。

流体传动是以流体为工作介质来进行能量转换、传递和控制,它包括液体传动和气体传动。液体传动是以液体为工作介质的流体传动,又包括液力传动和液压传动。液力传动是主要利用液体动能的液体传动。液压传动是主要利用液体压力能的液体传动。

1.1.2　液压传动装置的工作原理及组成

以图 1-1 所示的液压千斤顶为例,说明液压传动装置的工作原理及其组成。

当手柄 1 带动活塞上提时,泵缸 2 容腔扩大形成真空,排油单向阀 3 关闭,油箱 5 中的液体在大气压力作用下,经管 6、吸油单向阀 4 进入泵缸 2 内;当手柄 1 带动活塞下压时,吸油单向阀 4 关闭,泵缸 2 中的液体推开排油单向阀 3,经管 9、10 进入液压缸 11,迫使活塞克服重物 12 的重力 G 上升而做功;当需液压缸 11 中的活塞停止时,使手柄 1 停止运动,液压缸 11 的液压力使排油单向阀 3 关闭,液压缸 11 中的活塞就自锁不动;工作时截止阀 8 关闭,当需要液压缸 11 中的活塞放下时,打开此阀,液体在重力作用下经此阀排往油箱 5。这就是液压千斤顶的工作原理。它是简单而又较完整的液压传动装置,由以下几个部分组成。

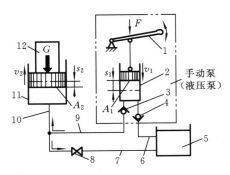

图 1-1　液压千斤顶的工作原理图
1—手柄;2—泵缸;3—排油单向阀;
4—吸油单向阀;5—油箱;6、7、9、10—管;
8—截止阀;11—液压缸;12—重物

(1)液压泵:将机械能转换成液体压力能的元件。泵缸 2、吸油单向阀 4 和排油单向阀 3 组成一

个阀式配流的液压泵。

（2）执行元件：将液体压力能转换为机械能的元件，如液压缸 11（当输出不是直线运动而是旋转运动时，则为液压马达）。

（3）控制元件：通过对液体的压力、流量和方向的控制，来实现对执行元件的运动速度、方向和作用力等的控制，用以实现过载保护、程序控制等。如截止阀 8 即属控制元件。

（4）辅助元件：上述三个组成部分以外的其他元件，如管道、管接头、油箱、过滤器等即为辅助元件。

（5）工作介质：用于在装置中传递能量。

1.2　液压传动的优缺点

1.2.1　液压传动的主要优点

与机械传动、电气传动相比，液压传动主要具有以下优点：

（1）功率密度大，能以较轻的设备重量获得很大的输出力或扭矩。例如，液压缸的力与重量比，比直流电动机约大 100 倍；中等功率液压马达的扭矩与惯量比一般直流电动机大 10～20 倍，功率与重量比一般直流电动机大 8～10 倍。

（2）输出同等功率条件下运动部件惯性小，响应速度快。例如加速一个中等功率的电动机需要 1 s 至几秒，而加速相当功率的液压马达则只需 0.1 s 左右。在大功率（>10 kW）和高响应（>100 Hz）场合，液压驱动是唯一的选择。

（3）由于液体的体积弹性模量很大，液压执行元件具有很大的位置刚度，定位准确，而电动机的位置刚度接近于零。

（4）操纵控制方便，可实现大范围的无级调速（调速范围达 2000∶1），而且低速性能好。例如多作用内曲线马达可在 0.5～1 r/min 的转速下平稳运转，单作用静力平衡马达的最低稳定转速可小于 5 r/min。采用机械传动不能实现无级调速；电气传动虽能无级调速，但调速范围小得多，且低速时不稳定。

（5）液压传动的各种元件，可根据需要方便、灵活地布置。

（6）容易实现过载保护。

（7）工作介质有润滑作用，同时具有较好的热量输送作用，可将系统工作中由于功率损耗而产生的热量从发生的地方带到别处，而在方便的地方通过热交换散热。

（8）容易实现机器的自动化。

（9）在大深度海洋环境使用，其压力补偿容易实现，而电气元件需要注入油介质后再进行压力平衡。

液压传动由于其本身独特的技术优势，在以下设备中得到了广泛应用：工业机械，包括锻压机械、注塑机、挤压机、冶金机械、矿山机械、包装机械、机床、加工中心、机器人、试验机及其他生产设备等；行走机械，包括工程机械、建筑机械、农业机械、汽车及其他可移动设备等；航空及航天设备，包括飞机、宇宙飞船及卫星发射装置等；船舰（艇），包括应用于船舶、舰艇中的甲板机械、操作系统及控制系统等；海洋开发工程设备，包括应用于海洋开发平台的工程设备、海底钻探设备、海洋工作机械、水下作业工具等。

1.2.2 液压传动的主要缺点

液压传动的主要缺点如下：

(1) 由于流体流动的阻力损失和泄漏较大，再加上能量的两次转换，系统效率较低；

(2) 常用工作介质液压油的泄漏，不仅会污染环境场地和产品，而且还可能引起火灾和爆炸事故；

(3) 液体黏度和温度有密切关系，当黏度随温度变化时，将直接影响油液泄漏量、压力损失、通过节流元件的流量及气穴特性等，从而引起执行元件运动特性的变化，因此不宜在很高或很低的温度条件下工作；

(4) 液压元件的制造精度要求较高，因而价格较高；

(5) 由于液体介质的泄漏及可压缩性等因素影响，同机械传动相比，难以得到严格的传动比；

(6) 液压传动的失效模式比较复杂，故障比较难诊断，对使用和维修人员有较高的技术水平要求。

从事液压技术研究的学者、工程师们也已经意识到这些问题，液压技术在汲取相关技术(如电子、材料技术)领域研究成果的基础上不断创新，使液压元件在功能、功率密度、控制精度、可靠性、寿命方面都有了几倍、十几倍乃至几十倍的改进与提高，同时制造成本则显著降低。液压传动正朝着高效、安全、环保及数字智能化等方向不断发展和进步。

1.3 液压传动新技术

1.3.1 机电液一体化

随着机械控制精度、自动化程度、响应速度和传动效率的提高，对液压控制技术提出的要求也越来越高。虽然液压传动在响应速度、安全性和功率密度方面具有其他传动无可比拟的优点，但是在远距离控制、可控制性等方面远不如电气传动。仅用液压控制技术已不能满足机械发展的需求。因此，采用电子技术与液压控制技术相结合的方法，用电子技术强化液压控制技术已成为必然趋势。

实现机电液一体化可以提高液压系统工作可靠性，实现液压系统柔性化、智能化，改善液压系统效率低、漏油、维修性差等缺点，充分发挥液压传动输出力或力矩大、惯性小、响应快等优点。机电液一体化技术的主要发展历程和趋势如下：

采用电磁铁作为电-机械转换装置进行动作控制，如电磁换向阀、电磁卸荷阀等，是开关式的机电液一体化元件。

从 20 世纪 60 年代开始，以干式力矩马达作为驱动部件，各种结构形式的电液伺服阀出现，电液伺服阀的性能日趋完善，大大拓展了液压技术在工业自动化方面的应用。

从 20 世纪 60 至 70 年代开始，采用比例电磁铁驱动部件的比例控制阀(简称比例阀)得到快速发展。比例阀在具备一定的控制功能的同时，同伺服阀相比，结构简单、加工精度及成本较低，抗污染能力较强。

从 20 世纪 70 年代末期开始，随着计算机的广泛应用，出现了由数字信号直接控制的电液数字阀。该阀可直接与控制计算机接口相连，不需要 D/A 转换器，同时结构简单、耐污染能力和抗干扰能力强。

在将电子技术与液压控制技术相结合的系统中,电气元件一般用于将电信号转化为机械信号,这种系统根据控制方式,可以分为开环控制系统、局部闭环控制系统和整体闭环控制系统。开环控制和局部闭环控制系统对放大器的零漂、机电转换装置的磁滞及先导调节阀的摩擦所造成的滞环误差、非线性误差及漂移误差均不能抑制,因而其控制精度的进一步提高受到了限制。采用整体闭环控制方式的机电液一体化元件可望在控制精度和响应特性方面得到进一步改善,几乎所有环节均被闭环所包围,因此各种干扰、漂移均能得到有效的抑制,系统可望达到更高的控制精度和响应速度。

随着网络技术的发展,机电液一体化元件开始采用总线式连接,而非传统的点对点连接,控制站硬件将不再需要 A/D、D/A 转换接口而只需执行高级控制功能,系统的组态、调试和维护都将比传统的系统更加简单。同时,可利用设备之间的通信功能传输并记录工作单元的工作过程数据,一旦系统出现故障,这些信息就可为故障诊断提供信息依据。

图 1-2 所示为整体闭环式液压泵的组成原理。该泵在变量泵的基础上,集成了控制阀、传感器、数字电路、控制器和 CAN 总线接口等,具有参数设定、功率限制和泄漏补偿等功能;与此同时,该泵还能对压力传感器的漂移、阀的零点、斜盘倾角的零位和增益及泄漏补偿进行自动校正,并能对油液工作温度、CAN 总线通信状态、控制误差、斜盘倾角和压力传感器电缆通断及供电电压进行监控。

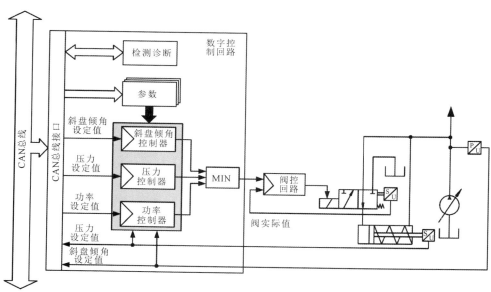

图 1-2　整体闭环式液压泵的组成原理

1.3.2　新型传动介质

传统的液压传动主要以矿物型液压油作为工作介质,存在液压油易燃和易污染环境两大严重缺点,因此其不仅在诸如食品、饮料、医药、电子、包装等行业难以推广应用,而且也逐渐丧失了在冶金、热轧、铸造等高温明火场合,以及煤矿井下等易燃易爆环境中应用的优势。为了克服液压传动中液压油易燃的这一严重缺点,一系列难燃液,如高水基液压液 HFA、油包水乳化液 HFB、水-乙二醇 HFC 及合成型难燃液 HFD 等相继被开发出来,此类液压介质可用于高温明火环境或煤矿井下。然而,这些难燃液仍然存在污染严重、价格高昂,以及要求更苛刻的储存、维护和监测等严重缺点,难以广泛推广应用。

从环境保护的角度考虑,近年来一些西方国家还在研究及应用与环境相容的、具有生物分解作用的工作介质,它是通过在基础液体中加入若干添加剂而构成的。添加剂的作用是使液压油具有液压介质所要求的一些基本特性,这些特性是基础液体先天没有或不足的。主要有植物酯化油(HETG)、合成酯油(HEES)和聚二醇(HEPG)。可快速分解的液压液作为一种新型的液压介质,虽然在德国等欧洲国家得到应用,但由于它具有可燃、氧化稳定性差、价格高昂、废液处理困难等一系列缺点,在我国没有得到推广。

近年来,以水作为工作介质(海水或淡水)的水压技术成为国际液压界和工程界普遍关注的热点,在诸如食品、饮料、医药、电子、包装等对环境污染要求严格的场合,冶金、热轧、铸造等高温明火场合,以及煤矿井下等易燃易爆环境中得到了应用。从全生命周期的角度综合考虑,水压传动的能源、资源、物力及财力消耗要远远低于油压传动和其他介质液压传动,"绿色"产品特征明显。

(1)用水代替矿物油,避免了使用油时所具有的污染、易燃、浪费能源、维护困难、与环境及产品不相容、废液处理困难等一系列严重问题。

(2)水不会污染环境,能保证工作场所清洁。因此水压传动被认为是理想的"绿色"传动和生产技术,在家电、汽车、食品、医药、饮料、造纸、水处理、包装机械、原子能动力等众多领域可以代替其他的传动或生产方式,实现传动及生产过程的"绿色"化。

(3)水不会燃烧,无着火危险。水压传动是安全的传动技术。在冶金、热轧、连铸、化工等高温、明火环境中或煤矿井下的各类工作机械上,可以代替现在广泛应用的价格高昂、污染严重、维护困难的采用难燃液作工作介质的液压传动系统。

(4)水的价格低廉,来源广泛,不需运输与存储。特别是在海洋或江湖附近使用水压系统时,往往可以不用水箱及回水管,不用冷却及加热装置,使系统大为简化,重量减轻,效率更高,工作性能稳定。因此,水压传动特别适用于水下作业机械、水下作业工具、船舶、深潜器及舰艇。

图1-3从对环境的影响和火灾危险性两个方面对几种介质进行了对比。

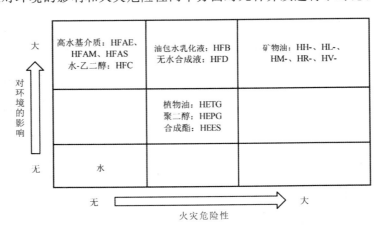

图1-3　水与其他不同液压介质对环境的影响和火灾危险性

另外,某些流体由于既具有流体的流动特性,又具有常规流体所不具备的某些特殊功能,因此被称为功能流体。电流变流体(ERF)和磁流变流体(MRF)即是两种类型的功能流体。电流变流体是在绝缘的连续相液体介质中加入精细的固体颗粒而形成的悬浊液。液体介质是不导电的油,如矿物油、硅(氧)油或石蜡油等;而悬浮在油中的颗粒,包括不导电的无机材料(如陶瓷、玻璃和聚合物等)和有机材料(如淀粉、纤维等),其尺寸范围为 $1\sim100\ \mu m$。流体中的粒子占流体总体积的 $10\%\sim40\%$。电流变流体的显著特征是具有电流变效应,即在电场的作用下,电流变流体表观黏度(或流动阻力)可发生明显的变化,甚至在电场强度达到某一临界值时,液体停止流动而固化,并且有明显的剪切屈服应力出现,即由流体转变为一种具有固体属性的物体,在电压去除后,又恢复其液体状态,而且这种变化是可逆的。磁流变流体与电流变流体特性相似,在外加磁场作用下能产生磁流变效应。

目前,电流变流体和磁流变流体在船舶、汽车、航空航天、机器人、医学,以及地震工程、海洋工程等领域得到应用。

1.3.3　微流体控制系统

目前,液压传动已应用于流量功率达几万甚至几十万千瓦的超大型系统,也应用于特征尺度为微米量级甚至纳米量级,流量为微升每分钟到毫升每分钟量级的微流体系统。

微流体控制系统作为微机电系统(MEMS)的一个重要分支,是能在微观尺度下实现对复杂流体控制、操作和检测的系统,包括微传感器、微泵、微阀、微混合器和微通道等元件。它是传统流体力学理论与现代微细加工技术相结合的产物,是在微电子、微机械、生物工程及纳米技术等学科的基础上发展起来的,具有微型化、自动化、集成化和便携化等特点。

微观尺度下流体主要有以下两个效应。

(1) 尺度效应:在微观尺度下,支配流体的各种作用力的地位发生变化,原来宏观流动中的主导作用力地位下降,表面力的作用增强。同时,随着器件的特征尺度减小到微米甚至纳米级,微流动会出现许多宏观经典理论无法解释的现象。

(2) 表面效应:在微观尺度下,表面积与体积比大大增加,是宏观器件的百万倍。这严重影响了质量、动量、能量在微流体器件表面的传输。表面效应将可能成为影响微流体的主要因素。同时还存在流动机制复杂,力、热、电等多场耦合或多相耦合问题。

微流体的精确测量是微流体控制系统中的重要内容。其微流量传感器测量精度可达微升每分钟至毫升每分钟量级,甚至纳升每分钟量级。目前国内外研究的微流量传感器依据工作原理可分为热式(包括热传导式和热飞行时间式)、机械式和谐振式三种。

微型泵是微流体系统的动力元件,其有多种分类方式:根据工作方式可分为容积泵、旋转泵、蠕动泵、电液致动泵等;根据驱动方式可分为压电驱动泵、静电驱动泵、热驱动泵、电磁驱动泵、双金属驱动泵、形状记忆合金驱动泵、光驱动泵、气动泵等;根据驱动原理可分为薄膜驱动泵、电液动力泵(EHD)、磁液动力泵(MHD)、行波传递液体泵、凝胶驱动泵等;按流体出入口状态(有无可动阀片)可分为有阀泵和无阀泵。

微型阀是对流体的流动进行开关控制的元件。可以采用外部电气驱动、内部热电控制,也可以采用简单的翻板结构来进行控制。微型阀可分为主动阀、被动单向阀、被动截流阀等。主动阀可单独用于微量气、液体的控制,被动阀往往需与微型泵结合使用。在微型阀中,硅基微型阀因具有尺寸小、能耗低、响应快、加工简便、控制精度高等特点,已成为微流体控制领域的研究热点之一。

利用现代微制造技术制成的毫米至微米级的微混合器,是在硅晶片和薄塑料片上制作成百上千个微通道,使流体分成数千股细微流束并迅速混合的微型流体机械,可在极短的时间内实现不同流体的混合。微混合器是微流体控制系统的一个重要组成部分。

由于微流体技术的不断进步,微流体系统的应用领域也随之加大,在生物工程、药物传送、化学分析、军事、医疗保健、环境控制、太空探索等领域,如微量化学分析与检测(微全分析系统,μTAS)、微量液体或气体配给、医疗诊断、打印机喷墨阵列、IC芯片的散热与冷却、微型部件的润滑等方面都有应用。值得一提的是,随着人类基因工程的发展,微流体系统在生命科学中的作用日益突出,它已被广泛应用于聚合酶链式反应、DNA分析和排序、蛋白质分离、免疫测定和细胞分析等方面,并将成为处理生物分子的有效工具。

练 习 题

1-1 液压传动的工作原理是什么?有何主要特征?

1-2 液压传动的主要优点是什么?主要缺点是什么?

1-3 请结合你以前所学流体力学知识,谈谈液压传动和液力传动有什么差别。

1-4 典型液压系统由哪几部分组成?它们分别起什么作用?

1-5 如图1-1所示,某液压千斤顶(设其工作效率为1)可顶起10 t重物。试计算在30 MPa压力下,液压缸11的活塞面积A_2为多大?当人的输入功率为100 W时,将10 t重物提升0.2 m高所需的时间为多少?

1-6 试列举三种应用液压传动技术的场合,分别说明这三种场合主要利用了液压传动技术的什么优点。

第 2 章　液压流体力学基础

流体力学是研究流体受力及在力作用下的平衡、运动,以及流体与固体之间相互作用规律的科学。液压流体力学是流体力学的一个分支,主要研究液体在液压元件和液压系统内的流动,以及与液压元件间相互作用的规律。因此,液压流体力学是液压传动技术的理论基础。

2.1　液体的主要物理性质

2.1.1　黏性

液体在外力作用下,相邻液层间或液体与固体表面间发生相对运动时产生内摩擦力的性质,称为液体的黏性。黏性是流体的固有属性,摩擦阻力是黏性的外在表现形式,液体只有在流动时才表现出黏性,静止液体内不存在黏性摩擦力。黏性对液压元件的性能和系统的工作特性有很大影响。黏性是选择液压油时要考虑的主要因素之一。

1. 牛顿内摩擦定律

如图 2-1 所示,在两平行平板 B、C 间充满液体。下平板 C 不动,上平板 B 以速度 v 沿 x 轴正向运动,贴近两平板的液体由于吸附作用黏附在平板上。黏附着上平板的液体以与平板相同的速度 v 运动,黏附着下平板的液体速度为零。自上到下,各液层速度依次递减。当两平行平板距离较小时,速度呈近似线性分布。运动速度为 $u+du$ 的较快液层会带动运动速度为 u 的较慢液层,而较慢液层又要阻止较快液层运动,各层间相互制约,即产生内摩擦阻力。由试验得知,内摩擦阻力 $T(\mathrm{N})$ 与液层接触面积 $A(\mathrm{m}^2)$、相对运动速度 du $(\mathrm{m/s})$ 成正比,而与液层距离 $dz(\mathrm{m})$ 成反比,还与液体的性质有关,即

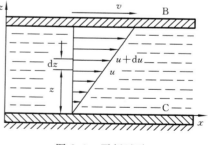

图 2-1　平板试验

$$T = \mu A \frac{du}{dz} \quad (\mathrm{N}) \tag{2-1}$$

式中:du/dz 为速度梯度,其物理意义为流体微团的角变形速率;μ 为动力黏度。如以 τ 表示切应力(即单位面积上的内摩擦力),则

$$\tau = \mu \frac{du}{dz} \quad (\mathrm{N/m}^2) \tag{2-2}$$

式(2-2)为牛顿内摩擦定律表达式。

2. 黏度的表示方法

液体黏性大小用黏度来表示。液体黏度分动力黏度、运动黏度和相对黏度三种。

1）动力黏度 μ

由牛顿内摩擦定律得到的黏度 μ 称为流体的动力黏度。μ 的单位为 $N/m^2 \cdot s$，即 $Pa \cdot s$。因其量纲中有动力学要素，故而得名。

2）运动黏度 ν

动力黏度 μ 与液体密度 ρ（kg/m^3）之比值，称为运动黏度，即

$$\nu = \mu/\rho \quad (m^2/s) \tag{2-3}$$

因其量纲中有运动学要素，故而得名。运动黏度没有明显的物理意义，只是在计算中常出现 μ/ρ，为方便而引入。

3）相对黏度

相对黏度（又称条件黏度）是使用特定的黏度计在规定条件下可直接测量的黏度，按测量方法不同，分为恩氏黏度、雷氏黏度、赛氏黏度，我国采用恩氏黏度。200 mL 的待测液体从恩氏黏度计流出所需时间 t_1 与同体积 20 ℃ 的蒸馏水流出所需时间 t_2 之比称为恩氏黏度。即

$$E = t_1/t_2$$

各种黏度的单位及换算关系式见表 2-1。

表 2-1　各种黏度的单位及换算关系

名称	符号	量纲	换算关系
动力黏度	μ	1 $N/m^2 \cdot s$＝1 $Pa \cdot s$(帕·秒)＝10 P(泊) 1 P(泊)＝1 $dyn \cdot s/cm^2$(达因·秒/厘米^2)＝100 cP(厘泊)	$\nu = \dfrac{\mu}{\rho}$
运动黏度	ν	1 m^2/s＝10^4 cm^2/s(St,斯)＝10^6 mm^2/s(cSt,厘斯)	
恩氏黏度	E	°E	$\nu = 0.0631E - \dfrac{0.0631}{E} \quad (cm^2/s)$

3. 油液黏性与压力、温度的关系

一般而言，液体的黏度随压力升高而增加。在高压时，压力对黏性的影响表现尤为突出，而在中、低压时并不显著。

油液黏性对温度十分敏感。当油液温度升高时，黏性下降，这种影响在低温时更为突出。

油液的动力黏度与压力、温度的关系可用如下经验公式表示：

$$\mu = \mu_0 e^{\alpha p - \lambda(t-t_0)} \tag{2-4}$$

式中：μ 表示压力为 p（MPa）、温度为 t 时油液的动力黏度；μ_0 表示在大气压下，温度为 t_0 时油液的动力黏度；α 表示油液的黏压系数，对于石油基液压油，$\alpha = 0.02 \sim 0.03$ MPa^{-1}；λ 表示油液的黏温系数，对于石油基液压油，$\lambda = 0.017 \sim 0.050$，具体数值随油品而异，如 10 号航空油的 $\lambda \approx 0.017$，而 100 号机械油的 $\lambda \approx 0.049$。

2.1.2　压缩性

液体体积随压力变化而变化的特性,称为液体的压缩性。压缩性大小用在一定温度下单位压力变化引起的液体体积的相对变化率 β 表示,即

$$\beta = -\frac{\mathrm{d}V/V}{\mathrm{d}p} \tag{2-5}$$

式中:$\mathrm{d}p$ 为压力变化量;$\mathrm{d}V$ 为在 $\mathrm{d}p$ 作用下液体体积变化量;V 为液体压缩前的体积;负号是为了使 β 为正值,因为当 $\mathrm{d}p>0$(压力增加)时,$\mathrm{d}V<0$(液体体积减小)。

压缩性 β 描述了在压力增量作用下液体的压缩程度。在液压传动中,常以 β 的倒数 K 表示油液的压缩性,即

$$K = \frac{1}{\beta} = -\frac{\mathrm{d}p}{\mathrm{d}V/V} \tag{2-6}$$

式中:K 为液体的体积弹性模量。相对气体而言,液体的体积弹性模量大,压缩性小。

2.1.3　油液中的气体对黏性及压缩性的影响

气体以混入和溶入两种形式存在于油液中。溶入的气体对油液的黏性及压缩性基本上不产生影响;而当气体以气泡形式混入液体中时,对油液的黏性和压缩性均会产生影响,而且对后者的影响极大。

油液中混入气体后,其黏度将增加。若未混入气体时油液的动力黏度为 u_0,混入气体的体积百分数为 B,则混入气体后油液的黏度为

$$\mu = \mu_0(1 + 0.015B) \tag{2-7}$$

混入气体不仅会使油液的黏性增强,而且会使油液的体积弹性模量大幅减小。

设混气油液的体积为 V_m,其体积弹性模量为 K_m,混入气体的体积为 V_G,其体积弹性模量为 K_G,则纯油液的体积 $V_f = V_m - V_G$,其体积弹性模量为 K_f,即有

$$\frac{1}{K_m} = \frac{V_G}{V_m} \cdot \frac{1}{K_G} + \left(1 - \frac{V_G}{V_m}\right) \cdot \frac{1}{K_f} \tag{2-8}$$

例如,$K_f = 1.8 \times 10^3$ MPa 的某油液,混有一定的气体,作用 10 MPa 的压力后油液温度不变,则 $K_G = 10$ MPa。这样,混气油液的体积弹性模量为

$$K_m = \left(\frac{V_G/V_m}{10} + \frac{1 - V_G/V_m}{1.8 \times 10^3}\right)^{-1} \tag{2-9}$$

由式(2-9)可以计算出混入不同量气体时的 K_m 值,见表 2-2。

表 2-2　混入气体对油液体积弹性模量的影响

V_G/V_m	K_m/MPa	V_G/V_m	K_m/MPa
0.000	1.8×10^3	0.040	2.20×10^2
0.005	9.5×10^2	0.060	1.53×10^2
0.010	6.45×10^2	0.080	1.17×10^2
0.020	3.91×10^2	0.100	9.50×10

由此可见,在需要大体积弹性模量的情况下,必须排除油液中混入的气体。

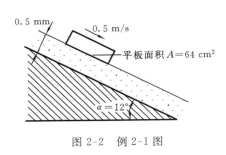

图 2-2　例 2-1 图

例 2-1　如图 2-2 所示,面积为 64 cm²、质量为 0.8 kg 的平板,在与水平面成 12°倾角、厚度为 0.5 mm 的液层上以 0.5 m/s 的匀速度自由下滑。试求此液体的黏度。

解　设平板质量为 m,平板重量沿速度方向的分量为 $mg\sin\alpha$。

由式(2-2)有

$$\tau A = mg\sin\alpha = \mu A \frac{\mathrm{d}u}{\mathrm{d}z}$$

则液体黏度为

$$\mu = \frac{mg\sin\alpha}{A\,\mathrm{d}u/\mathrm{d}z} = \frac{0.8 \times 9.8 \times 0.2079}{64 \times 10^{-4} \times 0.5/(0.5 \times 10^{-3})} \text{ Pa·s} = 0.255 \text{ Pa·s} = 2.55 \text{ P}$$

2.2　液压介质的分类

液压介质也称为液压液、工作介质,因为目前大部分液压系统使用的是矿物油型液压液,所以习惯上称为液压油。液压介质不但是液压系统的能量和压力等信号的载体,而且还有助于系统和元件的冷却、液压元件内摩擦副的润滑。

对液压介质的一般要求如下。

(1) 有适宜的黏度。所谓适宜,应根据液压系统的具体运行环境、工作条件、液压元件的使用要求等确定。液压介质的黏度越大,则流动时的能量损失及零件运动时受到的摩擦阻力越大;另一方面,黏度大有利于改善润滑,降低泄漏损失。一般液压系统使用的液压油运动黏度在 $(10 \sim 68) \times 10^{-6}$ m²/s 范围内。

液压油的牌号就是根据液压油在 40 ℃的运动黏度(单位 mm²/s)大小定义的。例如,46 号液压油在 40 ℃的运动黏度中心值为 46 mm²/s。

(2) 黏度随温度的变化尽可能小。液体的黏度随温度变化的程度用黏度指数(VI)表示,VI 是被测液体的黏度随温度变化的程度与标准油的黏度随温度变化的程度之间的相对比较值。VI 值越大,表示液体的黏度受温度的影响越小,即黏温性能越好。

(3) 润滑性能好。

(4) 化学稳定性好,主要是抗氧化性、热稳定性、水解稳定性及受剪切时分子结构保持不变的特性好。

(5) 与液压元件材料的相容性。液压介质应不能腐蚀液压元件。

(6) 成本低。

(7) 其他特殊要求,如具有阻燃性能、抗凝性能,对人体无毒等。

常用液压介质根据主要成分分类如表 2-3 所示。对于某些特殊装置的液压系统,如飞机、舰船、火炮、汽车制动系统等,还有专用液压油。应根据系统和元件对液压介质的上述要求,综合考虑环境条件、系统的工作参数、主要液压元件的使用要求及经济性等因素来选择液压介质。如:在系统压力大或者环境温度较高的条件下,应选用黏度大的液压油,以减小泄漏,获得较高的容积效率;反之,当环境温度低时,应选用黏度低的液压油。当系统在高温环境,或者存在爆炸危险的场合使用时,应选用难燃液压介质。

表 2-3　常用液压介质的种类及主要性能

介质类型		成分	使用特点	应用场合
烃类液压油	HH 液压油	精制矿物油,不含或含少量抗氧化剂	性能一般,稳定性差,易起泡	对液压油无特殊要求的低压系统
	HL 液压油	精制矿物油,添加防锈剂、抗氧化剂、消泡剂等	有较好的抗氧化性和防锈性	低压系统、轴向柱塞泵
	HR 液压油	HL 液压油,添加黏度指数改进剂	黏度指数高	环境温度变化较大的低压系统
	HM 液压油	HL 液压油,添加极压抗磨剂、金属钝化剂、消泡剂等	抗磨性好	低、中、高压系统
	HG 液压油	HM 液压油,添加油性添加剂	可减少工作机构低速运动时的爬行现象	机床导轨润滑和液压油共用一个油源的系统
	HV 液压油	采用深度脱蜡精制的矿物油或用其与 α 烯烃合成油混合构成的基础油,添加黏度指数改进剂、防锈剂、降凝剂等	凝点低,低温流动性好,黏温指数高	环境温度变化大,特别是低温环境的系统
	HS 液压油	α 烯烃合成油,添加与 HV 液压油相同的添加剂	凝点较 HV 液压油低	高寒地区野外作业的中高压系统
乳化液	水包油乳化液(HFAE)	80% 以上的水,其余为矿物油、乳化剂、防锈剂等添加剂	阻燃性好,汽化压力高,凝点高,润滑性及乳化稳定性差	煤矿液压支架、水压机
	油包水乳化液(HFB)	60% 的矿物油,其余为水和乳化剂、防锈剂等添加剂	阻燃性、润滑性、防锈性较好。乳化稳定差,剪切稳定性不好	适用温度为 5～50 ℃。适用于冶金、煤矿等中低压系统
高水基液(HFAS)		95% 的水,其余为改善性能的各种添加剂	溶液态,不燃,对环境危害小,但黏度低,润滑性差	高温、易燃易爆场合的低压系统
水-乙二醇液压液(HFC)		35%～55% 的水,其余为乙二醇及增黏剂、抗磨剂等添加剂	溶液态,阻燃性好,凝点低,密度大,黏温指数高,可使普通油漆和涂料软化或脱落,废液不易处理	适用温度为 -20～50 ℃。适用于冶金、煤矿等中低压系统
磷酸酯液压液(HFDR)		无水磷酸酯,添加抗氧化剂、抗腐蚀剂、消泡剂等添加剂	化学合成液,阻燃性好,适用温度范围宽,黏温性及低温性差,润滑性好,有毒,价格高,与丁腈橡胶和氯丁橡胶相容性差,易水解,污染环境,价格高	适用温度为 -6～100 ℃。适用于冶金、火力发电、燃气轮机等高温高压系统
生物可降解液		植物油(如菜籽油),人工合成液(如聚乙二醇)	环境友好,抗氧化性较差,易变质,成本高	绿色环保的液压系统
水		主要指江河湖海中的天然水	绿色环保,价廉,易获取,使用及维护成本低,不燃;黏度低,对一般金属有腐蚀作用,汽化压力高,元件及系统的加工制造成本高	绿色环保的液压系统,食品及药品机械,细水雾灭火系统等

2.3 液压介质的污染控制

国外的统计资料表明,超过 70% 的液压系统和液压元件的故障或失效直接或间接与液压介质的污染有关,因此除了正确选用液压介质外,正确使用和维护液压介质,控制液压油的污染,保持其应有的性能,对于提高液压元件和液压系统工作性能、可靠性及延长使用寿命也非常重要。

2.3.1 液压介质的污染及污染度

液压介质在灌装、运输、储藏,特别是使用过程中,很难避免灰尘、水分、气体混入其中,随着使用时间的增加,液压介质本身也会发生老化分解、氧化,甚至腐败变质等现象,使其组分发生改变,性能随之下降,这种现象一般统称为液压介质的污染。

侵入液压系统的杂质一般主要有以下几种:液压元件及系统装配、安装过程中因为清洗不彻底而残留的切屑、型砂、焊渣、铁锈、毛刺、清洗剂等;通过油箱通气孔、管路、损坏的密封件、液压缸磨损的轴封等处侵入的水分、尘埃;系统运行中内部磨损产生的磨屑、剥落的油漆、材料锈蚀物等;液压介质变质形成的胶状物等。

液压介质中包含的固体颗粒会引起元件表面磨损、堵塞元件内细小的阻尼孔或配合缝隙,导致元件失效,使过滤器的使用寿命降低。水分侵入液压油会引起元件腐蚀,加速液压介质的氧化。空气混入液压介质会使液体的压缩性增加,易诱发气穴气蚀。水或高水基液时间长了会滋生微生物,使介质变质。液压介质的污染程度用污染度表示。污染度指单位容积的液体中含有固体颗粒的数量,固体颗粒的数量可用质量或颗粒数目表示。

我国的国家标准 GB/T 14039—2002(与国际标准 ISO 4406 等效)规定了污染度等级的划分方法及表达方法。污染度等级代号包括两部分:前面的数字表示 1 mL 液压介质中大于 5 μm 的颗粒数等级,后面的数字表示 1 mL 液压介质中大于 15 μm 的颗粒数等级,两个数字之间用斜线隔开。污染度等级标号与液压介质中固体颗粒数目之间的对应关系如表 2-4 所示。例如,污染度等级代号18/13表示在 1 mL 液压介质中大于 5 μm 的颗粒数等级为 18,即颗粒数在 1300~2500 之间,大于 15 μm 的颗粒数等级为 13,即颗粒数在 40~80 之间。

表 2-5 给出了一些典型液压系统允许的污染度等级范围。

表 2-4 污染度等级标号与液压介质中固体颗粒数目的对应关系(GB/T 14039—2002)

1 mL 液压介质中固体颗粒数目	标号	1 mL 液压介质中固体颗粒数目	标号	1 mL 液压介质中固体颗粒数目	标号
>80000~160000	24	>160~320	15	>0.32~0.64	6
>40000~80000	23	>80~160	14	>0.16~0.32	5
>20000~40000	22	>40~80	13	>0.08~0.16	4
>10000~20000	21	>20~40	12	>0.04~0.08	3
>5000~10000	20	>10~20	11	>0.02~0.04	2
>2500~5000	19	>5~10	10	>0.01~0.02	1
>1300~2500	18	>2.5~5	9	>0.005~0.01	0
>640~1300	17	>1.3~2.5	8	>0.0025~0.005	0.9
>320~640	16	>0.64~1.3	7		

表 2-5　典型液压系统允许的污染度等级范围

系统类型	污染度等级										
	12/9	13/10	14/11	15/12	16/13	17/14	18/15	19/16	20/17	21/18	22/19
对污染极敏感系统	■	■	■	■	■						
伺服系统		■	■	■	■	■					
高压系统			■	■	■	■	■	■			
中压系统					■	■	■	■	■	■	
低压系统						■	■	■	■	■	■
低敏感系统							■	■	■	■	■
数控机床液压系统		■	■	■	■	■					
普通机床液压系统					■	■	■	■	■		
一般机器液压系统						■	■	■	■	■	
行走机械液压系统				■	■	■	■	■			
重型机械液压系统					■	■	■	■	■		
重型和行走机械传动系统						■	■	■	■	■	
冶金、轧钢机械液压系统				■	■	■	■	■			

2.3.2　液压介质的污染控制方法

根据污染物的来源，在液压系统的设计和使用过程中可以采取以下措施减少介质的污染：

（1）液压元件装配前严格按照装配工艺规程要求对零件进行清洗净化，系统集成装配前将管路及油箱等彻底清洗干净，通常先用机械方法去除焊渣和表面氧化物，然后进行酸洗。

（2）对初次投入使用的新系统或刚维修过的系统，彻底清洗后再注入新的液压油。清洗系统时用系统工作时使用的工作液体，不可用煤油，清洗时设置高效过滤器，并启动系统使元件动作，用铜锤敲打焊口和连接部位。更换液压油时，也应用新换的液压油清洗 1～2 遍，直到清洗后的液压油污染度符合系统要求为止。

（3）注入新油前，先检查新油的污染度是否符合系统要求，不符合要求时，应予以过滤，合格后再注入。新油的污染度应比系统允许的污染度低 1～2 级。不同牌号的液压介质不能混用。

（4）在油箱盖上设置空气滤清器，或者采用隔离式油箱，防止外界杂质侵入。液压介质注入油箱前必须通过过滤器。

（5）在系统中合理设置过滤器，并根据系统工作参数和系统中关键液压元件的使用要求选择过滤器的过滤精度。

（6）液压系统运行时介质的温度应控制在 65 ℃以下。

（7）根据液压介质的检测结果，及时更换液压介质。

2.4 流体静力学

流体静力学研究流体在静止状态下的受力平衡条件、压力分布及对固体表面的作用力等问题。

静止指液体质点之间没有相对运动，而液体整体可以如刚体一样进行各种运动。静止液体不呈现黏性。

2.4.1 静压力及其特性

作用在液体上的力可归纳为两类：质量力和表面力。作用在液体的所有质点上的大小与受作用的液体质量成正比的力称为质量力；作用在所研究的液体外表面上并与液体表面积成正比的力称为表面力。静止液体中所受表面力只有法向力而无切向力，液体单位面积上所受法向力的大小称为法向应力，即液体静压力，以 p 表示。

液体静压力具有两个基本特性：

（1）静压力沿着液体作用面的内法线方向，总是垂直于受压面；

（2）液体中任意一点静压力大小与作用面的方位无关。

2.4.2 静止液体的平衡微分方程

在静止液体中取长、宽、高分别为 $\mathrm{d}x$、$\mathrm{d}y$、$\mathrm{d}z$ 的微小平行六面体，如图 2-3 所示，该六面体只受质量力和内法线方向的表面力作用。作用在单位

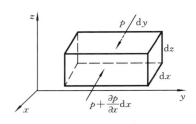

图 2-3 平行六面体流体微元

质量液体上的质量力称为单位质量力，在直角坐标系中，单位质量力在各坐标轴上的分量分别记为 X、Y、Z。液体密度为 ρ，则质量力在 x 方向的分量为 $X\rho\mathrm{d}x\mathrm{d}y\mathrm{d}z$。设沿坐标轴的正向为压力的增量方向，在与 x 轴相垂直的前后两表面上有压力 p 和 $p+\dfrac{\partial p}{\partial x}\mathrm{d}x$。该六面体在 x 方向上的受力平衡式为

$$p\mathrm{d}y\mathrm{d}z - (p+\frac{\partial p}{\partial x}\mathrm{d}x)\mathrm{d}y\mathrm{d}z + X\rho\mathrm{d}x\mathrm{d}y\mathrm{d}z = 0$$

整理后得

$$X - \frac{1}{\rho}\cdot\frac{\partial p}{\partial x} = 0$$

同理可得

$$Y - \frac{1}{\rho}\cdot\frac{\partial p}{\partial y} = 0, \quad Z - \frac{1}{\rho}\cdot\frac{\partial p}{\partial z} = 0$$

考虑到当质量力仅为重力时，水平面即等压面（等压面上 $\mathrm{d}p=0$），将上列平衡方程分别乘以 $\mathrm{d}x$、$\mathrm{d}y$、$\mathrm{d}z$，然后相加得等压面的微分方程

$$X\mathrm{d}x + Y\mathrm{d}y + Z\mathrm{d}z = 0 \tag{2-10}$$

式（2-10）为流体静力学的基本方程，可用来解决静力学的许多问题。

2.4.3　仅在重力作用下的静止液体的压力分布规律

如图 2-4 所示，液面高度为 H，欲求液体内任意点 A 的静压力。

在重力场中，液体的质量力只有重力，对应图 2-4 所取坐标，其单位质量力 $X=Y=0$，$Z=-g$，g 为重力加速度。

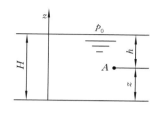

将以上各量的值代入式（2-10）得

$$\mathrm{d}p = -\rho g \,\mathrm{d}z$$

设液体的密度为常数，积分得

$$p = -\rho g z + c \qquad (2\text{-}11a)$$

当 $z=H$ 时，$p=p_0$，则积分常数 c 为

图 2-4　重力场中某点 A 的静压力

$$c = p_0 + \rho g H$$

将 c 值代入式（2-11a），并考虑到 $H-z=h$，故得

$$p = p_0 + \rho g h \qquad (2\text{-}11b)$$

式中：p 为静止液体中任意点 A 的压力；p_0 为液面压力；h 为液体中任意点 A 到液面的距离；ρ 为液体密度。

式（2-11b）为静止液体内任意点上的压力分布规律，适用于静平衡状态下的不可压缩均质重力流体。

根据以上分析可得如下两条结论：

（1）液体内任意点的压力与所处位置深度有关，在同一深度处压力相等；

（2）静压力由液面压力 p_0 和重力引起的压力 $\rho g h$ 两部分组成。

2.4.4　压力表示法

1. 压力单位

常用的压力单位有三种。

（1）国际单位，即帕（$1\ \mathrm{Pa}=1\ \mathrm{N/m^2}$）、千帕（kPa）或兆帕（MPa），它们的换算关系为

$$1\ \mathrm{MPa} = 10^3\ \mathrm{kPa} = 10^6\ \mathrm{Pa}$$

国际单位一般用来表示单位面积上的作用力；

（2）工程大气压（atm）；

（3）液柱高，如米水柱（$\mathrm{mH_2O}$）、毫米汞柱（mmHg）等。

以上三种压力单位换算关系为

$$1\ \mathrm{atm} = 10^5\ \mathrm{Pa} = 0.1\ \mathrm{MPa} = 10\ \mathrm{mH_2O} = 735.5\ \mathrm{mmHg}$$

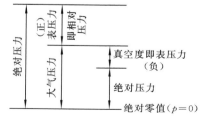

图 2-5　绝对压力、相对压力、真空度间的关系

2. 绝对压力、相对压力和真空度

以绝对零值为基准测得的压力称为绝对压力，以当地大气压力为基准测得的压力称为相对压力。如果流体的绝对压力低于大气压力，则习惯上称这种情况为真空，将绝对压力与大气压力的差值称为真空度，也就是以负的相对压力表示流体的真空度。绝对压力、相对压力和真空度间的关系如图 2-5 所示。

由常用液压测试仪表所测得的压力均为相对压力,又称表压力。

2.4.5　帕斯卡原理

在液压传动技术中,由外力所引起的压力要比由液体重力引起的压力大很多,因此后者可略去不计。这样公式(2-11b)可写成

$$p = p_0 = 常数$$

这就是说,在密闭容器内,施加在静止液体边界上的压力可以等值地向液体内所有方向传递。这就是帕斯卡原理。依据此原理,结合静压力特征,可以得出液体不仅能传力,而且还能放大或缩小力,并能获得任意方向的力。

液压传动系统就是基于帕斯卡原理工作的。

如图 2-6 所示,用一等直径管道连接不同缸径的两个液压缸。

在液压缸 1 的活塞杆上作用有力 F_1,使该缸活塞端面上产生压力 p。依据帕斯卡原理,压力 p 通过连通管道传至液压缸 2 的活塞端面上,使其活塞杆上产生力 F_2,力获得传递。由于两液压缸的位置不同,力 F_2 的方向不同于 F_1,即力的方向发生了变化。改变液压缸截面面积,可以得到不同的 F_2 的数值。

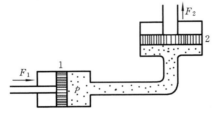

图 2-6　帕斯卡原理

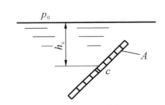

图 2-7　静止液体对平面的作用

2.4.6　静止液体对壁面作用力的计算

1. 静止液体对平面壁的作用

如图 2-7 所示,设平面壁的面积为 A,液面压力为 p_0,平面形心 c 到液面的距离为 h_c,液体密度为 ρ,则该平面所受液体的合力为

$$F = (p_0 + \rho g h_c)A \tag{2-12a}$$

式中:g 为重力加速度。

由式(2-12a)可知,液体作用于平面上的合力等于平面面积与其形心处压力的乘积。若不计液体重量,则合力为

$$F = p_0 A \tag{2-12b}$$

即合力等于液面压力与平面面积的乘积,其作用点在平面形心处,方向垂直于平面。

2. 静止液体对曲面的作用

压力总是沿作用面内法线方向的,这使得作用在曲面上各点处力的方向不一致,即这些作用力不是相互平行的力,因此需按照空间任意力系的合成方法来求解合力。工程上应用最多的为二向曲面,可将总力分解成水平和垂直方向上的两个分力来研究。

如图 2-8 所示,面积为 A 的二向曲面受到密度为 ρ 的液体作用。

(1) 作用在曲面上总力的水平分力为曲面的垂直投影面(面积为 A_x)上的作用力,等于 A_x 面上形心 c 处压力与 A_x 的乘积。即

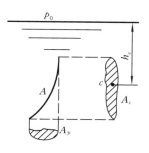

图 2-8 静止液体对曲面的作用

$$F_x = (p_0 + \rho g h_c) A_x \qquad (2\text{-}13a)$$

式中:h_c 为曲面的垂直投影面上形心 c 到液面的距离。

(2) 作用在曲面上总力的竖直分力为曲面的水平投影面(面积为 A_y)上的作用力,等于液面压力 p_0 与 A_y 的乘积加上压力体所包围的区域内对应液体的重量 $\rho g V$。即

$$F_y = p_0 A_y + \rho g V \qquad (2\text{-}13b)$$

式中:V 为压力体,等于曲面及曲面上周边各点向液面所引的垂线和液面(或液面延长面)所围成的体积。若不计液重,则有

$$F_x = p_0 A_x \qquad (2\text{-}14a)$$
$$F_y = p_0 A_y \qquad (2\text{-}14b)$$

合力为

$$F = \sqrt{F_x^2 + F_y^2} \qquad (2\text{-}14c)$$

由此可知,液体作用在曲面某一方向上的分力,等于液体压力与曲面在该方向的垂直平面上的投影面积的乘积。

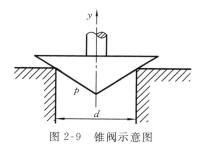

图 2-9 锥阀示意图

例 2-2 图 2-9 所示为一锥阀。阀口直径为 d,在锥阀的部分圆锥面上有油液作用,各处压力均为 p。试求油液对锥阀阀芯的总作用力。

解 由于阀芯前、后、左、右对称,油液作用在阀芯上的总力在水平方向上的分力 $F_x = 0$,$F_z = 0$,则垂直方向上的分力即总作用力。部分圆锥面在 y 方向垂直平面内的投影面积为 $\dfrac{\pi}{4} d^2$,则油液对锥阀阀芯的总作用力为

$$F = F_y = p(\pi d^2/4) \qquad (2\text{-}15)$$

例 2-3 图 2-10 所示为冷轧机的支承辊平衡系统,它由平衡缸和蓄能器组成。设支承辊质量 $m_1 = 11\ 000$ kg,工作辊质量 $m_2 = 3\ 000$ kg,支承辊平衡缸柱塞直径 $d_1 = 19$ cm,工作

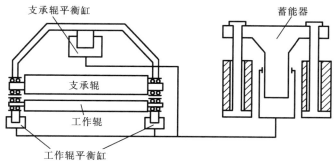

图 2-10 支承辊平衡系统

辊平衡缸柱塞直径 $d_2 = 15$ cm，蓄能器柱塞直径 $d_3 = 20$ cm。试问：包括柱塞在内的蓄能器最小配重的质量为多少，才能保证支承辊和工作辊浮起？

解 欲使支承辊和工作辊浮起，平衡缸所需支承力应能克服支承辊和工作辊的重力。设平衡缸内压力为 p，有

$$p \cdot \frac{\pi}{4}(d_1^2 + 2d_2^2) = (m_1 + m_2)\,g$$

则

$$p = \frac{(m_1 + m_2)\,g}{\pi(d_1^2 + 2d_2^2)/4} = \frac{(11+3) \times 10^3 \times 9.8}{\pi(19^2 + 2 \times 15^2) \times 10^{-4}/4}\ \text{Pa} = 2.15\ \text{MPa}$$

依帕斯卡原理，在蓄能器处的压力应与平衡缸内的压力相等。设蓄能器配重质量为 m，则有

$$mg = p \cdot \frac{\pi}{4}d_3^2$$

即要求的配重质量为

$$m = \frac{p(\pi/4)\,d_3^2}{g} = \frac{2.15 \times 10^6 \times (\pi/4) \times (20 \times 10^{-2})^2}{9.8}\ \text{kg} = 6\,900\ \text{kg}$$

从例 2-2 和例 2-3 不难看出，帕斯卡原理和液体对壁面作用力的计算在液压传动技术中具有普遍意义。

2.5　流体动力学

流体动力学主要研究液体运动与力的关系。下面以数学模型为基础，介绍液体运动的连续性方程、能量方程及动量方程等流体动力学的基本方程的推导过程。能量方程加上连续性方程，可以解决压力、流速或流量及能量损失之间的关系等问题；动量方程可解决流动液体与固体边界之间的相互作用问题。

2.5.1　液体运动学基本概念

1. 理想液体及定常流动

没有黏性的液体称为理想液体。在现实中理想液体是不存在的。

流场内任一点上的流动参数不随时间变化的流动状态称为定常流动，又称稳定流动。如果液体流动参数随时间发生非常缓慢的变化，那么在较短的时间间隔内，可近似将其视为定常流动。

2. 过流断面、流量和平均流速

1）过流断面

与液体流动方向相垂直的液体横截面，称为过流断面，它可能是平面或曲面，如图 2-11 所示。

2）流量

单位时间内流过某一过流断面的液体体积称为流量，以 q 表示。

在图 2-12 所示的管流中，液体在微段时间 $\mathrm{d}t$ 内以速度 u 运动，经过面积为 $\mathrm{d}A$ 的微小过流断面时的流量为

$$\mathrm{d}q = \frac{\mathrm{d}V}{\mathrm{d}t} = u\mathrm{d}A \tag{2-16}$$

式中:dV 为液体在 dt 时间内流过微小过流断面的液体体积。

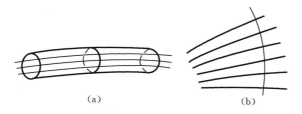
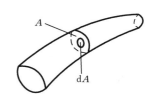

图 2-11　过流断面

(a) 平面;(b) 曲面

图 2-12　管流

流过面积为 A 的过流断面的总流量为

$$q = \int_A u\, dA \tag{2-17}$$

3) 平均流速

一般过流断面上液体速度不尽相同,在计算时通常以过流断面上的平均速度 v 来代替实际流速,即假定单位时间内按平均流速流过过流断面的液体体积等于按实际流速通过同一过流断面的液体体积。即

$$vA = \int_A u\, dA$$

平均流速

$$v = \frac{\int_A u\, dA}{A} = \frac{q}{A} \tag{2-18}$$

2.5.2　连续性方程

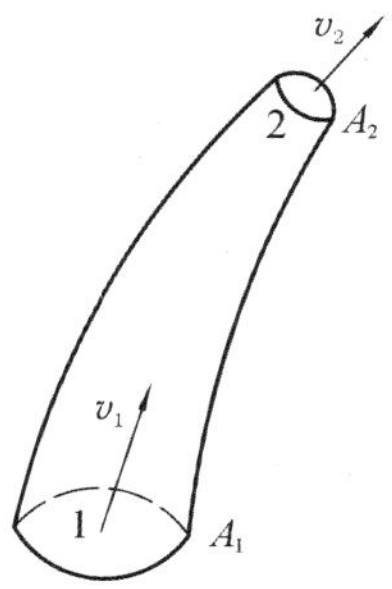

质量守恒这一客观规律,在流体力学中是以特殊形式——连续性方程来表示的。

设不可压缩液体在非等截面管中做定常流动。如图 2-13 所示,过流断面 1 和 2 的面积分别为 A_1 和 A_2,过流断面 1 和 2 上液体平均流速分别为 v_1 和 v_2。对于不可压缩液体,根据质量守恒定律,单位时间内流过截面 1 的液体质量一定等于流过截面 2 的液体质量。即

$$\rho v_1 A_1 = \rho v_2 A_2 = 常量$$

两边除以密度 ρ,得

$$v_1 A_1 = v_2 A_2 = q = 常量 \tag{2-19}$$

图 2-13　流体在管中
连续流动

式(2-19)为管流的连续性方程。它表明在所有过流断面上流量都是相等的,并给出了过流断面上的平均流速与过流断面面积之间的关系,在液压传动中应用甚广。

2.5.3　伯努利方程

伯努利方程是以液体流动过程中的流动参数来表示能量守恒定律的一种数学表达式。

1. 理想液体一元定常流的运动微分方程

设在微小流管中取一圆柱形液体,其轴向长度为 dl,过流断面面积为 dA。液柱两端所受表面力分别为 $p\,dA$ 和 $(p+dp)\,dA$,液柱所受质量力为 $dF = \rho g\, dA\, dl$。设液柱的运动加速

度为 a_l,方向如图 2-14 所示。根据牛顿第二运动定律,有

$$p dA - (p + dp)dA - \rho g dA dl \cos\theta = \rho dA dl a_l \tag{2-20}$$

由图 2-14 可知

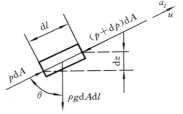

图 2-14 液体受力分析

$$\cos\theta = \frac{dz}{dl} \tag{2-21a}$$

液体沿液柱轴线的流速 u 是位置和时间的函数,即

$$u = f_1(l,t)$$

故

$$du = \frac{\partial u}{\partial l}dl + \frac{\partial u}{\partial t}dt$$

$$a_l = \frac{du}{dt} = u\frac{\partial u}{\partial l} + \frac{\partial u}{\partial t} \tag{2-21b}$$

可见,液体运动的加速度由两部分组成:在同一瞬时由于空间位置的变化而产生的位变加速度 $u\frac{\partial u}{\partial l}$ 和 dt 时间内在固定点上产生的局部加速度 $\frac{\partial u}{\partial t}$。

将式(2-21a)和式(2-21b)代入力平衡方程(2-20),并用质量 $\rho dA dl$ 遍除各项,整理后得

$$g\frac{dz}{dl} + \frac{1}{\rho} \cdot \frac{\partial p}{\partial l} + \frac{\partial u}{\partial t} + u\frac{\partial u}{\partial l} = 0 \tag{2-21c}$$

若液体做定常流动,则 $\frac{\partial u}{\partial t}=0$,$p=f_2(l)$,$u=f_3(l)$,有

$$g dz + \frac{1}{\rho}dp + u du = 0 \tag{2-22}$$

式(2-22)为理想液体一元定常流动的运动微分方程。因为上述所取微元流管的极限为一条流线,所以式(2-22)适用于同一条流线。

2. 伯努利方程

将式(2-22)沿流线积分,即得定常流动的能量方程:

$$gz + \int\frac{dp}{\rho} + \frac{u^2}{2} = c$$

对于不可压缩液体,有

$$gz + \frac{p}{\rho} + \frac{u^2}{2} = c \tag{2-23}$$

式(2-23)是伯努利在 1738 年首先提出的,故被命名为伯努利方程,它适用于理想不可压缩液体定常流动的某条流线。

用重力加速度 g 去除式(2-23)中的各项,得到伯努利方程的另一表达式:

$$z + \frac{p}{\gamma} + \frac{u^2}{2g} = c \tag{2-24}$$

式中:γ 为液体重度。

式(2-23)和式(2-24)分别为单位质量和单位重量液体的伯努利方程。式中各项均具有能量的量纲,故为能量方程。如 z、$\frac{p}{\gamma}$、$\frac{u^2}{2g}$ 分别为单位重量液体的位能、压力能和动能,它们之和称为机械能。

式(2-23)和式(2-24)表示液体运动时,不同性质的能量可以互相转换,但总的机械能

是守恒的。

3. 实际流体总流的伯努利方程

对于具有黏性的液体，由于黏性会引起液体层间的内摩擦，在运动过程中必定会消耗机械能，沿流动方向液体的总机械能将逐渐减少。若在同一条流线上沿流动方向取 1、2 两点，必有

$$\frac{p_1}{\rho} + gz_1 + \frac{u_1^2}{2} > \frac{p_2}{\rho} + gz_2 + \frac{u_2^2}{2}$$

或

$$\frac{p_1}{\rho} + gz_1 + \frac{u_1^2}{2} = \frac{p_2}{\rho} + gz_2 + \frac{u_2^2}{2} + gh_f' \tag{2-25}$$

式中：gh_f' 表示单位质量液体自 1 流至 2 时所消耗的机械能。

式（2-25）对了解液体的流动规律具有一定意义，但还不能用于解决工程实际问题。实际液体是在有限大小的空间中流动，即要流过有限大小的过流断面，也就是要包括所有流线，即沿总流的流动。

将式（2-25）中的各项乘以 $\rho \mathrm{d}q$，便得单位时间内沿一条流线液体的能量方程，然后再对整个总流过流断面积分，就得到总流的能量方程：

$$\int_q \left(gz_1 + \frac{p_1}{\rho} + \frac{u_1^2}{2}\right)\rho \mathrm{d}q = \int_q \left(gz_2 + \frac{p_2}{\rho} + \frac{u_2^2}{2}\right)\rho \mathrm{d}q + \int_q gh_f' \rho \mathrm{d}q \tag{2-26}$$

对式（2-26）各积分项说明如下。

1) $\int_q \left(gz + \dfrac{p}{\rho}\right)\rho \mathrm{d}q$ 项

此项直接积分很困难。如果通过某过流断面的流线近似为平行直线，则在此过流断面上各点的流速方向基本相同，此过流断面必然近似为平面，称之为缓变流断面。在缓变流断面上液体遵循静力学的基本规律，即满足式（2-11a），则

$$gz + \frac{p}{\rho} = c$$

所以

$$\int_q \left(gz + \frac{p}{\rho}\right)\rho \mathrm{d}q = \left(gz + \frac{p}{\rho}\right)\rho q \tag{2-27}$$

2) $\int_q \dfrac{u^2}{2}\rho \mathrm{d}q$ 项

u 为过流断面上某点流速，用平均速度 v 表示，则

$$u = v + \Delta u$$

Δu 为实际流速与平均速度的差值。故

$$\int_q \frac{u^2}{2}\rho \mathrm{d}q = \int_A \frac{(v + \Delta u)^3}{2}\rho \mathrm{d}A = \frac{\rho}{2}\left(\int_A v^3 \mathrm{d}A + 3\int_A v \Delta u^2 \mathrm{d}A\right)$$

$$= \frac{\rho}{2}v^2 q \left[1 + \frac{3\displaystyle\int_A \Delta u^2 \mathrm{d}A}{v^2 A}\right] = \frac{\alpha v^2}{2}\rho q \tag{2-28}$$

其中

$$\alpha = 1 + \frac{3\displaystyle\int_A \Delta u^2 \mathrm{d}A}{v^2 A}$$

α 称为动能修正系数。

动能修正系数可用过流断面上实际动能与以平均流速计算的动能之比值来描述：

$$\alpha = \frac{\int_A (u^2/2)\,\rho\mathrm{d}q}{(v^2/2)\,\rho q} = \frac{\int_A u^2\mathrm{d}q}{v^2 q}$$

α 的值与流速分布有关，流速分布愈均匀，其值愈接近 1。对于工业管道，$\alpha = 1.01 \sim 1.1$。

3) $\int gh'_\mathrm{f}\,\rho\mathrm{d}q$ 项

$$\int gh'_\mathrm{f}\,\rho\mathrm{d}q = \rho g h_\mathrm{f}\int_q \mathrm{d}q = \rho g h_\mathrm{f} q \qquad (2\text{-}29)$$

式中：h'_f 为单位重量液体沿流线的机械能损失；h_f 为单位重量液体沿总流机械能损失的平均值。

将式(2-27)、式(2-28)、式(2-29)代入式(2-26)，得

$$\frac{p_1}{\rho} + gz_1 + \frac{\alpha_1 v_1^2}{2} = \frac{p_2}{\rho} + gz_2 + \frac{\alpha_2 v_2^2}{2} + h_\mathrm{f} g \qquad (2\text{-}30)$$

式(2-30)即重力场中实际不可压缩液体定常流动的总流伯努利方程。

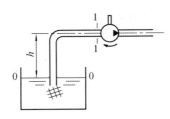

图 2-15 泵的工作原理图

例 2-4 泵从油箱吸油(见图 2-15)，已知泵的流量为 25 L/min，吸油管直径 $d = 30$ mm，设滤网及管道内总的压降为 0.03 MPa，油液的密度 $\rho = 880$ kg/m³。要保证泵的进口真空度不大于 0.033 6 MPa，试求泵的安装高度 h。

解 对油箱液面 0—0 和泵进口截面 1—1 建立伯努利方程：

$$\frac{p_\mathrm{a}}{\rho} + \frac{\alpha_0 v_0^2}{2} = \frac{p_1}{\rho} + \frac{\alpha_1 v_1^2}{2} + gh + \frac{\Delta p}{\rho}$$

式中：p_a 为大气压力；p_1 为泵进口处绝对压力。

因为油箱截面面积远大于管道过流断面面积，所以 $v_0 \approx 0$。取 $\alpha_1 \approx 1$。

吸油管流速为

$$v = \frac{4q}{\pi d^2} = \frac{4 \times 25 \times 10^{-3}}{\pi \times (30 \times 10^{-3})^2 \times 60}\ \mathrm{m/s} = 0.589\ \mathrm{m/s}$$

则泵的安装高度为

$$h = \frac{p_\mathrm{a} - p_1}{\rho g} - \frac{v_1^2}{2g} - \frac{\Delta p}{\rho g} = \left(\frac{0.033\ 6 \times 10^6}{880 \times 9.8} - \frac{0.589^2}{2 \times 9.8} - \frac{0.03 \times 10^6}{880 \times 9.8}\right)\ \mathrm{m} = 0.4\ \mathrm{m}$$

2.5.4 动量方程

作用于物体的外力等于该物体在力的作用方向上的动量改变率，这就是刚体力学的动量定理。这一定理同样可应用于流体力学。

在液体做定常流动的管流中，取定由截面 I 和截面 II 及管壁所组成的控制体积，研究此控制体积内的液体在外力作用下的动量改变。

在某时刻 t，管中液体处于图 2-16 所示的 I—II 位置，经微段时间 $\mathrm{d}t$ 后，移动到 I_1—II_1 位置。以 mv 表示液体的动量。在 t 时刻，控制体中液体的动量为 $(mv)_{\mathrm{I\!I\!I}}$，在 $\mathrm{d}t$ 时间内液体以平均流速 v_I 流进控制体，其流进动量为 $(mv)_{\mathrm{II}_1}$，以平均流速 v_{II} 流出控制体，其流出动量为 $(mv)_{\mathrm{I\!I\!I}_1}$。经 $\mathrm{d}t$ 时间后，液体移动到 I_1—II_1 位置，此时液

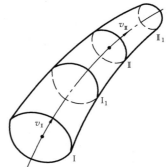

图 2-16 管流动量定理

体的动量为

$$(mv)_{I_1 II_1} = (mv)_{I_1 II} + (mv)_{II II_1} = (mv)_{I II} - (mv)_{I I_1} + (mv)_{II II_1}$$

经时间 dt 后，流体动量的增量为

$$d(mv) = (mv)_{I_1 II_1} - (mv)_{I II} = (mv)_{I II} - (mv)_{I I_1} + (mv)_{II II_1} - (mv)_{I II}$$

$$= (mv)_{II II_1} - (mv)_{I I_1} = \rho_{II} q_{II} dt \cdot v_{II} - \rho_I q_I dt \cdot v_I$$

由连续性可知，流量 $q_I = q_{II} = q$，对于不可压缩液体，密度 $\rho_I = \rho_{II} = \rho$，于是

$$d(mv) = \rho q dt (v_{II} - v_I)$$

根据动量定理，外力

$$F = \frac{d(mv)}{dt} = \rho q (v_{II} - v_I) \tag{2-31}$$

在应用式(2-31)时，列出某方向上的动量方程，即可求出外力在该方向上的分量。

例 2-5　有一圆柱滑阀，如图 2-17 所示。进油和回油的流动方向与阀的轴线垂直，从液压缸进出阀腔的油液的流动方向与阀的轴线成 $\alpha = 69°$ 角，流量均为 $q = 36$ L/min，阀口压降 $\Delta p = 3.5$ MPa，假设流体无黏性，密度 $\rho = 900$ kg/m³。试确定作用在阀芯上的轴向力及其方向。

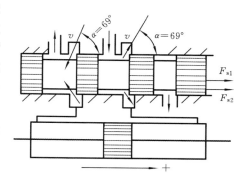

图 2-17　例 2-5 图

解　取坐标系如图 2-17 所示，分别以阀的进油腔和回油腔为控制体积。

（1）进油腔。设从阀芯流入液压缸的液流速度为 v，阀芯对液体的轴向力为 F_{s1}，方向如图所示。根据式(2-31)，有

$$F_{s1} = \rho q v \cos\alpha - 0 = \rho q v \cos\alpha$$

阀芯所受的轴向力大小等于 F_{s1}，方向与其相反。

（2）回油腔。从液压缸流入阀芯的液流速度仍为 v，阀芯对液体的轴向力为 F_{s2}，方向如图所示。根据式(2-31)，有

$$F_{s2} = 0 - (-\rho q v \cos\alpha) = \rho q v \cos\alpha$$

阀芯所受的轴向力大小等于 F_{s2}，方向与其相反。

（3）阀芯所受的总轴向力。

$$F_s = F_{s1} + F_{s2} = 2\rho q v \cos\alpha = 2\rho q \sqrt{\frac{2\Delta p}{\rho}} \cos\alpha$$

$$= 2 \times 900 \times (36 \times 10^{-3}/60) \times \sqrt{\frac{2 \times 3.5 \times 10^6}{900}} \cos 69° \text{ N} = 34 \text{ N}$$

其方向向右，使阀芯向左移动，滑阀趋向于关闭状态。

例 2-6　有油从内径为 $D = 80$ mm 的液压缸的右端直径为 $d = 20$ mm 的小孔流出（见图 2-18），活塞上的作用力 $F = 3\,000$ N。忽略活塞重量及流动损失，试求支持缸筒不动所需的力。

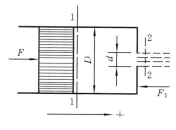

图 2-18　例 2-6 图

解　设液压缸对油的作用力为 F_1，方向如图所示。液压缸中油液在外力 F 和 F_1 的作用下，动量发生变化。由动

量定理有

$$F - F_1 = \rho q (v_2 - v_1) = \rho A_2 v_2^2 \left(1 - \frac{v_1}{v_2}\right)$$

式中：v_1 为活塞运动速度；v_2 为油从小孔流出的速度；q 为经小孔的出流量；ρ 为油液密度；A_2 为小孔过流面积。

根据连续性方程

$$\frac{v_1}{v_2} = \frac{A_2}{A_1}$$

式中：A_1 为活塞面积。于是

$$F - F_1 = \rho A_2 v_2^2 \left(1 - \frac{A_2}{A_1}\right) \tag{2-32}$$

对液压缸截面 1 与孔口截面 2 建立伯努利方程：

$$\frac{p_1}{\gamma} + \frac{v_1^2}{2g} = \frac{v_2^2}{2g}$$

或

$$\frac{p_1}{\gamma} = \frac{1}{2g}(v_2^2 - v_1^2) = \frac{v_2^2}{2g}\left[1 - \left(\frac{A_2}{A_1}\right)^2\right]$$

$$v_2^2 = \frac{2p_1}{\rho} \cdot \frac{1}{1 - \left(\frac{A_2}{A_1}\right)^2}$$

将 v_2 代入式(2-32)，得

$$F - F_1 = \rho A_2 \cdot \frac{2p_1}{\rho} \cdot \frac{1}{1 - \left(\frac{A_2}{A_1}\right)^2}\left(1 - \frac{A_2}{A_1}\right) = 2A_2 \cdot \frac{F}{A_1} \cdot \frac{A_1^2}{A_1^2 - A_2^2} \cdot \frac{A_1 - A_2}{A_1}$$

$$= \frac{2A_2 F}{A_1 + A_2} = \frac{2Fd^2}{D^2 + d^2}$$

支持缸筒不动所需的力为

$$F_1 = F\left(1 - \frac{2d^2}{D^2 + d^2}\right) = 3\ 000 \times \left(1 - \frac{2 \times 20^2}{80^2 + 20^2}\right) \text{N} = 2\ 647\ \text{N}$$

其方向向左。

2.6　液体流动时的压力损失

式(2-30)中，h_f 表示液体在流动时所产生的机械能损失。在液压技术中，这种能量损失主要表现为液体的压力损失。这种损失关系到液压系统供油压力、管内允许流速，及管道布置尺寸的确定。讨论压力损失的目的在于：正确计算液压系统或设备的流动阻力；找出减少流动阻力的途径；利用压力损失所形成的压差来控制某些液压元件的动作。液体流动时的压力损失分为两大类：沿程压力损失和局部压力损失，它们和液体的流动状态有关。

2.6.1　层流、紊流、雷诺判据

英国物理学家雷诺通过大量试验，发现液体在管道内流动时存在层流和紊流两种流动状态，不同流态对能量损失的影响也不相同。

液体质点没有横向脉动,互不干扰,做定向而不混杂的有层次的运动,称为层流运动。

液体除沿流动方向运动外,还做横向脉动,这种运动称为紊流或湍流。

液体是做层流运动还是做紊流运动,与流速、管径及液体的黏性有关。雷诺归纳出一个综合量——雷诺数 Re 来判断液体的运动状态。雷诺数是液体惯性力与黏性力之比的无量纲数。由相似理论得到雷诺数

$$Re = \frac{vD_H}{\nu} = \frac{\rho v D_H}{\mu} \tag{2-33}$$

式中:ν 为液体运动黏度;μ 为液体动力黏度;ρ 为液体密度;v 为液体运动的平均速度;D_H 为水力直径或等效直径。

对于圆形截面管

$$D_H = d$$

式中:d 为管道内径。

对于非圆形截面管

$$D_H = \frac{4A}{\chi} \tag{2-34}$$

式中:A 为过流断面面积;χ 为湿周,即过流断面上液体与固体壁面相接触的周界长度。

例如,对于过流断面是内、外直径分别为 d 及 D 的环形(见图 2-19(a)),则

$$D_H = \frac{4 \times \frac{\pi}{4}(D^2 - d^2)}{\pi(D + d)} = D - d \tag{2-35}$$

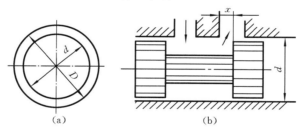

图 2-19　流道过流断面形状

又如,对于开度为 x 的滑阀阀口(见图 2-19(b)),则

$$D_H = \frac{4\pi x d}{2\pi d} = 2x \tag{2-36}$$

雷诺通过大量试验得出的临界雷诺数的值如表 2-6 所示。

当雷诺数 $Re < Re_r$ 时,液体做层流流动;

当雷诺数 $Re > Re_r$ 时,液体做紊流流动。

如管道为光滑金属圆管,则当 $Re < 2\,000 \sim 2\,300$ 时液体做层流流动,当 $Re > 2\,000 \sim 2\,300$ 时液体做紊流流动。

表 2-6　常见液流管道的临界雷诺数 Re_r

管道形状	Re_r	管道形状	Re_r
光滑金属圆管	2000~2300	有环槽的同心环缝	700
橡胶软管	1600~2000	有环槽的偏心环缝	400
光滑同心环缝	1100	滑阀阀口	260
光滑偏心环缝	1000		

2.6.2　沿程压力损失

液体在等截面直管内,沿流动方向各流层之间的内摩擦而产生的压力损失,称为沿程压力损失。它主要取决于管道长度 l、管径 d、液体流速 v、液体黏度,以及液体在管中的流动状态。通过量纲分析和试验,得到计算沿程压力损失的公式如下:

$$h_l = \lambda \frac{l}{d} \cdot \frac{v^2}{2g} \tag{2-37}$$

或

$$\Delta p_l = \lambda \frac{l}{d} \cdot \frac{\rho v^2}{2} \tag{2-38}$$

式中:Δp_l 为沿程压力损失;h_l 为以液柱高表示的沿程压力损失;ρ 为液体密度;g 为重力加速度;λ 为沿程压力损失系数,不同流态对应不同的 λ 值。

1. 圆管层流运动的压力损失

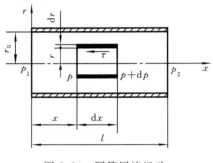

图 2-20　圆管层流运动

如图 2-20 所示,管道两端压力分别为 p_1 和 p_2,圆管半径为 r_0。在管流中以轴心线为中心取一微元液柱,长 $\mathrm{d}x$,半径为 r。两环形截面上分别作用有 p 和 $p+\mathrm{d}p$ 的压力,环形表面上的切应力为 τ。

沿管轴线的力平衡方程为

$$p\pi r^2 - (p+\mathrm{d}p)\pi r^2 - \tau \cdot 2\pi r \mathrm{d}x = 0$$

经整理得

$$-\frac{\mathrm{d}p}{\mathrm{d}x} = \frac{2\tau}{r} \tag{2-39}$$

由式(2-2)知,切应力

$$\tau = \mu \frac{\mathrm{d}u}{\mathrm{d}r}$$

因为图 2-20 的横坐标取在轴线上,$\mathrm{d}u/\mathrm{d}r$ 恒为负值,要使 τ 为正,必须在上述公式前面置一负号。由式(2-39)和式(2-2)得

$$\frac{\mathrm{d}p}{\mathrm{d}x} = \frac{2}{r}\mu\frac{\mathrm{d}u}{\mathrm{d}r}$$

又因

$$\frac{\mathrm{d}p}{\mathrm{d}x} = \frac{p_2 - p_1}{l} = \frac{-(p_1 - p_2)}{l} = -\frac{\Delta p}{l}$$

故

$$\frac{\mathrm{d}u}{\mathrm{d}r} = \frac{\mathrm{d}p}{\mathrm{d}x} \cdot \frac{r}{2\mu} = -\frac{r\Delta p}{2\mu l}$$

积分后得

$$u = -\frac{\Delta p}{4\mu l}r^2 + c$$

式中:c 为积分常数,由边界条件确定。

当 $r = r_0$ 时,$u = 0$,于是

$$c = \frac{\Delta p r_0^{\ 2}}{4\mu l}$$

速度分布表达式为

$$u = \frac{\Delta p}{4\mu l}(r_0^2 - r^2) = \frac{\Delta p}{4\mu l}\left(\frac{d^2}{4} - r^2\right) \tag{2-40}$$

式中：d 为圆管直径。

速度分布为一对称于管轴线的抛物面，如图 2-21 所示。最大流速在管轴线处，即 $r=0$ 时，有

$$u = u_{\max} = \frac{\Delta p d^2}{16\mu l} \tag{2-41}$$

平均流速为

$$
\begin{aligned}
v &= \frac{1}{A}\int_A u\,\mathrm{d}A = \frac{1}{A}\int_0^{r_0} \frac{\Delta p}{4\mu l}\left(\frac{d^2}{4} - r^2\right)\cdot 2\pi r\cdot \mathrm{d}r \\
&= \frac{\Delta p d^2}{32\mu l} = \frac{1}{2}u_{\max}
\end{aligned}
\tag{2-42}
$$

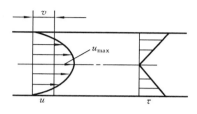

图 2-21　速度和切应力分布

流量为

$$q = Av = \frac{\pi}{4}d^2 \cdot \frac{\Delta p d^2}{32\mu l} = \frac{\pi d^4 \Delta p}{128\mu l} \tag{2-43}$$

切应力为

$$\tau = -\mu\frac{\mathrm{d}u}{\mathrm{d}r} = \mu\cdot\frac{\Delta p r}{2\mu l} = \frac{\Delta p r}{2l}$$

当 $r=0$ 时，$\tau=0$；当 $r=r_0$ 时，$\tau=\tau_{\max}=\dfrac{\Delta p r_0}{2l}$。

管中切应力呈"K"字形分布，如图 2-21 所示。由式（2-43）可知，沿程压力损失为

$$\Delta p_l = \frac{32\mu l v}{d^2} = \frac{64}{\rho v d/\mu}\cdot\frac{l}{d}\cdot\frac{\rho v^2}{2} \tag{2-44}$$

比较式（2-38）和式（2-44），可得

$$\lambda = \frac{64}{\rho v d/\mu} = \frac{64}{Re} \tag{2-45}$$

实践证明：

对于做层流运动的水，$\lambda = 64/Re$；

对于金属管中做层流运动的油，$\lambda = 75/Re$；

对于橡胶软管中做层流运动的油，$\lambda = 80/Re$。

由此可见，液体做层流运动时，沿程损失系数 λ 仅与雷诺数 Re 有关，与管道内壁的表面粗糙度无关，这一结论已为试验所证实。

2. 圆管紊流运动的压力损失

液体在管中做紊流运动时的压力损失要比做层流运动时大得多。这是因为液体不仅要克服液层间的内摩擦，还要克服由液体横向脉动所引起的紊流摩擦，而后者远远大于前者。试验证明，在紊流状态下，沿程压力损失系数 λ 不仅与雷诺数 Re 有关，而且还与管道内壁的表面粗糙度有关。

由于液体具有黏性，即使在紊流运动条件下，壁面处速度仍为零。因此在壁面附近总是有一薄层液体呈层流状态，称为近壁层流层。其厚度 δ 与雷诺数有关，液体紊动越剧烈，雷

诺数就越大,近壁层流层就越薄。通常用下述经验公式近似地表示δ与Re之间的关系:

$$\delta = 30 \frac{d}{Re\sqrt{\lambda}}$$

(2-46)

式中:λ为沿程压力损失系数;d为管道直径。

设管道内壁表面绝对粗糙度的平均值为ε。当$\delta > \varepsilon$时,如图2-22(a)所示,管壁粗糙部分淹没在近壁层流层中,对主流无影响,此时管道称为水力光滑管。当$\delta < \varepsilon$时,如图2-22(b)所示,管壁粗糙部分暴露在近壁层流层外,将对主流产生影响,此时管道称为水力粗糙管。

由上述可知,同一根管道,当工作液体不变时,可能为水力光滑管也可能为水力粗糙管,具体如何视流动状态而定。

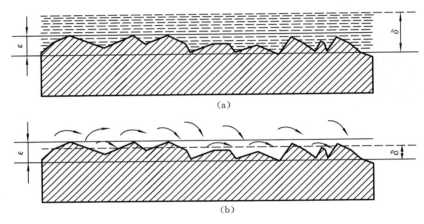

图2-22 水力光滑管与水力粗糙管

(a) 水力光滑管;(b) 水力粗糙管

管道内壁的绝对粗糙度与管道材质有关,各种实际管道的ε值如表2-7所示。

表2-7 常用管道的ε值

管道材料	管道状况	ε/mm	管道材料	管道状况	ε/mm
铜管	新	0.001~0.002	普通镀锌钢管	新	0.39
无缝钢管	新,无锈	0.014	铸铁管	新	0.2~0.4
焊接钢管	新,无锈	0.06		新,镀沥青	0.12~0.24
	中等程度生锈	0.50		旧	0.5~1.5
	陈旧,生锈	1.0		很旧	3.0
	强烈生锈,有大量污垢	3.0	镀锌铁管	新,清洁	0.15~0.25
玻璃管	无缝	0.0015~0.01		使用了几年	0.50
混凝土管	新	1.5	砖缝管	新	4.0
	已使用过,清洁	0.05~0.33	木管		0.25~1.25
胶合板管	新	0.03	橡胶软管		0.01~0.03

莫迪提供了实际管道沿程压力损失系数图,如图2-23所示,它表示沿程压力损失系数λ、雷诺数Re及管壁相对粗糙度ε/d之间的变化关系。该图为计算工业管道的沿程压力损

失提供了很大方便。

下面再推荐两个计算 λ 的常用经验公式：

（1）当 $3 \times 10^3 < Re < 10^5$ 时，管道为水力光滑管，

$$\lambda = 0.3164\, Re^{-0.25} \tag{2-47}$$

（2）当 $Re > 3 \times 10^6$ 时，管道为水力粗糙管，

$$\lambda = \left(2\lg \frac{d}{\varepsilon} + 1.74\right)^{-2} \tag{2-48}$$

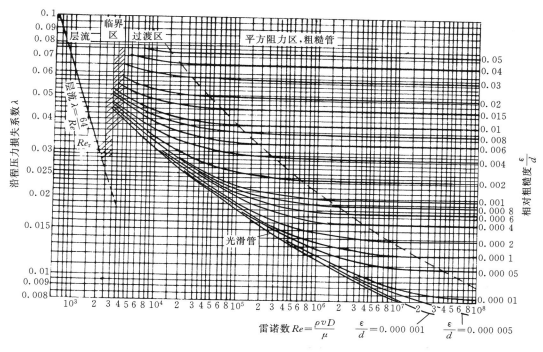

图 2-23　管道沿程压力损失系数图

2.6.3　局部压力损失

液体在流动中，由于遇到局部障碍而产生的机械能损失，称为局部压力损失。在液压传动系统中，局部障碍包括：流道发生弯曲处；截面突然扩大和突然缩小处；流道中装置的各种液压元件及附件，如各种液压阀、弯头、三通等。液体通过局部障碍时，由于液流方向和速度大小发生变化，将产生旋涡、分离脱流现象，使液体质点互相撞击而造成能量损失。

局部压力损失计算公式为

$$\Delta p_{\mathrm{m}} = \xi \frac{\rho v^2}{2} \tag{2-49}$$

或

$$h_{\mathrm{m}} = \xi \frac{v^2}{2g} \tag{2-50}$$

式中：Δp_{m} 为局部压力损失；h_{m} 为以液柱高表示的局部压力损失；ξ 为局部损失系数；v 为液体过流断面上的平均速度；ρ 为液体密度。

表 2-8、表 2-9 和表 2-10 列出了几种类型的局部损失系数 ξ 的试验值，供参考。

表 2-8 管道入口处局部损失系数

	入口处为尖角	$\xi=0.5$								
	入口处为尖角凸台	$\xi=1.0$								
	入口处为圆角	r/d_0	0	0.01	0.02	0.04	0.06	0.08	0.12	0.16	>0.16
		ξ	0.5	0.43	0.36	0.26	0.20	0.15	0.09	0.05	0.03
	入口处有倒角 $\alpha=40°\sim60°$ $e/d_0=0.2\sim0.3$	$\xi=0.1\sim0.15$								

表 2-9 弯管的局部损失系数

	折管	$\beta/(°)$	10	20	30	40	50	60	70	80	90
		ξ	0.04	0.10	0.17	0.27	0.4	0.55	0.70	0.90	1.12
	圆弧过渡弯管 $\xi=\xi'\dfrac{\beta}{90°}$	$\dfrac{d_0}{2r}$	0.1	0.2	0.3	0.4	0.5	—	—	—	—
		ξ'	0.13	0.14	0.16	0.21	0.29	—	—	—	—

表 2-10 常用标准管接头局部损失系数

局部障碍形式			ξ 值	图例
三通式管接头	分流	主流道	0.1～0.2	
		分流道	0.9～1.2	
	分流		1.0～1.5	
	合流		2.0～2.5	
	合流		0.5～0.6	
直通式管接头			0.1～0.15	

局部阻力形式	ξ 值	图例
直角式管接头	0.2	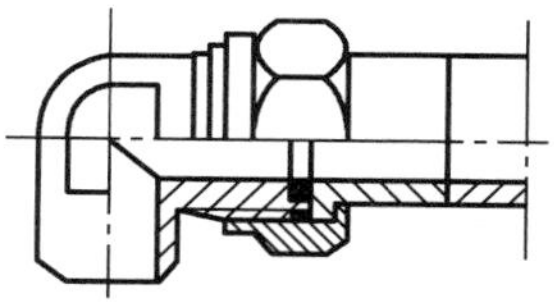
铰接式管接头	0.2～0.25	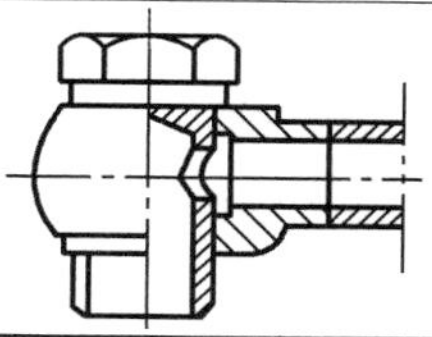

管道突然扩大和突然缩小处的局部损失系数可通过计算得到。液压阀类元件和其他常用的局部损失系数可在液压手册和有关资料中查到。

2.6.4　管路系统总压力损失

管路系统总压力损失等于所有支管的沿程压力损失和所有局部地区产生的局部压力损失之和,即

$$\Delta p_{总} = \sum \Delta p_l + \sum \Delta p_m = \sum \lambda \frac{l}{d} \frac{\rho v^2}{2} + \sum \xi \frac{\rho v^2}{2} \tag{2-51}$$

或

$$h_f = \sum h_l + \sum h_m = \sum \lambda \frac{l}{d} \frac{v^2}{2g} + \sum \xi \frac{v^2}{2g} \tag{2-52}$$

式中:h_f 为以液柱高表示的总压力损失。式中其他各参数意义参见式(2-37)、式(2-38)、式(2-49)和式(2-50)。

用式(2-51)和式(2-52)计算时必须注意:在两个局部压力损失区域之间的直管长度要大于 10～20 倍直径。因为液流只有在经过一个局部区域稳定以后,再经过第二个局部区域,两者之间才不会发生干扰,否则损失将会增大。

管路系统总压力损失会影响动力源的功率损耗,因此必须尽量减少系统中的压力损失。从式(2-51)和式(2-52)可以看出,管路系统总压力损失与管长、管道截面尺寸、液体黏度、平均流速等因素有关。适当限制流速,是减少管路系统中压力损失的重要措施之一。表 2-11 所示为管路系统局部推荐流速。

表 2-11　管路系统局部推荐流速

液体流经的元件或部位	平均流速 $v/(\text{m/s})$
液压泵吸油管道	0.5～1.5(常取 1)
液压系统压油管道	3～5(压力高、管短、黏度小时取大值)
液压系统回油管道	1.5～2.5
溢流阀阀口	15
安全阀阀口	30
短管及局部收缩处	5～7

例 2-7　装载机动臂的油路系统如图 2-24 所示。除阀和滤油器外,管道尺寸及其附件如下:

第一段 $l_1 = 2.4$ m,附90°弯头一个;

第二段 $l_2 = 5.1$ m,附90°弯头两个,45°弯头一个;

第三段 $l_3 = 5$ m,附90°弯头一个,45°弯头一个;

第四段 $l_4 = 2.9$ m,附90°弯头一个。

各段管道直径均为 $d_0 = 32$ mm,液压缸活塞直径 $D = 200$ mm,活塞杆直径 $d = 140$ mm,油液运动黏度 $\nu = 0.3$ cm²/s,密度 $\rho = 880$ kg/m³。试求泵的流量为 180 L/min 时系统的功率损失。

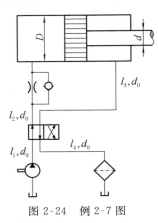

图 2-24 例 2-7 图

解 (1)查有关手册得到各局部区域的损失系数。

90°弯头:$\xi_1 = 1.13$

45°弯头:$\xi_2 = 0.15$

单向节流阀:$\xi_3 = 8$

滑阀:$\xi_4 = 12$

过滤器:$\xi_5 = 6$

管道到液压缸的出口:$\xi_6 = 1$

(2)第一、二两段管道的参数如下:

流速为

$$v_1 = \frac{4q}{\pi d_0^2} = \frac{4 \times 180 \times 10^{-3}}{\pi \times 60 \times (32 \times 10^{-3})^2} \text{ m/s} = 3.73 \text{ m/s}$$

雷诺数为

$$Re = \frac{v_1 d_0}{\nu} = \frac{3.73 \times 32 \times 10^{-3}}{0.3 \times 10^{-4}} = 3\,979 < 10^5$$

沿程损失系数为

$$\lambda = \frac{0.316\,4}{Re^{0.25}} = \frac{0.316\,4}{(3\,979)^{0.25}} = 0.0398$$

第一、二两段的压力损失为

$$\Delta p_1 = \left(\sum \lambda \frac{l}{d_0} + \sum \xi \right) \frac{\rho v_1^2}{2} = \left(\lambda \frac{l_1 + l_2}{d_0} + 3\xi_1 + \xi_2 + \xi_4 + \xi_3 + \xi_6 \right) \frac{\rho v_1^2}{2}$$

$$= \left(0.0398 \times \frac{2.4 + 5.1}{32 \times 10^{-3}} + 3 \times 1.13 + 0.15 + 12 + 8 + 1 \right) \times \frac{880 \times 3.73^2}{2} \text{ MPa}$$

$$= 0.207 \text{ MPa}$$

(3)第三、四两段管道的参数如下:

流量为

$$q' = \frac{D^2 - d^2}{D^2} q = \frac{200^2 - 140^2}{200^2} \times 180 \text{ L/min} = 91.8 \text{ L/min}$$

流速为

$$v_2 = \frac{4q'}{\pi d_0^2} = \frac{4 \times 91.8 \times 10^{-3}}{\pi \times 60 \times (32 \times 10^{-3})^2} \text{ m/s} = 1.9 \text{ m/s}$$

雷诺数为

$$Re = \frac{v_2 d_0}{\nu} = \frac{1.9 \times 32 \times 10^{-3}}{0.3 \times 10^{-4}} = 2\,026$$

液体在第三、四两段管道内的流动状态为层流,故沿程损失系数为

$$\lambda = \frac{64}{Re} = \frac{64}{2\,026} = 0.032$$

第三、四两段的压力损失为

$$\Delta p_2 = \left(\sum \lambda \frac{l}{d_0} + \sum \xi\right) \frac{\rho v_2^2}{2} = \left(\lambda \frac{l_3 + l_4}{d_0} + 2\xi_1 + \xi_2 + \xi_5 + \xi_4\right) \frac{\rho v_2^2}{2}$$

$$= \left(0.032 \times \frac{5 + 2.9}{32 \times 10^{-3}} + 2 \times 1.13 + 0.15 + 6 + 12\right) \times \frac{880 \times 1.9^2}{2} \ \text{MPa}$$

$$= 0.045 \ \text{MPa}$$

（4）系统中总功率损失为

$$P = \Delta p_1 q + \Delta p_2 q'$$

$$= \left(\frac{0.207 \times 10^6 \times 180 \times 10^{-3}}{60} + \frac{0.045 \times 10^6 \times 91.8 \times 10^{-3}}{60}\right) \text{W}$$

$$= 686.85 \ \text{W}$$

2.7　孔口和缝隙流动

2.7.1　孔口出流

在液压传动系统中，常常碰到液体流经孔口的情况。例如，液压油流经滑阀、锥阀、阻尼孔、节流元件等都属于孔口出流问题。掌握各类孔口特别是薄壁和厚壁孔口淹没出流的一般规律，对解决液压技术领域的具体问题具有非常重要的意义。

现仅讨论小孔口的定常出流。

如图 2-25 所示，液体经器件的小孔口流入充满液体的空间，属淹没孔口出流范畴。由于流线不能转折而又必须连续，经孔口后射流形成收缩，c—c 为液流收缩截面，2—2 为液流出口截面，各处参数如图 2-25 所示。

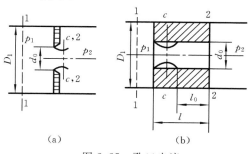

（a）　　　　　　　　　（b）

图 2-25　孔口出流

（a）薄壁孔口；（b）厚壁孔口

设孔口处流速均匀，对截面 1—1 和 2—2 列伯努利方程，便有

$$\frac{p_1}{\rho} + \frac{v_1^2}{2} = \frac{p_2}{\rho} + \frac{v_2^2}{2} + g h_f$$

相对而言，$D_1 \gg d_0$（孔口直径），即截面 1—1 流速 v_1 远小于孔口处流速 v_2，v_1 可忽略不计。自截面 1—1 到截面 2—2 总压力损失为

$$h_f = \left(\xi + \lambda \frac{l}{d_0}\right) \frac{v_2^2}{2g}$$

代入上述伯努利方程并经整理得

$$v_2 = \frac{1}{\sqrt{1+\xi+\lambda(l/d_0)}} \sqrt{\frac{2(p_1-p_2)}{\rho}} = C_v \sqrt{2\Delta p/\rho} \tag{2-53}$$

式中：ξ 为小孔进口处局部损失系数；λ 为经孔口的沿程损失系数；d_0 为孔口直径；l 为孔长度；Δp 为孔口前后压差，$\Delta p = p_1 - p_2$；ρ 为液体密度；C_v 为流速系数，是实际流速 v_r 与理想流速 v_t 之比值，即

$$C_v = \frac{v_r}{v_t} = \frac{1}{\sqrt{1+\xi+\lambda(l/d_0)}}$$

令

$$C_c = \frac{A_c}{A_0} = \frac{液流出口截面面积}{孔口面积}$$

或

$$A_c = C_c A_0$$

C_c 称为孔口收缩系数，表示射流的收缩程度。则经小孔的流量为

$$q = v_2 A_c = v_2 C_c A_0 = C_c C_v A_0 \sqrt{2\Delta p/\rho} = C_q A_0 \sqrt{2\Delta p/\rho} \tag{2-54}$$

式中：C_q 为流量系数，它是实际流量 q_r 与理想流量 q_t 之比值，即

$$C_q = q_r/q_t = C_c C_v$$

式（2-54）为液体流经孔口的流量表达式，它适用于一切孔口，只是不同的孔口有不同的 C_c、C_v 及 C_q 值。

1. 薄壁孔口

一般而言，孔口的长径比 $l/d_0 \leqslant 0.5$ 时，称为薄壁孔口，如图 2-25(a) 所示。其特点如下：

(1) 收缩发生在孔外 c—c 处，即截面 2—2 就是收缩截面 c—c，$v_2 = v_c$；

(2) 无沿程损失，只有进口处的局部损失（进口局部损失系数为 ξ_i），此时

$$C_v = 1/\sqrt{1+\xi_i}$$

$$v_2 = v_c = C_v \sqrt{2\Delta p/\rho}$$

$$q = C_q A_0 \sqrt{2\Delta p/\rho}$$

2. 厚壁孔口

当小孔长径比 $0.5 < l/d_0 \leqslant 4$ 时，称为厚壁孔口（见图 2-25(b)）。其特点如下：

(1) 收缩发生在孔内，对出口而言，$C_c = A_c/A_0 = 1$；

(2) 局部损失包括进口损失和收缩以后的扩散损失（扩散损失系数为 ξ_a）两部分；

(3) l_0 段为沿程损失，此时

$$C_v = \frac{1}{\sqrt{1+\xi_i+\xi_a+\lambda(l_0/d_0)}}$$

$$C_q = C_c C_v = C_v$$

流速、流量仍满足式（2-53）和式（2-54）。

3. 细长孔

小孔长径比 $l/d_0 > 4$ 时，称为细长孔。当液流处于层流状态时，流量为

$$q = \frac{\pi d_0^4 \Delta p}{128 \mu l}$$

式中：d_0 为孔口直径；l 为孔长度；μ 为液体动力黏度；Δp 为孔前后压差。可以看出，该式与式(2-43)一致。

例 2-8　一液压缸旁路节流调速系统如图 2-26 所示。液压缸直径 $D = 100$ mm，负载 $F = 4\,000$ N，活塞移动速度 $v = 0.05$ m/s，泵流量 $q = 50$ L/min。试求节流阀开口面积。设节流阀口流量系数 $C_q = 0.62$，不计管路损失，液体密度 $\rho = 900$ kg/m³。

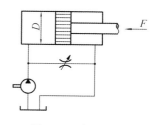

图 2-26　例 2-8 图

解　液压缸要求的流量为

$$q_1 = vA = v\frac{\pi}{4}D^2 = 0.05 \times \frac{\pi}{4} \times (100 \times 10^{-3})^2 \ \mathrm{m^3/s}$$
$$= 3.925 \times 10^{-4} \ \mathrm{m^3/s}$$

通过节流阀的流量为

$$q_T = q - q_1 = \left(\frac{50 \times 10^{-3}}{60} - 3.925 \times 10^{-4}\right) \ \mathrm{m^3/s} = 4.408 \times 10^{-4} \ \mathrm{m^3/s}$$

负载要求缸左腔的压力为

$$p = \frac{F}{A} = \frac{4F}{\pi D^2} = \frac{4 \times 4\,000}{\pi (100 \times 10^{-3})^2} \ \mathrm{Pa} = 0.51 \times 10^6 \ \mathrm{Pa} = 0.51 \ \mathrm{MPa}$$

因为管路损失不计，$p = 0.51$ MPa 即泵压力，由式(2-54)可得通过节流阀的流量为

$$q_T = C_q A_0 \sqrt{2\Delta p/\rho}$$

所以节流阀开口面积为

$$A_0 = \frac{q_T}{C_q\sqrt{2\Delta p/\rho}} = \frac{4.408 \times 10^{-4}}{0.62 \times \sqrt{2 \times 0.51 \times 10^6/900}} \ \mathrm{m^2} = 21.1 \times 10^{-6} \ \mathrm{m^2}$$

2.7.2　缝隙流动

液体在两个边界壁所夹着的狭窄空间内的流动，称为缝隙流动。缝隙流动具有如下两个特点：① 缝隙高度相对其长度和宽度而言要小很多；② 缝隙流动通常属于层流范畴。

液压元件与运动零件之间有一定的配合间隙，因此液压系统中存在着大量缝隙流动。液体通过这些缝隙产生泄漏，影响元件的各种性能。掌握缝隙流动的特点，对液压元件的设计、制造和使用有着重要意义。

本节的中心问题是建立通过缝隙的流量与压差、速度的函数关系。

1. 平行平板缝隙流

1）压差流

如图 2-27 所示的两固定平行平板缝隙中，δ 和 l 分别表示缝隙的高度和长度，在垂直于纸面的方向上缝隙宽度为 b。缝隙两端压力分别为 p_1 和 p_2，液体在压差 $\Delta p = p_1 - p_2$ 作用下产生流动，称为压差流。在缝隙中取长为 $\mathrm{d}x$、高为 $\mathrm{d}z$ 的微元液体，不计重力，只考虑表面力的作用，即相应地产生切应力 τ 和压力 p。各处应力方向如图 2-27(a)所示。

微元液体在 x 方向上力的平衡方程为

$$pb\mathrm{d}z - (p + \mathrm{d}p)b\mathrm{d}z - \tau b\mathrm{d}x + (\tau + \mathrm{d}\tau)b\mathrm{d}x = 0$$

将式(2-2)代入该平衡方程并整理，得

$$\frac{\mathrm{d}\tau}{\mathrm{d}z} = \mu\frac{\mathrm{d}^2 u_1}{\mathrm{d}z^2}$$

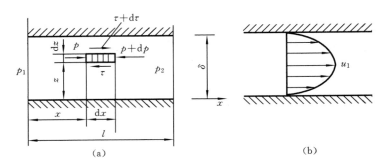

图 2-27　平行平板压差流
(a) 受力分析；(b) 流速分布

式中：μ 为液体动力黏度；u_1 为缝隙中高度为 z 处液体流速。

经两次积分得

$$u_1 = \frac{1}{2\mu}\frac{\mathrm{d}p}{\mathrm{d}x}z^2 + c_1 z + c_2 \tag{2-55a}$$

根据边界条件决定积分常数 c_1 和 c_2。

当 $z=0$，$z=\delta$ 时，$u_1=0$，得

$$c_2 = 0, c_1 = -\frac{1}{2\mu}\frac{\mathrm{d}p}{\mathrm{d}x}\delta$$

故

$$u_1 = -\frac{1}{2\mu}\frac{\mathrm{d}p}{\mathrm{d}x}(\delta - z)z \tag{2-55b}$$

缝隙流属层流范畴，压力 p 只是 x 的线性函数，即

$$\frac{\mathrm{d}p}{\mathrm{d}x} = \frac{p_2 - p_1}{l} = -\frac{\Delta p}{l}$$

将 $\dfrac{\mathrm{d}p}{\mathrm{d}x}$ 的表达式代入式(2-55b)，得缝隙中流速为

$$u_1 = \frac{\Delta p}{2\mu l}(\delta - z)z \tag{2-56}$$

流速分布曲线呈抛物线形，如图 2-27(b)所示。

流量为

$$q_1 = \int_0^\delta u_1 \cdot b \cdot \mathrm{d}z = \int_0^\delta \frac{\Delta p}{2\mu l}(\delta - z)zb\,\mathrm{d}z$$

即

$$q_1 = \frac{b\delta^3}{12\mu l}\Delta p \tag{2-57}$$

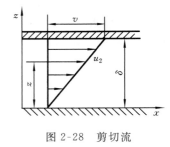

图 2-28　剪切流

由式(2-57)可知，两固定平行壁面间压差流的流量 q_1 与缝隙高度 δ 的三次方成正比，可见，缝隙大小对泄漏量影响极大。

2) 剪切流

缝隙两端无压差，假设上平板以速度 v 沿 x 正向运动，下平板不动。缝隙中液体在上平板带动下层层移动，称这种流动为剪切流。如图 2-28 所示，液流速度近似呈线性规律分布。

在缝隙高度为 z 的液体处流速为

$$u_2 = (v/\delta)z \tag{2-58}$$

流量为

$$q_2 = \int_0^\delta u_2 b \mathrm{d}z = \frac{b\delta}{2}v \tag{2-59}$$

式中：δ 为缝隙高度；b 为缝隙宽度。

3）压差与剪切联合作用下的流动

平板两端有压差 $\Delta p = p_1 - p_2$，而且平板间又有相对运动，液体在压差及平板的带动下在缝隙中流动，这种流动被称为压差与剪切的联合流动，如图 2-29 所示。在这种流动中，沿缝隙高度方向上流速分布是由压差流流速分布和剪切流流速分布叠加而成的。

当下平板固定、上平板以速度 v 运动时，总流速为

$$u = u_1 \pm u_2 = \frac{\Delta p}{2\mu l}(\delta - z)z \pm \frac{v}{\delta}z \tag{2-60}$$

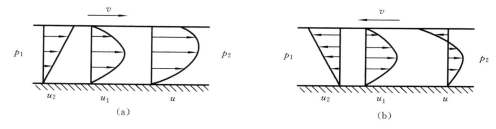

图 2-29　压差剪切联合流动

（a）平板顺着压差流方向运动；（b）平板逆着压差流方向运动

当上平板固定、下平板以速度 v 运动时，总流速

$$u = u_1 \pm u_2 = \frac{\Delta p}{2\mu l}(\delta - z)z \pm \left(1 - \frac{z}{\delta}\right)v \tag{2-61}$$

两种情况下总流量均为

$$q = q_1 \pm q_2 = \frac{b\delta^3}{12\mu l}\Delta p \pm \frac{b\delta}{2}v \tag{2-62}$$

以上诸公式中正负号的选取：平板运动方向与压差流方向一致时，取"＋"（见图 2-29（a)）；反之，取"－"（见图 2-29（b））。

2. 圆柱环状缝隙流

1）同心环状缝隙流

如图 2-30 所示，由内外圆柱面围成的间隙称为圆柱环状缝隙。在液压传动中，液体在缸体与活塞缝隙中的流动，在圆柱滑阀阀芯与阀孔缝隙中的流动，均属于这种流动。

当缝隙高度 δ 与圆柱直径 d 之比为一微量，即 $\delta/d \ll 1$ 时，可将环状缝隙沿径向切断并展开，得到两平行平面，其宽为 πd，代入式(2-57)和式(2-62)中，则可导出两个流量公式。

当两圆柱固定时，如图 2-30（a）所示，其流量为

$$q = \frac{\pi d\delta^3}{12\mu l}\Delta p \tag{2-63}$$

当两圆柱有相对运动，且运动速度为 v 时，如图 2-30（b）所示，其流量为

$$q = \frac{\pi d\delta^3}{12\mu l}\Delta p \pm \frac{\pi d\delta}{2}v \tag{2-64}$$

式中:正负号的选取与式(2-64)相同。

2)偏心环状缝隙流

在实际工程中,完全同心的环状缝隙是极少的,内外圆柱面往往由于受力不均匀以及加工偏差存在偏心。

图 2-31 所示为偏心环状缝隙,设内外圆柱面半径分别为 r_1 和 r_2,两圆柱面同心时的缝隙为 δ,偏心时的偏心距为 e。由于偏心的存在,缝隙大小随 θ 角变化,而与圆柱高度无关。

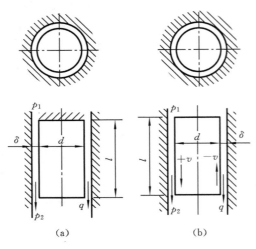

图 2-30 同心环状缝隙
(a)两圆柱固定;(b)两圆柱有相对运动

图 2-31 偏心环状缝隙

取 $\mathrm{d}\theta$ 对应的微元缝隙 $ABCD$。因为 θ 和 $\mathrm{d}\theta$ 均为微小量,所以可将微元缝隙视为缝隙高度为 h 的平行平面缝隙。根据式(2-62),流经该微元缝隙的流量为

$$\mathrm{d}q = \frac{r_2\mathrm{d}\theta \cdot h^3}{12\mu l}\Delta p \pm \frac{r_2\mathrm{d}\theta \cdot h}{2}v \tag{2-65a}$$

由图 2-31 知

$$h = OB - OA = r_2 - (OE + EA) = r_2 - (e\cos\theta + r_1) = \delta - e\cos\theta$$

将 h 的表达式代入式(2-65a),积分后得到偏心环缝流量

$$q = \int_0^{2\pi}\left[\frac{r_2\Delta p}{12\mu l}(\delta - e\cos\theta)^3 \pm \frac{r_2 v}{2}(\delta - e\cos\theta)\right]\mathrm{d}\theta = \frac{\pi d\delta^3}{12\mu l}\Delta p(1 + 1.5\varepsilon^2) \pm \frac{\pi d\delta}{2}v$$

$$\tag{2-65b}$$

式中:ε 为偏心比,$\varepsilon = e/\delta$。

(1)当 $v=0$ 时,只有压差流,则流量为

$$q = \frac{\pi d\delta^3}{12\mu l}\Delta p(1 + 1.5\varepsilon^2)$$

(2)当 $\varepsilon = 0$ 时,为同心环状缝隙流,则流量为

$$q = \frac{\pi d\delta^3}{12\mu l}\Delta p \pm \frac{\pi d\delta}{2}v$$

(3)当 $\varepsilon = 1$,即 $e = \delta$ 时,完全偏心,则流量为

$$q = 2.5\frac{\pi d\delta^3}{12\mu l}\Delta p \pm \frac{\pi d\delta}{2}v$$

由此可见,环状缝隙在完全偏心时的流量是同心时的 2.5 倍,这说明有偏心存在时,液压元件的泄漏量将增加。在工程实际中,计算环缝泄漏量时通常取其平均值,即用$(1+2.5)/2=1.75$ 倍进行计算。

3. 平行圆盘缝隙流

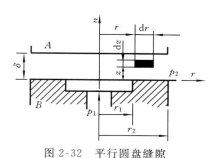

如图 2-32 所示,A、B 两平行圆盘之间有一不变的缝隙,缝隙高度为 δ。液体经中心孔沿径向向四周流出(源流),或者从四周沿径向流入中心(汇流),这两种情况都称为平行圆盘缝隙流。因为液体沿径向流动,所以又称为轴对称流动,它具有平行平板缝隙流的所有特点。轴向柱塞式液压泵的滑靴与斜盘间、缸体与配流盘间的缝隙流均属这种流动。

图 2-32　平行圆盘缝隙

现采用圆柱坐标,以源流为例来分析平行圆盘缝隙流的泄漏量与压差的关系,并求得在压差流作用下圆盘上的总作用力。

在图 2-32 所示缝隙中,取高为 $\mathrm{d}z$,径向尺寸为 $\mathrm{d}r$ 的微元缝隙流,近似将这层液体视为平行平板缝隙流,则在 r 处液体沿径向的流速满足式(2-55b),即

$$u_r = -\frac{1}{2\mu}\frac{\mathrm{d}p}{\mathrm{d}r}(\delta-z)z$$

缝隙流量为

$$q = \int_0^\delta u_r \cdot 2\pi r\mathrm{d}z = \int_0^\delta \left[-\frac{1}{2\mu}\frac{\mathrm{d}p}{\mathrm{d}r}(\delta-z)z\right]\cdot 2\pi r\mathrm{d}z = -\frac{\pi r\delta^3}{6\mu}\frac{\mathrm{d}p}{\mathrm{d}r} \tag{2-66a}$$

由式(2-66a)知,$\mathrm{d}p/\mathrm{d}r$ 不等于常数,它随 r 而变,即

$$\frac{\mathrm{d}p}{\mathrm{d}r} = -\frac{6\mu q}{\pi r\delta^3}$$

积分后得

$$p = -\frac{6\mu q}{\pi\delta^3}\ln r + c$$

当 $r=r_2$ 时,$p=p_2$(缝隙出口压力),则由边界条件得积分常数

$$c = p_2 + \frac{6\mu q}{\pi\delta^3}\ln r_2$$

故

$$p = p_2 + \frac{6\mu q}{\pi\delta^3}\ln\frac{r_2}{r} \tag{2-66b}$$

式(2-66b)为平行圆盘缝隙流的压力分布规律。当 $r=r_1$ 时,$p=p_1$(中心孔压力),代入式(2-66b)中经整理得

$$q = \frac{\pi\delta^3}{6\mu\ln(r_2/r_1)}\Delta p \tag{2-67}$$

又将式(2-67)代入式(2-66b)中,经整理得

$$p = p_2 + \frac{\ln(r_2/r)}{\ln(r_2/r_1)}\Delta p$$

若液体经平行圆盘缝隙流入大气中,即 $p_2=0$,则缝隙内压力分布规律为

$$p = \frac{\ln(r_2/r)}{\ln(r_2/r_1)}p_1 \tag{2-68}$$

在 p_1 一定时，p 只与 r 有关，即在同一半径处压力相等。

圆盘受到的缝隙内流体的作用合力为

$$F_\delta = \int_{r_1}^{r_2} p \cdot 2\pi r \mathrm{d}r = \int_{r_1}^{r_2} \frac{\ln(r_2/r)}{\ln(r_2/r_1)} p_1 \cdot 2\pi r \cdot \mathrm{d}r = \frac{\pi p_1}{2\ln(r_2/r_1)}[r_2^2 - r_1^2 - 2r_1^2 \ln(r_2/r_1)]$$

计及中心孔油腔内的作用力，则圆盘受的总作用力为

$$F = \pi r_1^2 p_1 + F_\delta = \frac{\pi p_1}{2\ln(r_2/r_1)}(r_2^2 - r_1^2) \tag{2-69}$$

如果液流从四周向中心汇流，用同样方法可求得流量、压力及圆盘所受的总作用力，它们分别为

$$q = -\frac{\pi\delta^3}{6\mu} \frac{\Delta p}{\ln(r_1/r_2)} \tag{2-70}$$

$$p = \frac{\ln(r/r_2)}{\ln(r_1/r_2)} p_1 \tag{2-71}$$

$$F_\delta = \frac{\pi p_1}{2\ln(r_1/r_2)}[r_2^2 - r_1^2 + 2r_1^2 \ln(r_1/r_2)] \tag{2-72}$$

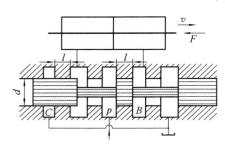

图 2-33 例 2-9 图

例 2-9 已知图 2-33 所示的液压缸有效作用面积 $A = 50$ cm²，负载 $F = 12.5$ kN，滑阀直径 $d = 20$ mm，同心径向间隙 $\delta = 0.02$ mm，配合长度 $l = 5$ mm，油液运动黏度 $\nu = 10 \times 10^{-6}$ m²/s，密度 $\rho = 900$ kg/m³，泵流量 $q = 10$ L/min。若考虑油液流经滑阀的泄漏，试计算活塞的运动速度（按同心和完全偏心两种情况计算）。

解 （1）同心情况。

不计流动损失，由负载 F 引起泵的压力为

$$p = \frac{F}{A} = \frac{12\,500}{50 \times 10^{-4}} \text{ Pa} = 2.5 \times 10^6 \text{ Pa}$$

通过长度为 l 缝隙的流量为

$$q_1 = \frac{\pi d\delta^3}{12\mu l}\Delta p = \frac{\pi d\delta^3}{12\nu\rho l}p = \frac{\pi \times 20 \times 10^{-3} \times (0.02 \times 10^{-3})^3}{12 \times 10 \times 10^{-6} \times 900 \times 5 \times 10^{-3}} \times 2.5 \times 10^6 \text{ m}^3/\text{s}$$

$$= 2.3 \times 10^{-6} \text{ m}^3/\text{s}$$

实际供给液压缸的流量为

$$q_r = q - 2q_1 = \left(\frac{10 \times 10^{-3}}{60} - 2 \times 2.3 \times 10^{-6}\right) \text{ m}^3/\text{s} = 162 \times 10^{-6} \text{ m}^3/\text{s}$$

活塞运动速度为

$$v = q_r/A = \frac{162}{50} \text{ cm/s} = 3.24 \text{ cm/s}$$

（2）完全偏心情况。

此时的泄漏量为同心时的 2.5 倍，缝隙总流量为

$$q_{1e} = 2.5 \times 2q_1 = 2.5 \times 2 \times 2.3 \times 10^{-6} \text{ m}^3/\text{s} = 11.5 \times 10^{-6} \text{ m}^3/\text{s}$$

实际供给液压缸的流量为

$$q_r = q - q_{1e} = \left(\frac{10 \times 10^{-3}}{60} - 11.5 \times 10^{-6}\right) \text{ m}^3/\text{s} = 155.17 \times 10^{-6} \text{ m}^3/\text{s}$$

故活塞的运动速度为

$$v = q_r/A = \frac{155.17 \times 10^{-6}}{50 \times 10^{-4}} \text{ m/s} = 3.1 \times 10^{-2} \text{ m/s}$$

2.8　液压冲击和气蚀现象

2.8.1　液压冲击

1. 物理本质

液压系统中,某一元件工作状态突变而引起液体压力瞬时急剧上升,产生很高的压力峰值,出现冲击波的传递现象,称为液压冲击。如换向阀迅速换向,液压管路突然关闭,液压缸活塞运动速度和方向突然改变等,都会引起液压冲击。

现举一实例来揭示液压冲击的物理本质。如图 2-34 所示,B 为蓄能器,D 为液压阀,两者相距 l。液压阀在图示位置时,液体压力为 p、流速为 v,液体在直径为 d 的管道中自左向右自由流动。如果液压阀突然关闭,紧靠阀 D 处微段液体首先停止流动,压力上升。接着相邻的各段液体也依次停止流动,压力升高,只是后一段液体停止流动的时刻较前一段滞后。这种压力

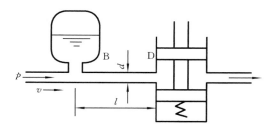

图 2-34　液压冲击

升高的变化以声速 c 由 D 向 B 传递,形成波动,称为第一波,经时间 $t_1 = l/c$ 后,第一波由 D 传到了 B。此时在蓄能器 B 的左端压力不变,在压差作用下,靠近 B 处有一微段液体向左运动,压力恢复到 p,接着相邻的各段液体又依次向左运动,压力恢复,形成一个压力恢复波(即第二波),以声速 c 从 B 返回 D,经时间 $t_2 = 2l/c$ 后,第二波到达 D 处。这时管中液流压力和流速与初始时相同,只是液流方向与初始时相反。液体有离开阀 D 的趋势,使得紧靠 D 的液体压力继续降低,降到低于起始压力,直到阻止这一段液体流动为止。同样道理,在管中形成一个压力降低波(即第三波),以声速 c 由 D 向 B 传递,当 $t_3 = 3l/c$ 时,压力降低波(即第三波)到达 B,管中液体全部停止流动,压力降低,但在 B 处液体压力仍为起始压力,因此在压差作用下液体又从 B 流向 D,形成第四波,其传递过程于 $t_4 = 4l/c$ 时结束,压力恢复到起始值。由于阀 D 仍关闭着,因此又重新出现上述过程。这就是一个液压冲击的全过程。不难看出,这种压力冲击波会在管道内往复振荡,直到能量消耗后,压力才趋向稳定。

2. 冲击压力

由以上分析可知,液压冲击是一个衰减过程。其冲击压力即压力峰值可按第一波(压力升高波)来计算。第一波完成,管中压力增加 Δp,而流速由 v 变为零。根据动量定理有

$$[p - (p + \Delta p)]A = \rho q(0 - v) = \rho(Al/t_1)(0 - v)$$

式中:ρ 为液体密度;A 为管道过流断面面积。

由上式整理得

$$\Delta p = \rho c v \tag{2-73}$$

3. 液压冲击波的传递速度

式(2-73)中，$c = l/t_1$ 为压力波传递速度，即声速。在冲击压力 Δp 作用下，油液受到压缩，体积减小，而管道容积不变，这样管内就会有空出的空间。于是在 t_1 时间内有质量为 $\rho A v t_1$ 的液体补入这一空间，使管内液体密度增加 $\Delta \rho$，根据连续性方程有

$$\rho A v t_1 = \Delta \rho A l = \Delta \rho A c t_1$$

即

$$\rho v = \Delta \rho c \tag{2-74}$$

由式(2-73)和式(2-74)得

$$c = \sqrt{\Delta p / \Delta \rho} \tag{2-75}$$

由式(2-6)可得管道内液体的有效体积弹性模量为

$$K_e = \frac{\Delta p}{\Delta \rho / \rho}$$

将 K_e 的表达式代入式(2-75)得

$$c = \sqrt{K_e / \rho} \tag{2-76}$$

c 与液体密度和压缩性有关，压缩性越小，c 值越大。

4. 液压冲击的危害及减少措施

液压系统在冲击压力作用下，将产生剧烈振动、噪声，引起设备如管道、液压元件及密封装置等损坏，导致严重泄漏，液压装置使用寿命降低，还会使某些元件动作失灵而造成事故，影响系统正常工作。特别在高压、大流量系统中，其破坏性更加严重。

应采取适当措施来减少液压冲击。通常有以下几种办法：

(1) 缓慢开闭阀门以延长关闭回路的时间，或减慢阀芯的换向速度；

(2) 加大管道直径以降低液流速度；

(3) 在系统中设置蓄能器和安全阀；

(4) 在液压元件中设置缓冲装置；

(5) 采用橡胶软管吸收液压冲击时的能量。

2.8.2 气穴和气蚀现象

1. 气穴和气蚀

当液体压力降低到一定程度时，在液体中有气泡形成并析出的现象统称为气穴现象。某处流速过高或供液不足，都会使该处压力降低。当液体压力降到一定值时，在液体中将形成一定体积的气泡，它是以微细气泡为核，体积膨胀并相互聚合而形成的。这种气穴称为轻微气穴。液体压力降到空气分离压时，除有上述现象外，原来溶解于液体中的空气还会游离出来，产生大量气泡，这种现象称为严重气穴。压力继续降低到相应温度下的液体汽化压力时，上述现象不但要继续加重，而且液体将会汽化、沸腾，产生大量气泡，使得液体变成混有许多气泡的不连续状态，这种气穴称为强烈气穴。

当气泡随着流动的液体被带到高压区时，气泡体积急剧缩小或溃灭，并又重新混入或溶于油液中凝结成液体。在气泡凝结处局部压力和温度瞬间急剧上升，将造成液压冲击，并伴

随噪声和振动,若液体为油液,将会氧化变质。如果受到反复的液压冲击和高温作用,在从液体中游离出来的氧气侵蚀下,管壁或液压元件表面将产生剥落破坏,这种因气穴现象而产生的零件剥蚀称为气蚀。

2. 气穴和气蚀的危害性

气穴和气蚀现象有以下几种危害性:

(1) 由气穴现象产生出的大量气泡,有的会聚集在管道的最高处或通流的狭窄处,形成气塞,使液流不畅,甚至堵塞,从而使系统不能正常工作;

(2) 使系统容积效率降低,使系统性能特别是动态性能变坏;

(3) 气蚀会使材料破坏,导致液压元件的使用寿命降低。

3. 液压系统产生气穴的可能部位及预防措施

泵的吸液口、节流部位、突然启闭的阀门处、带大惯性负载的液压缸处、液压马达(在运转中突然停止或换向时)处等部位都可能产生气穴现象。

气穴和气蚀对液压系统会产生极大的危害,应采取有效措施预防,通常有:

(1) 控制流经节流口及缝隙处的压力降,一般希望节流口或缝隙前后压力比 $p_1/p_2 < 3.5$;

(2) 正确设计管路,限制泵的吸液口离液面高度;

(3) 提高管道的密封性能,防止空气渗入;

(4) 提高零件的机械强度和降低零件的表面粗糙度,采用耐腐蚀能力强的金属材料,以提高元件抗气蚀能力。

练 习 题

2-1　一台工程机械,夏天在高温下工作,冬天在零下几十摄氏度的严寒条件下工作,应当怎样选择液压油?

2-2　液压系统中常用的抗燃液压油有哪几种?

2-3　某油管内径 $d = 5$ cm,管中流速分布方程为 $u = 0.5 - 800r^2$(m/s),已知管壁黏性切应力 $\tau_0 = 44.4$ Pa。试求该油液的动力黏度 μ。

2-4　图 2-35 所示为根据标准压力表来校正一般压力表的仪器。仪器内充满体积弹性模量为 $K = 1.2 \times 10^3$ MPa 的油液,活塞直径 $d = 10$ mm,单头螺杆的螺距 $t = 2$ mm。当压力为一个大气压时,仪器内油液体积为 200 mL。试问:要在仪器内形成 21 MPa 的压力,手轮需摇多少转?

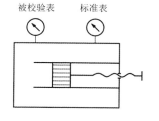

图 2-35　题 2-4 图

2-5　图 2-36 所示为半圆柱形闸门,宽度为 5 m,重量为 400 N,重心位于铰轴左侧 0.9 m 处,至少需多大拉力 F 才能打开闸门? 不计铰轴摩擦阻力。

2-6　在图 2-37 所示的增压器中,$d_1 = 210$ mm,$d_2 = 200$ mm,$d_3 = 110$ mm,$d_4 = 100$ mm,可动部分质量 $m = 200$ kg,摩擦阻力等于工作柱塞全部传递力的 10%。如果进口压力 $p_1 = 5$ MPa,试求出口压力 p_2。

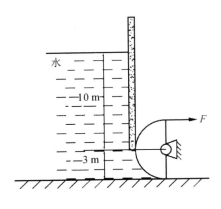

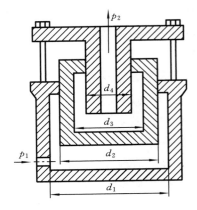

图 2-36 题 2-5 图 图 2-37 题 2-6 图

2-7 一封闭容器用以连续混合两种液体 A 和 B 而成 C。设密度 $\rho=930$ kg/m³ 的 A 液由直径为 15 cm 的管道输入,流量为 56 L/s;密度 $\rho=870$ kg/m³ 的 B 液由直径为 10 cm 的管道输入,流量为 30 L/s。如果输出 C 液的管道直径为 17.5 cm,试求输出 C 液的质量流量、流速和 C 液的密度。

2-8 图 2-38 所示的管道输入密度为 $\rho=880$ kg/m³ 的油液,已知 $h=15$ m,如果测得压力有如下两种情况,求油液流动方向。

(1) $p_1=450$ kPa,$p_2=400$ kPa;

(2) $p_1=450$ kPa,$p_2=400$ kPa。

2-9 如图 2-39 所示,设管端喷嘴直径 $d_n=50$ mm,管道直径为 100 mm,流体为水,环境温度为 20 ℃,汽化压力为 0.24 mH₂O,不计管路损失。

(1) 求喷嘴出流速度 v_n 和流量;

(2) 求 E 处的流速和压力;

(3) 为了增大流量,喷嘴直径能否增大?最大喷嘴直径为多少?(提示:E 处不产生气穴现象)

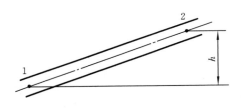

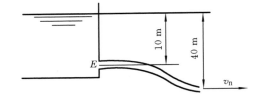

图 2-38 题 2-8 图 图 2-39 题 2-9 图

2-10 图 2-40 所示的安全阀,阀座孔直径 $d=25$ mm,当油流压力为 5 MPa 时阀的开度 $x=5$ mm,流量为 $q=600$ L/min。如果阀的开启压力为 4.3 MPa,油液密度 $\rho=900$ kg/m³,弹簧刚度 $k=20$ N/mm,求油液出流角 θ 的值。

2-11 某管路长 500 m,直径为 100 mm,当流量为 720 L/min 时,要求传递功率为 120 kW。油液黏度为 80 cSt,密度 $\rho=880$ kg/m³。试求管道进口压力和管道传输效率。

2-12 图 2-41 所示的润滑系统中,1、2、3 为待润滑的三个轴承。每段管长 $l=500$ mm,直径 $d=4$ mm,输送运动黏度 $\nu=0.06$ cm²/s、密度 $\rho=800$ kg/m³ 的润滑油。设只考虑 B 点转弯处的局部压力损失,其损失系数 $\xi=0.2$,忽略各处动能。试求:

（1）如果每一轴承的润滑油流量必须大于 8 cm³/s，则总流量 q 应为多少？

（2）如果 AB 段换成 $d=8$ mm 的油管，其他条件不变，则流量又为多少？

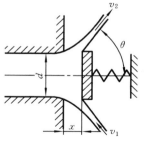

图 2-40　题 2-10 图

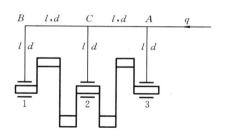

图 2-41　题 2-12 图

2-13　图 2-42 所示的液压系统中，液压缸内径 $D=15$ cm，活塞杆直径 $d=5$ mm，负载 $F=10^4$ N，要求运动速度 $v=0.2$ m/s。泵出口比液压缸低 2 m，比油池高 1 m。所用油为 32 号机械油，其运动黏度 $\nu=2.9\times10^{-5}$ m²/s，密度 $\rho=900$ kg/m³。

压油管道：管长 $l_1=30$ m，管径 $d_1=30$ mm，绝对粗糙度 $\varepsilon_1=0.1$ mm，附 1 个弯头，$\xi_1=0.29$，换向阀压力损失为 12.1 m 油柱。

回油管道：管长 $l_2=32$ m，$d_2=30$ mm，$\varepsilon_2=0.25$ mm，附 4 个弯头，$\xi_1=0.29$，换向阀压力损失为 9.65 m 油柱。

设油缸入口和出口局部损失系数分别为 $\xi_2=0.5$ 和 $\xi_3=1$，试求泵的出口压力。

2-14　图 2-43 所示为两个小孔口出流，试证明 $h_1y_1=h_2y_2$。

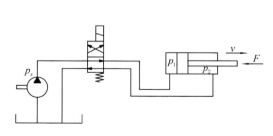

图 2-42　题 2-13 图

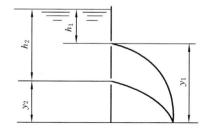

图 2-43　题 2-14 图

2-15　图 2-44 所示为回油节流调速系统。已知液压缸直径为 $D=150$ mm，活塞杆直径 $d=100$ mm，溢流阀的设定压力为 2 MPa，负载 $F=2\times10^4$ N。管路很短，忽略管路的其他阻力，试问节流阀的开口面积应为多大才能保证活塞的运动速度为 0.1 m/s？油的密度为 900 kg/m³，节流阀口流量系数为 0.62。

2-16　动力黏度 $\mu=0.138$ Pa·s 的润滑油，从压力为 $p=1.6\times10^5$ Pa 的总管，经过长 $l_0=0.8$ m、直径 $d_0=6$ mm 的支管流至轴承中部宽 $b=10$ mm 的环形槽中，轴承长 $l=120$ mm，轴径 $d=60$ mm，缝隙高度 $h_0=0.1$ mm（见图 2-45）。试确定以下两种情况下从轴承两端流出的流量：

（1）轴与轴承同心时；

（2）轴与轴承有相对偏心时（偏心比 $\varepsilon=0.5$）。

设轴转动的影响忽略不计。

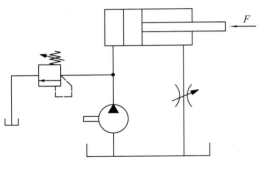

图 2-44　题 2-15 图

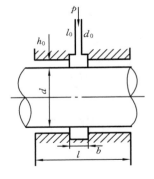

图 2-45　题 2-16 图

第3章　液　压　泵

3.1　液压泵概述

3.1.1　液压泵的工作原理与分类

1. 液压泵的工作原理

液压泵是一种能量转换装置,它用于将机械能转换为液压能,是液压传动系统中的动力元件,为系统提供压力油液。

液压传动中所用的液压泵都是通过使密封的工作容积发生周期性变化而工作的,所以都属于容积式泵。现以图3-1为例来说明其工作原理。

该泵由缸体1、偏心轮2、柱塞3、弹簧4、吸油阀5和排油阀6等组成。缸体1固定不动;柱塞3和柱塞孔之间密封良好,而且可以在缸体孔中做轴向运动;弹簧4总是使柱塞顶在偏心轮2上。吸油阀5的右端(即液压泵的进口)与油箱相通,左端与缸体内的缸体孔相通。排油阀6的右端也与缸体内的缸体孔相通,左端(即液压泵的出口)与液压系统相连。当柱塞处于偏心轮的下死点A处(见图3-1)时,柱塞底部的密封容积最小;当偏心轮按图示方向旋转时,柱塞不断外伸,密封容积不断扩大,形成真空,油箱中的油液在大气压力作用下,推开吸油阀内的钢球而进入密封容腔,这就是泵的吸油过程,此时排油阀内的钢球在弹簧力和液压力的作用下将出口关闭;当偏心轮转至上死点B处

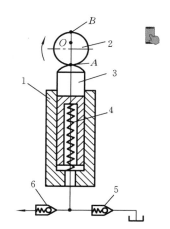

图 3-1　液压泵的工作原理图
1—缸体;2—偏心轮;3—柱塞;
4—弹簧;5—吸油阀;6—排油阀
A—偏心轮下死点;B—偏心轮上死点

与柱塞接触时,柱塞伸出缸体最长,柱塞底部的密封容积最大,吸油过程结束。偏心轮继续旋转,柱塞不断内缩,密封容积不断缩小,其内油液受压,将关闭吸油阀,并打开排油阀,油液排到液压泵出口,输入液压系统;当偏心轮转至下死点A处与柱塞接触时,柱塞底部密封容积最小,排油过程结束。若偏心轮连续不断地旋转,柱塞不断地往复运动,密封容积的大小交替变化,泵就不断地完成吸油和排油过程。

通过上述分析,可以得出液压泵工作的必要条件如下。

(1) 吸油腔和压油腔要互相隔开,并且有良好的密封性。当柱塞上移时,排油阀6以右为吸油腔,以左为压油腔,两腔用排油阀6隔开;当柱塞下移时,吸油阀5以左为压油腔,以右为吸油腔,两腔用吸油阀5隔开。

(2) 吸油腔容积扩大时吸入液体,压油腔容积缩小时排出(相同体积的)液体。即液压泵靠容积变化进行工作。

（3）吸油腔容积扩大到极限位置后，先要将吸油阀切断，然后打开油阀；压油腔容积缩小到极限位置后，先要将排油阀切断，然后打开吸油阀。

2. 液压泵的分类

液压泵按其主要运动构件的形状和运动方式来分，有齿轮泵、螺杆泵、叶片泵、柱塞泵（包括轴向柱塞泵和径向柱塞泵）等类型。

3.1.2 液压泵的性能参数

1. 压力 p

（1）吸入压力：泵进口处的压力，为避免发生气穴，一般不能低于油液的汽化压力。

（2）额定压力：在正常工作条件下，按试验标准规定连续运转而泵不发生失效的最高压力。

（3）最高允许压力：按试验标准规定，超过额定压力、允许短暂运行而泵不发生失效的最高压力。

（4）工作压力：泵实际工作的压力，一般与负载大小有关。

2. 排量和流量

（1）排量 V：泵每转一周，由其几何尺寸计算而得到的排出液体的体积，称为泵的排量，单位为 m^3/r，工程上常用 L/r 或 mL/r 表示。

（2）泵的理论流量 q_t：在不考虑泄漏及液体压缩等影响的情况下，泵在单位时间内排出的液体体积，称为泵的理论流量。设泵的转速为 $n(r/min)$，则

$$q_t = nV \quad (m^3/min) \tag{3-1}$$

（3）泵的瞬时流量 q_{sh}：每一瞬时的流量，称为泵的瞬时流量（m^3/s）。一般指泵的瞬时理论流量。

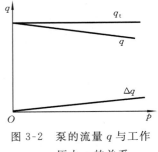

图 3-2 泵的流量 q 与工作压力 p 的关系

（4）实际流量 q：泵工作时实际排出的流量，称为泵的实际流量。它等于泵的理论流量 q_t 减去因泄漏、压缩等而损失的流量 $\Delta q(m^3/s)$，即

$$q = q_t - \Delta q \quad (m^3/s) \tag{3-2}$$

通常称 Δq 为容积损失，它与工作油液的黏度、泵的密封性及工作压力 p 等因素有关。泵的流量 q 与工作压力 p 的关系如图 3-2 所示。

（5）额定流量 q_n：泵在额定压力和额定转速下输出的实际流量，称为泵的额定流量（m^3/s）。

3. 功率和效率

（1）理论输入功率 P_{rt}：用理论流量 $q_t(m^3/s)$ 与泵的进出口压差 $\Delta p(N/m^2)$ 的乘积来表示，即

$$P_{rt} = q_t \cdot \Delta p \quad (N \cdot m/s) \tag{3-3}$$

（2）实际输入功率 P_r：实际驱动泵轴所需的机械功率，称为泵的实际输入功率。设实际输入转矩为 $T(N \cdot m)$，输入角速度为 $\omega(1/s)$［转速为 $n(r/min)$］，则

$$P_r = \omega T \quad (N \cdot m/s) \tag{3-4a}$$

或

$$P_r = \frac{2\pi n}{60} T \quad (\text{N} \cdot \text{m/s}) \tag{3-4b}$$

（3）理论输出功率 P_t：等于理论输入功率，即

$$P_t = P_{rt} = q_t \Delta p \quad (\text{N} \cdot \text{m/s}) \tag{3-5}$$

（4）实际输出功率 P：用实际流量 q 与泵的进出口压差 Δp 的乘积来表示，即

$$P = q \Delta p \quad (\text{N} \cdot \text{m/s}) \tag{3-6}$$

（5）容积效率 η_V：泵经过容积损失（Δq）后的实际输出功率与理论输出功率之比，称为容积效率，即

$$\eta_V = \frac{P}{P_t} = \frac{q \Delta p}{q_t \Delta p} = \frac{q}{q_t} = \frac{q_t - \Delta q}{q_t} = 1 - \frac{\Delta q}{q_t} \tag{3-7}$$

或

$$q = q_t \eta_V \tag{3-8}$$

（6）机械效率 η_m：泵的理论输入功率 P_{rt} 与实际输入功率 P_r 之比，称为泵的机械效率，即

$$\eta_m = P_{rt}/P_r = q_t \Delta p/P_r \tag{3-9}$$

η_m 与相对运动零件间的摩擦损失，以及零件与流体间的摩擦损失有关。

（7）总效率 η：泵的实际输出功率与实际输入功率之比，称为泵的总效率，即

$$\eta = P/P_r = q\Delta p/P_r = q_t \eta_V \Delta p/P_r = \eta_V(q_t \Delta p/P_r) = \eta_V \eta_m \tag{3-10}$$

由式（3-10）可知，泵的总效率等于其容积效率和机械效率的乘积。

泵的容积效率 η_V、机械效率 η_m、总效率 η、理论流量 q_t、实际流量 q 和实际输入功率 P_r 与工作压力 p 的关系曲线如图 3-3 所示。这种性能曲线是对应一定品种的工作液体、某一转速和某一温度而作出的。由图 3-3 可知，容积效率 η_V（实际流量 q）随压力增高而减小；机械效率 η_m 开始时迅速上升，而后上升变缓；总效率 η 始于零，且有一个最大值。

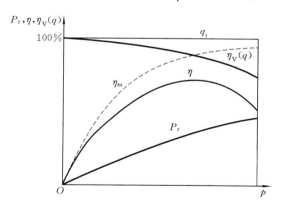

图 3-3　泵的性能曲线

3.2　齿　轮　泵

齿轮泵按齿轮的啮合形式可分为外啮合式和内啮合式两种；其齿形曲线有渐开线齿形、圆弧齿形和摆线齿形之分。

3.2.1 渐开线外啮合齿轮泵

1. 工作原理

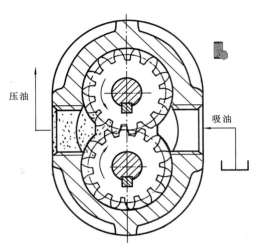

图 3-4 外啮合齿轮泵的工作原理图

如图 3-4 所示，一对齿轮互相啮合，由于齿轮的齿顶和壳体内孔表面间隙很小，齿轮端面和泵盖间隙很小，因而把吸油腔和压油腔隔开。当齿轮按图示方向旋转时，以下两个过程同时进行：① 啮合点右侧啮合着的齿逐渐退出啮合，同时齿间的油液由吸油腔被带往压油腔，使得吸油腔空间增大，形成局部真空，油箱中的油液在外界大气压作用下进入吸油腔；② 齿间油液由吸油腔被带入压油腔的同时，啮合点左侧的齿逐渐进入啮合，把齿间的油液挤压出来，使其从压油口流出。这就是外啮合齿轮泵的吸油和压油过程。当齿轮不断地旋转时，齿轮泵就不断地吸油和压油。

2. 排量和流量

齿轮泵的排量精确计算比较麻烦，在近似计算时，可以认为齿间的容积等于轮齿的体积。因此，齿轮每转一周，排出的液体体积等于主动齿轮(齿数为 Z_1)的所有齿间工作容积(齿间容积减去齿隙容积)及其所有轮齿有效体积之和，即等于主动齿轮齿顶圆与基圆之间的环形圆柱的体积($2\pi R_f h_0 B = 2\pi Z_1 m^2 B$)，所以齿轮泵的排量为

$$V = 2\pi R_f h_0 B = 2\pi Z_1 m^2 B \quad (m^3/r) \tag{3-11a}$$

式中：R_f 为分度圆半径；h_0 为有效齿高；B 为齿宽，m 为模数。它们的单位均为 m。

考虑到齿间容积比轮齿体积稍大，而且齿数越少差值越大，另外，对修正齿轮而言，轮齿变薄，齿间容积也增大，因此在式(3-11a)中乘以系数 1.06～1.12(齿数多时取小值，齿数少时取大值)，则齿轮泵的排量为

$$V = (1.06 \sim 1.12) \cdot 2\pi Z_1 m^2 B \quad (m^3/r) \tag{3-11b}$$

齿轮泵的实际流量为

$$q = nV\eta_V = 2\pi Z_1 m^2 Bn\eta_V \quad (m^3/min) \tag{3-12a}$$

或

$$q = (1.06 \sim 1.12) \cdot 2\pi n R_f h_0 B\eta_V = (1.06 \sim 1.12) \cdot 2\pi n Z_1 m^2 B\eta_V \quad (m^3/min)$$

$$\tag{3-12b}$$

式中：n、η_V 分别为泵的转速(r/min)和容积效率。

以上计算的是外啮合齿轮泵的平均流量。实际上，随着啮合点位置的不断变化，吸、压油腔在每一瞬时的容积变化率是不均匀的，因此齿轮泵的瞬时流量 q_{sh} 是脉动的。设 $(q_{sh})_{max}$、$(q_{sh})_{min}$ 分别为最大、最小瞬时流量，则流量不均匀系数 δ_q 可用下式表示：

$$\delta_q = \frac{(q_{sh})_{max} - (q_{sh})_{min}}{q_t} \times 100\% \tag{3-13}$$

齿数越少，δ_q 就越大，当 $Z = 6$ 时，其值高达 34.7%。

3. 困油现象及消除措施

为了使齿轮泵的齿轮平稳地啮合运转、吸压油腔严格地密封以及连续地供油，必须使齿

轮啮合的重合度 $\varepsilon > 1$（一般取 $\varepsilon = 1.05 \sim 1.3$）。这样，会出现两对轮齿同时啮合的情况。也就是说，前一对轮齿尚未脱开啮合，后一对轮齿已进入啮合。这样，在这两对啮合的轮齿之间就形成了封闭的容积，称为闭死容积。如图 3-5 所示，在齿轮旋转过程中，该闭死容积的大小是不断变化的。由图 3-5(a) 旋转到图 3-5(b) 所示位置时，闭死容积从最大变到最小；由图 3-5(b) 旋转到图 3-5(c) 所示位置时，闭死容积又从最小变到最大。这种现象称为困油现象。

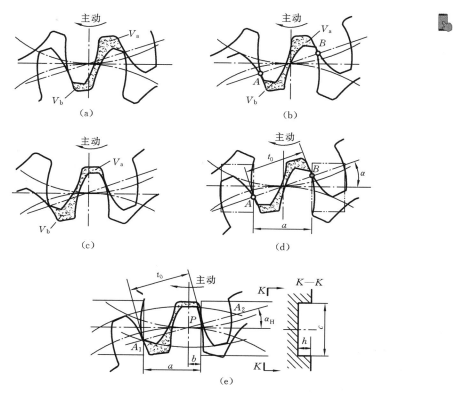

图 3-5　齿轮泵的困油现象

当闭死容积由大变小时，由于液体的不可压缩性，闭死容积内的液体受挤压，压力急剧升高，远远超过齿轮泵的输出压力，闭死容积内的液体将从一切可泄漏的缝隙中强行挤出，使轴和轴承受到很大的冲击载荷，同时使功率损失增加，并使油液发热，引起振动和噪声，导致齿轮泵工作的平稳性和使用寿命降低。当闭死容积由小变大时，由于得不到油液的填充，闭死容腔内形成局部真空。于是，溶解于液体中的空气便被析出而产生气泡，这些气泡进入吸油腔，并被带到压油腔，将造成气蚀现象，引起振动和噪声。可见，困油现象对齿轮泵的工作性能、使用寿命和强度的影响都是有害的。

为了消除困油现象，可在齿轮泵的侧板上开卸荷槽，如图 3-5(d) 中点画线所示，一对矩形卸荷槽相对齿轮中心线对称布置，左边矩形卸荷槽与吸油腔相通，右边矩形卸荷槽与压油腔相通。图 3-5(d) 所示位置闭死容积最小，两个卸荷槽的边缘正好与啮合点 A、B 相接，闭死容腔既不与吸油腔相通，也不与压油腔相通。当闭死容积由大变小时，闭死容腔始终通过右边的卸荷槽与压油腔相通，以便将其中的油液排到压油腔；当闭死容积由小变大时，闭死容腔始终通过左边的卸荷槽与吸油腔相通，可避免出现真空。于是，困油现象得以消除。要特别注意严格控制两卸荷槽之间的距离 a 的尺寸。若 a 太小,两卸荷槽经闭死容腔将泵的吸、压油腔直接沟通,使泵的容积效率下降;若 a 太大,困油现象又不能彻底消除。

卸荷槽的形状还可采用圆形。对于齿侧间隙较小的齿轮泵,可将卸荷槽在 a 值不变的条件下,向吸油腔一侧偏移,偏移尺寸 b(见图 3-5(e))可由试验确定,以泵工作时振动与噪声最小为准,一般取 $b=0.8m$(m 为齿轮模数)。

除了双卸荷槽之外,还有开设单个卸荷槽的。在困油期间,闭死容腔始终与压油腔(或吸油腔)相通,而在任何时候,压油、吸油腔皆不相通。

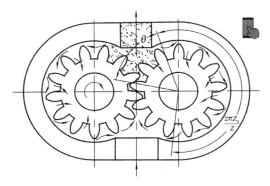

图 3-6　齿轮泵间隙泄漏的途径示意图

4. 齿轮泵泄漏途径与间隙的自动补偿

1) 齿轮泵的泄漏途径

效率是衡量齿轮泵工作经济性的重要指标之一,泄漏会直接影响齿轮泵的容积效率。齿轮泵的泄漏途径主要有以下三条(见图 3-6)。

(1) 从端面间隙泄漏。压油腔和过渡区段的齿槽里的压力油由齿槽根部经端面间隙流入轴承腔(与吸油腔相通)。由于端面间隙泄漏的途径多,封油长度短,因此泄漏量很大,占总泄漏量的 75%～80%。

(2) 从径向间隙泄漏。压油腔的油液经径向间隙向吸油腔泄漏。因通道较长,间隙较小,工作油液又有一定的黏度,再加上泄漏方向与齿轮旋向相反,所以泄漏量相对较小,占总泄漏量的 15%～20%。

(3) 从齿面啮合处(啮合点)泄漏。由于啮合点接触不好(如齿形误差造成沿齿宽方向的啮合不好),使高压腔与低压腔之间密封不好而造成泄漏。在啮合情况正常时,通过齿面接触处泄漏的油液量是很少的,一般不予考虑。

由上述可知,端面间隙泄漏量所占比例最大,因此,要想提高高压齿轮泵的容积效率,主要是应设法减少端面间隙泄漏量。

2) 端面间隙的自动补偿

(1) 浮动轴套(或浮动侧板)式补偿装置。如图 3-7 所示,两个互相啮合的齿轮支承在前、后轴套的滑动轴承(或滚动轴承)里,轴套可在壳体内做轴向浮动。从压油腔引至轴套外端面的油液,作用在有一定形状和大小的面(面积为 A_1)上,其合力 $F_1=A_1 p_g$,此力把轴套压向齿轮端面,从而减小了端面间隙。与此同时,齿轮和轴套接触面间的液压力作用在轴套内端面,形成了反推力 F_f,其合力为

$$F_f = A_2 p_m$$

式中:A_2 为等效面积;p_m 为作用在等效面积为 A_2 的轴套内端面上的平均液压力。

泵在启动时,浮动轴套在弹性元件(橡胶密封圈或弹簧)的弹力 F_t 作用下,贴紧齿轮端面以保证密封。

为了保证浮动轴套能自动贴紧齿轮端面,磨损后能自动补偿,设计时应使压紧力($F_y=F_1+F_t$)大于反推力 F_f,一般取 $F_y=(1～1.2)F_f$。这样轴套和齿轮之间能形成适当的油膜,有助于提高容积效率和机械效率。同时,还必须保证压紧力和反推力的作用线重合,以免产生力偶导致轴套倾斜,增加泄漏。

端面间隙补偿装置的典型结构有以下几种。

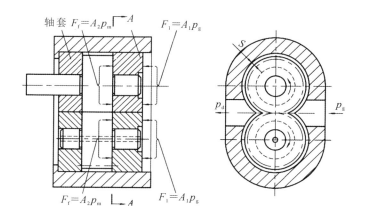

图 3-7　轴向间隙补偿原理图

　　① 补偿面呈"8"字形的浮动轴套。具有这种轴套的齿轮泵(见图 3-8),在"8"字形补偿面 A_1 上作用着由 B 孔引入的压力油,面 A_1 是由泵体 1 的内孔和两个与齿轮同心的密封圈 2 围成的。在泵启动和空载时,没有液压力作用,O 形密封圈 2 可以使浮动轴套自动贴紧齿轮端面。图中 A 孔可把内泄油液引入吸油腔。

　　这种补偿装置结构简单,工艺性好。但因补偿面积的对称中心与主、从动齿轮的对称中心重合,所以,液压压紧力的合力作用线通过浮动轴套的中心,而齿轮和轴套端面之间的液压反推力的合力作用线却偏向右侧压油腔,这两个力对轴套就形成了力偶,企图使轴套倾斜,不仅会加大单边间隙,增加泄漏,而且还会使浮动轴套不灵活和产生局部磨损。为了克服上述缺点,应将轴套与壳体的配合长度加长并提高配合精度。

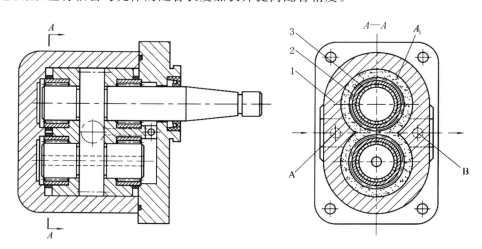

图 3-8　具有补偿面呈"8"字形的浮动轴套的齿轮泵

1—泵体;2—密封圈;3—滚针轴承外环;A—泄漏油孔;B—高压引油孔;A_1—补偿面

　　② 补偿面呈偏心"8"字形的浮动轴套。具有这种浮动轴套的齿轮泵(见图 3-9),其偏心"8"字形补偿面 A_1 是由泵体 1 的内孔和两个密封圈 2 围成的,作用在补偿面上的液压压紧力的合力作用线显然偏向压油腔一侧,从而使压紧力的作用线与反推力的作用线重合,以避免产生力偶。CBN-E300 型齿轮泵就采用了这种形式的浮动轴套。

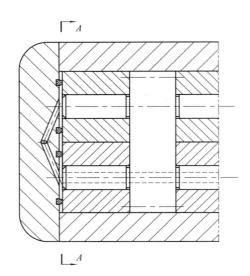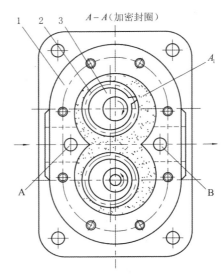

图 3-9 具有补偿面呈偏心"8"字形的浮动轴套的齿轮泵

1—泵体;2—密封圈;3—低压区;A—泄漏油孔;B—高压引油孔;A₁—补偿面

③ 分区压力补偿的"8"字形的浮动侧板。CB-L 型齿轮泵采用了这种形式的补偿结构（见图 3-10），在浮动侧板 3、4 的背面，由两个密封条 1 和四个密封条 2 将补偿面积分成Ⅰ、Ⅱ、Ⅲ、Ⅳ、Ⅴ共五个区域。在区域Ⅰ内作用有由 a 孔引入的高压腔油液；在区域Ⅱ和Ⅲ内作用有由弧形通槽 c 引入的过渡区油液；在区域Ⅳ内作用有由 b 孔引入的吸油腔油液；区域Ⅴ为一封闭腔，其压力接近过渡区Ⅱ、Ⅲ的压力。由于区域Ⅱ、Ⅲ引入了过渡区油液，侧板压紧力的作用点可自动随反推力作用点的变动而变动，因而压紧力和反推力的作用线容易重合，侧板的浮动性能较好。同时，因侧板较薄，故而能节省大量耐磨合金，但这种结构加工较复杂。

（2）弹性侧板（或称挠性侧板）式补偿装置。弹性侧板式补偿装置的补偿原理与浮动轴套式相同。在侧板背面引入压力油，侧板在压力油的作用下产生弹性变形，起到端面间隙的补偿作用。

图 3-11 所示的 CB-FB 型齿轮泵就采用了弹性侧板式的端面间隙补偿装置。

在齿轮端面和前、后泵盖间夹有侧板 1 和 4，侧板是在钢板的内侧烧结上 0.5～0.7 mm 厚的磷青铜而制成的，具有良好的摩擦性能。侧板的外侧为泵盖，在泵盖的槽内嵌有弓形密封圈 6 和密封挡圈 7，弓形密封圈处在齿轮泵的压油腔一侧，侧板的厚度为 2.4 mm，比其外圈的垫板厚度小 0.2 mm。因此，在弓形密封圈内的侧板和泵盖之间形成了一个密封腔 c。在这个密封腔中，还有一个密封圈 5，将密封腔 c 和泵的压油通道 a 隔开。在侧板 1 和 4 上各有两个小孔 b 与泵的过渡区的压力油相通，因此在弓形密封圈内充满了有一定压力的油液，侧板在压力油的作用下产生弹性变形而紧贴在齿轮端面上，二者之间仅有一层油膜的厚度。当端面磨损后，侧板继续发生弹性变形来自动补偿端面间隙。弓形密封圈的形状是考虑侧板内侧的压力分布情况设计的，它使侧板外侧压紧力的作用线与其内侧反推力的作用线基本对准，以求达到良好的密封效果。压紧力的大小取决于弓形密封圈内的油压力，该压力为泵过渡区的压力，从吸油腔到压油腔的过渡区压力是逐渐分级增大的，因此，只要适当选择侧板上小孔 b 的位置，就可以获得大小合适的压紧力。

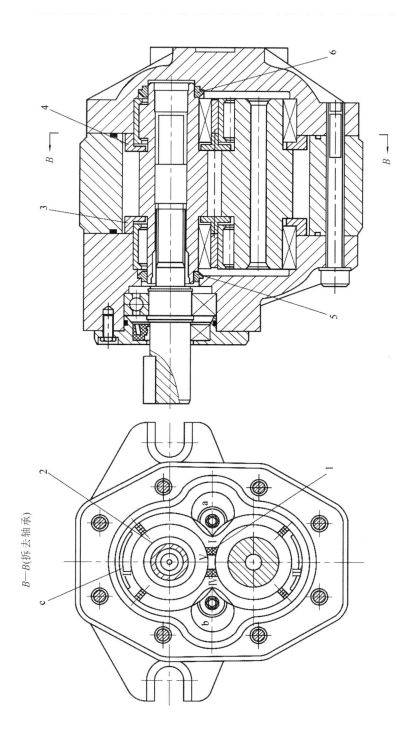

图3-10 CB-L型齿轮泵
1、2—密封条；3、4—浮动侧板；5、6—密封环

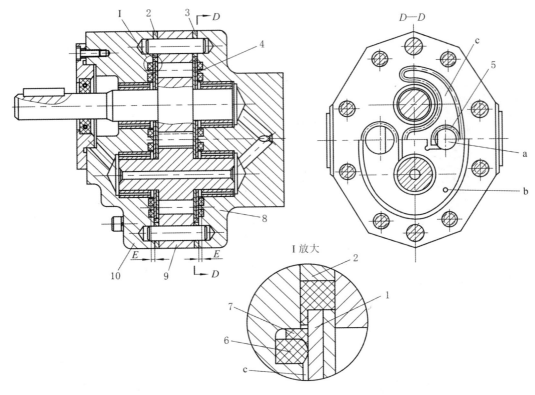

图 3-11　CB-FB 型齿轮泵

1、4—侧板；2、3—垫板；5—密封圈；6—弓形密封圈；7—密封挡圈；8—后泵盖；9—泵体；10—前泵盖；

a—压油通道；b—小孔；c—密封腔；E—滑动轴承内端面与泵盖内端面之距

　　这种补偿装置的特点：密封件结构复杂，侧板变形不均匀，所以侧板与齿轮端面间的磨损也不够均匀，端面磨损后补偿性能欠佳。

　　3）径向间隙的自动补偿

　　为减少油液从径向间隙的泄漏量，可在高压腔设置径向间隙补偿装置（见后面介绍的图3-15）。补偿侧板上面受密封圈限制的面积 A 应这样设计：在一定的工作压力（p_g）下，使补偿侧板上面的压紧力 $F(F=p_gA)$ 与补偿侧板下面的反推力平衡并保持最小间隙。

　　5. 外啮合齿轮泵的径向力及减小径向力的措施

　　1）齿轮泵的径向力

　　作用在齿轮泵轴承上的径向力 F，是由沿齿轮圆周液体压力产生的径向力 F_p 和由齿轮啮合产生的径向力 F_T 所组成的。

　　（1）由沿齿轮圆周液体压力所产生的径向力 F_p。在齿轮泵中，齿轮与低压腔相接触的区段受压力 p_d 的作用，与高压腔相接触的区段受压力 p_g 的作用，而高、低压腔之间的过渡区段所受的压力是变化的，由 p_d 逐渐升为 p_g。齿轮圆周液体压力分布可近似地认为如图3-12所示，图中 F_p 为齿轮圆周液压力的合力。将齿轮圆周液压力的近似分布曲线展开，如图3-13所示。

　　（2）由齿轮啮合所产生的径向力 F_T。两个大小相等、方向相反的啮合力的作用方向是与啮合线重合的。将作用在主动齿轮啮合点上的啮合力简化到主动齿轮中心 O_1 上,得到一个力偶和一个径向力 F_T;将作用在从动齿轮啮合点上的啮合力简化到从动齿轮中心 O_2 上,得到一个力偶和一个径向力 F_T。显然,简化到 O_1 和 O_2 上的径向力大小相等、方向相反。

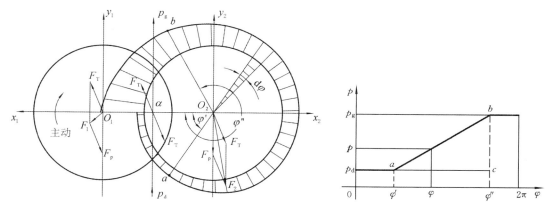

图 3-12　齿轮圆周液体压力的近似分布曲线　　　图 3-13　齿轮圆周液体压力的近似分布曲线展开图

（3）径向力的合成。对主动齿轮来说,由齿轮啮合所产生的径向力 F_T 是向上的并与 F_p 成钝角,二者的合力 F_1 较两分力小;对从动齿轮来说,F_T 是向下的并与 F_p 成锐角,二者的合力 F_2 较两分力大。因此,显然有 $F_2 > F_1$。由于 $F_2 > F_1$,所以当主、从动齿轮上的轴承规格相同时,从动齿轮的轴承磨损快,会先损坏。在实际设计中,可用以下近似公式计算径向力,并作为轴承设计的依据:

$$F_1 = 0.75\Delta p B D_e \quad (\text{N}) \tag{3-14}$$
$$F_2 = 0.85\Delta p B D_e \quad (\text{N}) \tag{3-15}$$

式中:Δp 为泵进出口压差(N/m^2);B 为齿宽(m);D_e 为齿顶圆直径(m)。

一般应按 F_2 的数值进行轴承的设计计算,以使主、从动齿轮轴承的品种规格相同。

2）减小径向力的措施

齿轮泵的工作压力越高,径向力就越大。径向力过大,除了会缩短轴承的寿命外,还会使齿轮泵的变形加大,出现齿顶刮壳体(俗称扫膛)现象。为此,可从两方面着手:一方面,提高轴承材料性能,改进轴承结构设计,改善润滑条件,从而提高轴承的承载能力;另一方面,尽量减小径向力。为了减小径向力可采取以下措施。

（1）合理选择齿宽 B 和齿顶圆直径 D_e。因此,对于高压齿轮泵可通过减小齿宽 B 和增大齿顶圆直径 D_e 来减小径向力。但 D_e 又不能太大,否则转速高时会出现吸油不足的情况。对于中、低压齿轮泵,径向力不大,齿宽 B 可以大一些,这样可以减小径向尺寸,使泵结构紧凑。综合考虑上述因素,在设计时可根据工作压力 Δp 参考表 3-1 来选取 B 与 D_e 之比 ζ($\zeta = B/D_e$)的值。

表 3-1　ζ 的参考值

Δp/MPa	3.5	7.0	10.5	14	16
$\zeta = B/D_e$	1	0.8	0.6	0.4	0.35

（2）缩小压油腔尺寸。为了减小径向力，压油腔的包角越小越好，压油腔的流速允许高达 3～5 m/s。压油腔的包角一般小于 45°。

（3）将压油腔扩大到接近吸油腔侧，在工作过程中只有 1～2 个齿起密封作用，使对称区域的径向力得到平衡，从而减小作用在轴承上的径向力。图 3-14 所示的 CBN 型齿轮泵就是采用这种方法来减小径向力的。

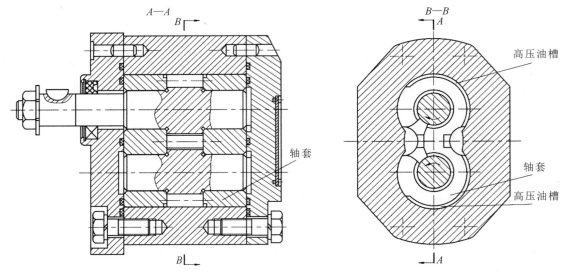

图 3-14　CBN 型齿轮泵

（4）将吸油腔扩大到接近压油腔侧，只留 1～2 个齿起密封作用，并在高压腔设径向间隙补偿装置（见图 3-15）。这种结构既有利于减小径向力，又有利于提高容积效率。

（5）采用液压平衡法。即在过渡区开设两个液压平衡槽（见图 3-16），分别与齿轮泵的低、高压腔相通。这种结构可使作用在轴承上的径向力大大减小，但会使内泄漏增加，容积效率下降。

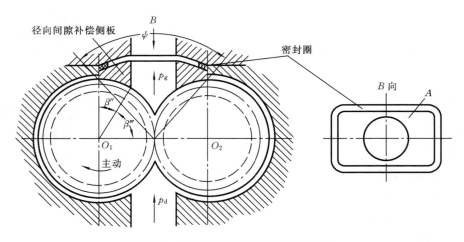

图 3-15　将吸油腔扩大到接近压油腔侧

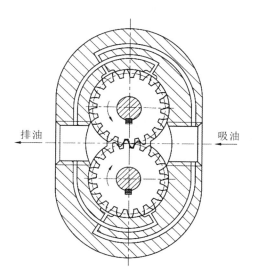

图 3-16　具有液压平衡槽的齿轮泵

3.2.2　渐开线内啮合齿轮泵

1. 工作原理

渐开线内啮合齿轮泵的工作原理如图 3-17 所示。在一对相互啮合的具有渐开线齿形的小齿轮 1（主动齿轮）和内齿环 3（从动齿轮）之间有月牙板 2，将吸油腔 4 和压油腔 5 隔开。当小齿轮按图示方向旋转时，内齿环也按相同方向旋转。图中上半部轮齿脱开啮合的地方，齿间容积逐渐扩大，形成真空，液体在大气压的作用下进入吸油腔，填满齿间容积（即吸油）；而在图中下半部轮齿进入啮合的地方，齿间容积逐渐缩小，油液被挤压出去（即压油）。

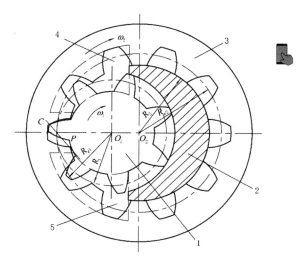

图 3-17　渐开线内啮合齿轮泵的工作原理图
1—小齿轮；2—月牙板；3—内齿环；4—吸油腔；5—压油腔

图 3-18 所示为带有溢流阀的内啮合齿轮泵，当泵的出口压力达到或超过由弹簧 10 所调定的压力时，高压腔的压力油克服弹簧力，顶开锥阀阀芯，溢流到吸油腔。

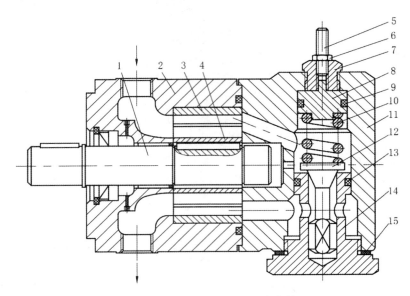

图 3-18　带有溢流阀的内啮合齿轮泵

1—泵轴;2—泵体;3—内齿环;4—小齿轮;5—调节螺钉;6—锁紧螺母;7—螺塞;8—弹簧座;

9、13—O 形密封圈;10—弹簧;11—泵盖(即阀体);12—锥阀;14—锥阀座;15—组合密封圈

2. 排量和流量

由于渐开线内啮合齿轮泵与渐开线外啮合齿轮泵的工作原理相同,所以分析和计算其流量、排量的方法也相同。这里仅将其结果列写如下。

1) 排量 V 的计算

$$V = \pi B \left[2R_1(h_1' + h_2') + h_1'^2 - \frac{R_1}{R_2}h_2'^2 - \left(1 - \frac{R_1}{R_2}\right)\frac{t_j^2}{12} \right] \quad (\text{m}^3/\text{r}) \qquad (3\text{-}16)$$

式中:B、t_j 分别为齿宽(m)和齿距(m);h_1'、h_2' 分别为小齿轮和内齿环的齿顶高(m);R_1、R_2 分别为小齿轮和内齿环的节圆半径(m)。

2) 流量 q 的计算

$$q = n_1 V \eta_V \quad (\text{m}^3/\text{min}) \qquad (3\text{-}17)$$

式中:η_V 为泵的容积效率;n_1 为小齿轮的转速(r/min)。

3. 内啮合齿轮泵的特点

(1) 流量、压力的脉动小。其流量脉动系数在 2%～5% 之间(而外啮合齿轮泵的流量和压力的脉动是很严重的)。

(2) 噪声低。由于吸油腔的进口面积大(约有 180°的进油口),吸油充分,不会引起气蚀现象;流量、压力的脉动小,所以其噪声只有 50～60 dB(而外啮合齿轮泵的噪声一般有 70～80 dB)。

(3) 轮齿接触应力小,磨损小,因而寿命长。

(4) 主要零件的加工难度大,成本高,价格比外啮合齿轮泵高。

3.2.3　内外转子式摆线泵

1. 工作原理

内外转子式摆线泵亦属内啮合齿轮泵,其齿形曲线采用摆线,故称摆线泵。其工作原理如图 3-19 所示。一对偏心啮合的内、外转子,其偏心距为 e,外转子(从动齿轮)的齿数 Z_2 比内转子(主动齿轮)的齿数 Z_1 多 1,在啮合运转过程中,能形成几个独立的封闭空间。随着内、外转子的啮合旋转,各封闭空间的容积将发生周期变化。现以内转子上的 1 齿和外转子上的 $1'$ 齿间位置为起点零位,分析 1 齿后侧的 A 腔容积的变化,来研究其吸、压油过程。如图 3-19 所示,在图(a)所示的位置时,A 腔容积最小;当转到图(b)所示的位置时,A 腔容积扩大;再转到图(c)所示的位置时,A 腔进一步扩大;直到图(d)所示位置,A 腔容积最大。A 腔容积从最小逐渐扩大到最大的过程中,腔内逐步产生真空,在大气压力的作用下,油液通过进油管道和后泵盖上的月牙形吸油槽(图中虚线所示)进入 A 腔,这一过程为吸油过程。从图(d)到图(e),再到图(f),A 腔容积由最大逐渐变到最小,腔内油液从月牙形排油槽(图中虚线所示)排到泵的出口,此为排油过程。

由图 3-19 可知,该泵在工作过程中,内转子的一个齿每转过一周时,完成一个工作循环,进行一次吸、排油过程。具有 Z_1 个齿的内转子,每转过一周将出现 Z_1 个与上述 A 腔相同的变化过程,即有 Z_1 个这样的工作循环。这样,摆线泵便起到连续输油的作用。

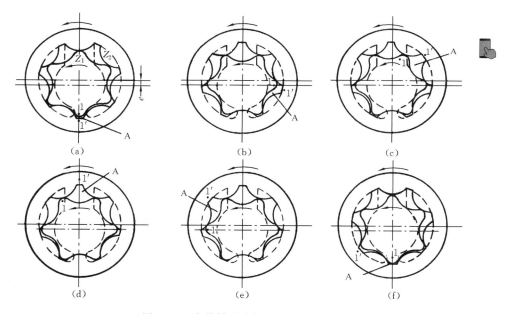

图 3-19　内外转子式摆线泵的工作原理图

图 3-20 所示的 BB 型摆线泵,采用三片式结构,内、外转子安装在泵体 2 内,两个定位圆柱销 3 用以保证泵体与前、后盖的偏心距。内转子 6 通过平键 7 与轴 13 连接,带动外转子 5 做同向转动,轴由前盖 1 中的滚珠轴承 17 和后盖 4 中的滚针轴承 9 支承。

在后盖上有月牙形进、出油槽(图中虚线所示)分别与进、出油口相通,前盖上设有与后盖相对称的平衡油槽,用来平衡泵内的轴向力。对于大排量摆线泵,在外转子上还设有径向小孔与外圆上的圆柱面相通,以改善外转子与泵体内孔的润滑条件,减少发热和起到平衡部分径向力的作用。在轴 13 和后盖 4 上设有泄漏油孔,将泄漏油直接引回油箱,这种"泄漏外引"的结构,便于泵的正、反转。在泵体的两端面上开有环形的平面卸荷槽 19 和油孔,可将泵的接合面处泄漏的油液引入后盖上的泄漏孔。

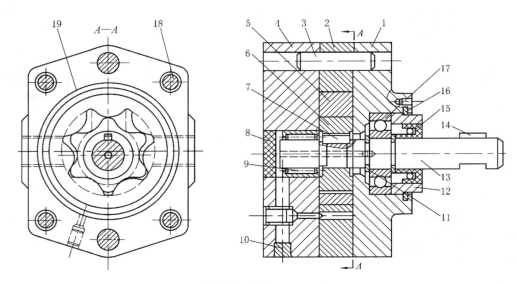

图 3-20　BB 型摆线泵

1—前盖;2—泵体;3—圆柱销;4—后盖;5—外转子;6—内转子;7、14—平键;8—压盖;9—滚针轴承;10—堵头;
11—卡圈;12—法兰;13—轴;15—密封环;16—弹簧挡圈;17—滚珠轴承;18—螺栓;19—卸荷槽

2. 排量 V 和流量 q

$$V = ABZ_1 \approx \pi(R_{a1}^2 - R_{f1}^2)B \quad (\text{m}^3/\text{r}) \tag{3-18}$$

$$q \approx \pi n_1(R_{a1}^2 - R_{f1}^2)B\eta_V \quad (\text{m}^3/\text{min}) \tag{3-19a}$$

或

$$q \approx \frac{\pi n_1}{60}(R_{e1}^2 - R_{i1}^2)B\eta_V \quad (\text{m}^3/\text{s}) \tag{3-19b}$$

式中:B 为转子宽度(m);Z_1 为内转子齿数;η_V 为摆线泵的容积效率;A 为内转子一个齿每转一周所扫过的面积(m^2),精确计算 A 值相当繁杂,一般用 $A \approx \pi(R_{e1}^2 - R_{i1}^2)/Z_1$ 做近似计算,其误差在 2%~4% 内;R_{a1}、R_{f1} 分别为内转子齿顶圆和齿根圆半径(m);n_1 为内转子转速(r/min)。

3. 内外转子式摆线泵的主要优缺点及应用场合

该泵的明显优点是结构小巧,零件数少,齿形大,工作容积大;缺点是由于齿数较少(通常内转子采用 4~8 齿,外转子采用 5~9 齿,且内转子比外转子少 1 齿),流量不均匀,脉动大,此外,啮合处间隙泄漏大。因此,该泵多以 2.5~7 MPa 的低压在液压系统中作辅助泵使用,以进行补油、润滑等。

3.3　叶　片　泵

叶片泵具有结构紧凑、体积小、重量轻、流量均匀、噪声小、寿命长等优点;但其吸入特性不太好,对油液的污染比较敏感,对制造工艺要求也比较高。

叶片泵根据每转作用次数的不同,可分为双作用式和单作用式两大类。一般叶片泵的工作压力为 7 MPa,高压叶片泵的工作压力可达 25～32 MPa。泵的转速范围一般为 600～1500 r/min。双作用叶片泵一般为定量泵,单作用叶片泵一般为变量泵。

叶片泵广泛应用在机床、工程机械、船舶、压铸机和冶金设备中。

3.3.1　双作用叶片泵

1. 双作用叶片泵的工作原理、排量 V 和流量 q

图 3-21 所示为 YB 型双作用叶片泵的结构图。左泵体 6 和右泵体 9 上分别有一个进油口和一个出油口。两泵体内装有配流盘 2、7 和定子 5,并且用圆柱销 3 与泵体定位。转子 4 上均匀地开有 12 条叶片槽,叶片 11 在槽内可以沿径向自由滑动,它们一同安放在两个配流盘和定子所组成的空间内。传动轴 10 的两端分别支承在滚针轴承 1 和滚珠轴承 8 内,并通过花键与转子相连。

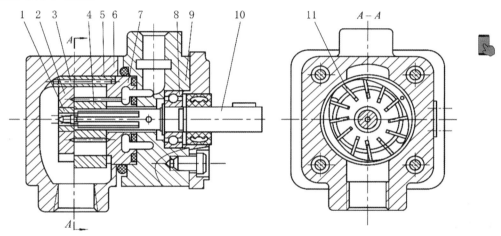

图 3-21　YB 型双作用叶片泵的结构图

1—滚针轴承;2—左配流盘;3—圆柱销;4—转子;5—定子;6—左泵体;
7—右配流盘;8—滚珠轴承;9—右泵体;10—传动轴;11—叶片

双作用叶片泵的工作原理如图 3-22 所示。当传动轴带动转子旋转时,叶片在离心力的作用下甩出;同时,叶片根部也作用着来自出口的压力油,将叶片紧贴在定子的内表面上。于是,相邻两叶片的侧表面、定子的内表面、转子的外圆表面及两个配流盘的内端面,就围成了密封容腔,其密封性由轴向间隙、配合间隙和接触线来保证。叶片 1、3、5、7 将密封容腔分隔成四个部分,分别与吸油窗口和压油窗口相通。当转子顺时针旋转时,叶片 1 和 7 之间,以及叶片 3 和 5 之间的密封容腔容积不断扩大,形成真空,油液在大气压力作用下,自泵的进口同时进入配流盘上的两个吸油窗口来填充扩大了

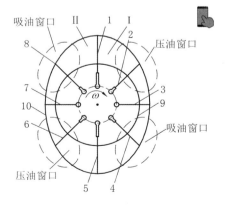

图 3-22　双作用叶片泵的工作原理图

1、2、3、4、5、6、7、8—叶片;9—转子;10—定子

的密封容腔,这就是泵的吸油过程。与此同时,叶片 1 和 3 之间,以及叶片 5 和 7 之间的密封腔容积不断缩小(此时叶片 1、2、5、6 在定子内表面作用下内缩),受压的油液分别经两个压油窗口流向泵的出口,这就是泵的排油过程。

转子旋转一周,每个密封容腔都完成两次吸油和两次排油过程,因此称该泵为双作用式。由于两个吸油窗口和两个压油窗口都是对称布置的,所以作用在转子上的径向液压力是相互平衡的,因此也称之为平衡式叶片泵。

双作用叶片泵的排量为

$$V = 2B\left[\pi(R^2 - r^2) - \frac{R-r}{\cos\theta}\delta Z\right]/(2\pi) = 2B(R-r)\left[(R+r) - \frac{\delta Z}{\pi\cos\theta}\right] \quad (\text{m}^3/\text{r})$$

$$(3\text{-}20)$$

式中:Z 为叶片泵的叶片数目;δ 为叶片厚度;B 为转子和叶片的宽度(m);R、r 分别为定子曲线的长半径(m)和短半径(m);θ 为叶片倾角,即叶片中心线与转子径向线在定子曲线上的交角。

流量为

$$q = 2\pi nB(R-r)\left[(R+r) - \frac{\delta Z}{\pi\cos\theta}\right]\eta_V \quad (\text{m}^3/\text{min}) \qquad (3\text{-}21a)$$

或

$$q = \frac{\pi}{30}nB(R-r)\left[(R+r) - \frac{\delta Z}{\pi\cos\theta}\right]\eta_V \quad (\text{m}^3/\text{s}) \qquad (3\text{-}21b)$$

式中:n 为泵的转速(r/min)。

2. 双作用叶片泵的结构特点

1) 保证叶片与定子内表面的良好接触

转子旋转时,保证叶片与定子内表面的良好接触,是泵正常工作的必要条件。在吸油过程中,叶片靠离心力甩出,可以贴在定子内表面上。但在压油过程中,叶片的顶部有压力油作用,只靠离心力不能保证叶片与定子的可靠接触。为此,通过右配流盘的环形槽 b(见图 3-23)将出口压力油引至叶片底部,使叶片顶部与底部的液压力平衡。右配流盘正面的两个凹槽 c 为吸油窗口,两个腰形通孔 d 为排油窗口,配流盘背面的环形槽 e 与其相通,也与出口相通。盘面上的环形槽 b 通过四个小孔,将出口压力油引入槽内,而转子叶片槽的底部所在圆与 b 槽的位置重合,因此,每个叶片的底部都有出口压力油作用,使叶片同时受到离心力和液压力的作用,保证叶片与定子紧密接触。但这样又带来另一个值得注意的问题:在吸油过程中,叶片顶部与吸油腔相通,没有液压力作用,叶片在离心力和底部液压力的作用下压向定子内表面,使叶片与定子之间的接触面磨损严重。这将成为提高叶片泵工作压力的障碍。

2) 避免困油现象,减小液压冲击和噪声

为了保证吸油腔与排油腔互不相通,配流盘上封油区的包角 $\alpha_0 + \gamma$ 必须大于或等于相邻叶片间的间距角 β_0(见图 3-24),这就会产生困油现象。同时,密封容腔突然与吸、排油腔接通,也会造成液压冲击和噪声。为此,在叶片由封油区进入排油区的排油窗口一边开出卸荷三角槽,使相邻叶片间的密封容腔通过三角槽逐渐与排油腔接通,从而消除困油现象,减小液压冲击和噪声。三角槽也称卸荷槽或减振槽,其范围角根据经验一般取 $\gamma = 6° \sim 8°$。

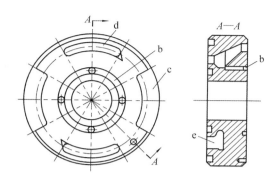

图 3-23　右配流盘结构

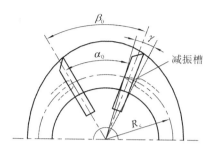

图 3-24　配流盘封油角与减振角

3）定子曲线

定子内表面的曲线由两段大半径圆弧、两段小半径圆弧，以及四段过渡曲线所组成（见图 3-25）。定子曲线的形状与叶片泵的性能（噪声、效率、流量的均匀性等）和寿命关系很大。定子曲线长、短半径的比，过渡曲线的形状及各区段的范围角，都对泵的性能有影响。长、短半径的比越大，泵的排量也越大。但比值过大，会引起叶片卡死、折断和叶片脱空等现象。比值越大，过渡曲线的斜率也就越大，使叶片的离心力不足以将叶片紧贴在定子的过渡曲线上，即产生脱空现象。

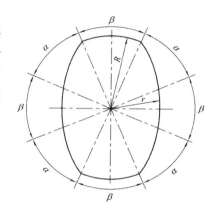

图 3-25　双作用叶片泵定子曲线

常用的定子过渡曲线有阿基米德螺线、等加速等减速曲线、正弦曲线和高次曲线等。过渡曲线采用阿基米德螺线时，叶片径向速度不变，不会引起泵的流量脉动。但在圆弧与螺线连接处，曲线上带有尖角，叶片经过时径向速度突变，会产生硬冲击，使该部位定子曲面磨损严重，故近年来很少采用。采用等加速等减速曲线，可使叶片在前一半做径向等加速运动，后一半做等减速运动，没有速度突变，不产生硬冲击。但在圆弧与过渡曲线连接处有加速度突变，会产生软冲击。软冲击所引起的惯性力和定子磨损比硬冲击小得多。如果限制最大径向加速度的值，在同样角度内，采用等加速等减速曲线可以得到最大的升程 $R-r$，合理选择叶片数（Z 取 12），可以减小泵的流量脉动。YB 型叶片泵定子曲线采用的是等加速等减速曲线。高次曲线能够充分满足叶片泵对定子曲线径向速度、加速度和加速度变化率等特性的要求，尤其在控制叶片振动，降低噪声方面具有突出的优越性，为现代高性能、低噪声叶片泵所广泛采用。

4）叶片数与叶片厚度

对于双作用叶片泵，从转子径向力平衡角度考虑，叶片数 Z 应选偶数。考虑泵瞬时流量的均匀性，既保证泵工作时吸、排油腔互不相通，又不减小泵的排量，不削弱转子槽根部的强度，当过渡曲线为等加速等减速曲线或高次曲线时，一般都取 Z=12。

确定叶片的厚度时主要考虑其强度、刚度和叶片与定子的接触应力。叶片若太薄，受液压力的作用容易折断，而且叶片槽的加工也困难。叶片若太厚，则会使泵的排量减小，叶片底部的作用面积大，使叶片与定子的接触应力增大，造成叶片与定子的磨损加剧，限制泵的工作压力。因此，叶片厚度一般取 1.8～2.2 mm。

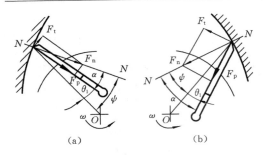

图 3-26　叶片前倾时的压力角
(a) 压油区；(b) 吸油区

5) 叶片的倾角

目前常见的双作用叶片泵的叶片,大多不是沿转子的径向放置,而是沿转子的旋转方向前倾一个角度 θ(一般 $\theta=10°\sim14°$,对于 YB 型叶片泵 $\theta=13°$),以减少叶片的压力角 α(定子曲线接触点处法线方向与叶片方向的夹角称为该点处叶片的压力角,见图 3-26),有利于叶片在转子槽中滑动,并减小叶片与转子槽的磨损。如图 3-26(a)所示,定子对叶片作用的切向分力 F_t 取决于法向接触反力 F_n 和压力角 α,即 $F_t=F_n\sin\alpha$,为了使 F_n 尽可能地沿叶片方向作用,以减小有害的切向分力 F_t,压力角 α 应越小越好。因此,使叶片前倾一个角度 θ_1,使 $\alpha<\psi$,即 $\alpha=\psi-\theta_1$。这种分析没有考虑叶片对定子的摩擦力的影响。实际上由于存在摩擦力,当压力角 $\alpha=0°$ 时,定子对叶片顶部的反作用力的合力并不沿叶片方向作用,即并非处于最有利的受力状态。

如图 3-26(b)所示,当叶片处在吸油区时,叶片前倾反而会使压力角 α 增大,变为 $\alpha=\psi+\theta_1$,使受力情况更加恶劣。而且吸油区叶片受力本来就比排油区叶片大得多,所以,叶片前倾的办法是不可取的。

定子内表面对叶片作用有两个力:沿定子内曲线法线方向 $N-N$ 作用的接触反力 F_n,沿定子内曲线切线方向作用的摩擦力 F_f。它们的合力为 F(见图 3-27)。F 可分解为 F_p 和 F_t,其中 F_t 使叶片靠向叶片槽一侧,不利于叶片的自由滑动。合力 F 与叶片之间的夹角 ϕ 越小,则分力 F_t 越小;当 ϕ 为零时,分力 F_t 也为零,叶片的伸缩将完全不受阻碍。图中,γ 是定子与叶片的摩擦角,$\phi=\alpha-\gamma$。因此,若使 ϕ 角为零,应使压力角 α 等于摩擦角 γ。在叶片前倾的情况下,吸油区定子与叶片作用的压力角 $\alpha=\phi+\theta_1$(ϕ 为定子曲

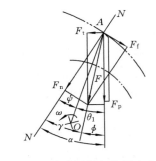

图 3-27　叶片倾角与作用力方向

线接触点 A 处的法线与半径 OA 的夹角;θ_1 为叶片的倾角,即叶片与半径 OA 的夹角)。实际上,定子曲线各点的 ϕ 角是不同的,转子旋转过程中,要使定子各接触点处的压力角 α 均等于摩擦角 γ,除非叶片的倾角 θ_1 是可变的,这在结构上显然是不能实现的。因此,叶片倾角只能取一个固定、合理的平均值,使得旋转时在定子曲线上有较多点的压力角 α 接近摩擦角 γ。由计算机对不同叶片泵所做的计算表明,为使压力角 α 保持最优值,相应的叶片倾角 θ_1 通常需在正负几度(沿转子旋转方向后倾为负)的范围内变化,其平均值接近于零。从方便制造的角度考虑,叶片泵的叶片应沿转子径向布置。

3. 高压叶片泵的结构特点

由前述中低压叶片泵的结构分析可知,要实现叶片泵的高压化,必须在结构上采取两个主要措施:一是对轴向间隙进行自动补偿,以减少泄漏,提高泵的容积效率;二是对叶片进行液压平衡,以减小吸油区叶片对定子内表面的压紧力,从而减轻叶片与定子之间的磨损,保证泵的使用寿命。

1) 端面间隙的自动补偿

叶片泵内泄漏主要有三条途径:一是配流盘与转子、叶片之间的轴向间隙;二是叶片与叶片槽的侧面间隙;三是叶片与定子间的接触线。其中以轴向间隙的泄漏为主。在 YB 型

叶片泵中,轴向间隙主要由转子、叶片和定子的宽度尺寸公差来保证,叶片的宽度比转子的宽度小 0.01 mm,转子宽度又比定子宽度小 0.02～0.04 mm。因此,当两侧配流盘压紧定子端面时,转子和配流盘之间就有 0.02～0.04 mm 的总间隙,叶片和配流盘之间就有 0.03～0.05 mm 的总间隙。对于工作压力小于 7 MPa 的叶片泵,在这种情况下其容积效率将符合要求;但对于高压叶片泵,这样大的间隙会带来很大的泄漏,使其容积效率达不到要求。因此,在高压叶片泵的结构中,采取如图 3-28 所示的浮动配流盘。泵启动前,浮动配流盘 1 受到弹簧 2 的预压缩力作用,压向定子 3 的侧面。泵启动后,配流盘背面受到压力油作用,自动贴紧定子端面,并产生适量的弹性变形,使转子 4 与配流盘间保持较小的间隙。

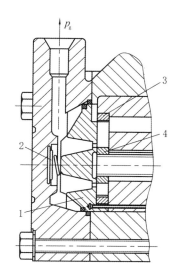

图 3-28　浮动配流盘结构
1—浮动配流盘;2—弹簧;
3—定子;4—转子

　　2) 改善定子和叶片顶部间的磨损

　　(1) 减小作用在叶片底部的液体压力。图 3-29 所示为带定比减压阀的结构示意图。将排油腔引来的压力油经定比减压阀 1 减压后,通入吸油区叶片底部,使其获得对定子的适当的压紧力。排油区叶片底部油室经阻尼孔 4 与排油腔相通。当叶片底部油液因压油区的叶片缩进叶片槽而被挤出,进入排油腔时,因阻尼孔的阻尼作用,叶片底部油室的液压力将高于排油腔的液压力,也就是叶片根部的液压力将略高于泵的输出压力,以使叶片对定子保持适当的压紧力,防止叶片与定子脱离。

　　(2) 减小叶片底部承受液压力作用的面积。通常采用阶梯形叶片、子母叶片、柱销叶片来达到这一目的。

　　① 阶梯形叶片　阶梯形叶片如图 3-30 所示。转子 3 上的叶片槽也具有阶梯形状,因而在槽的中部形成中间油室 2,该室的油液通过配流盘工作面上的环形槽自排油腔引入。另外,通过压力平衡孔 4 将叶片底部与叶片背后的工作腔连通。因此,在吸油腔叶片对定子 1 内表面的压紧力,仅由离心力和中间油室的液压力所决定,减小了叶片与定子的接触应力。排油腔叶片的顶、底都受液压力作用。为了避免叶片脱空,在中间油室和排油腔的通道上设有阻尼孔。这种结构的缺点是加工困难。

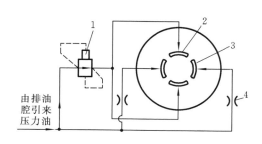

图 3-29　带定比减压阀的叶片泵的结构示意图
1—定比减压阀;2—吸油区叶片底部油室;
3—排油区叶片底部油室;4—阻尼孔

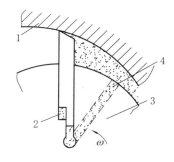

图 3-30　阶梯形叶片
1—定子;2—中间油室;3—转子;4—压力平衡孔

② 子母叶片　子母叶片的结构原理如图 3-31 所示。子叶片 5 可在母叶片 1 中滑动，其中间油室 3 的压力油通过配流盘工作面上的环形槽及压力油槽 2，自排油腔引入。叶片底部经压力平衡孔 4 与叶片顶部相连通。其工作原理与阶梯叶片完全相同。适当选择子叶片宽度 b 与母叶片宽度 B 的比值，就能控制母叶片与定子在吸油腔的接触应力。一般取 $b/B=1/4\sim1/3$。同样，为了防止叶片在排油区脱空，在中间油室 3 与排油腔的通道上要设置阻尼孔。

③ 柱销叶片　柱销叶片的结构如图 3-32 所示。它和子母叶片的作用原理相同，用柱销代替子叶片来实现叶片 2 的顶出。早期采用空心柱销，后来改为实心柱销。叶片顶部加工成弧槽，槽内设有两个通到叶片底部的小孔 3。因此，叶片底部容腔内任何时候都作用着与叶片顶部基本相同的压力，实现了叶片顶、底的压力平衡。柱销 6 沿转子径向安装，其上端顶在叶片底部；外圆与转子 8 上柱销孔保持精确的滑动配合；下端是转子上的环状油室 7，常通泵的出口压力油使柱销顶出紧贴叶片底面。在吸油区，叶片顶部和底部均作用着吸油区的压力，叶片靠离心力和柱销下端来自出口压力油的作用而被顶出，叶片对定子 1 内表面的接触应力显然较小，只要适当选择柱销的直径，就能获得适宜的压紧力。在压油区，叶片顶、底及柱销的顶、底部均作用着出口压力油压力，液压力基本平衡，叶片主要靠离心力和惯性力与定子内表面保持接触。为了防止叶片与定子脱离，在小孔 3 上串联一个阻尼孔 4。

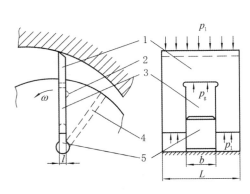

图 3-31　子母叶片的结构

1—母叶片；2—压力油槽；3—中间油室；

4—压力平衡孔；5—子叶片

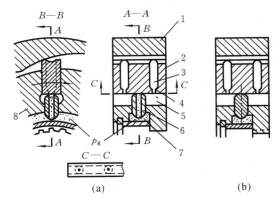

图 3-32　柱销叶片的结构

(a) 空心柱销；(b) 实心柱销

1—定子；2—叶片；3—小孔；4—阻尼孔；

5—叶片底部容腔；6—柱销；7—环状油室；8—转子

（3）使叶片顶部和底部的液压作用力平衡。通常可采用双叶片、弹簧式叶片来达到这一目的。

① 双叶片　双叶片的结构如图 3-33 所示。在转子 2 的叶片槽内装有两个可以相对滑动的叶片 3、4，每个叶片的内侧均有倒角。这样，两叶片相贴的内侧面就构成了 V 形通道，使叶片顶、底部始终作用着相等的压力油。合理设计叶片顶部的形状，使叶片顶部的承压面积小于底部的承压面积，就可以保证叶片与定子 1 紧密接触，又不至于使接触应力过大。在轴线方向，由于叶片两侧受压面积相等，实现了液压平衡，因而减少了叶片与配流盘之间的摩擦力。

② 弹簧式叶片　弹簧式叶片的结构原理如图 3-34 所示。在叶片的顶部和两侧有半圆形槽，在叶片底部开有三个弹簧孔，并通过小孔和叶片顶部相通。这样，叶片的顶、底部及两侧的液压力都是平衡的。叶片与定子的接触应力只取决于离心力和三根弹簧的合力。这种

结构可以使叶片与定子间的接触应力减小,但弹簧在周期载荷作用下,容易发生疲劳破坏。

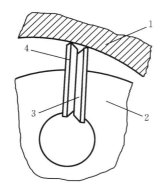

图 3-33　双叶片的结构
1—定子;2—转子;3、4—叶片

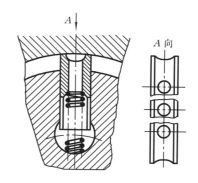

图 3-34　弹簧式叶片的结构原理图

3.3.2　单作用叶片泵

1. 单作用叶片泵的工作原理

单作用叶片泵一般是变量叶片泵,主要由转子 a、定子 b、配流盘 c 和叶片等组成。其工作原理如图 3-35 所示。叶片数 Z 为奇数(一般 Z 为 13 或 15),以使流量均匀。定子为圆环形,其中心相对转子中心有一个偏心距 e。

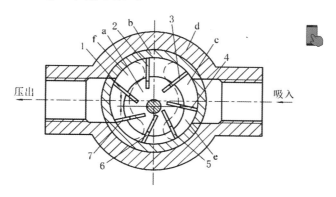

图 3-35　单作用叶片泵的工作原理图
1、2、3、4、5、6、7—叶片;a—转子;b—定子;c—配流盘;d—泵体;e—吸油窗口;f—压油窗口

当转子逆时针旋转时,叶片在离心力的作用下紧贴定子的内表面。这样,叶片、定子内表面、转子外表面和两侧的配流盘就围成了密封容腔。叶片 2 和 6 将密封容腔分隔成右、左两个部分,分别与吸油窗口 e 和压油窗口 f 相通。处于右边的密封容腔逐渐扩大,从配流盘的吸油窗口吸入液体;处于左边的密封容积逐渐缩小,将液体从配流盘上的排油窗口排出。在配流盘上叶片底部的通油槽中,通常高压区通高压、低压区通低压,从而使叶片的顶部和底部因径向运动而对流量产生的影响互相抵消,故叶片的厚度对泵的瞬时几何流量无影响。变量叶片泵的转子与配流盘的结构如图 3-36 所示。

2. 排量 V 和流量 q

如图 3-35 所示,当定子竖直移动时,定子与转子间的偏心距 e 改变,泵的排量随之变

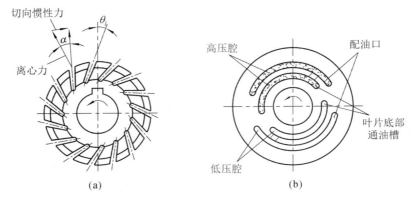

图 3-36　变量叶片泵的转子与配流盘的结构

（a）转子；（b）配流盘

化，因此该叶片泵为变量叶片泵。

由于泵轴旋转一周，密封容积只完成一次吸油和一次排油，因此称为单作用叶片泵。

单作用叶片泵的排量 V 近似等于两个相邻叶片间密封容积的最大值与最小值之差乘以叶片数 Z，即

$$V = B\pi[(R+e)^2 - (R-e)^2] = 4\pi BeR \quad (\text{m}^3/\text{r}) \tag{3-22}$$

而流量为

$$q = 4\pi nBeR\eta_{\text{V}} \quad (\text{m}^3/\text{min}) \tag{3-23a}$$

或

$$q = \frac{4\pi n}{60} \cdot BeR\eta_{\text{V}} = \frac{1}{15}\pi nBeR\eta_{\text{V}} \quad (\text{m}^3/\text{s}) \tag{3-23b}$$

式中：B、R 分别为定子宽度（m）和内半径（m）；e 为定子与转子的偏心距（m）；n 为泵的转速（r/min）；η_{V} 为泵的容积效率。

3. 单作用变量叶片泵的结构介绍

单作用变量叶片泵的类型有很多，如手动变量型、压力补偿型及稳流量型等。目前，压力补偿型限压式变量叶片泵用得最广泛。在此只介绍内反馈、外反馈限压式变量叶片泵。

1）内反馈限压式变量叶片泵

图 3-37 所示为 YBN 型内反馈限压式变量叶片泵的结构。它由定子 5、转子 3、叶片 4、流量调节螺钉 1、噪声调节螺钉 2、压力调节螺钉 6、调压弹簧 7 和配流盘等组成，其进油口、出油口和泄漏油口均位于泵体底面。该泵的工作原理和压力流量特性如图 3-38 所示。由于压油窗口的对称线相对 Oy 轴偏斜一个角度 α，油压对定子内表面的作用力的合力 F_{N} 会产生一个水平分力 F_{N2}（$F_{\text{N2}} = F_{\text{N}}\sin\alpha$）作用在调压弹簧上。当 F_{N2} 小于弹簧力时，定子在弹簧力作用下始终紧靠在左边的流量调节螺钉 1 上（见图 3-37），此时定子与转子的偏心距最大，泵的流量最大，对应图 3-38（b）中的 AB 段。随着油压的升高 F_{N2} 增大，当 F_{N2} 超过弹簧的调定力（对应的油压超过 p_{B} 时），弹簧被压缩，偏心距 e 减小，流量随之减小，当油压升高到泵内偏心所产生的流量全部用于补偿泄漏时，泵的输出流量为零。改变调压弹簧的预压缩量可以改变拐点 B 的压力 p_{B}，使 BC 线左右平移。更换不同刚度的弹簧可得到不同斜率的 BC 线（弹簧刚度越小，BC 线越陡）。调节流量调节螺钉，可以改变泵的最大偏心距 $e_{\max}$ 和最

大输出流量 q_{max}，从而使 AB 线上下平移（AB 线在理论上为一水平线，由于泄漏的影响而略有倾斜）。因油压从泵腔内控制流量变化，故称之为内反馈限压式。

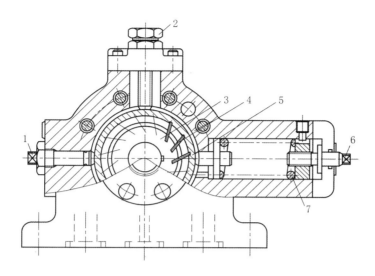

图 3-37　YBN 型内反馈限压式变量叶片泵的结构

1—流量调节螺钉；2—噪声调节螺钉；3—转子；4—叶片；5—定子；6—压力调节螺钉；7—调压弹簧

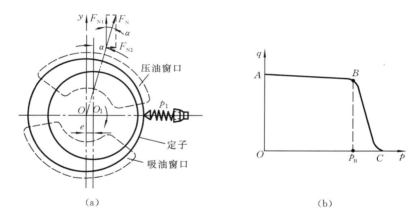

（a）　　　　　　　　　　　　　　　　　（b）

图 3-38　YBN 型内反馈限压式变量叶片泵的工作原理图与压力流量特性曲线

（a）工作原理图；（b）压力流量特性曲线

O_1—转子中心；O—定子中心

内反馈限压式变量叶片泵的特点如下。

（1）径向力不平衡。由于是单作用式，转子和轴受力不平衡，使轴承的径向负荷较大，这是提高泵工作压力的障碍。定子也受不平衡的液压力，水平分力由调压弹簧承受，向上的分力由噪声调节螺钉承受。若定子水平中心线和转子的水平中心线不重合，泵就会产生噪声。噪声调节螺钉的作用，就是调节定子和转子水平中心线的误差，以减小泵的噪声。

（2）轴向间隙不可调。定子、转子和叶片都要运动，因此它们的厚度都要小于两配流盘之间的长度，其轴向间隙由它们的厚度与泵体的厚度公差控制，不可调节，而且比双作用式叶片泵的轴向间隙稍大，因此该类叶片泵容积效率相对较低。这也是变量叶片泵高压化的障碍。

(3) 叶片底部的通油槽采取高压区通高压、低压区通低压的方式(见图3-36(b)),以使叶片顶、底部受力平衡,叶片只靠离心力甩出,减小叶片与定子之间的磨损。

(4) 叶片的倾角。传统观点认为:变量叶片泵转子叶片槽相对旋转方向应往后倾斜一个角度(见图3-36(a)),因为叶片两端的液压力是平衡的,在停机时间较长或介质清洁度较差的情况下启动时,只靠离心力使叶片甩出是不够的。如果使叶片后倾,启动时叶片所受的切向惯性力(因角加速度而产生)与叶片的离心力的合力尽量与槽的倾斜方向一致,则有助于叶片迅速甩出。而事实上,许多叶片径向布置的变量叶片泵,照样能正常工作而且其加工工艺更简单。

2) 外反馈限压式变量叶片泵

图3-39所示为外反馈限压式变量叶片泵的结构。其结构原理与内反馈式基本相同,不同之处如下。

(1) 外反馈式的吸、压油窗口关于x、y轴对称布置;压力油推动定子6向上压在滑块4和滚针轴承上。

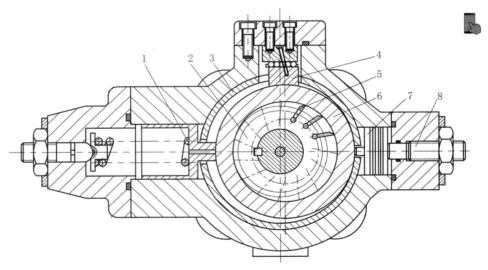

图3-39　外反馈限压式变量叶片泵的结构
1—调压弹簧;2—转子;3—衬圈;4—滑块;5—叶片;6—定子;7—控制活塞;8—流量调节螺钉

(2) 定子偏心量的改变由控制活塞7来完成。控制活塞7的右腔与泵的压油腔相通,当作用在活塞右端液压力的合力F小于弹簧力时,弹簧力把定子6推向最右边,通过活塞靠紧流量调节螺钉8,此时定子与转子2的偏心距最大,泵的流量最大;活塞右端的作用力F随油压的升高而增大,当F超过弹簧力时,弹簧1被压缩,偏心距减小,流量随之减小,直至为零。

(3) 定子、转子和叶片运动所需的轴向间隙由这三者与衬圈3的厚度公差来保证。

3.4　轴向柱塞泵

轴向柱塞泵因柱塞与缸体轴线平行或接近于平行而得名。它具有结构紧凑、单位功率体积小、重量轻、工作压力高,容易实现变量等优点。缺点是对油液污染敏感,对滤油精度要求高;对材质和加工精度的要求高;使用和维护要求比较高,价格比较高。这类泵常用于压力加工机械、起重运输机械、工程机械、冶金机械、船舶甲板机械、火炮和空间技术等领域。

轴向柱塞泵按其配流方式,有端面配流(即配流盘配流)和阀式配流两类。配流盘配流的轴向柱塞泵,又可按其结构特点分为直杆式(又称斜盘式)和连杆式(又称斜轴式)两大类。斜盘式又有点接触型和带滑靴型之分,还有半轴和通轴之分。

3.4.1　直杆式轴向柱塞泵

1. 工作原理、排量和流量

图 3-40 所示为点接触型轴向柱塞泵的结构图。它由传动轴 1、壳体 2、斜盘 3、柱塞 4、缸体 5、配流盘 6 和弹簧 7 等零件组成。柱塞安放在沿缸体均布的柱塞孔中。弹簧 7 的作用有二:一是使柱塞头部顶靠在斜盘上(因其接触部位为一个点,故称为点接触式);二是使缸体紧贴在配流盘 6 上。配流盘上的两个腰形窗口分别与泵的进、出油口相通。斜盘中心线与缸体中心线的夹角为 α。当传动轴按图示方向旋转时,位于 A—A 剖面右边的柱塞不断向外伸出,柱塞底部的密封容积不断扩大,形成局部真空,油液在大气压的作用下,自泵的进口经配流盘的吸油窗口进入柱塞底部,完成吸油过程。而位于 A—A 剖面左边的柱塞则不断向里缩进,柱塞底部的密封容积不断缩小,油液受压经配流盘的压油窗口排到泵的出口,完成压油过程。缸体每转一周,每个柱塞吸油和压油各一次,则泵的排量 V 和流量 q 分别为

$$V = \frac{\pi d^2}{4} ZD \tan\alpha \quad (\text{m}^3/\text{r}) \tag{3-24}$$

$$q = \frac{\pi d^2}{4} nZD_V \eta_V \tan\alpha \quad (\text{m}^3/\text{min}) \tag{3-25a}$$

或

$$q = \frac{n}{60} \cdot \frac{\pi d^2}{4} ZD_V \eta_V \tan\alpha = \frac{1}{240} \pi n d^2 ZD_V \eta_V \tan\alpha \quad (\text{m}^3/\text{s}) \tag{3-25b}$$

式中:d 为柱塞直径(m);D 为柱塞分布圆直径(m);Z 为柱塞数;α 为斜盘倾角;n 为泵的转速(r/min);η_V 为泵的容积效率。

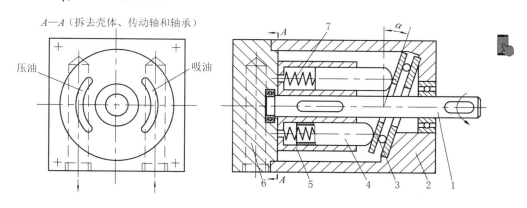

图 3-40　点接触型轴向柱塞泵的结构图

1—传动轴;2—壳体;3—斜盘;4—柱塞;5—缸体;6—配流盘;7—弹簧

泵的瞬时流量 q_{sh} 是波动的,其流量不均匀系数 $\delta\left(\delta=\dfrac{(q_{sh})_{max}-(q_{sh})_{min}}{q_t}\right)$ 的推导过程较烦琐,这里直接写出其结果:

$$\delta=\begin{cases}\dfrac{\pi}{2Z}\tan\dfrac{\pi}{4Z}&(Z\text{ 为奇数})\\[3mm]\dfrac{\pi}{Z}\tan\dfrac{\pi}{2Z}&(Z\text{ 为偶数})\end{cases} \tag{3-26}$$

δ 与 Z 的关系如表 3-2 所示。

表 3-2　流量不均匀系数 δ 与柱塞数 Z 的关系

Z	3	4	5	6	7	8	9	10	11	12	13
$\delta/(\%)$	14	32.5	4.98	13.9	2.53	7.8	1.53	5.0	1.02	3.45	0.73

由表 3-2 中数值可知,为了减小 δ 值,首先应采用奇数个柱塞,然后尽量选取较多的柱塞。这就是轴向柱塞泵柱塞个数为奇数的原因。实用中,多采用的是 $Z=7$ 或 $Z=9$。

点接触型轴向柱塞泵,因柱塞头部与斜盘之间为点接触,所以挤压应力很大。为了限制挤压应力,必须限制柱塞直径 d 和工作压力 p,所以这种泵的工作压力不应大于 10 MPa,流量也不能太大。另外,若柱塞底部不装弹簧,柱塞就不能外伸,泵就没有自吸能力;而装了弹簧又会因弹簧的损坏、疲劳而影响泵的寿命和可靠性。

2. 典型的直杆式轴向柱塞泵

为了克服点接触型轴向柱塞泵的不足,出现了带滑靴型轴向柱塞泵。下面介绍几种典型直杆式轴向柱塞泵的结构。

1) CY 型轴向柱塞泵

图 3-41 所示的 CY 型轴向柱塞泵,由主体部分和变量机构两部分组成。额定工作压力为 32 MPa。该泵的特点如下。

(1) 在柱塞 4 头部加有滑靴 3,二者之间的接触为面接触,并为液体摩擦。

(2) 分散布置在柱塞底部的弹簧 11 为集中定心弹簧。定心弹簧的作用有二:一是通过内套筒 12、钢球 14 和回程盘 15,将滑靴压紧在斜盘上;二是通过外套筒 13,使缸体 5 压紧在配流盘 10 上。

(3) 传动轴为半轴(故称为半轴型轴向柱塞泵),斜盘对滑靴柱塞组件的反作用力的径向分力由缸外大轴承 2 来承受,所以传动轴只传递扭矩而不承受弯矩,因此传动轴可以做得较细。但因缸外大轴承的存在,泵转速的提高受到限制。

(4) 其中有三对摩擦副,其结构特点如下。

① 滑靴与斜盘　如图 3-42 所示,当柱塞底部受高压油作用时,液压力通过柱塞将滑靴紧压在斜盘上,若此压力太大,就会使滑靴磨损严重,甚至被烧坏而不能正常工作。为了减小滑靴与斜盘之间的接触应力,根据静压平衡的理论,采用剩余压紧力的办法,即将柱塞底部的压力油引至滑靴底面的油室 a,使油室 a 及其周围的环形密封带上压力升高,产生一个垂直于滑靴端面的液压反推力 F_f。F_f 的大小与滑靴的端面尺寸 R_1 和 R_2 有关,方向与柱塞对滑靴的压紧力 F_N' 相反,通常取压紧系数 $m=F_N'/F_f=1.05\sim1.10$。这样,既可以保证滑靴不脱离斜盘,又不至于被压得太紧而加速磨损。

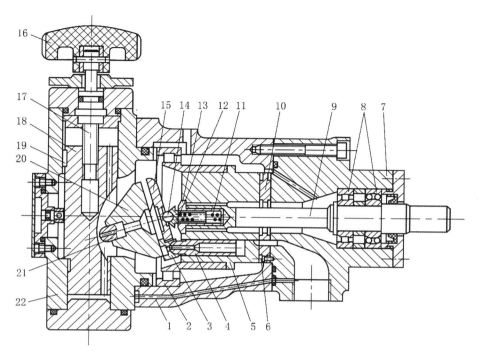

图 3-41　CY 型轴向柱塞泵

1—中间泵体；2—缸外大轴承；3—滑靴；4—柱塞；5—缸体；6—定位销；7—前泵体；8—轴承；9—传动轴；
10—配流盘；11—弹簧；12—内套筒；13—外套筒；14—钢球；15—回程盘；16—调节手轮；17—调节螺杆；
18—变量活塞；19—导向键；20—斜盘；21—销轴；22—后泵盖

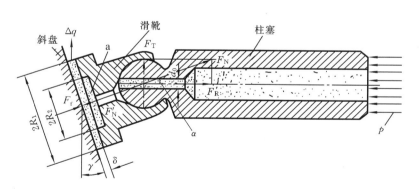

图 3-42　柱塞滑靴与斜盘

　　② 缸体与配流盘　图 3-43 所示为缸体的结构图，其轴向有 7 个均布的柱塞孔，孔底的进、出油口为腰形孔，其宽度与配流盘上的吸、排油腰形窗口的宽度相对应。腰形孔的通流面积比柱塞孔小，因此当柱塞压油时，油液压力对缸体产生一个轴向推力，加上定心弹簧的预压紧力，构成缸体对配流盘的压紧力 F_1。

　　图 3-44 为配流盘的结构图，其排油窗口及其

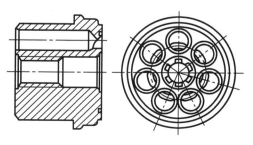

图 3-43　缸体的结构图

内外密封带上的液压力是作用于缸体的反推力 F_2，F_2 的大小与 R_1、R_2、R_3 和 R_4 的大小有关。合理设计配流盘的尺寸，可以使压紧力稍大于反推力，从而使缸体压紧在配流盘上，保证其密封性，又使其不至于被过分磨损。通常取压紧系数 $m = F_1/F_2 = 1.02 \sim 1.08$。

配流盘的外环形端面上开有环形油槽，并有 12 个径向槽与其沟通，保证外环形端面上没有液压力作用，此面为缸体的辅助支承面。在吸排油窗口之间的过渡区上设有阻尼孔和盲孔。两个阻尼孔分别与吸、压油窗口相通，用以消除困油现象和液压冲击；盲孔则起储油润滑作用。

在图 3-44 中，MM 为斜盘中心线，其过柱塞的上、下止点位置，NN 为配流盘吸、排油窗口的对称线。配流盘在安装时，NN 相对于 MM 沿缸体旋转方向偏过一个角度 α；α_1 为阻尼孔中心与 NN 线的夹角；α_2 为阻尼孔在配流盘上所占有的中心角的一半；α_3 为吸、排油口之间夹角的一半；α_0 为柱塞孔底部腰形孔的中心角。$\alpha_1 + \alpha_3 - \alpha_2$ 为配流盘封油区的封油角。如果 $\alpha_1 + \alpha_3 - \alpha_2 > \alpha_0$，配流盘封闭区呈正封闭状态，在柱塞由吸油窗口向排油窗口过渡的过程中，会出现困油现象。若 $\alpha_1 + \alpha_3 - \alpha_2 = \alpha_0$，配流盘封闭区呈零封闭状态。零封闭状态下虽无困油现象，但柱塞孔与吸、排油窗口接通的瞬间会产生液压冲击和噪声。CY 型轴向柱塞泵的配流盘采用负封闭结构，即有 $-1° < (\alpha_1 + \alpha_3 - \alpha_2) - \alpha_0 < 0°$，并在配流盘的封油区开有阻尼孔。这样可消除困油现象，同时在柱塞从上止点位置转入压油区的过程中，柱塞孔底部的腰形孔在 2α 角区域内先要经过阻尼孔与排油窗口相通，因此还可起到缓慢升压的作用；当柱塞转入吸油区时，阻尼孔则起到缓慢降压的作用，从而减小液压冲击和噪声。

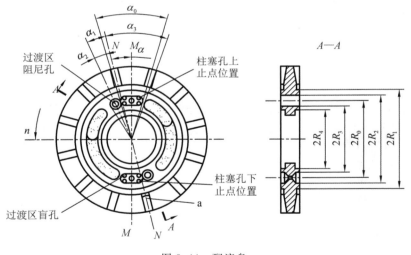

图 3-44　配流盘

③ 柱塞与缸体　如图 3-42 所示，斜盘对柱塞的反作用力 F_N 可以分解为轴向力 $F_R = F_N \cos\alpha$ 和侧向力 $F_T = F_N \sin\alpha$。轴向力 F_R 与柱塞底部的液压力平衡，侧向力 F_T 通过柱塞传给缸体，它可以使缸体倾斜，使缸体和配流盘之间出现楔形间隙，造成泄漏增大，而且使密封表面产生局部接触，导致缸体与配流盘之间的表面烧伤，同时也导致柱塞与缸体之间的磨损。为了减小侧向力，斜盘的倾角一般不大于 $20°$。

为使三对摩擦副能正常工作，还要合理选择零件的材料。一般摩擦副的材料要软硬配对，如柱塞选 18CrMnTiA、20Cr、40Cr，配流盘选 Cr12MoV、GCr15 等，斜盘选 GCr15，均要进行热处理；缸体、滑靴一般用 ZQSn10-1、ZQAlFe9-4 或球墨铸铁等。

（5）变量机构的结构特点如下所述。

① 手动变量机构　CY 型轴向柱塞泵采用的是手动变量机构（见图 3-41）。转动调节螺手轮 16 使调节螺杆 17 转动（因轴向已经限位而不可能轴向移动），带动变量活塞 18 轴向移动（由于导向键 19 的作用而不可能转动）。销轴 21 是装在变量活塞上的，随变量活塞轴向移动，从而带动斜盘 20 绕其中心摆动（斜盘通过两侧的耳轴支承在后泵盖 22 上），因此改变其倾角 α，泵的排量随之改变。

② 伺服变量机构　如图 3-45 所示，CY 型轴向柱塞泵的伺服变量机构是由一个差动活塞缸和一个双边控制阀组成的伺服系统。变量活塞 4 的小端 A 腔（直径为 D_2）常通泵的出油口，滑阀 2 连接三个油口：a 口通高压进油，b 口通变量活塞大端的 B 腔，c 口通低压回油。当拉杆 1 静止时，滑阀 2 亦不动，油口 a、b、c 被滑阀 2 封闭，变量活塞 4 的两端 A、B 腔亦处

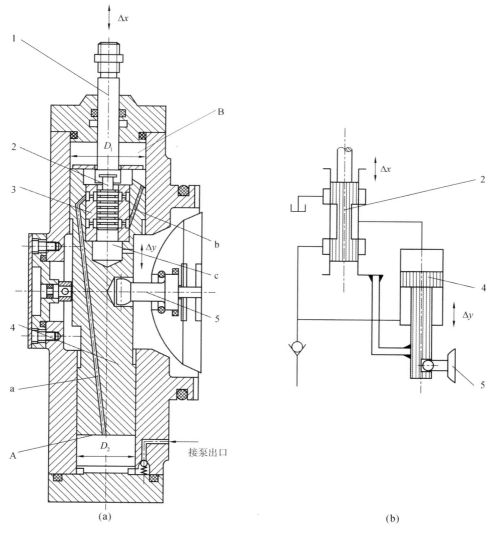

图 3-45　伺服变量机构

（a）结构图；（b）滑阀放大图；

1—拉杆；2—滑阀；3—阀套；4—活塞；5—斜盘

于封闭状态,因此变量活塞静止,此时的斜盘倾角 α 保持某一值不变,泵的排量亦不变。当用手拉动拉杆 1 带动滑阀 2 向上移动 Δx 时,油口 b、c 连通,变量活塞 B 腔油液经油口 b、c 流入泵体内回油。变量活塞在 A 腔高压油作用下向上移动 Δy,斜盘倾角 α 随之减小 $\Delta\alpha$,泵的排量变小。当 $\Delta y = \Delta x$ 时,滑阀 2 又将油口 a、b、c 封闭,变量活塞不动,泵的排量保持减小后的量不变。当推动拉杆向下移动 Δx 时,油口 b、c 被封闭,变量活塞两端的 A、B 腔通过 a 口连通,都作用着高压油,但由于上腔的作用面积大,因此变量活塞向下移动 Δy,斜盘倾角 α 随之增加 $\Delta\alpha$,泵的排量亦随之增加。当 $\Delta y = \Delta x$ 时,滑阀 2 又将油口 a、b、c 封闭,变量活塞不动,泵的排量保持增加后的量不变。拉杆 1 带动滑阀 2 不断地上下移动,a、b、c 油口的通断随之变化,使得变量活塞不断地随滑阀 2 上下移动,从而不断地改变泵的排量。这就是伺服变量机构的工作原理。

此外,还有电液比例控制变量机构、恒流量变量机构、恒压变量机构、恒功率变量机构等多种变量机构,在此不一一列举。

2) TZ 型轴向柱塞泵

图 3-46 所示的 TZ 型轴向柱塞泵(又称通轴泵)与 CY 型轴向柱塞泵相比,有以下特点。

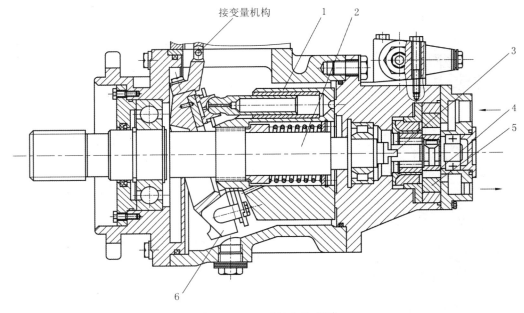

图 3-46　TZ 型轴向柱塞泵

1—缸体;2—传动轴;3—联轴器;4—辅助泵内转子;5—辅助泵外转子;6—斜盘

(1) 去掉缸体 1 外大轴承,将传动轴 2 改为通轴,并由两端滚动轴承支承,为提高泵的转速创造了有利条件;同时,传动轴右端外伸,通过联轴器 3 来驱动安装在泵后盖上的摆线泵,当泵用于闭式回路时,摆线泵作辅助泵用,可以简化系统和管路。

(2) 传动轴穿过斜盘中心孔,结构紧凑;因两端支点相距较远,且承受弯矩和扭矩作用,所以轴比较粗。

(3) 缸体与配流盘端面的预密封由中间弹簧力实现;而滑靴与斜盘之间间隙恒定,采用恒定间隙回程盘,使柱塞外伸吸油。

(4) 斜盘对滑靴的反作用力,通过柱塞作用在缸体上,并通过鼓形花键传给传动轴,缸体可以绕传动轴上的鼓形花键做微小摆动,以维持配流端面的密封性能,使缸体具有一定的自位性。

（5）变量机构的活塞与传动轴平行布置,并作用于斜盘外缘,既缩小了泵的径向尺寸,又可以减小变量机构的操纵力。

3.4.2　连杆式轴向柱塞泵

连杆式轴向柱塞泵亦称斜轴式轴向柱塞泵。图 3-47 所示为 A7VLV 型斜轴式轴向柱塞泵的结构,它由主体部分和变量机构两部分组成。

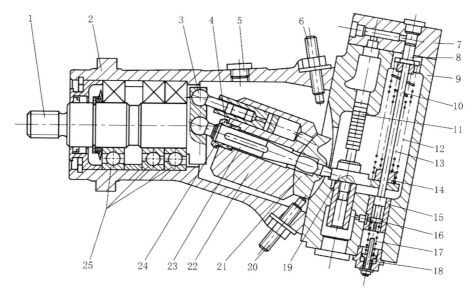

图 3-47　A7VLV 型斜轴式轴向柱塞泵的结构

1—主轴;2—壳体;3—柱塞连杆副;4、14—弹簧座;5—闭锁螺塞;6—最小流量限位螺钉;7—端盖;8—先导活塞;9—变量壳体;10—导杆;11—变量活塞;12—大调节弹簧;13—小调节弹簧;15—控制阀套;16—控制阀芯;17—调整弹簧;18—调整螺钉;19—拨销;20—最大流量限位螺钉;21—配流盘;22—缸体;23—中心轴;24—碟形弹簧;25—轴承

主体部分主要由主轴 1、柱塞连杆副 3、配流盘 21、缸体 22、中心轴 23 等零件组成。由于缸体相对于主轴有一倾角 γ,故称为斜轴泵。主轴由三个既能承受径向力又能承受轴向力的轴承 25 支承在壳体 2 内;中心轴一端球头和主轴中心孔铰接,另一端球头穿过缸体插入球面配流盘中心孔,从而支承缸体;七个连杆的大球头和主轴端部圆周上均布的球窝铰接,小端球头和柱塞球窝铰接,柱塞与缸体上的柱塞孔配合,套在中心轴上的碟形弹簧一端通过弹簧座 4 作用在中心轴的台肩上,另一端作用在缸体的台肩上,将缸体压向配流盘,以保证泵启动时的密封性。配流盘的背面靠在变量壳体 9 的圆弧形轨道上,配流盘的吸、排油窗口通过圆弧形轨道里的油孔分别与泵的进、出油口相通。

当主轴旋转时,连杆与柱塞内壁接触,通过柱塞带动缸体转动,同时连杆带动柱塞在缸体柱塞孔内做往复运动,使柱塞底部的密封容积发生周期性变化,完成吸油和排油。通过改变缸体与主轴之夹角 γ,来改变泵的排量。

图 3-47 中的变量机构为恒功率变量机构。所谓恒功率变量,是指泵在工作过程中,输出的液压功率保持不变,泵的流量随工作压力的增大（减小）而减小（增大）。恒功率变量泵的特性曲线及该变量泵的液压工作原理如图 3-48 所示。泵的压力油经变量壳体 9

中的油道(图中未画出)引到端盖 7,一部分引到先导活塞 8 的上端。当先导活塞的推力超过弹簧 12 和 17 的预压力的总和时,通过导杆 10 推动控制阀芯 16 下移,使变量活塞大端油腔与压力油(由变量壳体内油道引至控制阀)相通。由于变量活塞大端液压合力大于小端液压合力,变量活塞上移,并通过固定在变量活塞上的拨销 19 带动配流盘和缸体绕中心点摆动,减小倾角 γ,从而减少泵的输出流量。与此同时,拨销又压缩弹簧 12,使先导活塞和控制阀芯复位,实现行程反馈。此时缸体处于新的平衡状态。当泵的压力继续上升时,γ 角也继续减小,泵的输出流量也随之减小。当 γ 角减小到小调节弹簧 13 也开始被压缩时,先导活塞的推力必须克服弹簧 12、13 和 17 的合力后,控制阀芯才能下移,泵的流量才能进一步减小。如图 3-48(a)所示,在变量泵特性曲线上,小调节弹簧 13 开始被压缩的时刻对应的点就是变量特性的转折点 B。因图中直线 1 的斜率由弹簧 12 的刚度决定,所以直线 2 的斜率由弹簧 12 和 13 的合成刚度决定,所以弹簧 17 的预压力的大小决定了变量特性曲线平移的位置,即弹簧 12、13 的刚度决定了恒功率变量泵特性曲线的形状,而弹簧 17 决定了恒功率值的大小。A 点对应的最大流量 q_{max} 由最大流量限位螺钉决定,A 点对应的压力由弹簧 17 的预压力决定。C 点对应的最小流量 q_{min} 由最小流量限位螺钉决定,C 点的最高压力 p_{max} 由溢流阀决定。

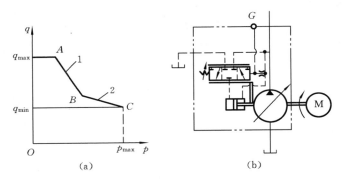

图 3-48　恒功率变量泵的特性曲线和液压工作原理图

(a)特性曲线;(b)液压工作原理图

该泵的额定压力为 35 MPa,最高压力为 40 MPa。

连杆式轴向柱塞泵的结构有以下特点。

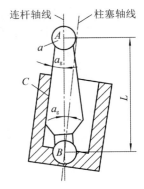

图 3-49　连杆与柱塞接触示意图

(1)由于连杆轴线与柱塞轴线的夹角 $\alpha_g \leqslant 2°$(见图 3-49),柱塞所受的侧向力 $F_T\left(F_T = \dfrac{\pi d^2}{4} p \tan \alpha_g\right)$ 可以忽略,由此可减轻磨损。由于柱塞受力情况好,允许有较大的倾角(一般 $\gamma_{max} = 25°$,结构改进后的定量泵,柱塞和连杆做成一体,并在端部安装有球面密封环,来代替传统的柱塞圆柱表面,实现密封,其倾角达 40°),承载能力大,结构坚固,耐冲击,寿命长。

(2)由柱塞、连杆传给主轴的轴向力很大,由向心推力轴承来支承。

(3)采用球面配流盘结构,使缸体具有自位性,可保证缸体和配流盘的密合性。

连杆式轴向柱塞泵的排量 V 和流量 q 分别为

$$V = \frac{\pi d^2}{4} ZD\sin\gamma \quad (\text{m}^3/\text{r}) \tag{3-27}$$

$$q = \frac{\pi d^2}{4} nZD\sin\gamma\eta_\text{V} \quad (\text{m}^3/\text{min}) \tag{3-28}$$

或

$$q = \frac{n}{60} \cdot \frac{\pi d^2}{4} ZD\sin\gamma\eta_\text{V} = \frac{1}{240} \pi n d^2 ZD\sin\gamma\eta_\text{V} \quad (\text{m}^3/\text{s}) \tag{3-29}$$

式中：d 为柱塞直径(m)；D 为连杆球铰心在主轴上的分布直径(m)；Z 为柱塞数；γ 为缸体倾角；n 为主轴转速(r/min)；η_V 为泵的容积效率。

3.5　径向柱塞泵

径向柱塞泵根据配流方式的不同,可分为轴配流和阀配流两种形式。

3.5.1　轴配流径向柱塞泵

图 3-50 所示为轴配流径向柱塞泵的工作原理图。缸体 3 由配流轴 1(固定不动)支承,与定子环 4 有一偏心距 e。当缸体按图示方向旋转时,柱塞 2 在离心力的作用下压紧在定子环的内壁上。配流轴下半部的柱塞向外运动,经配流轴上的吸油孔吸油;配流轴上半部的柱塞向里运动,经配流轴上的排油孔排油。缸体旋转一周,每个柱塞都完成一次吸油和排油过程。泵的排量 V 和流量 q 分别为

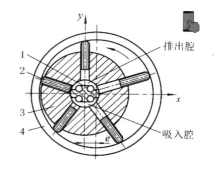

图 3-50　轴配流径向柱塞泵的工作原理图
1—配流轴;2—柱塞;3—缸体;4—定子环

$$V = \frac{\pi d^2}{4} \cdot 2eZ = \frac{1}{2}\pi d^2 eZ \quad (\text{m}^3/\text{r}) \tag{3-30}$$

$$q = \frac{1}{2}\pi d^2 neZ\eta_\text{V} \quad (\text{m}^3/\text{min}) \tag{3-31a}$$

或

$$q = \frac{1}{120}\pi d^2 neZ\eta_\text{V} \quad (\text{m}^3/\text{s}) \tag{3-31b}$$

式中：d 为柱塞直径(m)；Z 为柱塞数；e 为缸体与定子环的偏心距(m)；n 为泵的转速(r/min)；η_V 为泵的容积效率。

改变偏心距 e 的大小和方向,即可改变泵输出流量的大小和方向。

图 3-51 所示为轴配流径向柱塞泵的结构。其特点是:柱塞 7 通过连杆 6、滑靴 5 与定子环 4 内壁接触,由于滑靴采用静压平衡结构,减少了与定子环的接触应力,允许泵有较高的压力和较高的转速;另外,配流轴 1 也采用了静压平衡结构,以保证缸体 3 所受径向力平衡,使缸体在配流轴上处于浮动状态。该泵结构简单,工艺性好,变量容易,噪声低。

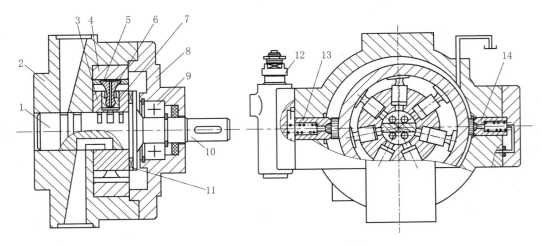

图 3-51　轴配流径向柱塞泵的结构

1—配流轴;2—壳体;3—缸体(转子);4—定子环;5—滑靴;6—连杆;7—柱塞;8—泵盖;9—轴承;10—传动轴;

11—联轴器;12—恒压阀;13—大变量活塞;14—小变量活塞

3.5.2　阀配流径向柱塞泵

图 3-52 所示为阀配流径向柱塞泵的工作原理图。柱塞 2 在弹簧 3 的作用下始终紧贴

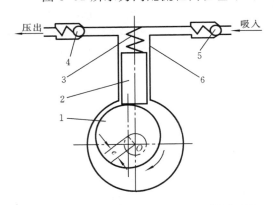

图 3-52　阀配流径向柱塞泵的工作原理图

1—偏心轮;2—柱塞;3—弹簧;

4—压油阀;5—吸油阀;6—柱塞缸

在和主轴做成一体的偏心轮 1 上,偏心轮转一圈,柱塞就完成一个往复运动,其行程长度为偏心距 e 的 2 倍。当柱塞向下运动时,柱塞缸 6 的容积增大,产生真空,液体在大气压力的作用下,克服吸油阀 5 的弹簧力及管道阻力,打开吸油阀进入柱塞缸内;此时压油阀 4 在弹簧及液体压力作用下关闭。当偏心轮推动柱塞向上运动时,柱塞缸的容积减小,油液受到挤压,压力增大,克服压油阀的弹簧力,打开压油阀而排出泵体;此时吸油阀在弹簧力及液压力的作用下关闭。

图 3-53 所示为连杆型阀配流径向柱塞泵的结构。偏心轮(和主轴做成一体)1 通过一对滚动轴承支承在壳体 5 内,柱塞 6 用销子 4 铰接在连杆 2 上,上下两个连杆用两个半圆连接环 3 夹持在偏心轮上(连杆与偏心轮之间为滑动摩擦),两个连接环用螺钉连接。壳体上固定有缸体 7 和阀体 8,阀体相应每个柱塞各装有两个锥形吸油阀 9 和一个锥形压油阀 11。当曲轴旋转时,油液从泵吸油口 A 吸入,经吸油阀进入柱塞缸,然后经压油阀和通道 B 从压油口 C 排出。排气螺钉 10 用以排除留存于柱塞缸内的空气。

这种泵一般都采用三个偏心轮,而且三个偏心轮的偏心方向互成120°。三个偏心轮上共分布有六个柱塞,并分成两组,相当于双联泵。泵的额定工作压力为 32 MPa,额定转速为 1 500 r/min。

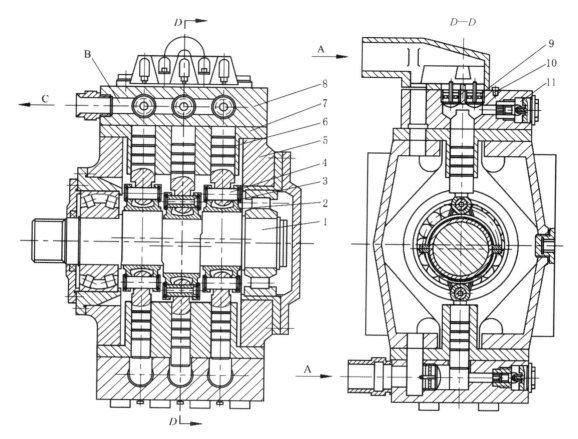

图 3-53 连杆型阀配流径向柱塞泵的结构

1—偏心轮;2—连杆;3—连接环;4—销子;5—壳体;6—柱塞;7—缸体;8—阀体;
9—吸油阀;10—排气螺钉;11—压油阀

3.6 螺 杆 泵

　　螺杆泵具有以下优点:结构紧凑,体积小,重量轻;流量压力无脉动,噪声低;自吸能力强,允许较高转速;对油液污染不敏感,使用寿命长。因此,螺杆泵在工业和国防的许多部门得到了广泛应用。

　　螺杆泵按其具有的螺杆根数来分,有单螺杆泵、双螺杆泵、三螺杆泵、四螺杆泵和五螺杆泵;按螺杆的横截面齿形来分,有摆线齿形、摆线-渐开线齿形和圆形齿形的螺杆泵。

　　在液压系统中采用的螺杆泵一般都为摆线三螺杆泵。

　　如图 3-54 所示为 LB 型三螺杆泵的结构。在壳体(或衬套)2 中平行地放置三根双头螺杆,中间为凸螺杆 3(即主动螺杆),两边为两根凹螺杆 4(即从动螺杆)。互相啮合的三根螺杆与壳体之间形成密封空间。壳体左端为吸液口,右端为排液口。当凸螺杆按顺时针方向(面对轴端观察)旋转时,螺杆泵便由吸液口吸入液体,经排液口排出液体。

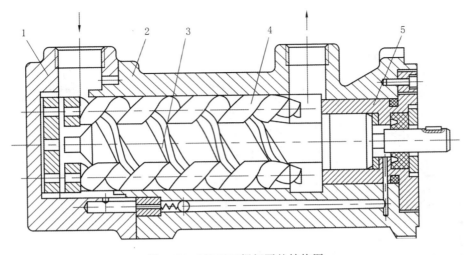

图 3-54　LB 型三螺杆泵的结构图

1—后盖；2—壳体(或衬套)；3—凸螺杆(主动螺杆)；4—凹螺杆(从动螺杆)；5—前盖

练 习 题

3-1　液压泵标牌上注明的额定压力的意义是什么？它和泵的实际工作压力有什么区别？

3-2　什么是泵的排量？为什么在衡量泵的大小时排量比流量更能说明问题？

3-3　通过试验测量液压泵的总效率 η 时，需要测量出哪些参数？泵的机械效率能直接测出吗？为什么？怎样才能得到泵的机械效率值？

3-4　选择泵的工作转速时应当考虑哪些问题？为什么大排量泵的转速通常比小排量泵的转速要低？

3-5　一液压泵的排量 $V=80$ mL/r，额定压力 $p_n=25$ MPa，额定转速 $n=1500$ r/min。若在额定条件下测得泵的流量为 $q=105$ L/min，总效率为 $\eta=0.87$。求：

(1) 泵的容积效率；

(2) 泵的机械效率；

(3) 泵的输入功率；

(4) 泵的输入转矩。

3-6　两相同变位齿轮组成的齿轮泵中，齿数 $Z=13$，齿顶圆直径 $D_e=75$ mm，中心距 $A=65$ mm，齿宽 $B=35$ mm。如果用转速为 1 500 r/min 的电动机带动该齿轮泵，泵的流量是多少？(设该泵的容积效率 $\eta_V=0.9$。)

3-7　什么是齿轮泵的困油现象？产生困油现象有何危害？如何消除困油现象？

3-8　某小型齿轮泵齿顶圆直径 $D_e=50$ mm，齿宽 $B=30$ mm。当工作压力 $p=21$ MPa 时，作用在轴承上的载荷力是多大？

3-9　齿轮泵高压化的主要障碍是什么？

3-10　减小齿轮泵径向力的措施有哪些？

3-11　提高高压齿轮泵容积效率的措施有哪些？

3-12　渐开线内啮合齿轮泵与渐开线外啮合齿轮泵相比,有哪些特点?

3-13　写出内外转子式摆线泵的排量公式,并说明式中各符号的物理意义。

3-14　内外转子式摆线泵的主要优缺点是什么?

3-15　试述螺杆泵的优缺点。

3-16　写出双作用叶片泵的排量公式,并说明式中各符号的物理意义。

3-17　定性地说明双作用叶片泵轴承上的受力情况。

3-18　比较双作用叶片泵和外啮合齿轮泵,指出它们各自的优缺点。

3-19　高压双作用叶片泵在结构上有哪些特点?

3-20　为什么许多双作用叶片泵的叶片相对转动方向前倾? 而单作用叶片泵的叶片后倾?

3-21　对叶片泵而言,什么是硬冲击? 什么是软冲击?

3-22　比较双作用叶片泵和单作用叶片泵,说明其各自的特点。

3-23　定性地绘出内反馈限压式变量叶片泵的压力流量特性曲线,并说明调压弹簧的预压缩量、调压弹簧刚度、流量调节螺钉对压力流量特性的影响。

3-24　写出直杆式轴向柱塞泵的排量计算公式,并说明式中各符号的物理意义。

3-25　为什么点接触型轴向柱塞泵的工作压力一般不大于 10 MPa,而带滑靴的轴向柱塞泵的工作压力可达到 32 MPa?

3-26　为什么直杆式轴向柱塞泵的斜盘倾角一般不超过 20°,连杆式轴向柱塞泵缸体倾角可为 25°,而改进后的定量泵缸体倾角可高达 40°?

3-27　与直杆式(CY 型、TZ 型)轴向柱塞泵相比,连杆式轴向柱塞泵有哪些特点?

3-28　为什么连杆式轴向柱塞泵的额定压力和最高压力都比直杆式轴向柱塞泵的高?

3-29　写出连杆式轴向柱塞泵的排量计算公式,并说明式中各符号的物理意义。

3-30　写出径向柱塞泵的排量公式,并说明式中各符号的物理意义。

第 4 章 液压执行元件

4.1 液压马达

4.1.1 液压马达的分类及特点

液压马达是将液压能转换为机械能的装置,可以实现连续的旋转运动。液压马达可分为高速和低速的两大类。一般认为,额定转速高于 500 r/min 的属于高速液压马达,额定转速低于 500 r/min 的则属于低速液压马达。

高速液压马达的基本形式有齿轮式、螺杆式、叶片式和轴向柱塞式等。它们的主要特点:转速较高,转动惯量小,便于启动和制动,调节(调速和换向)灵敏度高。通常高速液压马达的输出扭矩不大,仅几十牛米(N·m)到几百牛米,所以又称为高速小扭矩液压马达。

低速液压马达的基本形式是径向柱塞式。径向柱塞液压马达又包括多作用内曲线式、单作用曲轴连杆式和静压平衡式等。低速液压马达的主要特点:排量大,体积大,转速低,有的可低到每分钟几转甚至不到一转,因此可以直接与工作机构连接,不需要减速装置,使传动机构大大简化。通常低速液压马达的输出扭矩较大,可达几千牛米到几万牛米,所以又称为低速大扭矩液压马达。

从原理上讲,泵可以作马达用,马达也可以作泵用。事实上,同类型的泵和马达在结构上相似,但二者的功能不同,这就导致了它们在结构上的某些差异。

(1)液压泵的吸油腔内一般为真空,为改善吸油性能和抗气蚀能力,通常把进口做得比出口大;而液压马达的排油腔的压力稍高于大气压力,所以没有上述要求,进、出油口的尺寸相同。

(2)液压泵在结构上必须保证具有自吸能力,而对液压马达则没有这一要求。

(3)液压马达需要正、反转,所以在内部结构上应具有对称性;而液压泵一般是单方向旋转,其内部结构可以不对称。

(4)在确定液压马达的轴承结构形式及其润滑方式时,应保证其在很宽的速度范围内都能正常地工作;而液压泵的转速高且一般变化很小,就没有这一苛刻要求。

(5)液压马达应有较大的启动扭矩(即马达由静止状态启动时,其轴上所能输出的扭矩)。因为将要启动的瞬间,马达内部各摩擦副之间尚无相对运动,静摩擦力要比运行状态下的动摩擦力大得多,机械效率很低,所以启动时输出的扭矩也比运行状态下小。另外,启动扭矩还受马达扭矩脉动的影响,如果启动工况下马达的扭矩正处于脉动的最小值,则马达轴上的扭矩也小。为了使启动扭矩尽可能接近工作状态下的扭矩,要求马达扭矩的脉动小,内部摩擦小。如齿轮马达的齿数就不能像齿轮泵那样少,轴向间隙补偿装置的压紧系数也应比泵取得小,以减少摩擦。

由于上述原因,很多同类型的泵和马达不能互逆通用。

4.1.2　液压马达的主要工作参数和使用性能

1. 排量 V

液压马达的排量 V 的定义为:在不考虑泄漏的情况下,液压马达每转一弧度所需输入液体的体积(m^3/rad)。

2. 理论角速度 ω_t 和理论转速 n_t

理论角速度即不考虑泄漏时的角速度,理论转速即不考虑泄漏时的转速,有

$$\omega_t = q/V \quad (rad/s) \tag{4-1}$$

$$n_t = \frac{60}{2\pi} \cdot \frac{q}{V} \quad (r/min) \tag{4-2}$$

式中:q 为输入马达的流量(m^3/s)。

3. 理论输出扭矩 T_t

根据能量守恒定律,有 $T_t\omega_t = \Delta pq$,则

$$T_t = \Delta pq/\omega_t = \Delta pV \quad (N \cdot m) \tag{4-3}$$

式中:Δp 为马达进出口压差(N/m^2)。

4. 理论输出功率 P_t

理论输出功率 P_t 等于其输入功率 P_r,即

$$P_t = P_r = \Delta pq \quad (W) \tag{4-4}$$

5. 容积效率 η_V

马达内部各间隙的泄漏所引起的损失称为容积损失,用 Δq 表示。为保证马达的转速满足要求,输入马达的实际流量应为

$$q = q_t + \Delta q$$

液压马达的理论输入流量 q_t 与实际输入流量之比称为容积效率,即

$$\eta_V = \frac{q_t}{q} = \frac{q - \Delta q}{q} = 1 - \frac{\Delta q}{q} \tag{4-5}$$

6. 机械效率 η_m

由于各零件间相对运动及流体与零件间相对运动的摩擦而产生扭矩损失 ΔT,实际输出扭矩 T 比理论扭矩 T_t 小,则马达的机械效率为

$$\eta_m = \frac{T}{T_t} = \frac{T_t - \Delta T}{T_t} = 1 - \frac{\Delta T}{T_t} \tag{4-6}$$

7. 总效率 η

液压马达的总效率等于输出功率 P 与输入功率 P_r 之比,即

$$\eta = \frac{P}{P_r} = \frac{T\omega}{\Delta pq} = \frac{T\omega V}{\Delta pVq} = \frac{Tq_t}{T_tq} = \eta_m\eta_V \tag{4-7}$$

8. 实际角速度 ω 和实际转速 n

$$\omega = \omega_t\eta_V = \frac{q\eta_V}{V} \quad (rad/s) \tag{4-8}$$

$$n = n_t\eta_V = \frac{60}{2\pi} \cdot \frac{q}{V}\eta_V \quad (r/min) \tag{4-9}$$

9. 实际输出扭矩 T

$$T = T_t \eta_m = \Delta p V \eta_m \qquad (4\text{-}10)$$

10. 实际输出功率 P

$$P = P_r \eta = \Delta p q \eta \qquad (4\text{-}11a)$$

或

$$P = T \omega \qquad (4\text{-}11b)$$

11. 启动性能

马达的启动性能主要用启动扭矩 T_0 和启动机械效率 η_{m0} 来描述。如果启动机械效率低,启动扭矩就小,马达的启动性能就差。启动扭矩和启动机械效率的大小,除了与摩擦力矩有关外,还受扭矩脉动性的影响。实际工作中,都希望启动性能好一些,即希望启动扭矩和启动机械效率尽可能大一些。

12. 制动性能

当液压马达用来起吊重物或驱动车轮时,为了防止在停止时重物下落、车轮在斜坡上自行下滑,对制动有一定的要求。液压马达的容积效率直接影响马达的制动性能,若容积效率低,泄漏大,马达的制动性能就差。液压马达不可能完全避免泄漏现象,因此无法保证绝对的制动性。所以当需要长时间制动时,应该另外设置其他制动装置。

13. 最低稳定转速

最低稳定转速指液压马达在额定负载下,不出现爬行现象的最低转速。实际工作中,一般都希望最低稳定转速越小越好,这样就可扩大马达的调速范围。

不同结构形式的液压马达的最低稳定转速各不相同:多作用内曲线液压马达可达 $0.1\sim 1$ r/min;曲轴连杆式液压马达一般为 $2\sim 3$ r/min;轴向柱塞式液压马达为 $30\sim 50$ r/min,有的可低到 $2\sim 5$ r/min,个别可低到 $0.5\sim 1.5$ r/min;高速叶片马达一般为 $50\sim 100$ r/min,低速大扭矩叶片马达约为 5 r/min;齿轮式液压马达的低速性能最差,一般为 $200\sim 300$ r/min,个别可低到 $50\sim 150$ r/min。

4.1.3 叶片式液压马达

1. 工作原理

图 4-1 所示为双作用叶片马达的工作原理图。当压力油输入两个高压窗口时,叶片 1 和 3 都作用有液压推力,因叶片 3 的承压面积及其合力中心的半径都比叶片 1 大,故产生顺时针方向的扭矩。同样,叶片 7 和 5 也同时产生相同的扭矩,两者共同驱动转子旋转,带动外负载做功。此时处于高压窗口内的叶片 2 和 6,两侧作用的液压力平衡,故不产生扭矩。但处于低压区的叶片,因底部的压力油作用会产生一定的压紧力,在过渡区段此力的理论反作用力在定子曲线的法线方向,其切向分力会对转子产生一逆时针方向的扭矩,该扭矩属于阻力矩,同时马达还要克服摩擦力矩,然后才能带动轴上的负载转动。

叶片 3 和 5 之间及叶片 7 和 1 之间的容腔均与出油口相通,当转子顺时针旋转时,其容积不断缩小,将油液排出去。

若将马达的进、出油口对换,则马达反向旋转。

2. 典型结构

双作用叶片马达的结构如图 4-2(a)所示。其结构
特点如下。

（1）转子两侧面开有环形槽，其间放置燕式弹簧
5，弹簧套在销子 4 上，并将叶片压向定子的内表面，防
止启动时高、低压腔互相串通，保证马达有足够的启动
扭矩输出。

（2）为了保证马达正反转变换进出油口时，叶片底
部总是通高压油，以使叶片与定子紧密接触，采用了一
组特殊结构的单向阀（梭阀），单向阀由钢球 2 和阀座
1、3 组成。图 4-2(b)为其工作原理图。

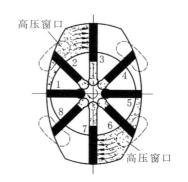

图 4-1　双作用叶片马达的工作原理图
1～8—叶片

（3）叶片沿转子体径向布置，进出油口大小相同，叶片顶部呈对称圆弧形，以适应正反
转要求。

目前我国生产的这种叶片马达的转速范围为 100～2 000 r/min，工作压力为 6 MPa，扭
矩达 72 N·m。

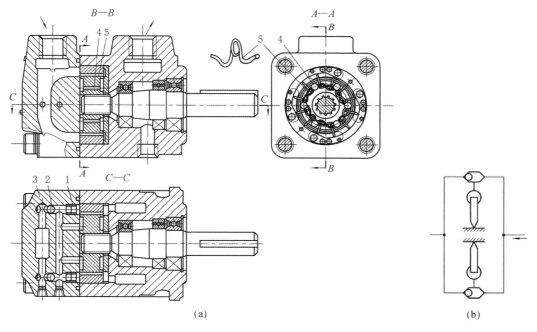

(a)　　　　　　　　　　　　　　　　　(b)

图 4-2　双作用叶片马达
(a) 结构；(b) 工作原理图
1、3—阀座；2—钢球；4—销子；5—燕式弹簧

4.1.4　单作用连杆型径向柱塞式液压马达

连杆型径向柱塞式液压马达是一种单作用低速大扭矩马达。其优点是结构简单，制造
容易，价格较低；其缺点是体积、重量较大，扭矩脉动较大，低速稳定性差。目前这种马达的
额定工作压力为 21 MPa，最高工作压力为 31.5 MPa，最低稳定转速可达 3 r/min。

1. 工作原理

图 4-3 所示为单作用连杆型径向柱塞式液压马达的工作原理图。在壳体 1 的圆周呈放射状均布了五个（也可为七个）柱塞缸。缸中的柱塞 2 通过球铰与连杆 3 相连接。连杆端部的鞍形圆柱面与曲轴 4 的偏心轮（偏心轮的中心为 O_1，它与曲轴旋转中心 O 的偏心距 $OO_1 = e$）相接触。曲轴的一端通过十字接头与配流轴 5 相连。配流轴上"隔墙"两侧分别为进油腔和排油腔。

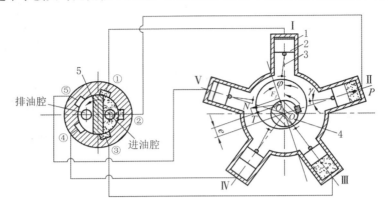

图 4-3　单作用连杆型径向柱塞式液压马达的工作原理图
1—壳体；2—柱塞；3—连杆；4—曲轴；5—配流轴

高压油进入马达的进油腔后，经壳体的槽①、②、③分别引到相应的柱塞缸 Ⅰ、Ⅱ、Ⅲ 中。高压油产生的液压力作用于柱塞顶部，并通过连杆传递到曲轴的偏心轮上。例如，柱塞缸 Ⅱ 作用于偏心轮上的力为 F_N，这个力的方向沿着连杆的中心线，指向偏心轮的中心 O_1。作用力 F_N 可分解为两个力：法向力 F_f（力的作用线与连心线 OO_1 重合）和切向力 F_T。

切向力 F_T 对曲轴的旋转中心 O 产生扭矩，使曲轴绕中心 O 逆时针方向旋转。

柱塞缸 Ⅰ 和 Ⅲ 也与此相似，只是由于它们相对于主轴的位置不同，所以产生扭矩的大小与缸 Ⅱ 不同。使曲轴旋转的总扭矩应等于与高压腔相通的柱塞缸（在图示情况下为缸 Ⅰ、Ⅱ 和 Ⅲ）所产生的扭矩之和。

曲轴旋转时，缸 Ⅰ、Ⅱ、Ⅲ 的容积增大，缸 Ⅳ、Ⅴ 的容积减小，油液通过壳体油道④、⑤经配流轴的排油腔排出。

当配流轴随马达转过一个角度后，配流轴"隔墙"封闭油道③，此时缸 Ⅲ 与高、低压腔均不相通，缸 Ⅰ、缸 Ⅱ 通高压油，使马达产生扭矩，缸 Ⅳ 和缸 Ⅴ 排油。当曲轴连同配流轴再转过一个角度后，缸 Ⅴ、Ⅰ、Ⅱ 通高压油，使马达产生扭矩，缸 Ⅲ、Ⅳ 排油。由于配流轴随曲轴一起旋转，进油腔和排油腔分别依次与各柱塞缸接通，从而保证曲轴连续旋转。

若将进出油口交换，马达就反转。

以上讨论的是壳体固定、曲轴旋转的情况。若将曲轴固定，进出油直接接通到配流轴中，即可使外壳旋转。外壳旋转的马达用来驱动车轮、卷筒十分方便。

2. 典型结构

图 4-4 所示为曲轴连杆型径向柱塞式马达。在壳体 2 内沿圆周均匀布置了五个（也可为七个）柱塞缸，柱塞 10 上有密封环 9，以保证密封良好，提高容积效率，降低加工精度要求。连杆 3 与柱塞以球头铰接，并用卡环 8 锁紧。连杆大端的鞍形圆柱面紧贴在曲轴 5 的偏心轮上，并用两个挡圈 4 夹持住。曲轴支承在两个滚柱轴承 6 中，一端外伸作为输出轴，另一端与配流

轴 7 连接，使配流轴与曲轴一起转动。该配流轴采用了静压平衡结构。由 B—B 剖面进来的高压油，经轴向通路流入 C—C 剖面右半部后，一方面进入相应的缸孔，另一方面又通过轴向小孔 G 流入 A—A 剖面和 E—E 剖面的左半部。与此同时，由相应缸孔排出到 C—C 剖面左半部的低压油，一方面经轴向通路进入 D—D 剖面后排出，另一方面通过轴向小孔 F 流入 A—A 剖面和 E—E 剖面的右半部。由此可见，只要 C—C 剖面的轴向宽度是 A—A（或 E—E）剖面轴向宽度的两倍，配流轴的径向力就大为减小。另外，缸孔内的高压油经连杆中部节流器 1 流入连杆大端的鞍形圆柱面与曲轴的偏心轮之间的油室中，可形成静压支承，避免金属直接接触。虽然在启动和停车时仍不免有金属接触现象发生，但总的来说，机械摩擦损失将大为减少。据资料介绍，具有这种结构形式的缸径为 $100~\text{mm}$ 的马达，额定角速度达 $17.5~\text{rad/s}$，容积效率达 95%，总效率达 90%，启动机械效率可达 $88\%\sim98\%$，最低稳定角速度达 $0.3~\text{rad/s}$。

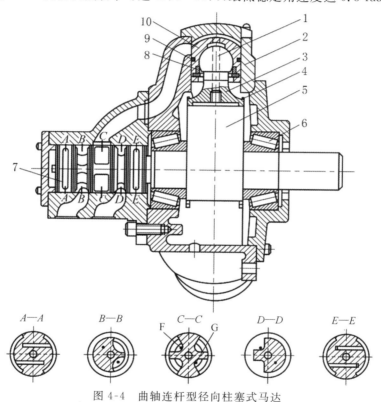

图 4-4　曲轴连杆型径向柱塞式马达

1—节流器；2—壳体；3—连杆；4—挡圈；5—曲轴；6—滚柱轴承；7—配流轴；8—卡环；9—密封环；10—柱塞

4.1.5　多作用内曲线径向柱塞式液压马达

1. 结构及原理

图 4-5 所示为多作用内曲线径向柱塞式液压马达的结构。凸轮环 1 的内壁由 x 个（图 4-5 中 $x=6$）均布的形状完全相同的曲面组成，每个曲面轮廓的凹部顶点将轮廓线分成对称的两个区段，一侧为进油区段（即工作区段），另一侧为回油区段（即空载区段），缸体 14 的圆周方向上有 z 个均布的柱塞缸孔，每个缸孔的底部有一配流窗孔，并与配流轴 12 的配流孔道相通。配流轴上有 $2x$ 个均布的配流窗孔，其中一部分（x 个）窗孔与进油通道相通，另一部分（x 个）窗孔与回油通道相通，这 $2x$ 个配流窗孔分别与 x 个凸轮环曲面的进油区段和回油区段相对应。

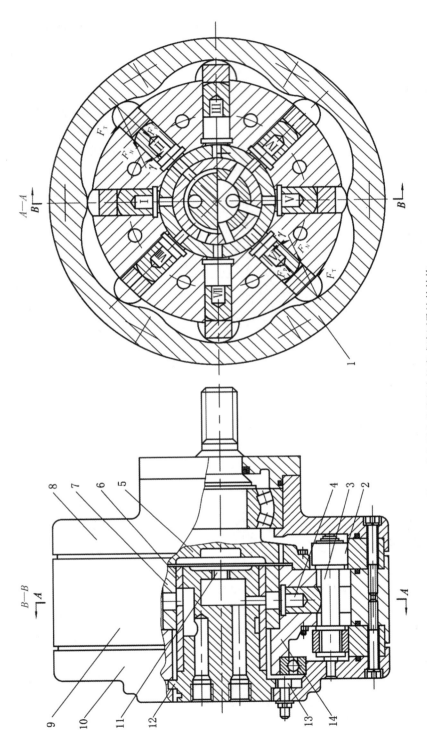

图4-5 多作用内曲线径向柱塞式液压马达的结构

1—凸轮环；2—滚轮；3—横梁；4—柱塞；5—输出轴；6—配流轴镶套；7—缸体镶套；
8—前盖；9—壳体；10—后盖；11—螺钉；12—配流轴；13—微调凸轮；14—缸体

配流轴上的配流窗孔与凸轮环曲面上进油区段对应相位角间的误差可通过微调凸轮 13 转动配流轴来调整。

当高压液体进入柱塞(如图中Ⅱ、Ⅵ所示)下部时,推动柱塞向外运动,将横梁 3 和滚轮 2 压向凸轮环曲面,而凸轮环曲面产生对滚轮的反作用力 F_N(F_N 作用在凸轮环曲面与滚轮接触处的公法面上)。反作用力 F_N 的径向分力 F_P 与液压作用力相平衡,而切向分力 F_T(F_T = $F_P\tan\gamma$,γ 为凸轮环曲线的压力角)通过横梁的侧面传递给缸体,产生使缸体转动的扭矩。所以,柱塞外伸的同时还随缸体一起旋转,当柱塞到达曲面的凹入顶点(即外死点)时,柱塞底部的油孔被配流轴的"隔墙"封闭,与高、低压腔都不通(如图中柱塞Ⅲ、Ⅶ所示),当柱塞越过曲面的凹部顶点进入凸轮环曲面的回油区段时,柱塞的径向油孔与配流轴的回油通道相通。此时,凸轮环曲面将柱塞压回,柱塞缸内容积缩小,将油液经配流轴排出。

当柱塞运动到内死点(如图中柱塞Ⅰ、Ⅴ所示)时,柱塞底部的油孔也被配流轴的"隔墙"封闭,与高、低压腔都不相通。

柱塞每经过一个曲面往复运动一次,进油和回油交换一次。当有 x 个曲面时,马达的作用次数就为 x,图 4-5 所示为六作用内曲线马达。

当马达进、出油换向时,马达将反转。

2. 排量 V

$$V = \frac{\pi d^2}{4} \cdot \frac{Sxyz}{2\pi} = \frac{d^2}{8}Sxyz \quad (\text{m}^3/\text{rad}) \tag{4-12}$$

式中:d、S 分别为柱塞的直径(m)和行程(m);x 为作用次数;y 为柱塞的排数;z 为每排柱塞数。

4.1.6　轴向柱塞马达

轴向柱塞马达的结构特点基本上与同类型的液压泵相似,除采用阀式配流的液压泵不能作为液压马达用之外,其他形式的液压泵基本上都能作液压马达使用。

图 4-6 所示为斜盘式轴向柱塞马达的工作原理图。图中柱塞的横截面面积为 A,当压力为 p 的油液进入马达进油腔时,滑靴便受到 pA 的作用而压向斜盘,其反作用力为 F_N。力 F_N 可分解成两个分力:一个是平行于柱塞轴线的轴向分力 F;另一个是垂直于柱塞轴线的分力 F_T。分力 F 与柱塞所受液压力平衡;而分力 F_T 对缸体中心产生扭矩,驱动液压马达旋转做功。

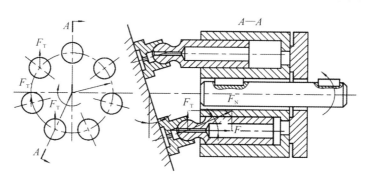

图 4-6　斜盘式轴向柱塞马达的工作原理图

若改变液压马达压力油的输入方向,则液压马达输出轴的旋转方向与原方向相反;改变

斜盘倾角 γ 的大小和方向,可使液压马达的排量、输出扭矩和转向发生变化。

4.2 液 压 缸

液压缸是将液体的压力能转换成机械能,实现往复直线运动或往复摆动的执行元件。它具有结构简单、工作可靠和制造容易等优点,广泛应用于各种液压机械设备。

4.2.1 液压缸的分类

按照结构不同,液压缸可分为活塞缸、柱塞缸、摆动缸和组合缸四类。活塞缸、柱塞缸可实现往复直线运动,输出力和速度;摆动缸可实现小于 360° 的往复摆动,输出扭矩和角速度;组合液压缸具有较特殊的结构和功用。

表 4-1 所示为液压缸的分类。

表 4-1 液压缸的分类

分　类	名　称	符　号	说　明
单作用液压缸	柱塞式液压缸	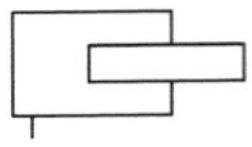	柱塞仅单向运动,返回行程是利用自重或负荷将柱塞推回
	单活塞杆液压缸	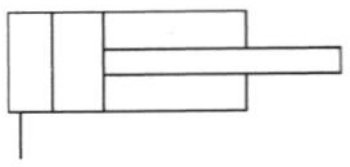	活塞仅单向运动,返回行程是利用自重或负荷将活塞推回
	双活塞杆液压缸		活塞的两侧都装有活塞杆,只能向活塞一侧供给压力油,返回行程通常利用弹簧力、重力或外力实现
	伸缩液压缸	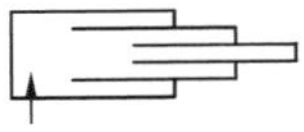	以短缸获得长行程。用液压油由大缸到小缸逐节推出,靠外力由小缸到大缸逐节缩回
双作用液压缸	单活塞杆液压缸	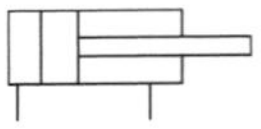	单边有杆,双向液压驱动,双向推力和速度不等
	双活塞杆液压缸	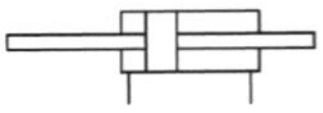	双边有杆,双向液压驱动,可实现等速往复运动
	伸缩液压缸	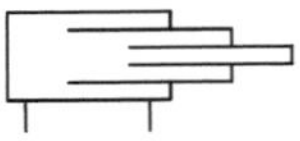	双向液压驱动,伸出由大缸到小缸逐节推出,由小缸到大缸逐节缩回
	摆动液压缸	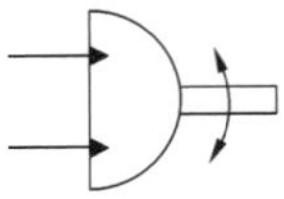	双向液压驱动,实现往复摆动,输出扭矩和角速度

分　类	名　　称	符　号	说　　明
组合液压缸	弹簧复位液压缸		单向液压驱动,由弹簧力复位
	串联液压缸		用于缸的直径受限制而长度不受限制处,能获得大的推力
	增压缸(增压器)		由低压室液压缸驱动,使高压室获得高压油源
	齿条传动液压缸		活塞往复运动,经装在一起的齿条驱动齿轮获得往复回转运动

4.2.2　液压缸的典型结构

1. 双作用活塞式液压缸

1) 双作用双活塞杆式液压缸

图 4-7 所示为双作用双活塞杆式液压缸的结构,其主要由缸体 4、活塞 5 和活塞杆 1 等零件组成。缸体一般采用无缝钢管,内壁加工精度要求很高。活塞和活塞杆用开口销 8 连接。活塞杆分别由导向套 7 和 9 导向,并用 V 形密封圈 6 密封,螺钉 2 用来调整 V 形密封圈的松紧。两个端盖 3 上开有进出油口。

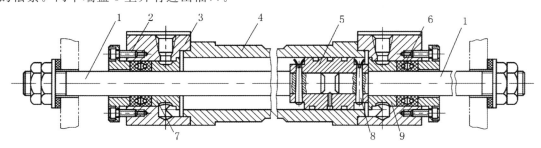

图 4-7　双作用双活塞杆式液压缸的结构

1—活塞杆;2—螺钉;3—端盖;4—缸体;5—活塞;6—V 形密封圈;7、9—导向套;8—开口销

当液压缸右腔进油、左腔回油时,活塞左移;反之,活塞右移。由于两边活塞杆直径相同,所以活塞两端的有效作用面积相同。若左、右两端分别输入相同压力和流量的油液,则活塞上产生的推力和往返速度也相等。这种液压缸常用于往返速度相同且推力不大的场合,如用来驱动外圆磨床的工作台等。

2) 双作用单活塞杆式液压缸

图 4-8 所示为单活塞杆式液压缸的结构。缸体 1 和底盖焊接成一体。活塞 2 靠支承环 4 导向,用 Y 形密封圈 5 密封。活塞杆靠导向套 6、8 导向,用 V 形密封圈 7 密封。端盖 9 和缸体用螺纹连接,螺母 10 用来调整 V 形密封圈的松紧。缸底端盖和活塞杆头部都有耳环,

便于铰接。因此,这种液压缸在往复运动时,其轴线可随工作需要自由摆动,常用于液压挖掘机等工程机械。

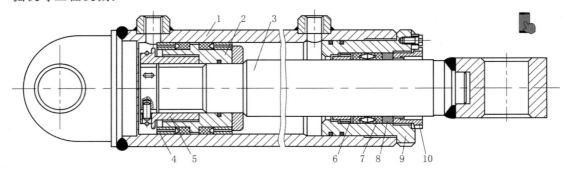

图 4-8　单活塞杆式液压缸的结构

1—缸体;2—活塞;3—活塞杆;4—支承环;5—Y形密封圈;6、8—导向套;7—V形密封圈;9—端盖;10—螺母

设活塞左、右两端的有效作用面积分别为 A_1 和 A_2,且 $A_1 > A_2$,若输入液压缸左、右两腔的流量 q 相等,则活塞向右和向左运动的速度 v_1 和 v_2 分别为

$$v_1 = \frac{q}{A_1}\eta_V = \frac{4q}{\pi D^2}\eta_V \quad (\text{m/s}) \tag{4-13}$$

$$v_2 = \frac{q}{A_2}\eta_V = \frac{4q}{\pi(D^2 - d^2)}\eta_V \quad (\text{m/s}) \tag{4-14}$$

式中:D、d 分别为活塞直径(m)和活塞杆直径(m);η_V 为液压缸的容积效率。显然由上两式可以看出,$v_1 < v_2$。

通常把液压缸在两个运动方向上的速度 v_2 与 v_1 的比值 φ 称为液压缸的速度比。

若进入左、右腔的液压力 p 相等,回油压力 $p_0 \approx 0$,则活塞向右和向左的推力分别为

$$F_1 = pA_1\eta_m = \frac{\pi D^2}{4}p\eta_m \quad (\text{N}) \tag{4-15}$$

$$F_2 = pA_2\eta_m = \frac{\pi(D^2 - d^2)}{4}p\eta_m \quad (\text{N}) \tag{4-16}$$

式中:η_m 为液压缸的机械效率。显然,由式(4-15)、式(4-16)可以看出 $F_1 > F_2$。

2. 单作用柱塞式液压缸

图 4-9 所示为单作用柱塞式液压缸,它只能实现沿一个方向的运动,回程靠重力或弹簧力或其他力来推动。为了得到双向运动,通常将其成对、反向地布置使用。柱塞 2 靠导向套 3 来导向,柱塞与缸体 1 不接触,因此缸体的内壁不需精加工。柱塞是端部受压,为保证柱塞缸有足够的推力和稳定性,柱塞一般较粗,重量较大,水平安装时易产生单边磨损,故柱塞缸宜竖直安装。水平安装使用时,为减轻重量和提高稳定性,可将柱塞做成空心的。

这种液压缸常用于长行程机床,如龙门刨、导轨磨、大型拉床等。

3. 伸缩式液压缸

图 4-10 所示为伸缩式液压缸的结构图,主要组成零件有缸体 5、二级活塞 4、一级活塞(套筒活塞)3 等。缸体两端有进油口 A 和出油口 B。当 A 口进油、B 口回油时,先推动一级活塞 3 向右运动,由于一级活塞的有效作用面积大,所以运动速度低而推力大。一级活塞右行至终点时,二级活塞 4 在压力油的作用下继续向右运动,因其有效作用面积小,所以运动速度快,但推力小。一级活塞 3 既是套筒活塞,又是二级活塞的缸体,有双重作用。若 B 口

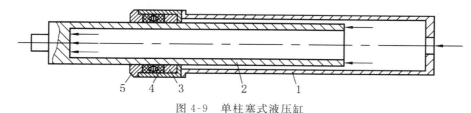

图 4-9 单柱塞式液压缸

1—缸体；2—柱塞；3—导向套；4—V 形密封圈；5—压盖

进油，A 口回油，则二级活塞 4 先退回至终点，然后一级活塞 3 才退回。

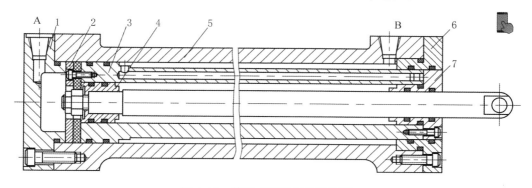

图 4-10 伸缩式液压缸的结构图

1、6—压板；2—端盖；3—一级活塞（套筒活塞）；4—二级活塞；5—缸体；7—套筒活塞端盖

伸缩式液压缸的特点是：活塞杆伸出的行程长，收缩后的结构尺寸小，适用于翻斗汽车、起重机的伸缩臂等。

4. 齿条活塞液压缸

图 4-11 所示为齿条活塞液压缸的结构。缸体 11 由两个零件组合焊接而成，活塞杆上加工出齿条形成齿条活塞 8，齿轮 9 与传动轴 10 连成一体。当液压缸右端进油而左端回油时，齿条活塞向左运动，同时齿条带动齿轮顺时针旋转；反之，则带动齿轮逆时针旋转。两端的调节螺钉 1 可调节齿条活塞的行程，以改变传动轴的最大转角。

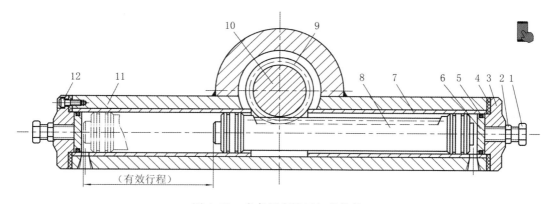

图 4-11 齿条活塞液压缸的结构

1—调节螺钉；2—紧固螺帽；3—端盖；4—垫圈；5—O 形密封圈；6—挡圈；7—缸套；
8—齿条活塞；9—齿轮；10—传动轴；11—缸体；12—螺钉

齿条活塞液压缸的最大特点是将直线运动转换为回转运动,其结构简单,制造容易,常用于机械手和磨床的进刀机构、组合机床的回转工作台、回转夹具及自动线的转位机构。

5. 摆动液压缸

摆动液压缸能实现角度小于360°的往复摆动,由于它可直接输出扭矩,故又称为摆动液压马达。它有单叶片式、双叶片式和三叶片式三种结构形式。

图 4-12 所示为单叶片摆动液压缸,主要由叶片 1、缸体 2、输出轴 3 和隔板 4 等零件组成。两个工作腔之间的密封靠叶片和隔板外缘所嵌的框形密封件 7 来保证。当左腔进油而右腔回油时,叶片带动输出轴顺时针转动;反之,则带动输出轴逆时针转动。

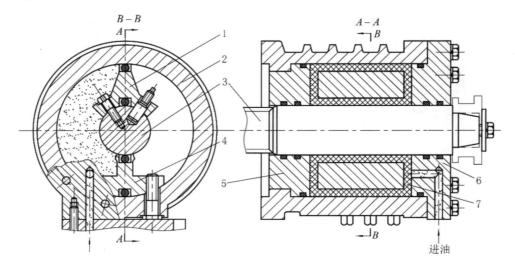

图 4-12　单叶片摆动液压缸
1—叶片;2—缸体;3—输出轴;4—隔板;5、6—端盖;7—密封件

图 4-13 所示为小摆角液压缸。

在体积相同,且输入压力相同时,随着叶片数的增加(见图 4-14),摆动液压缸输出扭矩相应加大,但回转角度相应减小。

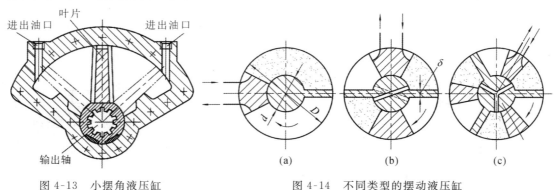

图 4-13　小摆角液压缸

图 4-14　不同类型的摆动液压缸
(a) 单叶片式;(b) 双叶片式;(c) 三叶片式

设输入摆动缸的流量为 $q(\text{m}^3/\text{s})$,进出口压力分别为 $p(\text{N/m}^2)$ 和零,叶片轴向宽度为 b(m),叶片安装轴直径为 d(m),缸体内径为 D(m),叶片数为 Z,摆动缸的机械效率为 η_{m},容积效率为 η_{v},则摆动缸的输出扭矩 T 和角速度 ω 分别为

$$T = Zpb\frac{D-d}{2} \cdot \frac{D+d}{4}\eta_{\mathrm{m}} = \frac{Zb(D^2-d^2)p}{8}\eta_{\mathrm{m}} \quad (\mathrm{N \cdot m}) \qquad (4\text{-}17)$$

$$\omega = \frac{8q}{Zb(D^2-d^2)}\eta_{\mathrm{V}} \quad (\mathrm{rad/s}) \qquad (4\text{-}18)$$

6. 增压缸

增压缸也称增压器。图 4-15 所示为一种不连续动作型增压缸的工作原理图，此类增压缸常应用在局部区域需要获得高压的液压系统中。

当压力为 p_1、流量为 q_1 的压力油进入缸左端时，活塞向右运动，输出压力为 p_2、流量为 q_2。根据活塞的力平衡关系可得

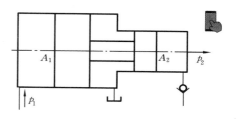

图 4-15　不连续动作型增压缸的工作原理图

$$p_2 = p_1\frac{A_1}{A_2}\eta_{\mathrm{m}} \qquad (4\text{-}19)$$

式中：p_1 为活塞左端输入压力；p_2 为活塞右端输出压力；A_1 为活塞左端有效作用面积；A_2 为活塞右端有效作用面积；η_{m} 为增压缸的机械效率。

由于左右两端活塞的运动速度相同，则有

$$q_2 = q_1\frac{A_2}{A_1}\eta_{\mathrm{V}} \qquad (4\text{-}20)$$

式中：q_1 为活塞左端输入流量；q_2 为活塞右端输出流量；η_{V} 为增压缸的容积效率。

由式（4-19）和式（4-20）可看出，增压缸可使输出的压力升高，但输出的流量却相应减小。换言之，增压缸只能增压而不能增功率。

4.2.3　液压缸的典型组件

各类液压缸一般都是由缸筒组件、活塞组件、密封装置、缓冲装置和排气装置等几个主要部件组成的。下面仅对缓冲装置和排气装置做简要介绍。

1. 液压缸的缓冲装置

液压缸一般都要设置缓冲装置，特别是活塞运动速度较高和运动部件质量较大时，由于惯性力作用会出现前冲现象。为了防止活塞在行程终点与缸盖或缸底发生机械碰撞，引起噪声、冲击，甚至造成液压缸或被驱动件的损坏，必须设置缓冲装置。

1）节流缓冲装置

图 4-16 所示为缝隙节流和小孔节流缓冲装置。当活塞右行至缸端部时，即缓冲活塞开始插入缸端的缓冲孔时，活塞与缸端之间形成封闭空间 A。空间 A 中受挤压的油液只能从缓冲柱塞与孔槽之间的节流环缝（或节流小孔）中挤出，从而造成回油背压，迫使运动的柱塞减速制动，实现缓冲。

图 4-17 所示的外圆磨床砂轮架快速进退液压缸，是一个可变节流缓冲的应用实例。活塞 6 两端均开有轴向三角槽，前盖 4 和后盖 9 上的钢球起单向阀的作用。当活塞启动时，压力油顶开钢球 8，进入缸内，推动活塞向前运动，保证启动迅速。活塞接近液压缸端部时，会堵住回油通道，使剩余油液只能从三角槽缓慢排出，因而建立缓冲压力，实现节流缓冲。因节流口面积随活塞移动而变化，因此称这种装置为可变节流缓冲装置。

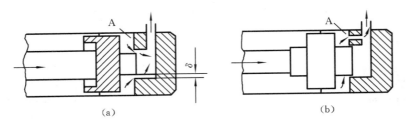

(a)　　　　　　　　　　　(b)

图 4-16　节流缓冲装置

（a）缝隙节流；（b）小孔节流

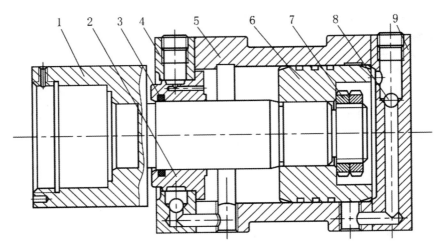

图 4-17　外圆磨床砂轮架快速进退液压缸

1—活塞杆；2—导向套；3—密封圈；4—前盖；5—缸体；6—活塞；

7—锁紧螺母；8—单向阀钢球；9—后盖

2）阀式卸压缓冲装置

图 4-18 所示为安装在活塞上的双向卸压缓冲阀。阀杆靠弹簧或活塞两端的压差压紧在靠低压腔一边的阀座上，阀门关闭，活塞的两腔不通。当活塞行近终点时，阀杆首先触及缸盖（或缸底）而被推向中间，打开阀口（或通过阀杆上的径向小孔），使两腔相通，于是高压腔卸压，活塞获得缓冲。

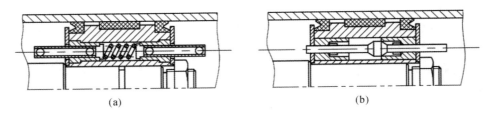

(a)　　　　　　　　　　　(b)

图 4-18　双向卸压缓冲阀

（a）靠弹簧压紧；（b）靠压差压紧

2. 液压缸的排气装置

液压系统在安装过程中或长时间不工作会渗入空气，油液中也会混有空气。由于气体有很大的可压缩性，液压缸可能产生爬行、噪声和发热等一系列不良现象。因此，在设计液压缸时,要保证能及时排除积留在缸内的气体。

　　一般利用空气较轻的特点,在液压缸的最高处设置进出油口(见图4-8),以便把气体带走;如不能在最高处设置油口,可在最高处设置排气孔或专门的排气阀等排气装置(见图4-19)。

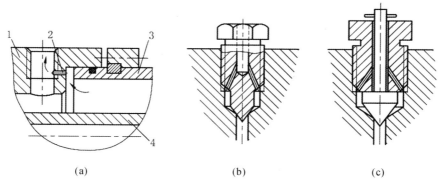

(a)　　　　　　　　　　(b)　　　　　　　　　　(c)

图 4-19　排气装置

(a) 排气孔;(b)(c) 排气阀

1—缸盖;2—排气小孔;3—缸筒;4—活塞杆

练 习 题

　　4-1　排量相等、类型相同的泵和马达,为什么马达的进、出油口尺寸一般都相同,而泵的进油口尺寸一般都大于出油口尺寸?

　　4-2　叶片泵能作马达用吗? 为什么?

　　4-3　叶片马达能作泵用吗? 为什么?

　　4-4　为什么齿轮马达的齿数比齿轮泵的齿数多?

　　4-5　排量为何是液压马达的重要参数? 它在计算液压马达的转速和扭矩中有什么用处?

　　4-6　液压马达的启动性能一般用什么指标来描述? 马达启动性能的好坏与哪些因素有关?

　　4-7　液压马达的制动性能的好坏与什么因素有关?

　　4-8　将一个普通齿轮泵当作齿轮马达用,在工作中会有哪些问题?

　　4-9　叶片马达和叶片泵在结构上有哪些区别?

　　4-10　某叶片马达的排量 $V=0.000\,01/(2\pi)$ m³/rad,供油额定压力 $p=10$ MPa,流量 $q=0.024/60$ m³/s,总效率 $\eta=0.84$。试求在额定压力下,该马达的理论输出扭矩 T_t、理论角速度 ω_t、理论转速 n_t 和实际输出功率 P。

　　4-11　某径向柱塞马达的平均输出扭矩 $T=250$ N·m,工作压力 $p=10$ MPa,最小角速度 $\omega_{min}=2\times(2\pi/60)$ rad/s,最大角速度 $\omega_{max}=300\times(2\pi/60)$ rad/s,容积效率 $\eta_V=0.94$。试求所需最小流量和最大流量。

　　4-12　写出多作用内曲线径向柱塞式大扭矩液压马达的排量公式,并注明式中各符号的物理意义。

4-13 活塞式、柱塞式、伸缩式及摆动式液压缸各有哪些特点?

4-14 液压缸为什么要设置缓冲装置和排气装置? 应如何设置?

4-15 单叶片摆动式液压缸的供油压力 $p_1 = 2.5$ MPa,供油流量 $q = 25$ L/min,回油压力 $p_2 = 0.3$ MPa,缸体内径 $D = 240$ mm,叶片安装轴直径 $d = 80$ mm,设输出轴的回转角速度 $\omega = 0.7$ rad/s,试计算叶片的宽度 b 和输出轴的扭矩 T。

4-16 图 4-20 所示为一与工作台相连的柱塞缸,工作台质量为 980 kg,缸筒与柱塞间的摩擦阻力 $F_f = 1\,960$ N,$D = 100$ mm,$d = 70$ mm,$d_0 = 30$。试求工作台在时间 $t = 0.2$ s 内从静止加速到最大稳定速度 $v = 7$ m/min 时,泵的供油压力和流量。

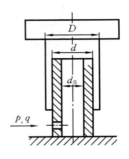

图 4-20 题 4-16 图

第 5 章 ⎜ 液压控制阀

5.1 ⎜ 阀内流动的基本规律

5.1.1 液压控制阀的分类

1. 按用途分类

液压控制阀按用途分类有压力控制阀、流量控制阀、方向控制阀。

2. 按控制方式分类

液压控制阀按控制方式可分为以下四种。

（1）开关（或定值控制）阀 借助于手轮、手柄、凸轮、电磁铁、弹簧等来开关液流通路、定值控制液流的压力和流量的阀类，统称为普通液压阀。

（2）伺服控制阀 其输入信号（电气、机械、气动信号等）多为偏差信号（输入信号与反馈信号的差值），可以连续成比例地控制液压系统中的压力和流量，多用于要求高精度、快速响应的闭环液压控制系统。

（3）比例控制阀。这种阀的输出量与输入信号成比例。它们是一种可按给定的输入信号变化的规律，成比例地控制系统中液流的参数的阀类，多用于开环液压控制系统。

（4）数字控制阀。用数字信息直接控制的阀类。

3. 按结构形式分类

液压控制阀按结构形式分类有滑阀（或转阀）、锥阀、球阀、喷嘴挡板阀、射流管阀。

4. 按连接方式分类

液压控制阀按连接方式分类有以下五种：

（1）螺纹连接阀；

（2）法兰连接阀；

（3）板式连接阀，将阀用螺钉固定在连接板或油路板、集成块上而形成；

（4）叠加式连接阀；

（5）插装式连接阀。

5.1.2 阀口流量公式及流量系数

对于各种滑阀、锥阀、球阀、节流孔口，通过阀口的流量均可用下式表示：

$$q = C_q A \sqrt{2\Delta p / \rho} \tag{5-1}$$

式中：C_q 为流量系数；A 为阀口通流面积；Δp 为阀口前、后压差；ρ 为液体密度。

1. 滑阀的流量系数

设滑阀开度为 x（见图 5-1），阀芯与阀体（或阀套）内孔的径向间隙为 Δ，阀芯直径为 d，

则阀口通流面积为

$$A = W \sqrt{x^2 + \Delta^2}$$

式中：W 为滑阀开口周长，又称过流面积梯度，它表示阀口过流面积随阀芯位移的变化率。对于孔口为全周边的圆柱滑阀，$W = \pi d$。若为理想滑阀(即 $\Delta = 0$)，则有 $A = \pi d x$。

对于孔口只有部分周边的情况(如孔口形状为圆形、方形、弓形、阶梯形、三角形或曲线形时)，为了避免阀芯受侧向作用力，都是沿圆周均布几个尺寸相同的阀口，此时只需将相应的过流面积 A 的计算式代入式(5-1)，即可相应地算出通过阀口的流量。

式(5-1)中的流量系数 C_q 与雷诺数有关。当 $Re > 260$ 时，C_q 为常数：若阀口为锐边，则 $C_q = 0.6 \sim 0.65$；若阀口有不大的圆角或很小的倒角，则 $C_q = 0.8 \sim 0.9$。

圆柱滑阀的雷诺数 Re 表示为

$$Re = 4mv/\nu \tag{5-2}$$

式中：v 为油液流经滑阀阀口的平均速度；ν 为油液的运动黏度；m 为滑阀阀口处液流的平均深度，$m = Wx/[2(W+x)]$。当 $W = \pi d \gg x$ 时，$m = x/2$，于是 $Re = 2xv/\nu$。

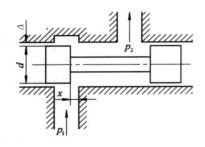

图 5-1 圆柱滑阀

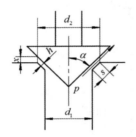

图 5-2 锥阀

2. 锥阀的流量系数

如图 5-2 所示，具有半锥角 α 且倒角宽度为 s 的锥阀阀口，其阀座平均直径为 $d_m = (d_1 + d_2)/2$，当阀口开度为 x 时，阀芯与阀座间过流间隙高度为 $h = x\sin\alpha$。在平均直径 d_m 处，阀口的过流面积为

$$A = \pi d_m x \sin\alpha \left(1 - \frac{x}{2d_m}\sin 2\alpha\right) \tag{5-3}$$

一般，$x \ll d_m$，则

$$A = \pi d_m x \sin\alpha \tag{5-4}$$

把阀芯和阀座间圆锥形缝隙展开成扇形平面，该缝隙流即可看作两平行圆板间径向流的一部分，其雷诺数定义为

$$Re = \frac{v_m h}{\nu} = \frac{v_m x \sin\alpha}{\nu} = \frac{q}{\pi d_m \nu}$$

式中：v_m 为阀口平均流速。如此求得考虑了黏性摩擦、流动惯性和起始效应的锥阀阀口流量系数为

$$C_q = \left[\frac{12d_m \ln(d_2/d_1)}{Reh\sin\alpha} + \frac{54}{35}\left(\frac{d_m}{d_2}\right)^2 + 0.18\left(\frac{d_m}{d_1}\right)^2\right]^{-1/2} \tag{5-5}$$

当 Re 很大时，$C_q \approx 0.77 \sim 0.82$。

5.1.3　液动力

液流经过阀口时,由于流动方向和流速的改变,阀芯上会受到附加的作用力。

在阀口开度一定、稳定流动情况下,液动力为稳态液动力。当阀口开度发生变化时,还有瞬态液动力作用。

1. 作用在圆柱滑阀上的稳态液动力

稳态液动力可分解为轴向分力和径向分力。由于一般将阀体的油腔对称地设置在阀芯的周围,因此沿阀芯的径向分力互相抵消,只剩下沿阀芯轴线方向的稳态液动力 F_s。

当阀口开度 x 固定时,可根据动量定理(参见图 5-3 中虚线所示的控制体积)求得稳态液动力 F_s。

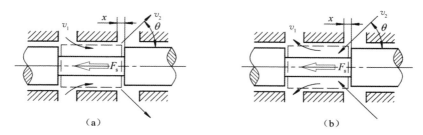

图 5-3　作用在具有完整阀腔的圆柱滑阀上的稳态液动力

(a) 液流以速度 v_2 流出;(b) 液流以速度 v_2 流入

(1) 对于完整阀腔:

液流以速度 v_2 流出阀口(见图 5-3(a))时的稳态液动力为

$$F_s = -\rho q(v_2\cos\theta - v_1\cos 90°) = -\rho q v_2\cos\theta \tag{5-6}$$

可见,F_s 的方向与 $v_2\cos\theta$ 的方向相反,即 F_s 指向使阀口关闭的方向。

液流以速度 v_2 流入阀口(见图 5-3(b))时的稳态液动力为

$$F_s = -\rho q(v_1\cos 90° - v_2\cos\theta) = \rho q v_2\cos\theta \tag{5-7}$$

可见,F_s 的方向与 $v_2\cos\theta$ 的方向一致,即 F_s 仍指向使阀口关闭的方向。

(2) 对于不完整阀腔:

液流以速度 v_2 流出(见图 5-4(a))时的稳态液动力为(取图中阴影部分为控制体积)

$$F_s = -\rho q(v_2\cos\theta - v_1)$$

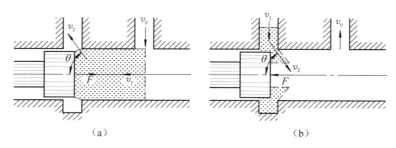

图 5-4　作用在具有不完整阀腔的圆柱滑阀上的稳态液动力

(a) 液流以速度 v_2 流出;(b) 液流以速度 v_2 流入

因 $v_1 \ll v_2$,故可忽略 $\rho q v_1$,这样就有

$$F_s = -\rho q v_2 \cos\theta \tag{5-8}$$

可见，F_s 的方向与 $v_2\cos\theta$ 的方向相反，即 F_s 指向使阀口关闭的方向。

液流以速度 v_2 流入(见图 5-4(b))时的稳态液动力为(取图中阴影部分为控制体积)

$$F_s = -\rho q v_2 \cos\theta \tag{5-9}$$

可见，F_s 的方向仍与 $v_2\cos\theta$ 的方向相反，然而此时 F_s 指向使阀口开启的方向。

综上所述，稳态液动力 F_s 可表示为

$$F_s = \pm\,\rho q v_2 \cos\theta \tag{5-10a}$$

考虑到 $v_2 = C_v\sqrt{\dfrac{2}{\rho}\Delta p}$，$q = C_q W x\sqrt{\dfrac{2}{\rho}\Delta p}$，所以式(5-10a)又可写成

$$F_s = \pm\,(2C_q C_v W\cos\theta)x\Delta p \tag{5-10b}$$

考虑到阀口的流速较高，雷诺数较大，流量系数 C_q 可取为常数，且令液动力系数 $K_s = 2C_q C_v W\cos\theta = $ 常数，则式(5-10b)又可写成

$$F_s = \pm\,K_s x\Delta p \tag{5-10c}$$

当压差 Δp 一定时，由式(5-10c)可知，稳态液动力与阀口开度 x 成正比。此时液动力相当于刚度为 $K_s\Delta p$ 的液压弹簧的作用。因此，$K_s\Delta p$ 被称为液动力刚度。

式(5-10a)、式(5-10b)、式(5-10c)为稳态液动力的通用表达式；F_s 的方向(即式中的±号)这样判定：对完整阀腔而言，无论液流方向如何，F_s 的方向总是力图使阀口趋于关闭；对不完整阀腔而言，F_s 的方向总是与 $v_2\cos\theta$ 的方向相反。

2. 滑阀上稳态液动力的补偿

高压大流量的阀，因稳态液动力的数值很大，容易出现滑阀操纵困难的情况。因此，必须采取措施进行补偿。常用的补偿方法有如下几种。

(1) 开多个径向小孔(见图 5-5)来补偿稳态液动力。稳态液动力的计算公式(5-10a)表明，如果射流角 $\theta = 90°$，则此力为零。将阀套上的通油孔由一个大孔改成多个直径为 d 的小孔，并排成螺旋状，使孔与孔之间的重叠量为 S，以保证流量与位移之间的线性关系。对一个孔来说，在小开口时，$\theta = 69°$，而窗口完全打开时，$\theta = 90°$。这样，只有还未完全开启的一个孔的液流会产生液动力，从而使液动力大大减小。

(2) 利用压力降来补偿稳态液动力(见图 5-6)。增大阀芯两端颈部直径 d_2，使环状通道面积减小，液流流经环状通道时产生压力降，其液压力反作用于阀芯的凸肩上，该液压力的方向与稳态液动力的方向相反。根据试验，当 $(d^2-d_1^2)/(d^2-d_2^2)=4$ 时，可以补偿稳态液动力的一半。此法简单，但只在流量大时才有效。

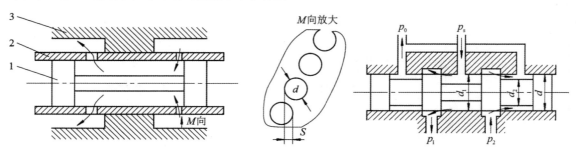

图 5-5 开多个径向小孔补偿稳态液动力
1—阀芯；2—阀套；3—阀体

图 5-6 利用压力降补偿稳态液动力

（3）采用特型腔法补偿稳态液动力（见图 5-7）。图 5-7（a）所示为负力窗口结构,因油腔的回油在阀芯两端颈部锥面上发生动量变化,使从阀腔流出的液流所具有的轴向动量设计得比流入液流的大,而产生一个开启力（负力）；另外,在阀腔中还会产生一股顺时针方向的回流,也使负力有所增加。此负力可抵消一部分因矩形凸肩节流窗口而产生的使阀芯关闭的稳态液动力。如果两端颈部的锥角选择恰当,补偿效果会很好。与此类似,还可采用图 5-7（b）所示的回油凸肩来补偿稳态液动力,特别在流量大时这种补偿方法更有效。

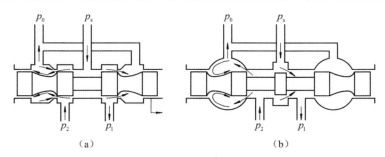

图 5-7　采用特型腔法补偿稳态液动力

（a）负力窗口；（b）回油凸肩

（4）采用斜孔法来补偿稳态液动力（见图 5-8）。将阀的进口（或出口）做成斜孔,使液流进入（或流出）阀腔时带有一定的轴向分力,以抵消节流窗口处的部分稳态液动力。

设计补偿结构时应避免稳态液动力过补偿（过补偿时稳态液动力曲线见图 5-9）。过补偿时液动力将变为开启力,对阀的工作稳定性不利。

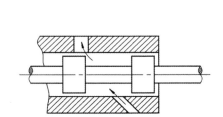

图 5-8　采用斜孔法补偿稳态液动力

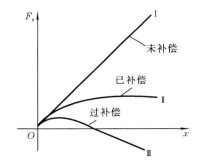

图 5-9　典型稳态液动力曲线

3. 作用在圆柱滑阀上的瞬态液动力 F_t

瞬态液动力是滑阀在移动过程中（即开口大小发生变化时）阀腔中液流因加速或减速而作用于阀芯上的力（见图 5-10）。此力只与阀芯移动速度有关（即与阀口开度的变化率有关）,而与阀口开度本身无关。若流过阀腔的瞬时流量为 q,阀腔的截面面积为 A_v,阀腔内加速或减速部分油液的质量为 m,阀芯的速度为 v,则有

$$F_t = m \frac{\mathrm{d}v}{\mathrm{d}t} = \rho A_v L \frac{\mathrm{d}v}{\mathrm{d}t} = \rho L \frac{\mathrm{d}(A_v v)}{\mathrm{d}t} = -\rho L \frac{\mathrm{d}q}{\mathrm{d}t}$$

而

$$\frac{\mathrm{d}q}{\mathrm{d}t} = C_q W \sqrt{\frac{2}{\rho} \Delta p} \frac{\mathrm{d}x}{\mathrm{d}t}$$

故得

$$F_t = C_q W L \sqrt{2\rho\Delta p}\, \frac{\mathrm{d}x}{\mathrm{d}t} = K_L \frac{\mathrm{d}x}{\mathrm{d}t} \tag{5-11}$$

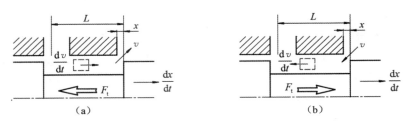

图 5-10 滑阀的瞬态液动力

(a) 油液流出阀腔；(b) 油液流入阀腔

显然，瞬态液动力 F_t 与滑阀的移动速度 $\mathrm{d}x/\mathrm{d}t$ 成正比，因此它起到黏性阻尼力的作用。

瞬态液动力的方向视油液流入还是流出阀腔而定：油液流出阀腔(见图 5-10(a))，阀口开度加大时长度为 L 的那部分油液加速，开度减小时油液减速，两种情况下瞬态液动力的方向都与阀芯移动的方向相反，起阻止阀芯移动的作用，相当于一个正阻尼力，阻尼系数 K_L 取正值；油液流入阀腔(见图 5-10(b))，阀口开度加大和减小时，瞬态液动力的方向均与阀芯移动的方向相同，起帮助阀芯移动的作用，相当于一个负阻尼力，阻尼系数 K_L 取负值。

在阀芯所受的各种作用力中，瞬态液动力所占比例不大，在一般液压阀中通常可忽略不计，只有当分析计算动态响应较高的阀(如伺服阀或高响应的比例阀)时，才予以考虑。

4. 作用在锥阀上的液动力

1) 外流式锥阀(见图 5-11(a))上作用的稳态轴向推力

假定锥阀入口处的流速为 v_1、压力为 p_1，锥阀出口处的流速为 v_2、压力为大气压($p_2 = 0$)，锥阀口的开度为 x，半锥角为 α，阀座孔的截面面积为 $A = \pi d_m^2/4$，$d_m = (d_1 + d_2)/2$。考虑到锥阀开度 x 不大，则可认为液流射流角 $\theta = \alpha$；一般倒角宽度 s 取得很小，故有 $s \approx 0$，$d_1 \approx d_2 \approx d_m$。在油液稳定流动时，利用动量定理可知，作用在锥阀上的稳态轴向推力为 $F = p_1 A - \rho q(v_2\cos\alpha - v_1)$，因 $v_1 \ll v_2$，故可忽略 $\rho q v_1$，这样

$$F = p_1 A - \rho q v_2 \cos\alpha \tag{5-12a}$$

式(5-12a)右端第一项为作用在锥阀底面上的液压力；第二项为液流流经锥阀阀口时的稳态液动力，此力的方向使阀芯趋于关闭。因 $q = C_q \pi d_m \sin\alpha \sqrt{2\Delta p/\rho}$，$v_2 = C_v \sqrt{2\Delta p/\rho}$，则由式(5-12a)可得

$$F = p_1 \frac{\pi d_m^2}{4} - C_q C_v \pi d_m x p_1 \sin 2\alpha = C_F \frac{\pi}{4} d_m^2 p_1 \tag{5-12b}$$

式中：C_F 为外流式锥阀轴向推力系数，

$$C_F = 1 - 4 C_q C_v \frac{x}{d_m}\sin 2\alpha \tag{5-13}$$

2) 内流式锥阀(见图 5-11(b))上作用的稳态轴向推力

设 $p_2 = 0$，按上述相同方法导出作用在锥阀上的稳态轴向推力为

$$F = \frac{\pi}{4}(d_0^2 - d_m^2) p_1 + \rho q v_2 \cos\alpha \tag{5-14a}$$

式(5-14a)右端第一项为锥阀上面的液压力；第二项为液流流经锥阀阀口的稳态液动力，此力指向使阀芯进一步开启的方向，是一个不稳定因素。故对于先导型溢流阀的主阀

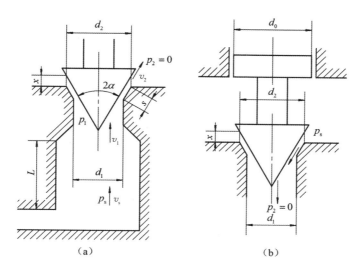

图 5-11　锥阀液动力
（a）外流式；（b）内流式

芯,常用在锥阀下端加尾碟(防振尾)的办法来保证作用在其上的液动力指向阀口关闭的方向,以增加主阀芯工作的稳定性。

式(5-14a)还可写成

$$F = \frac{\pi}{4}(d_0^2 - d_m^2)p_1 C_F'$$ （5-14b）

式中:C_F'为内流式锥阀轴向推力系数,

$$C_F' = 1 + 4C_q C_v \frac{d_m}{d_0^2 - d_m^2} x \sin 2\alpha$$ （5-15）

5.1.4　作用在滑阀上的液压卡紧力

如果阀芯与阀孔都是完全精确的圆柱形,而且径向间隙中不存在任何杂质、径向间隙处处相等,就不会存在因泄漏而产生的径向不平衡力。但事实上,阀芯和阀孔的几何形状及相对位置均有误差,会使液体在流过阀芯与阀孔间隙时产生径向不平衡力,称之为侧向力。这个侧向力的存在,将引起阀芯移动时的轴向摩擦阻力,称之为卡紧力。如果阀芯的驱动力不足以克服这个阻力,就会发生所谓的卡紧现象。

阀芯上的侧向力如图 5-12 所示。图中 p_1 和 p_2 分别为高、低压腔的压力。如图 5-12(a)所示,阀芯因加工误差而带有倒锥(锥部大端在高压腔),同时阀芯与阀孔轴心线平行但不重合,有一个向上的偏心距 e。如果阀芯不带锥度,在缝隙中压力分布将如图 5-12中点画线所示。现因阀芯有倒锥,高压端的缝隙小,压力下降较快,故压力分布曲线呈凹形,如图 5-12(a)中实线所示;而阀芯下部间隙较大,缝隙两端的相对差值较小,所以曲线 b 比曲线 a 内凹程度轻。这样,阀芯上就受到一个不平衡的侧向力,且指向偏心一侧,直到阀芯与阀孔内壁接触为止。图 5-12(b)所示为阀芯带有顺锥(锥部大端在低压腔)的情况,这时阀芯如有偏心,也会产生侧向力,但此力恰好可使阀芯恢复到中心位置,从而避免液压卡紧。图 5-12(c)所示为阀芯(或阀体)因弯曲等原因而倾斜时的情况,由图可见,该情况中的侧向力较大。

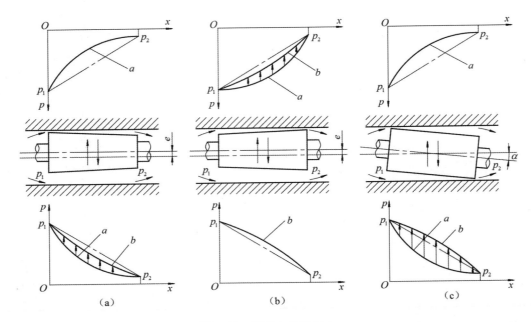

图 5-12　阀芯上的侧向力

(a) 倒锥；(b) 顺锥；(c) 倾斜

如图 5-12(a)所示，根据流体力学对偏心渐扩环形间隙流动的分析，侧向力的计算公式为

$$F = \frac{\pi d l t (p_1 - p_2)}{4e} \left[\frac{2\Delta + t}{\sqrt{(2\Delta + t)^2 - 4e^2}} - 1 \right] \tag{5-16}$$

式中：d 为滑阀的直径；l 为滑阀长度；t 为滑阀大小端半径差；Δ 为 $e=0$ 时滑阀大端径向间隙。

当 $e=\Delta$ 时，阀芯出现卡紧现象，此时的侧向力为

$$F = \frac{\pi d l t}{4\Delta}(p_1 - p_2) \left[\frac{2 + (t/\Delta)}{\sqrt{4(t/\Delta) + (t/\Delta)^2}} - 1 \right] \tag{5-17}$$

当 $t/\Delta = 0.9$ 时，液压侧向力有最大值，即

$$F_{max} = 0.27 l d (p_1 - p_2) \tag{5-18}$$

则移动滑阀需要克服的液压卡紧力为

$$F_t \leqslant 0.27 f l d (p_1 - p_2) \tag{5-19}$$

式中：f 为摩擦因数，当介质为液压油时，取 $f = 0.04 \sim 0.08$。

为了减小液压卡紧力，可采取以下措施。

(1) 在阀芯带有倒锥时，尽可能地减小 t/Δ，即严格控制阀芯或阀孔的锥度，但这将给加工带来困难。

(2) 在阀芯凸肩上开均压槽。均压槽可使同一圆周上各处的压力油互相沟通，并使阀芯在中心定位。开了均压槽后，引入液压卡紧力修正系数 K，可将式(5-19)修正为

$$F_t \leqslant 0.27 K f l d (p_1 - p_2) \tag{5-20}$$

开一条均压槽时，$K=0.4$；开三条等距均压槽时，$K=0.063$；开七条均压槽时，$K=0.027$。槽的深度和宽度至少为间隙的 10 倍，通常取宽度为 $0.3 \sim 0.5$ mm，深度为 $0.8 \sim 1$ mm。槽的边缘应与孔垂直，并呈锐缘，以防脏物挤入间隙。槽的位置尽可能靠近高压腔；如果没有明显的高压腔，则可均匀地开在阀芯表面上。开均压槽虽会减小封油长度，但因这

样可减小偏心环形缝隙的泄漏,所以反而会使泄漏量减少。

(3) 采用顺锥。

(4) 使阀芯沿轴向产生适当频率和振幅的颤振。

(5) 精密过滤油液。

5.2　压力控制阀

压力控制阀是用来控制系统中压力的阀类,它包括溢流阀、减压阀、顺序阀和压力继电器等。

5.2.1　溢流阀

溢流阀的主要用途有以下两个:一是用来保持系统或回路的压力恒定(如在节流调速系统中,用以保持泵的出口压力恒定);二是在系统中作安全阀用,在系统正常工作时,溢流阀处于关闭状态,只是在系统压力大于或等于其调定压力时才开启溢流,对系统起过载保护作用。

5.2.1.1　溢流阀的结构和工作原理

根据结构不同,溢流阀可分为直动型和先导型两类。

1. 直动型溢流阀

直动型溢流阀又分为锥阀式、球阀式和滑阀式三种形式。

图 5-13 所示为锥阀式 DBD 直动型溢流阀(插装式)。锥阀 2 的左端设有偏流盘 1,可托住调压弹簧 5,锥阀右端有一阻尼活塞 3(阻尼活塞一方面在锥阀开启或闭合时起阻尼作用,用来提高锥阀工作的稳定性;另一方面用来保证锥阀开启后不会倾斜)。进口的压力油(压力为 p)可以由此活塞周围的径向间隙进入活塞底部,形成一个向左的液压力 $F=pA$(A 为活塞底部面积)。当作用在活塞底部的液压力 F 大于弹簧力时,锥阀阀口打开,油液由锥阀阀口经回油口溢回油箱。只要阀口打开,有油液流经溢流阀,溢流阀入口处的压力就基本保持恒定。通过调节杆 4 来改变调压弹簧的预紧力 F_t,即可调整溢流压力。

锥阀开启时,锥阀的力平衡方程为

$$pA = K(x_0 + x) + G \pm F_f + F_s - F_j$$

即

$$p = [K(x_0 + x) + G \pm F_f + F_s - F_j]/A \tag{5-21}$$

式中:K 为弹簧刚度;x_0 为弹簧预压缩量(m);G 为阀芯自重(阀芯垂直安放时考虑自重,水平安放时不考虑自重)(N);F_f 为阀芯与阀套间的摩擦力(方向与阀芯运动的方向相反)(N);F_s 为稳态液动力(N),由于阻尼活塞与锥阀连接处为锥面,且与锥阀对称,因此在锥阀开启时进口液流与出口液流的稳态液动力相互平衡,所以 $F_s=0$;F_j 为射流力。

在锥阀端部的偏流盘上开有一个环形槽,用以改变锥阀出油口的液流方向,产生与弹簧力方向相反的射流力 F_j,当通过溢流阀的流量增加时,虽然因为锥阀阀口增大弹簧力会增加,但由于与弹簧力方向相反的射流力同时增加,弹簧力的增量将被抵消,即 $F_j=Kx$(N)。

考虑到 $F_s=0$ 和 $F_j=Kx$,则式(5-21)变成

$$p = (Kx_0 + G \pm F_f)/A \tag{5-22}$$

由式(5-22)可知,这种阀的进口压力 p 不受流量变化的影响,即 p 不受阀口开度 x 大小

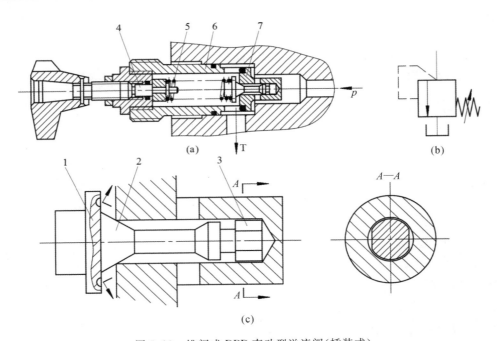

图 5-13 锥阀式 DBD 直动型溢流阀(插装式)

(a) 结构图;(b) 符号;(c) 局部放大图

1—偏流盘;2—锥阀;3—阻尼活塞;4—调节杆;5—调压弹簧;6—阀套;7—阀座

的影响。被控压力 p 变化很小,定压精度高。

锥阀式 DBD 直动型溢流阀工作压力可达 40 MPa,最大流量为 330 L/min。

图 5-14 所示为球阀式 DBD 直动型溢流阀(插装式)。它也有一个阻尼活塞 3,但与锥阀式结构不同,活塞与球阀 1 之间不是刚性连接,而是通过阻尼弹簧 4 使活塞与球阀接触(活塞两端的液压力平衡)。活塞的阻尼作用,可使始终与活塞相接触的球阀运动平稳。另外,由于增加了阻尼弹簧,球阀的力平衡方程为

$$pA = K_1(x_{10} + x) - K_2(x_{20} - x) + G \pm F_{\mathrm{f}} + F_{\mathrm{s}}$$

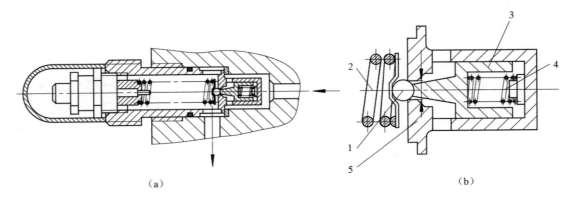

图 5-14 球阀式 DBD 直动型溢流阀(插装式)

(a) 结构图;(b) 局部放大图

1—球阀;2—主弹簧;3—阻尼活塞;4—阻尼弹簧;5—球阀座

或

$$pA = K_1 x_{10} - K_2 x_{20} + (K_1 + K_2)x + G \pm F_f + F_s$$

所以

$$p = \frac{1}{A}\Big[K_1\Big(x_{10} - \frac{K_2}{K_1}x_{20}\Big) + (K_1 + K_2)x + G \pm F_f + F_s \Big] \quad (\text{Pa}) \qquad (5\text{-}23)$$

式中:A 为球阀座孔截面面积(m^2);K_1、K_2 分别为主弹簧 2 和阻尼弹簧 4 的刚度(N/m);x_{10}、x_{20} 分别为主弹簧 2 和阻尼弹簧 4 的预压缩量(m);x 为球阀阀口开度(m)。

由式(5-23)可知,由于增加了阻尼弹簧,相当于主弹簧的刚度增大了 K_2、预压缩量减小了 $K_2 x_{20}/K_1$,有利于改善阀的静特性。

球阀式 DBD 直动型溢流阀的工作压力可达 63 MPa,最大流量为 330 L/min。

2. 先导型溢流阀

先导型溢流阀由主阀和先导阀两部分组成。先导阀类似于直动型溢流阀,但一般多为锥阀(或球阀)形阀座式结构。主阀可分为一节同心结构、二节同心结构和三节同心结构。

图 5-15 所示为 YF 型三节同心先导型溢流阀(管式)。由于主阀芯 6 与阀盖 3、阀体 4 与主阀座 7 等三处有同心配合要求,故属于三节同心结构。压力油自阀体中部的进油口 P 进入,并通过主阀芯上的阻尼孔 5 进入主阀芯上腔,再由阀盖上的通道 a 和锥阀座 2 上的小孔作用于锥阀(先导阀)1 上。当进油压力 p_1 小于先导阀调压弹簧 9 的调定值时,先导阀关闭,而且由于主阀芯上、下侧有效面积比 A_2/A_1 为 1.03~1.05,上侧稍大,作用于主阀芯上的压差和主阀弹簧力均使主阀口压紧,不溢流。当进油压力超过先导阀的调定压力时,先导阀被打开,造成油液自进油口 P 经主阀芯阻尼孔、先导阀口、主阀芯中心孔、阀体下部出油口(溢流口)T 流出。阻尼孔处的流动损失使主阀芯上、下腔中的油液产生一个随先导阀流量增加而增加的压差,当它在主阀芯上、下作用面上产生的总压差足以克服主阀弹簧力、主阀芯自重 G 和摩擦力 F_f 时,主阀芯开启。此时进油口 P 与出油口(溢流口)T 直接相通,造成溢流以保持系统压力。

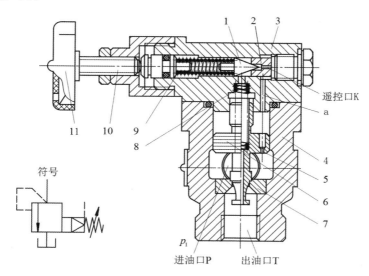

图 5-15　YF 型三节同心先导型溢流阀(管式)

1—锥阀;2—锥阀座;3—阀盖;4—阀体;5—阻尼孔;6—主阀芯;7—主阀座;
8—主阀弹簧;9—先导阀调压弹簧;10—调节螺钉;11—调压手轮

主阀芯和先导阀阀芯的力平衡方程分别为

$$A_1 p_1 - A_2 p_2 = K_y(y_0 + y) + G \pm F_f$$
$$A_c p_2 = K_x(x_0 + x)$$

联立该两式，得溢流阀进口压力为

$$p_1 = \frac{A_2}{A_1} \cdot \frac{K_x}{A_c}(x_0 + x) + \frac{1}{A_1}[K_y(y_0 + y) + G \pm F_f] \quad (\text{Pa}) \qquad (5\text{-}24)$$

式中：A_c 为先导阀阀座孔的面积（m^2）；K_y、K_x 分别为主阀和先导阀弹簧的刚度（N/m）；y_0、x_0 分别为主阀和先导阀弹簧的预压缩量（m）；y、x 分别为主阀和先导阀阀口的开度（m）；F_f 为主阀芯与阀体间的摩擦力（N）；G 为主阀芯自重（N）。

由于主阀芯的启闭主要取决于阀芯上、下侧的压差，主阀弹簧只用来克服阀芯运动时的摩擦力，在系统无压时使主阀关闭，故主阀弹簧很软，即 $K_y \ll K_x$。又因 $A_c \ll A_1$，所以式(5-24)右端第二项中 y 的变化对 p_1 的影响远不如第一项中 x 的变化对 p_1 的影响大。即主阀芯因溢流量的变化而发生的位移不会引起被控压力的显著变化。而且由于阻尼孔 5 的作用，主阀溢流量发生很大变化时，只会引起先导阀流量的微小变化，即 x 值很小。加之主阀芯自重及摩擦力甚小，所以先导型溢流阀在溢流量发生大幅度变化时，被控压力 p_1 只有很小的变化，即定压精度高。此外，由于先导阀的溢流量仅为主阀额定流量的 1% 左右，因此，先导阀阀座孔的截面面积 A_c、阀口开度 x、调压弹簧刚度 K_x 都不必很大。所以，先导型溢流阀广泛用于高压、大流量场合。

若将与主阀上腔相通的遥控口 K 和另一个远离主阀的先导压力阀(此阀的调节压力应小于主阀中先导阀的调节压力)的入口连接，可实现遥控调压。通过一个电磁换向阀使遥控口 K 分别与一个(或多个)远程调压阀的入口连通，即可实现二级(或多级)调压(可参见第 7 章中的图 7-1(b))。通过电磁换向阀使遥控口与油箱相通，即可使系统卸荷，此时的溢流阀变成了卸荷阀(可参见第 7 章中的图 7-5(a))。

图 5-16 所示为二节同心先导型溢流阀的结构图，其主阀芯为带有圆柱面的锥阀。为使主阀关闭时有良好的密封性，要求主阀芯 1 的圆柱导向面和圆锥面与阀套配合良好，两处的同心度要求较高，故称二节同心。主阀芯上没有阻尼孔，而在阀体 10 和先导阀体 6 上分别设有阻尼孔 2 和阻尼孔 3、4。该溢流阀的工作原理与三节同心先导型溢流阀相同，只不过油液从主阀下腔到主阀上腔，需经过三个阻尼孔。阻尼孔 2 和 4 使主阀下腔与先导阀前腔产生压差，再通过阻尼孔 3 作用于主阀上腔，从而控制主阀芯开启。阻尼孔 3 还用以提高主阀芯的稳定性。

与三节同心结构相比，二节同心结构的特点如下：

① 主阀芯仅与阀套和主阀座有同心度要求，免去了与阀盖的配合，故结构简单，加工和装配方便。

② 过流断面面积大，在相同流量的情况下，主阀开度小；或者在相同开度的情况下，其通流能力大，因此，可做得体积小、重量轻。

③ 主阀芯与阀套可以实现通用化，便于组织批量生产。

5.2.1.2 溢流阀的特性分析

1. 溢流阀的主要性能指标

1）静态性能指标

（1）压力调节范围 它是指调压弹簧在规定的范围内调节时，系统压力平稳地（压力无

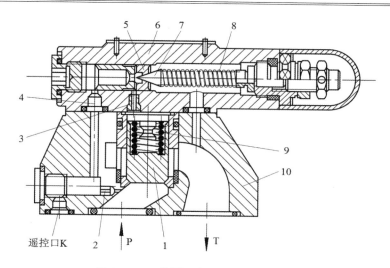

图 5-16 二节同心先导型溢流阀(板式)

1—主阀芯;2、3、4—阻尼孔;5—先导阀阀座;6—先导阀阀体;7—先导阀阀芯;8—调压弹簧;9—主阀弹簧;10—阀体

突跳及迟滞现象)上升时达到的最大调定压力和下降时达到的最小调定压力的范围。

(2)启闭特性 它是指溢流阀从开启到闭合过程中,被控压力与通过溢流阀的溢流量之间的关系。它是衡量溢流阀定压精度的一个重要指标,一般用溢流阀达到额定流量、额定压力时,开始溢流的开启压力 p_K 及停止溢流的闭合压力 p_B 分别与额定压力 p_s 的百分比来衡量。前者称为开启压力比,用 $\overline{p}_K$ 表示,即 $\overline{p}_K = (p_K/p_s) \times 100\%$;后者称为闭合压力比,用 $\overline{p}_B$ 表示,即 $\overline{p}_B = (p_B/p_s) \times 100\%$。显然,$\overline{p}_K$ 和 $\overline{p}_B$ 越大,二者越接近,溢流阀的启闭特性就越好。一般应使 $\overline{p}_K \geqslant 90\%$,$\overline{p}_B \geqslant 85\%$。

(3)卸荷压力 当溢流阀作卸荷阀用时,额定流量下进出油口的压差称为卸荷压力。

(4)最大允许流量和最小稳定流量 溢流阀在最大允许流量(即额定流量)下工作时应无噪声。溢流阀的最小稳定流量取决于对压力平稳性的要求,一般规定为额定流量的 15%。

2)动态性能指标

当溢流阀的溢流量由零阶跃变化至额定流量时,其进口压力(即其控制的系统压力)将迅速升高并超过额定压力的调定值,然后逐步衰减到最终稳态压力,从而完成其动态过渡过程,如图 5-17 所示。

(1)压力超调量 定义最高瞬时压力峰值与额定压力调定值 p_n 的差值为压力超调量 Δp,则压力超调率 $\overline{\Delta p} = (\Delta p/p_n) \times 100\%$,$\overline{\Delta p}$ 是衡量溢流阀动态定压误差的一个性能指标。要求 $\overline{\Delta p} \leqslant 10\% \sim 30\%$,否则可能导致系统中元件损坏、管道破裂或其他故障。

(2)响应时间 t_1 它是指进口压力的增加值从起始稳态压力 $p_0(p_0 \leqslant 20\% p_n)$ 与最终稳态压力 p_n 之差,即 $p_0 - p_n$ 的 10% 上升到其 90% 的时间,对应图 5-17 中 A、B 两点间的时间间隔。t_1 越小,溢流阀的响应越快。

(3)过渡过程时间 t_2 它是指进口压力的增加值从 $0.9(p_n - p_0)$(对应图 5-17 中 B 点)到瞬时过渡过程的最终时刻(对应图 5-17 中 C 点)之间的时间。C 点以后的压力波形应落在图中给定的 $0.95(p_n - p_0) \sim 1.05(p_n \sim p_0)$ 限制范围内;否则,C 点应后移,直至满足要求为止。t_2 越小,溢流阀的动态过渡过程越短。

(4)升压时间 Δt_1 它是指流量阶跃变化时,进口压力增加值由 $0.1(p_n - p_0)$ 增大至

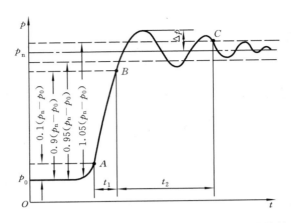

图 5-17　流量阶跃变化时溢流阀的进口压力响应特性

$0.9(p_n \sim p_0)$的时间,对应图 5-18 中 A 和 B 两点间的时间间隔,与上述响应时间一致。

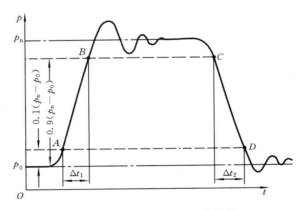

图 5-18　溢流阀升压与卸荷特性

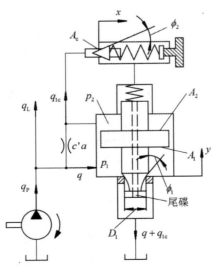

图 5-19　三节同心先导型溢流阀示意图

（5）卸荷时间 Δt_2　它是指卸荷信号发出后,进口压力增加值由 $0.9(p_n - p_0)$ 降低至 $0.1(p_n \sim p_0)$ 的时间,对应图 5-18 中 C 和 D 两点间的时间间隔。

Δt_1 和 Δt_2 越小,溢流阀的动态性能越好。

2. 先导型溢流阀的静态特性分析

下面以图 5-19 所示的三节同心先导型溢流阀为例,进行静态特性分析。

1）开启过程

设主阀芯上、下腔的液压力分别为 p_2 和 p_1,而主阀芯上、下有效作用面积分别为 A_2 和 A_1,其自重为 G,阀芯与阀孔间的摩擦力为 F_f,先导阀座孔截面面积为 A_c,则溢流阀的开启过程需经过如下各动作。

（1）当液压系统压力 p_1 低于先导阀的开启压力 p_{12}（$p_{12} = K_x x_0 / A_c$,K_x 为先导阀弹簧刚度,x_0 为先导阀弹簧预压缩量）时,先导阀保持关闭。此时主阀芯受力条件为

$$A_1 p_1 < A_2 p_1 + K_y y_0 + G + F_f \tag{5-25}$$

式中：K_y 为主阀弹簧的刚度（N/m）；y_0 为主阀弹簧的预压缩量（m）。所以，主阀口关闭。

（2）当系统压力 p_1 升至等于先导阀开启压力 p_{12}（$p_{12} = K_x x_0 / A_c$）时，先导阀处于欲开未开的状态，此时主阀受力关系仍可用式（5-25）表示，主阀仍关闭。

（3）当系统压力升高至 p_{1q}，并超过先导阀开启压力 p_{12} 时，先导阀被打开，压力油经先导阀口和主阀芯中心孔流向回油管，其流量为 q_{1c}。根据液流连续性原理，此时通过主阀阻尼孔中的流量也为 q_{1c}，从而使主阀上、下腔产生压差（$p_{2q} < p_{1q}$）。因溢流量还小，阻尼孔引起的压差还不足以克服主阀上的各种阻力，即

$$A_1 p_{1q} < A_2 p_{2q} + K_y y_0 + G + F_f \tag{5-26}$$

故主阀仍关闭。

（4）当系统压力继续升高至主阀开启压力 p_{1n} 时，先导阀流量相应增大至 q_c，此时主阀芯上、下受力平衡，即

$$A_1 p_{1n} = A_2 p_{2n} + K_y y_0 + G + F_f \tag{5-27}$$

主阀处于欲开未开状态。

（5）当系统压力高于 p_{1n} 时，主阀开启，此时主阀受力平衡方程为

$$A_1 p_1 - C_1 \pi D_1 y p_1 \sin(2\theta_1) = A_2 p_2 + K_y (y_0 + y) + G + F_f \quad (\text{N}) \tag{5-28}$$

式中：y 为主阀口开度（m）；θ_1 为液体流入主阀锥阀口时的入射角，近似认为它等于锥阀半锥角 φ_1（°）；D_1 为主阀锥座孔直径（m）；C_1 为主阀口流量系数。

式（5-28）左端第二项是主阀口处的稳态液动力，此稳态液动力使主阀口趋于关闭。

（6）当系统压力升至溢流阀的调定压力 p_n 时，阀内通过额定流量 q_n，此时主阀芯受力关系为

$$A_1 p_n - C_1 \pi D_1 y p_n \sin(2\theta_1) = A_2 p_{2n} + K_y (y_0 + y) + G + F_f \quad (\text{N}) \tag{5-29}$$

2）闭合过程

闭合过程中溢流阀的静态特性分析方法与开启过程类似，但由于摩擦力方向的改变，主阀的闭合压力 p_{1n}' 低于主阀的开启压力 p_{1n}，先导阀的闭合压力 p_{12}' 低于先导阀的开启压力 p_{12}。

先导型溢流阀的典型启闭特性曲线如图 5-20 所示。显然，其开启和闭合特性曲线均由两段曲线组成，其中斜率较大的那段曲线对应于主阀和先导阀都开启的情况。因其斜率大而对溢流阀的定压精度起着有利作用；仅先导阀开启（主阀关闭）时的那段斜率小的曲线对应于溢流量很小的情况，通常 $q_c < (0.5\% \sim 1\%) q_n$，对溢流阀的定压精度影响较小。

3）静态特性关系式

对于先导型溢流阀，在稳态溢流条件下，可列出以下方程。

（1）主阀口出流方程：

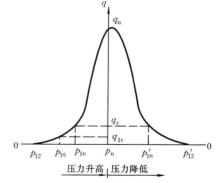

图 5-20　先导型溢流阀典型启闭特性曲线

$$q = C_1 \pi D_1 y \sin\phi_1 \sqrt{\frac{2}{\rho} p_1} \quad (\text{m}^3/\text{s}) \tag{5-30}$$

式中：C_1 为主阀流量系数；D_1、y 分别为主阀口直径（m）和开度（m）；ϕ_1 为主阀芯半锥角（°）；ρ 为油液密度（kg/m³）；p_1 为受控压力（Pa）。

（2）主阀芯受力平衡方程：

$$A_1 p_1 - A_2 p_2 = K_y(y_0 + y) + C_1 \pi D_1 y p_1 \sin(2\phi_1) + G \pm F_f \quad (\text{N}) \tag{5-31}$$

式中：G 为主阀芯自重（N）；F_f 为阀芯与阀孔间摩擦力（N），主阀口开启时取正号，闭合时取负号；K_y、y_0 分别为主阀的弹簧刚度（N/m）和预压缩量（m）；A_2、A_1 分别为主阀芯上、下侧的有效作用面积（m²）；p_2 为主阀芯上腔的压力（Pa）。

（3）通过主阀芯阻尼孔的流量方程：方程的形式随阻尼孔的结构形式及流动状态而异，这里假定为

$$q = C'a\sqrt{\frac{2}{\rho}(p_1 - p_2)} \quad (\text{m}^3/\text{s}) \tag{5-32}$$

式中：a 为阻尼孔的截面面积（m²）；C' 为阻尼孔的流量系数。

（4）先导阀口出流方程：

$$q = C_2 \pi d x \sin\phi_2 \sqrt{\frac{2}{\rho}p_2} \quad (\text{m}^3/\text{s}) \tag{5-33}$$

式中：C_2 为先导阀流量系数；d 为先导阀阀座孔直径（m）；x 为先导阀阀口的轴向开度（m）；ϕ_2 为先导阀阀芯的半锥角（°）。

当忽略主阀芯间隙处的泄漏时，流经主阀芯上阻尼小孔的流量与先导阀阀口的流量相等。

（5）先导阀阀芯受力平衡方程：

$$A_c p_2 = K_x(x_0 + x) + C_2 \pi d x p_2 \sin(2\phi_2) \quad (\text{N}) \tag{5-34}$$

式中：K_x、x_0 分别为先导阀弹簧的刚度（N/m）和预压缩量（m）；A_c 为先导阀座孔截面面积，$A_c = \pi d^2/4(\text{m}^2)$。

（6）受控压力腔的连续性方程：

$$q_p - q_L = q + q_{1c} \quad (\text{m}^3/\text{s}) \tag{5-35}$$

式中：q_p 为定量泵的输出流量（m³/s）；q_L 为通往负载的流量（m³/s）。

式（5-30）至式（5-35）全面地描述了先导型溢流阀在稳态溢流条件下的基本特性。由此六个方程可得出 p_1、p_2、q、q_{1c}、x 和 y 随 $q_p - q_L$ 的变化规律，其中 $p_1 = f(q_p - q_L)$ 的变化曲线即先导型溢流阀的启闭特性曲线。

4）稳态定压精度分析

下面分析影响先导型溢流阀定压精度的因素及改善其静态特性的主要措施。由式（5-34）得

$$p_2[A_c - C_2 \pi d x \sin(2\phi_2)] = K_x(x_0 + x) \tag{5-36}$$

在一般情况下

$$A_c \gg C_2 \pi d x \sin(2\phi_2)$$

故可忽略先导阀上的液动力，则式（5-36）近似为

$$p_2 = \frac{K_x x_0}{A_c}\left(1 + \frac{x}{x_0}\right) \tag{5-37}$$

将式（5-32）代入式（5-33）得

$$p_1 = p_2\left[1 + \left(\frac{C_2 \pi d x \sin\phi_2}{C'a}\right)^2\right] \tag{5-38}$$

将式（5-37）代入式（5-38），可解得受控压力：

$$p_1 = \frac{K_x x_0}{A_c}\left(1 + \frac{x}{x_0}\right)\left[1 + \left(\frac{C_2 \pi \mathrm{d}x \sin\phi_2}{C'a}\right)^2\right] \tag{5-39}$$

由式可以看出，如果满足下列不等式：

$$\begin{cases} x/x_0 \ll 1 \\ C_2 \pi \mathrm{d}x \sin\phi_2/(C'a) \ll 1 \end{cases} \tag{5-40}$$

则

$$p_1 = K_x x_0/A_c$$

显然，只要溢流阀的结构参数符合不等式(5-40)，则其受控压力几乎与溢流量大小无关，具有非常理想的启闭特性。在实际溢流阀中式(5-40)是容易满足的：

（1）在设计中保证通过先导阀的流量足够小，以使 x 足够小来满足 $x/x_0 \ll 1$。现有的先导型溢流阀，一般 $x = (3\sim6)\times10^{-5}$ m，而 x_0 通常是 10^{-3} m 级的量。把控制压力的流量与主溢流量分开，从而减少弹簧力变化以及液动力等对所控制压力的干扰，这是先导型溢流阀定压精度比直动型溢流阀高的主要原因。为了提高定压精度，应使先导阀弹簧的刚度 K_x 尽量小，以增加 x_0，使 x/x_0 尽量小。

（2）适当选择阻尼孔的截面面积 a，使之满足 $a \gg \dfrac{C_2}{C'}\pi \mathrm{d}x \sin\varphi_2$。当然，$a$ 的选择还应保证流量为 q 的液流流过阻尼孔时所产生的压力降，足以使主阀芯克服各种阻力而动作。由式(5-31)至式(5-33)可得

$$\left(\frac{C_2 \pi \mathrm{d}x \sin\phi_2}{C'a}\right)^2 = \frac{p_1 - p_2}{p_2} = \left(\frac{A_2}{A_1} - 1\right) + \frac{K_y y_0}{A_1 p_2}\left(1 + \frac{y}{y_0}\right) + \frac{G + F_f + C_1 \pi D_1 y p_1 \sin(2\phi_1)}{A_1 p_2}$$

$$\tag{5-41}$$

显然，为使式(5-41)左端远小于1，应尽量减小右端各项的数值：

① 使 A_2/A_1 尽量接近于1；

② 使 K_y 和 y/y_0 尽量小；

③ 尽量减小 F_f，为此应尽量提高主阀芯与阀体配合面的加工几何精度，并在阀芯表面开均压槽；

④ 合理设计尾碟，以减小稳态液动力；

⑤ 加大主阀芯面积 A_1。

上述因素都对定压精度有影响，但其数值很小，其影响远不如 K_x 和 x 的变化对定压精度的影响大。

必须指出，主阀芯上端与阀盖配合处的泄漏量，将导致主阀阻尼孔的流量大于先导阀的流量，使主阀芯上实际作用的压差增大，使主阀提前开启和延迟关闭，严重时甚至使主阀先于先导阀开启或使主阀口关不上。对这一点在实际设计和加工装配中必须予以注意。

5.2.2　减压阀

减压阀是使出口压力低于进口压力的压力控制阀。减压阀可分为定压输出减压阀、定差减压阀和定比减压阀三种。

1.定压输出减压阀

定压输出减压阀有直动型和先导型两种结构形式。在先导型中又有出口压力控制式和进口压力控制式两种。

1) 出口压力控制式先导型定压输出减压阀

如图 5-21 所示,该阀由先导阀调压,由主阀减压。进口压力油(压力为 p_1)经减压口减压后压力变为 p_2(即出口压力),出口压力油通过阀体 6 下部和端盖 8 上的通道进入主阀 7 下腔,再经主阀上的阻尼孔 9 进入主阀上腔和先导阀前腔,然后通过锥阀座 4 中的阻尼孔,对锥阀 3 施加液压力。当出口压力低于调定压力时,先导阀口关闭,阻尼孔中没有液体流动,主阀上、下两端的油压力相等,主阀在弹簧力作用下处于最下端位置,减压口全开,不起减压作用,$p_2 \approx p_1$。当出口压力超过调定压力时,出油口部分液体经阻尼孔、先导阀口、阀盖 5 上的泄油口 L 流回油箱。阻尼孔有液体通过,使主阀上、下腔产生压差($p_2 > p_3$)。当此压差所产生的作用力大于主阀弹簧力时,主阀上移,使节流口(减压口)关小,减压作用增强,直至出口压力 p_2 稳定在先导阀所调定的压力值上。此时,如果忽略稳态液动力,则先导阀和主阀的力平衡方程为

$$p_3 A_c = K_x (x_0 + x)$$
$$p_2 A = p_3 A + K_y (y_0 + y_{max} - y)$$

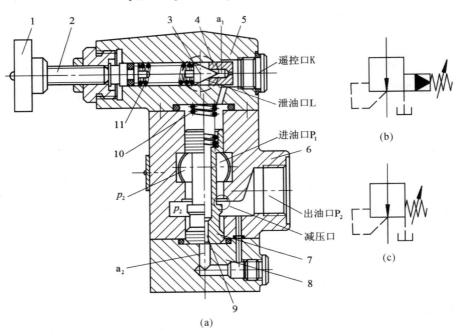

图 5-21 出口压力控制式先导型定压输出减压阀

(a) 结构图;(b) 先导型定压输出减压阀图形符号;(c) 一般减压阀图形符号

1—调压手轮;2—调节螺钉;3—锥阀;4—锥阀座;5—阀盖;6—阀体;7—主阀;8—端盖;
9—阻尼孔;10—主阀弹簧;11—调压弹簧

式中:A、A_c 分别为主阀和先导阀有效作用面积(m^2);K_x、K_y 分别为先导阀和主阀弹簧刚度(N/m);x_0 为先导阀弹簧预压缩量;x 为先导阀开度(m);y_0 为主阀弹簧预压缩量;y、y_{max} 分别为主阀开度和最大开度(m)。

联立上述二式得

$$p_2 = \frac{K_x (x_0 + x)}{A_c} + \frac{K_y (y_0 + y_{max} - y)}{A} \qquad (5\text{-}42a)$$

由于 $x \ll x_0$,$y \ll y_0 + y_{max}$,且主阀弹簧刚度 K_y 很小,所以 $K_y (y_0 + y_{max} - y) \approx K_y (y_0 + y_{max}) = C$(常数),则式(5-42a)可写成

$$p_2 \approx (K_x x_0 / A_c) + C \tag{5-42b}$$

故 p_2 基本保持恒定。因此,调节调压弹簧 11 的预压缩量 x_0,即可调节减压阀的出口压力 p_2。

　　如果外来干扰使 p_1 升高,则 p_2 也升高,使主阀上移,节流口减小,p_2 又降低,在新的位置上处于平衡,而出口压力 p_2 基本维持不变;反之亦然。

　　2)进口压力控制式先导型定压输出减压阀

　　如图 5-22 所示,在该阀的控制油路上设有控制油流量恒定器 6,它由一个固定阻尼 I 和一个可变阻尼 II 串联而成。可变阻尼借助于一个可以轴向移动的小活塞来改变通油孔 N 的过流面积,从而改变液阻。小活塞左端的固定阻尼孔,使小活塞两端出现压差。小活塞在此压差和右端弹簧的共同作用下而处于某一平衡位置。

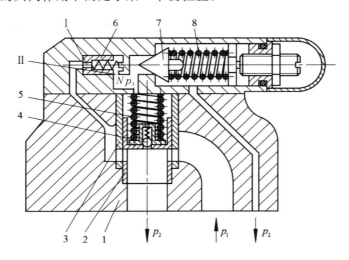

图 5-22　DR20-30 型定压输出减压阀
1—阀体;2—主阀芯;3—阀套;4—单向阀;5—主阀弹簧;6—控制油流量恒定器;7—先导阀;8—调压弹簧
I—固定阻尼;II—可变阻尼

　　由减压阀进口引来的压力油的压力达到调压弹簧 8 的调定值时,先导阀 7 开启,液流经先导阀口流向油箱。这时,小活塞前的压力为减压阀进口压力 p_1,其后的压力为先导阀前(亦即主阀上腔)的压力 p_3。p_3 由调压弹簧调定。由于 $p_3 < p_1$,主阀芯 2 在上、下腔压差的作用下克服主阀弹簧 5 的力向上抬起,减小主阀开口,起减压作用,使主阀出口压力降低为 p_2。因为主阀阀口采用了多个小孔对称布置的结构,因此液动力为零。主阀芯的力平衡方程为

$$p_2 A = p_3 A + K_y(y_0 + y_{max} - y) \tag{5-43a}$$

式中:A_1 为主阀芯截面面积(m^2);K_y、y_0 分别为主阀弹簧的刚度(N/m)和预压缩量(m);y、y_{max} 分别为主阀开口长度和最大开口长度(m);p_2、p_3 分别为主阀下腔(减压阀出口)压力(Pa)和主阀上腔(先导阀前腔)压力(Pa)。

　　由于主阀弹簧刚度 K_y 很小,且 $y \ll (y_0 + y_{max})$,故 $K_y(y_0 + y_{max} - y) \approx K_y(y_0 + y_{max}) = C$(常数),则式(5-43a)可写成

$$p_2 A = p_3 A + C \tag{5-43b}$$

　　防止出口压力 p_2 波动的问题就转化为如何使先导阀前的压力 p_3 稳定不变。在调压弹簧预压缩量一定的情况下,这取决于通过先导阀的流量是否恒定。若恒定,则因先导阀的开口量 x 和液动力 F_s 为定值,p_3 可以稳定不变。

如何使通过先导阀的流量恒定呢？当小活塞处于某一平衡位置时,因控制油流量恒定器的总液阻一定,因此在进口压力 p_1 一定的条件下,通过先导阀的流量一定,与流经主阀阀口的流量无关。若 p_1 的上升引起通过控制油流量恒定器的流量增大,则因总液阻来不及变化,将导致小活塞两端压差增大,使小活塞右移,导致通油孔 N 的面积减小,即控制油流量恒定器总液阻增大,通过的流量反而减小,力图恢复到原来的值。因此,通过控制油流量恒定器的流量得以恒定。这种阀的出口压力 p_2 与阀的进口压力 p_1 以及流经主阀的流量无关。

如果阀的出口出现冲击压力,主阀芯上的单向阀 4 将迅速开启卸压,使阀的出口压力很快降低。在出口压力恢复到调定值后,单向阀重新关闭。故单向阀在这里起压力缓冲作用。

2. 定差减压阀

定差减压阀(见图 5-23)可使进出口压差保持为定值。高压油(压力为 p_1)经节流口减压后以低压 p_2 流出,同时低压油经阀芯中心孔将压力 p_2 传至阀芯上腔,其进出油压在阀芯有效作用面积上的压差与弹簧力相平衡:

$$\Delta p = p_1 - p_2 = \frac{K(x_0 + x)}{\pi(D^2 - d^2)/4} \quad (\text{Pa}) \tag{5-44}$$

式中:K、x_0 分别为弹簧刚度(N/m)和预压缩量(m);x、D 和 d 的含义如图 5-23 所示。

由式(5-44)可知,只要尽量减小弹簧刚度 K 并使 $x \ll x_0$,就可使压差 Δp 近似保持为定值。

将定差减压阀的进出口分别与节流阀两端相连,可使节流阀两端压差保持恒定,此时,通过节流阀的流量将基本不受外界负载变动的影响。

3. 定比减压阀

定比减压阀(见图 5-24)可使进出口压力间保持一定的比例。如果忽略刚度很小的弹簧力,则可近似列出阀芯平衡关系式:

$$p_1/p_2 = D^2/d^2 \tag{5-45}$$

只要适当选择大小柱塞的直径比,即可获得所需的进出口压力比。

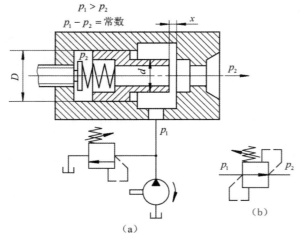

图 5-23　定差减压阀
(a) 工作原理图;(b) 图形符号

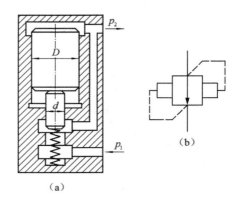

图 5-24　定比减压阀
(a) 工作原理图;(b) 图形符号

5.2.3　顺序阀

顺序阀的功用是以系统压力为信号使多个执行元件按顺序动作。

　　根据控制压力来源的不同,它有内控式和外控式之分(见图 5-25)。其结构也有直动型和先导型之分。

　　图 5-25(b)所示为内控式先导型顺序阀,P_1 为进油口,P_2 为出油口,与溢流阀不同之处在于它的出口 P_2 不接油箱,而通向某一压力油路,因而其泄油口 L 必须接回油箱。

　　若将底盖旋转 90°并打开螺堵,该内控式顺序阀即可成为外控式顺序阀(见图 5-25(a))。

　　内控式顺序阀在其压力未达到阀的调定压力之前,阀口一直是关闭的。达到调定压力之后,阀口才开启,使 P_1 处的压力油从出油口 P_2 流出,去驱动该阀后的执行元件。

　　外控式顺序阀阀口开启与否,与阀的进口压力的大小没有关系,仅取决于控制压力的大小。

　　图 5-25(b)所示的先导型顺序阀最大的缺点是外泄漏量过大。因先导阀是按顺序压力调整的,当执行元件达到顺序动作后,压力将同时升高,将先导阀口开得很大,导致大量油液流外泄。故在小流量液压系统中不宜采用这种结构。

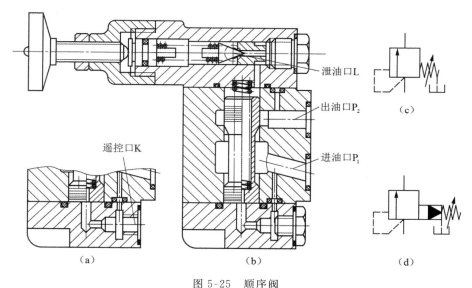

图 5-25　顺序阀

(a) 外控式;(b) 内控式;(c) 一般顺序阀(或直动型顺序阀)图形符号;(d) 先导型顺序阀图形符号

　　图 5-26 所示的 DZ 型顺序阀,主阀为单向阀式,先导阀为滑阀式。主阀芯在原始位置将进、出油口切断,流入进油口 P_1 的压力油通过两条油路,一路经阻尼孔进入主阀上腔并到达先导阀中部环形腔,另一路直接作用在先导滑阀左端。当进油口压力低于先导阀弹簧调定压力时,先导滑阀在弹簧力的作用下处于图示位置。当进油口压力大于先导阀弹簧调定压力时,先导滑阀在左端液压力作用下右移,将先导阀中部环形腔与通顺序阀出口的油路接通。于是顺序阀进油口压力油经阻尼孔、主阀上腔、先导阀流往出油口。由于阻尼存在,主阀上腔压力低于下端(即进油口)压力,主阀芯开启,顺序

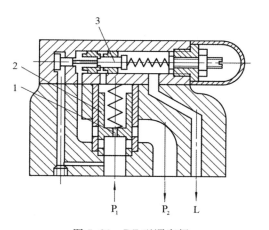

图 5-26　DZ 型顺序阀

1—阻尼孔;2—主阀芯;3—先导滑阀

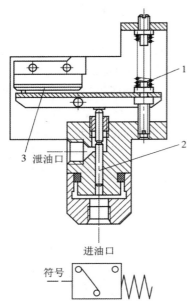

图 5-27　柱塞式压力继电器
1—弹簧；2—柱塞；3—微动开关

调节继电器的动作压力。

阀进出油口接通。由于经主阀芯上阻尼孔的泄漏油不流向泄油口 L，而是流向出油口 P_2，又因主阀上腔油压与先导滑阀所调压力无关，仅仅通过刚度很弱的主阀弹簧与主阀芯下端液压保持主阀芯的受力平衡，故出油口压力近似等于进油口压力，压力损失小。与图 5-25(b)所示的顺序阀相比，DZ 型顺序阀的泄漏量和功率损失大为减小。

5.2.4　压力继电器

压力继电器是利用液体的压力来启闭电气触点的液压电气转换元件。当系统压力达到压力继电器的调定值时，发出电信号，使电气元件(如电磁铁、电动机、时间继电器、电磁离合器等)动作，使油路卸压、换向，执行元件实现顺序动作，或关闭电动机使系统停止工作，起安全保护作用等。

压力继电器有柱塞式、膜片式、弹簧管式和波纹管式四种结构形式。这里对柱塞式压力继电器(见图 5-27)的工作原理做一介绍：当从继电器下端进油口进入的液体压力达到调定压力值时，推动柱塞 2 上移，此位移通过杠杆放大后推动微动开关 3 动作。改变弹簧 1 的压缩量，可以

5.3　流量控制阀

流量控制阀是通过改变节流口过流面积或过流通道的长短来改变局部阻力的大小，从而实现对流量的控制的。

流量控制阀是节流调速系统中的基本调节元件。在定量泵供油的节流调速系统中，必须将流量控制阀与溢流阀配合使用，以便将多余的流量排回油箱。

流量控制阀包括节流阀、调速阀、溢流节流阀和同步阀等。

5.3.1　节流阀

1. 节流阀的工作原理

如图 5-28 所示，具有螺旋曲线开口的阀芯 2 与阀套 3 上的窗口匹配后，就构成了具有某种形状的棱边形节流孔。转动手轮 1(此手轮可用顶部的钥匙来锁定)，螺旋曲线相对套筒窗口升高或降低，从而调节节流口过流面积的大小，即可实现对流量的控制。

2. 流量特性

通过节流阀的流量 q 及其前后压差 Δp 的关

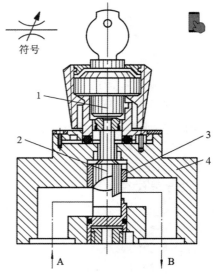

图 5-28　节流阀
1—手轮；2—阀芯；3—阀套；4—阀体

系可表示为

$$q = KA\Delta p^{m} \tag{5-46}$$

式中:K 为节流系数,对于薄壁孔 $K = C_d\sqrt{2/\rho}$,对于细长孔 $K = d^2/(32\,\mu L)$;C_d 为流量系数;ρ、μ 分别为液体密度和动力黏度;d、L 分别为细长孔直径和长度;m 为由孔口形状决定的指数($0.5 \leqslant m \leqslant 1$),对于薄壁孔 $m = 0.5$,对于细长孔 $m = 1$;A 为节流阀过流面积,其计算公式随阀口形式而异,各种阀口形式及其过流面积 A 的计算公式如表 5-1 所示。

表 5-1　各种阀口形式及其过流面积的计算公式

形式	结构	过流面积 A 的计算公式
沉割槽形	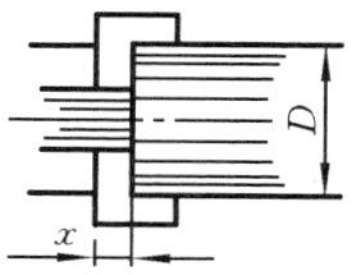	$A(x) = \begin{cases} \pi Dx\,(全周开口) \\ Wx\,(部分开口) \end{cases}$ 式中:W 为阀口梯度
锥形 (或针阀)	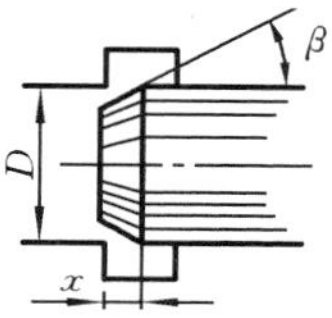	$A(x) = \pi x\sin\beta\left(D - \dfrac{1}{2}x\sin 2\beta\right)$
矩形	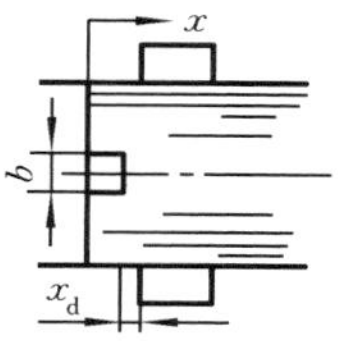	$A(x) = \begin{cases} 0, x \leqslant x_d \\ nb(x - x_d), x > x_d \end{cases}$ 式中:n 为阀口数(下同)
T 形	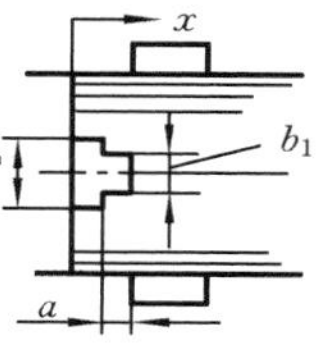	$A(x) = \begin{cases} nb_1 x, x \leqslant a \\ nb_1 a + nb_2(x - a), x > a \end{cases}$
三角形	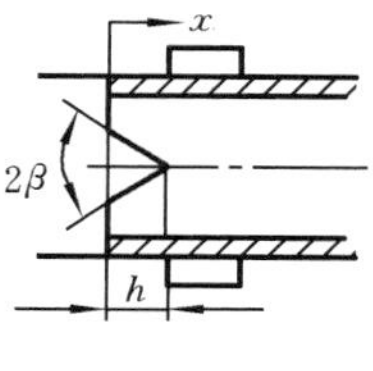	$A(x) = nx^2\tan\beta$
双三角槽形	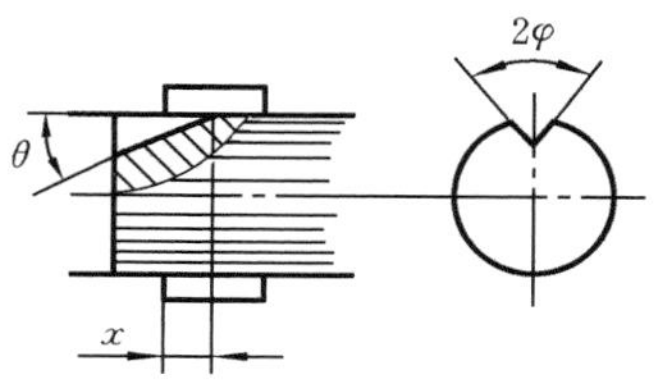	$A(x) = nx^2\sin^2\theta\tan\varphi$

形式	结构	过流面积 A 的计算公式
单三角槽形	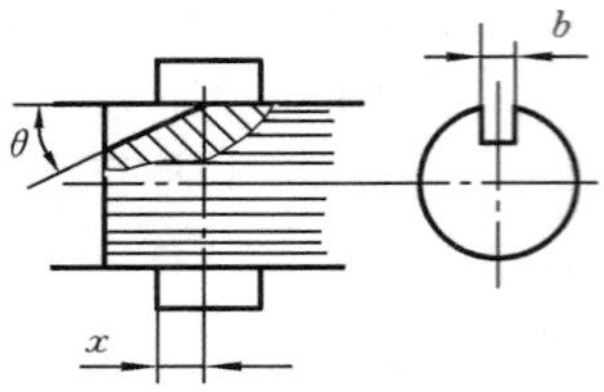	$A(x) = nbx\sin\theta$
圆形	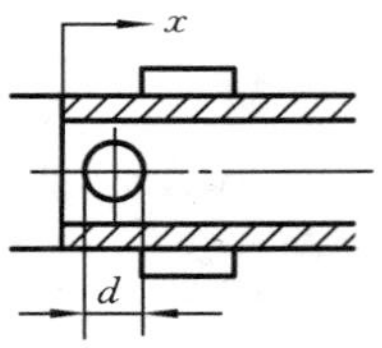	$A(x) = n\dfrac{d^2}{4}\left[\arccos\left(1-\dfrac{2x}{d}\right)\right.$ $\left. -2\left(1-\dfrac{2x}{d}\right)\sqrt{\dfrac{x}{d}-\left(\dfrac{x}{d}\right)^2}\,\right]$ 近似计算式为 $A(x) = n\dfrac{x^2(16d-13x)}{12}\sqrt{dx-x^2}$ 其误差不大于 1%
旋转槽式		$A = RW\phi$ 式中：W 为槽的轴向宽度
转楔式	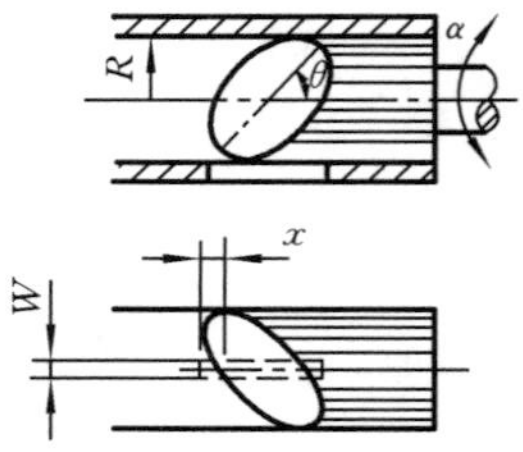	$A(x) = Wx(1-\cos\alpha)R\cot\theta$
圆盘式	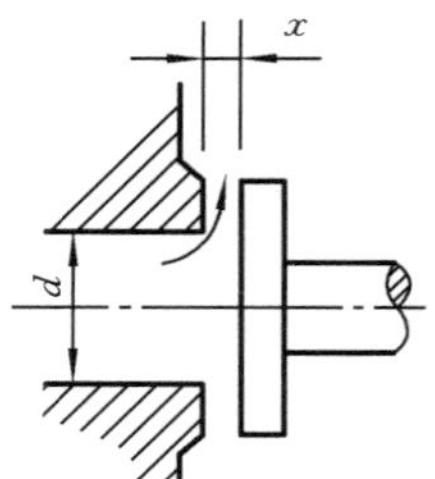	$A(x) = \pi dx$
斜槽式	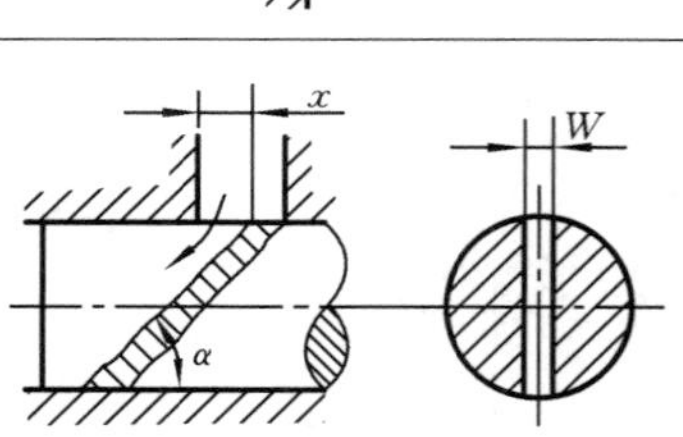	$A(x) = Wx\sin\alpha$

式(5-46)为节流阀的流量特性方程,其特性曲线如图 5-29 所示。

3. 节流阀的刚度 T

节流阀的刚度反映了节流阀在负载压力变动时保持流量稳定的能力。它定义为节流阀前后压差 Δp 的变化与流量 q 的波动值的比值，即

$$T = d\Delta p / dq \tag{5-47}$$

将式(5-46)代入式(5-47)，得

$$T = \Delta p^{1-m} / (KAm) \tag{5-48}$$

由式(5-47)结合图 5-29 可以发现，T 相当于流量特性曲线上某点的切线与横坐标的夹角 β 的余切，即

$$T = \cot\beta \tag{5-49}$$

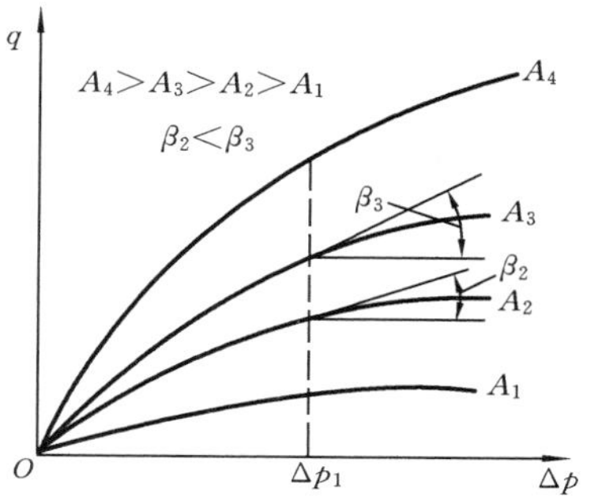

结合图 5-29 和式(5-48)可得出以下结论。

(1) 阀的压差 Δp 相同，节流开口 A 小时，刚度大。

(2) 节流开口 A 一定时，前后压差 Δp 越小，刚度越低。所以节流阀只能在大于某一最低压差 Δp 的条件下才能正常工作，但提高 Δp 将引起压力损失增加。

(3) 减小 m 值，可提高刚度。因此，目前使用的节流阀多采用 $m=0.5$ 的薄壁小孔式节流口。

图 5-29　不同开口时节流阀的流量特性

(4) 当节流口为细长孔时，油温越高，液体动力黏度 μ 越小，节流系数 $K(K=d^2/(32\mu L))$ 越大，阀的刚度越小，流量的增量就越大。当采用 $m=0.5$ 的薄壁小孔式节流口时，油温的变化对流量稳定性没有影响。

4. 节流口堵塞及最小稳定流量

节流阀在小开口下工作时，特别是进出口压差较大时，虽然油温和阀的压差不会改变，但流量会出现时大时小的脉动现象，开口越小，脉动现象越严重，甚至在阀口没有关闭时就完全断流。这种现象称为节流口堵塞。产生堵塞的主要原因如下。

(1) 油液中的机械杂质或因氧化析出的胶质、沥青、炭渣等污物堆积在节流缝隙处。

(2) 由于油液老化或受到挤压后产生带电的极化分子，而节流缝隙的金属表面上存在电位差，故极化分子被吸附到缝隙表面，形成牢固的边界吸附层，吸附层厚度一般为 $5\sim8$ μm，因而影响了节流缝隙的大小。以上堆积、吸附物增长到一定厚度时，会被液流冲刷掉，随后又重新附在阀口上。这样周而复始，就形成流量的脉动。

(3) 阀口压差较大时，因阀口温升高，液体受挤压的程度增强，金属表面也更易受摩擦作用而形成电位差，因此压差大时容易产生堵塞现象。

减轻堵塞现象的措施有：

(1) 选择水力半径大的薄刃节流口；

(2) 精密过滤并定期更换油液；

(3) 适当选择节流口前后的压差；

(4) 采用电位差较小的金属材料，选用抗氧化稳定性好的油液，减小节流口的表面粗糙度。

针形及偏心槽式节流口因节流通道长，水力半径较小，故其最小稳定流量在 $80\ cm^3/min$ 以上。薄刃节流口的最小稳定流量为 $20\sim30\ cm^3/min$。特殊设计的微量节流阀能在压差

0.3 MPa 下达到 5 cm³/min 的最小稳定流量。

5. 节流阀的应用

由于节流阀的流量不仅取决于节流口面积的大小，还与节流口前后压差有关，阀的刚度小，故只适用于执行元件负载变化很小和速度稳定性要求不高的场合。

对于执行元件负载变化大及对速度稳定性要求高的节流调速系统，必须对节流阀进行压力补偿来保持节流阀前后压差不变，从而使流量稳定。

5.3.2 调速阀

1. 调速阀的工作原理

如图 5-30 所示，调速阀是进行了压力补偿的节流阀。它由定差减压阀和节流阀串联而成。节流阀前、后的压力油（压力分别为 p_2 和 p_3）分别引到减压阀阀芯右、左两端，当负载压力 p_3 增大时，作用在减压阀阀芯左端的液压力增大，阀芯右移，减压口加大，压降减小，使 p_2 也增大，从而使节流阀的压差 $p_2 - p_3$ 保持不变；反之亦然。这样就使调速阀的流量恒定不变（不受负载影响）。

上述调速阀是先减压后节流的结构。也可以设计成先节流后减压的结构。两者的工作原理基本相同。

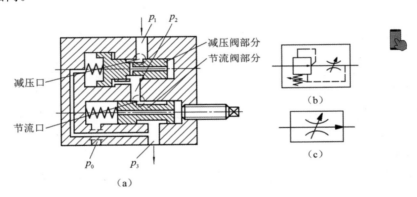

图 5-30 调速阀

(a) 结构图；(b) 图形符号；(c) 简化图形符号

2. 静态特性

设减压阀和节流阀的阀口均为薄壁孔口；K 为弹簧刚度（N/m）；x_0 为减压阀口开度 x_R = 0 时的弹簧预压缩量（m）；A 为减压阀阀芯有效作用面积（m²）；A_R、A_T 分别为减压阀口和节流阀口过流面积（m²）；C_{dR}、C_{dT} 分别为减压阀口和节流阀口流量系数；q_R、q_T 分别为减压阀口和节流阀的流量（m³/s）；ϕ 为液体流入减压阀口时的入射角（°）；ρ 为油液密度（kg/m³）。

当忽略减压阀阀芯自重和摩擦力时，阀芯的力平衡方程为

$$K(x_0 - x_R) = 2C_{dR}A_R(p_1 - p_2)\cos\phi + (p_2 - p_3)A \tag{5-50}$$

通过减压阀口和节流阀口的流量分别为

$$q_R = C_{dR}A_R\sqrt{\frac{2}{\rho}(p_1 - p_2)} \tag{5-51}$$

$$q_T = C_{dT}A_T\sqrt{\frac{2}{\rho}(p_2 - p_3)} \tag{5-52}$$

由式(5-50)至式(5-52),并考虑到 $q_R = q_T = q$,可解得

$$q = q_T = C_{dT}A_T \sqrt{\frac{2Kx_0}{\rho A}}\left[\frac{1 - \dfrac{x_R}{x_0}}{1 + \dfrac{2C_{dT}^2 A_T^2}{AC_{dR}A_R} \cdot \cos\phi}\right]^{1/2} \tag{5-53}$$

只要满足下列条件:

$$\frac{x_R}{x_0} \ll 1, \qquad \frac{2C_{dT}^2 A_T^2}{AC_{dR}A_R}\cos\phi \ll 1 \tag{5-54}$$

则

$$q \approx C_{dT}A_T \sqrt{\frac{2Kx_0}{\rho A}} \tag{5-55}$$

在满足式(5-54)的条件下,由式(5-55)可知,当阀口过流面积 A_T 一定时,通过调速阀的流量 q 基本上保持不变,而与调速阀前后的压差 Δp 无关(见图 5-31)。

对比调速阀和节流阀流量特性(见图 5-31)可以看出,当压差 Δp 很小时,调速阀和节流阀的性能相同。这是因为当压差很小时,减压阀阀芯在弹簧力作用下始终处于最右端位置,阀口全开,不起减压作用。所以调速阀的最低工作压差应保持在 $0.4 \sim 0.5$ MPa 以上。

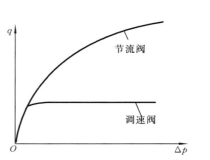

图 5-31　调速阀和节流阀的流量特性

5.3.3　温度补偿调速阀

为了使调速阀的流量控制精度更进一步提高,可在结构上采取温度补偿措施,这种阀称为温度补偿调速阀。它也是由减压阀和节流阀两部分组成的。其中的节流阀部分如图 5-32 所示,其特点是节流阀的芯杆(即温度补偿杆)2 由热膨胀系数较大的材料(如聚氯乙烯塑料)制成,当油温升高时,芯杆热膨胀使节流口关小,正好能抵消黏性降低带来的流量增加的影响。

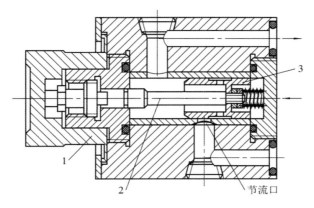

图 5-32　温度补偿原理
1—手柄;2—温度补偿杆;3—节流阀阀芯

5.3.4 溢流节流阀

如图 5-33 所示,溢流节流阀(又称旁通调速阀)也是一种压力补偿型节流阀,它由溢流阀 3 和节流阀 2 并联而成。进口处的高压油(压力为 p_1),一部分经节流阀 2 去执行机构,压力降为 p_2,另一部分经溢流阀 3 的溢流口去油箱。溢流阀阀芯下端和上端分别与节流阀前后的压力油(其压力分别为 p_1 和 p_2)相通。当出口压力 p_2 增大时,阀芯下移,关小溢流口,溢流阻力增大,进口压力 p_1 随之增加,因而节流阀前后的压差 p_1-p_2 基本保持不变;反之亦然。即通过阀的流量基本不受负载的影响。

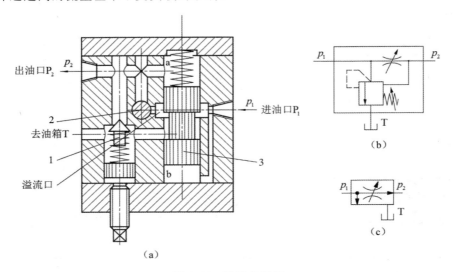

图 5-33　溢流节流阀

(a) 结构图;(b) 详细图形符号;(c) 简化图形符号

1—安全阀;2—节流阀;3—溢流阀

这种溢流节流阀上还附有安全阀 1,以免系统过载。

与调速阀不同,溢流节流阀必须接在执行元件的进油路上。这时泵的出口(即溢流节流阀的进口)压力 p_1 随负载压力 p_2 的变化而变化,此时的系统属变压系统,功率利用比较合理,系统发热量小。

5.3.5 同步阀

同步阀是分流阀、集流阀和分流集流阀的总称。

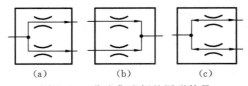

图 5-34　分流集流阀的图形符号

(a) 分流阀;(b) 集流阀;(c) 分流集流阀

分流阀的作用,是使液压系统中由同一个能源向两个执行元件供应相同的流量(等量分流),或按一定比例向两个执行元件供应流量(比例分流),以使两个执行元件的速度保持同步或定比关系。集流阀的作用,则是从两个执行元件收集等流量或按比例的回油量,以使两个执行元件的速度保持同步或定比关系。分流集流阀则兼有分流阀和集流阀的功能。它们的图形符号如图 5-34 所示。

1. 分流阀的工作原理

图 5-35 所示为等量分流阀的结构。设进口油液压力为 p_0，流量为 q_0，进入阀后分两路分别通过两个面积相等的固定节流孔 1、2，分别进入油室 a、b，然后由可变节流口 3、4 经出油口 Ⅰ 和 Ⅱ 通往两个执行元件。如果两执行元件的负载相等，则分流阀的出口压力 $p_3 = p_4$，因为阀中两条流道形状完全对称，所以输出流量亦对称，$q_1 = q_2 = q_0/2$，且 $p_1 = p_2$。当由于负载不对称而出现 $p_3 \neq p_4$（设 $p_3 > p_4$）时，阀芯来不及运动而处于中间位置，由于两条流道上的总阻力相同，必定使 $q_1 < q_2$，进而使 $p_0 - p_1 < p_0 - p_2$，则使 $p_1 > p_2$。此时阀芯在不对称液压力的作用下左移，使可变节流口 3 增大，可变节流口 4 减小，从而使 q_1 增大，q_2 减小，直到 $q_1 \approx q_2$，$p_1 \approx p_2$，阀芯才在一个新的平衡位置上稳定下来。即，若输往两个执行元件的流量相等，当两执行元件尺寸完全相同时，运动速度将同步。

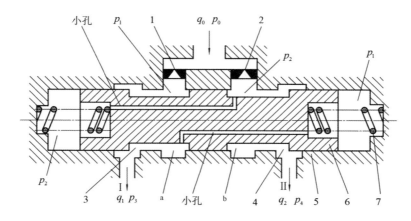

图 5-35　等量分流阀的结构

1、2—固定节流孔；3、4—可变节流口；5—阀体；6—滑阀；7—弹簧；Ⅰ、Ⅱ—出油口

2. 分流集流阀的工作原理

图 5-36(a)为分流集流阀的结构图。阀芯 5、6 在各弹簧力作用下处于中间位置的平衡状态。

分流工况下，由于 p_0 大于 p_1 和 p_2，所以阀芯 5 和 6 处于相离状态，互相勾住。设负载压力 $p_4 > p_3$，如果阀芯仍留在中间位置，必然使 $p_2 > p_1$。这时连成一体的阀芯将左移，可变节流口 3 减小（见图 5-36(b)），使 p_1 上升，直至 $p_1 \approx p_2$，阀芯停止运动。由于两个固定节流孔 1 和 2 的过流面积相等，所以通过两个固定节流孔的流量 $q_1 \approx q_2$，而不受出口压力 p_3 及 p_4 变化的影响。

集流工况下，由于 p_0 小于 p_1 和 p_2，故两阀芯处于相互压紧状态。设负载压力 $p_4 > p_3$，若阀芯仍留在中间位置，必然使 $p_2 > p_1$。这时压紧成一体的阀芯左移，可变节流口 4 减小（见图 5-36(c)），使 p_2 下降，直至 $p_2 \approx p_1$，阀芯停止运动。故 $q_1 \approx q_2$，而不受进口压力 p_3 及 p_4 变化的影响。

3. 分流精度

分流精度用相对分流误差 ξ 表示。等量分流（集流）阀的分流误差 ξ 表示为

$$\xi = \frac{q_1 - q_2}{q_0/2} \times 100\% = \frac{2(q_1 - q_2)}{q_1 + q_2} \times 100\% \qquad (5-56)$$

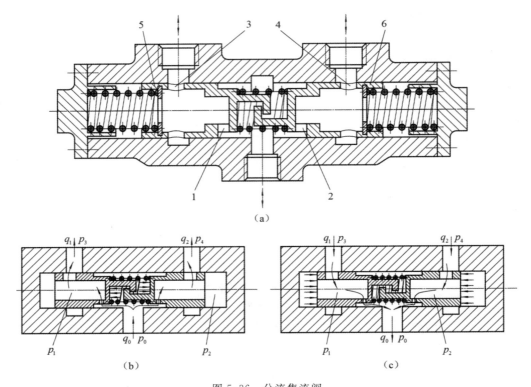

图 5-36　分流集流阀

(a)结构图；(b)分流且 $p_4>p_3$ 时的工作原理图；(c)集流且 $p_4>p_3$ 时的工作原理图

1、2—固定节流孔；3、4—可变节流口；5、6—阀芯

一般分流(集流)阀的分流误差为 $1\%\sim3\%$，产生分流误差的主要原因如下。

(1) 两个可变节流孔处的液动力不完全相等而产生分流误差。改进办法有两点：① 采用消除液动力的滑阀结构；② 在阀内或阀外两条负载支路上加设修正节流孔，让流经负载压力较大支路的流量有一部分流入负载压力较小的支路，从而减小分流误差。

(2) 阀芯与阀套间存在摩擦力而造成分流误差。因此，应提高阀芯与阀套的加工精度，精密过滤油液，防止液压卡紧。

(3) 阀芯两端弹簧力不相等引起分流误差。因此，在能够克服阀芯摩擦力，保证阀芯能恢复中位的前提下，尽量减小弹簧刚度 K 及阀芯位移量。

(4) 两个固定节流孔存在几何尺寸误差，从而带来分流误差。

(5) 固定节流孔前后压差 Δp_d 对分流误差的影响。Δp_d 越大，分流(集流)阀对流量变化反应越灵敏，分流误差就越小。但 Δp_d 选得过大，会使分流(集流)阀的压力损失太大。推荐 $\Delta p_d\geqslant0.5\sim1$ MPa。由于 Δp_d 与工作流量的大小有关，所以为了保证分流(集流)阀的分流精度，一般希望最大工作流量不超过最小工作流量的一倍。流量使用范围一般为公称流量的 $60\%\sim100\%$。

必须指出：在采用分流(集流)阀构成的同步系统中，液压缸的加工误差及其泄漏、分流阀之后设置的其他阀的外部泄漏、油路中的泄漏等，虽然对分流阀本身的分流精度没有影响，但对系统中执行元件的同步精度却有直接影响。

5.4　方向控制阀

方向控制阀是用来改变液压系统中各油路之间液流通断关系的阀类,如单向阀、换向阀及压力表开关等。

5.4.1　单向阀

单向阀有普通单向阀和液控单向阀两种。

1. 普通单向阀

如图 5-37 所示,普通单向阀的作用是使液体只能沿一个方向流动,不许它反向倒流。对单向阀的要求主要有:① 通过液流时压力损失要小,而反向截止时密封性要好;② 动作灵敏,工作时无撞击和噪声。

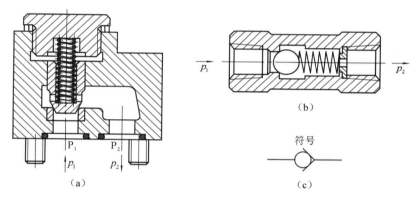

图 5-37　单向阀

(a) 阀芯为锥阀的直角式单向阀(板式连接);(b) 阀芯为球阀的直通式单向阀(管式连接);(c) 单向阀图形符号

当液流从 P_1 口流入时,克服弹簧力将阀芯顶开,流向 P_2 口。当液流反向流入时,阀芯在液压力和弹簧力的作用下关闭阀口,使液流截止。

阀芯为球阀的单向阀,其结构简单,但密封容易失效,工作时容易产生振动和噪声,一般用于流量较小的场合。而阀芯为锥阀的单向阀,其结构较复杂,但导向性和密封性较好,工作比较平稳。

管式连接的直通式单向阀可直接装在管路上,比较简单,但液流阻力损失较大,而且维修装拆及更换弹簧不便。板式连接的直角式单向阀,液流顶开阀芯后,直接从阀体内部的铸造通道流出,压力损失小,而且只要打开端部螺塞即可对内部进行维修,十分方便。

对于单向阀的弹簧,在保证其能克服阀芯摩擦力和重力而复位的前提下,应使其刚度尽可能小,从而减小单向阀的压力损失。一般,单向阀的开启压力为 0.035~0.05 MPa,通过额定流量时的压力损失不应超过 0.1~0.3 MPa。

2. 液控单向阀

如图 5-38 所示,当控制口无压力油($p_K = 0$)通入时,它和普通单向阀一样,压力油只能从 P_1 口流向 P_2 口,不能反向倒流。当控制口接油压为 p_K 的压力油时,压力油将推动控制活塞 1,顶开单向阀的阀芯 2,使反向截止作用得到解除,液体即可在两个方向上自由通流。

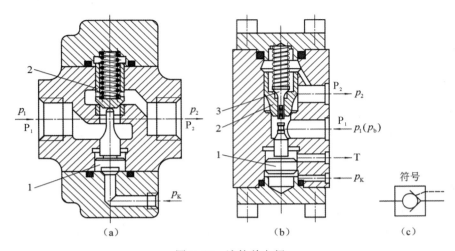

图 5-38　液控单向阀

(a) 内泄式液控单向阀(简式)；(b) 外泄式液控单向阀(卸载式)；(c) 图形符号

1—控制活塞；2—单向阀阀芯；3—卸载阀芯

液控单向阀按控制活塞的泄油方式不同,有内泄式和外泄式之分。内泄式(见图 5-38 (a))的控制活塞的背压腔通过活塞杆上对称铣去两个缺口与进油口 P_1 相通；外泄式(见图 5-38(b))的活塞背压腔直接通油箱。一般在出油口 P_2 的压力较低时采用内泄式；高压系统采用外泄式,以减小控制压力。

液控单向阀按结构特点可分为简式(见图 5-38(a))和卸载式(见图 5-38(b))两类。卸载式的特点是带有卸载阀,当控制活塞上移时先顶开卸载阀的阀芯 3,使主油路卸压,然后再顶开单向阀的阀芯。这样可大大减小控制压力,使控制压力与工作压力之比降低到 4.5%,因此可用于压力较高的场合。

5.4.2　换向阀

换向阀是借助于阀芯与阀体之间的相对运动,使与阀体相连的各油路实现接通、切断,或改变液流的方向的阀类。对换向阀的基本要求是：

① 液流通过阀时压力损失小(一般 $\Delta p < 0.1 \sim 0.3$ MPa)；

② 互不相通的油口间的泄漏小；

③ 换向可靠、迅速且平稳无冲击。

换向阀的分类如表 5-2 所示。

表 5-2　换向阀的分类

分类方法	类型
按阀的结构形式分	滑阀式、转阀式、球阀式、锥阀式
按阀的操纵方式分	手动、机动、电磁动、液动、电液动、气动
按阀的工作位置数和控制的通道数来分	二位二通、二位三通、二位四通、三位四通、三位五通等

5.4.2.1　滑阀式换向阀

1. 主体部分结构形式

常用的滑阀式换向阀主体部分的结构形式如表 5-3 所示。

2. 滑阀机能

三位四通和三位五通换向阀,滑阀在中位时各油口的连通方式称为滑阀机能。不同的滑阀机能可满足系统的不同要求。表 5-4 中列出了三位阀常用的十种滑阀机能,而其左位和右位各油口的连通方式均为直通或交叉相通,所以只用一个字母来表示中位的形式。不同机能的滑阀,其阀体是通用件,而区别仅在于阀芯台肩结构、轴向尺寸及阀芯上径向通孔的个数。

表 5-3　常用滑阀式换向阀主体部分的结构形式和图形符号

名称	结构原理图	图形符号	图形符号的含义
二位二通			
二位三通			(1) 用方框表示阀的工作位置,有几个方框就表示有几"位"; (2) 方框内的箭头表示油路处于接通状态,但箭头方向不一定表示液流的实际方向;
二位四通			(3) 方框内的符号"⊤"或"⊥"表示该通路不通; (4) 方框外部连接的接口数有几个,就表示几"通";
二位五通			(5) 一般,阀与系统供油路连接的进油口用字母 P 表示;阀与系统回油路连接的回油口用 T (有时用 O)表示;而阀与执行元件连接的油口用 A、B 等表示。有时在图形符号上用 L 表示泄漏油口;
三位四通			(6) 换向阀都有两个或两个以上的工作位置,其中一个为常态位,即阀芯未受到操纵力时所处的位置。图形符号中的中位是三位阀的常态位。利用弹簧复位的二位阀则以靠近弹簧的方框内的通路状态为其常态位。绘制系统图时,油路一般应连接在换向阀的常态位上
三位五通			

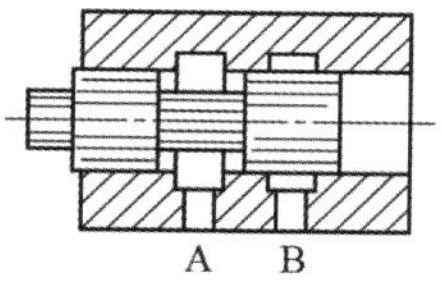

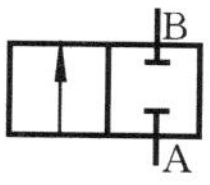

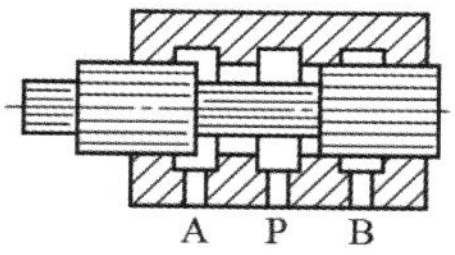

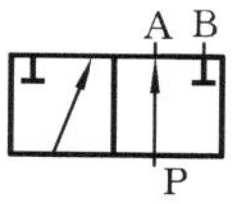

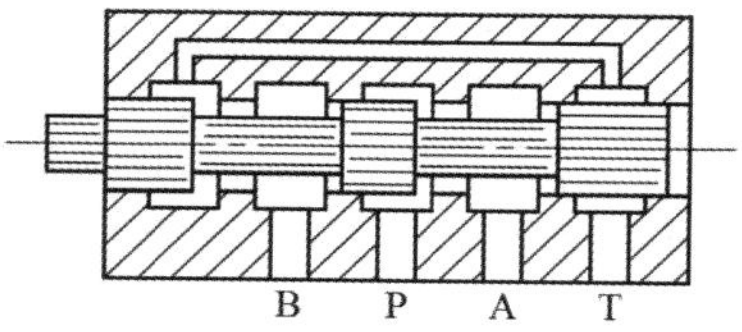

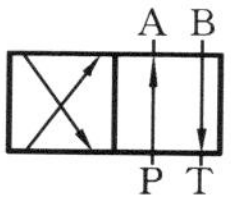

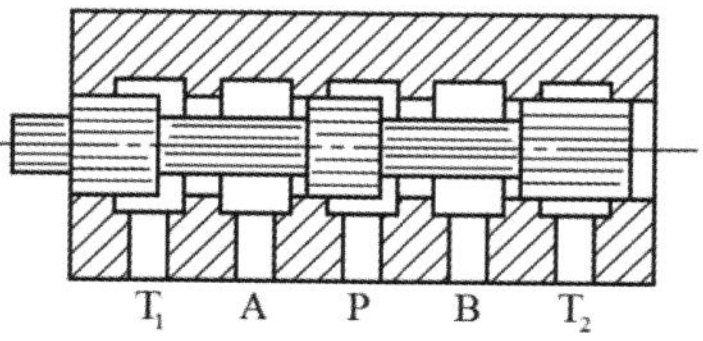

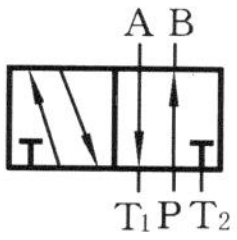

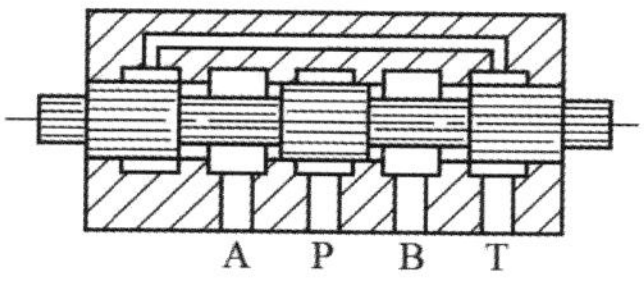

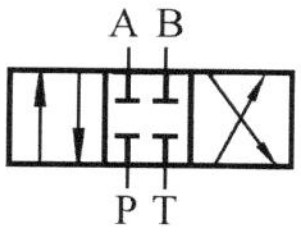

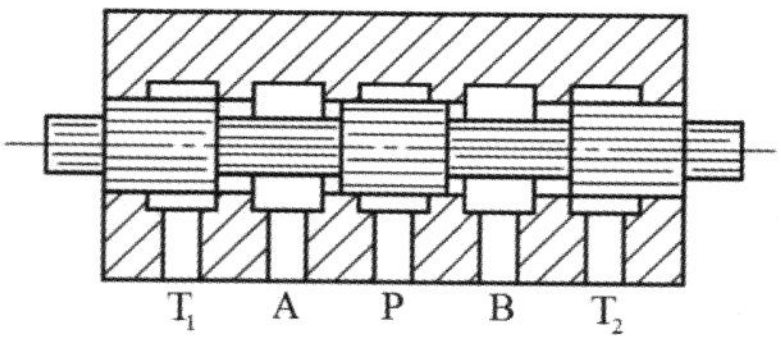

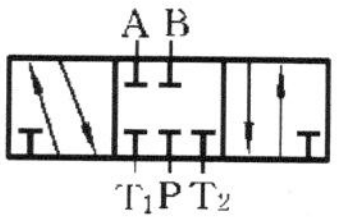

表 5-4 三位换向阀的滑阀机能

机能代号	处于中间位置时的滑阀状态	处于中位的符号		处于中位时的性能特点
		三位四通	三位五通	
O				各油口全部关闭,系统保持压力,缸封闭
H				各油口 A、B、P、T 全部连通,泵卸荷,缸两腔连通
Y				A、B、T 口连通,P 口保持压力,缸两腔连通
J				P 口保持压力,缸 A 口封闭,B 口与回油口 T 连通
C				缸 A 口通压力油,B 口与回油口 T 不连通
P				P 口与 A、B 口都连通,回油口 T 封闭
K				P、A、T 口连通,泵卸荷,缸 B 口封闭
X				A、B、P、T 口半开启连通,P 口保持一定压力
M				P、T 口连通,泵卸荷,缸 A、B 两油口都封闭
U				A、B 口连通,P、T 口封闭,缸两腔连通,P 口保持压力

有时由于特殊的使用要求,将滑阀某一端或左右两端的连通方式设计成特殊的机能,分

别用第一个字母、第二个字母和第三个字母表示中位、右位和左位的滑阀机能。如图 5-39 所示的 OP 型和 NdO 型机能。

当对换向阀从一个工位过渡到另一个工位的各油口间通断关系亦有要求时,还规定和设计了滑阀的过渡机能。如对于一个二位四通滑阀,为避免在换向过程中由于 P 口突然完全封闭而引起系统的压力冲击,要求它在换向过渡状态时,使 P、A、B、T 四个油口呈半开启的连通状态,即具有 H 型或 X 型的过渡机能(见图 5-40)。在液压符号中,这种过渡机能被画在各工位通路符号之间,并用虚线与之隔开。

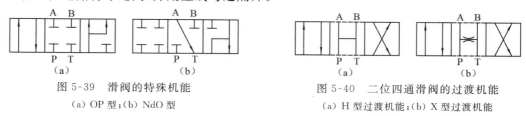

图 5-39　滑阀的特殊机能
(a) OP 型;(b) NdO 型

图 5-40　二位四通滑阀的过渡机能
(a) H 型过渡机能;(b) X 型过渡机能

图 5-41 表示了 O 型三位四通换向阀的两种不同过渡机能。从中位换向到左位时,图 5-41(a)是先接通 B 和 T,然后再接通 P 和 A。图 5-41(b)是先接通 P 和 A,再接通 B 和 T。从中位过渡到右位时,也有类似的不同过渡机能。

图 5-41　三位四通滑阀的过渡机能
(a) 先使 T 与 A(或 B)相通的过渡机能;(b) 先使 P 与 A(或 B)相通的过渡机能

增加过渡机能将加长阀芯的行程,这对电磁换向阀尤为不利,因为过长的阀芯行程不仅会影响电磁换向阀的动作可靠性,而且还会延长它的动作时间,所以电磁换向阀一般都是采用标准的换向机能而不设置过渡机能。只有液动(或电液动)换向阀才设计不同的过渡机能。

3. 滑阀式换向阀的操纵方式

1) 手动换向

图 5-42 所示为三位四通手动换向阀。图 5-42(b)所示为弹簧自动复位式。用手操纵杠杆(手柄 1)推动阀芯 2 相对阀体移动从而改变工作位置。要想维持在极端位置,必须用手扳住手柄 1 不放,一旦松开了手柄,阀芯会在弹簧力的作用下自动弹回中位。图 5-42(a)所示为弹簧钢球定位式(其右部结构同弹簧自动复位式),它可以在三个工作位置上定位。

图 5-43 所示为旋转移动式手动换向阀,旋转手柄可通过螺杆推动阀芯改变工作位置。这种结构具有体积小、调节方便等优点。由于这种阀的手柄带有锁,不打开锁不能调节,因此使用安全。

2) 机动换向

机动换向阀用来控制机械运动部件的行程,故又称行程换向阀。它利用挡铁或凸轮推动阀芯实现换向。当挡铁(或凸轮)运动速度 v 一定时,可通过改变挡铁斜面角度 α 来改变换向时阀芯移动速度,调节换向过程的快慢。机动换向阀通常是二位的,有二通、三通、四通、五通几种形式。其中,二位二通的又分常闭式和常开式两种。图 5-44 所示为常闭式二位二通机动换向阀(行程阀)。

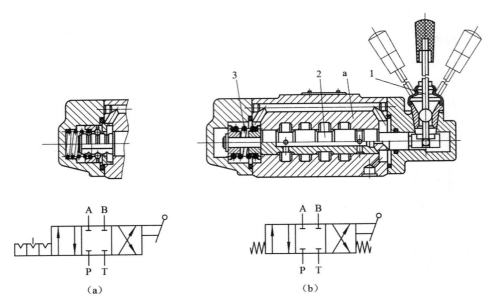

图 5-42　三位四通手动换向阀

(a) 弹簧钢球定位式结构及图形符号;(b) 弹簧自动复位式结构及图形符号

1—手柄;2—阀芯;3—弹簧

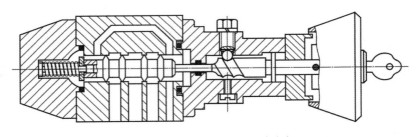

图 5-43　旋转移动式手动换向阀

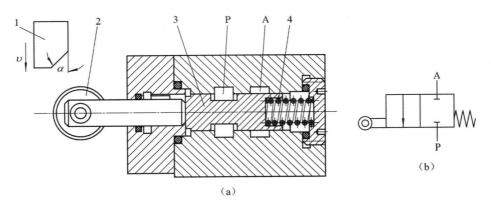

图 5-44　常闭式二位二通机动换向阀

(a) 结构;(b) 图形符号

1—挡铁;2—滚轮;3—阀芯;4—弹簧

3）电磁换向

电磁换向是利用电磁铁吸力推动阀芯来改变阀的工作位置，采用这种操纵方式的换向阀称为电磁换向阀。由于它可借助于按钮开关、行程开关、限位开关、压力继电器等发出的信号进行控制，所以易于实现动作转换的自动化。

（1）阀用电磁铁　根据所用电源的不同，阀用电磁铁分为交流型、直流型和本整型三种。

① 交流电磁铁　其使用的电压有 110 V、220 V 和 380 V 三种。其特点是：电气线路配置简单，费用低廉；启动力较大，换向时间短（其吸合与释放的时间约为 10 ms）；但换向冲击大，工作时温升高（故其外壳设有散热肋）；当阀芯卡住或吸力不足而使铁芯吸不上时，电磁铁因电流过大易烧坏，可靠性较差，所以切换频率不许超过 30 次/分；寿命较短，仅可工作几百万次到 1000 万次。

② 直流电磁铁　其使用电压一般为 12 V、24 V 和 110 V。其优点是不会因铁芯卡住而烧坏（故其圆筒形外壳上没有散热肋），体积小，工作可靠，允许切换频率为 120 次/分，甚至可达 300 次/分，换向冲击小，寿命高达 2000 万次以上。但其启动力比交流电磁铁小，而且在无直流电源时，需整流设备。

③ 本整型（即交流本机整流型）　这种电磁铁本身带有半波整流器，可以直接使用交流电源，同时具有直流电磁铁的结构和特性。

根据电磁铁的铁芯和线圈是否浸油，阀用电磁铁分为干式、湿式和油浸式三种。

① 干式电磁铁的铁芯与轭铁的间隙介质为空气。电磁铁与阀连接时，在推杆的外周有密封圈，不仅可避免油液进入电磁铁，而且装拆和更换电磁铁十分方便。

② 湿式电磁铁的推杆与阀芯连成一体，因取消了推杆处的动密封（减小了阀芯运动时的摩擦阻力，提高了效率和可靠性），铁芯腔室充满油液（但线圈是干的），不仅改善了散热条件，还因油液的阻尼作用而减小了切换时的冲击和噪声。所以湿式电磁铁具有吸着声小、寿命长、散热快、温升低、可靠性好、效率高等优点。

③ 油浸式电磁铁的铁芯和线圈都浸在油液中工作，具有散热快、工作效率高、寿命更长、工作更平稳可靠等特点。但其造价较高。

（2）电磁换向阀的典型结构　图 5-45 所示为二位三通电磁换向阀。当电磁铁 1 断电时，阀芯 3 被弹簧 4 推向左端，P 口和 A 口接通；当电磁铁通电时，铁芯通过推杆 2 将阀芯 3 推向右端，使 P 口和 B 口接通。

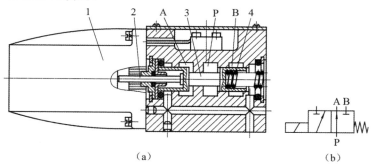

图 5-45　二位三通电磁换向阀

（a）结构；（b）图形符号

1—电磁铁；2—推杆；3—阀芯；4—弹簧

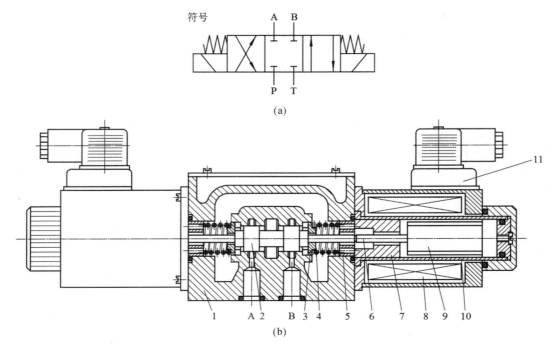

图 5-46 三位四通电磁换向阀

(a) 图形符号；(b) 结构

1—阀体；2—阀芯；3—定位套；4—对中弹簧；5—挡圈；6—推杆；7—环；8—线圈；9—衔铁；10—导套；11—插头组件

图 5-46 所示为三位四通电磁换向阀。当两边电磁铁都不通电时，阀芯 2 在两边对中弹簧 4 的作用下处于中位，P、T、A、B 口互不相通；当右边电磁铁通电时，推杆 6 将阀芯 2 推向左端，P 口与 A 口通，B 口与 T 口通，当左边电磁铁通电时，P 口与 B 口通，A 口与 T 口通。

必须指出，由于电磁铁的吸力有限(不大于 120 N)，因此电磁换向阀只适用于流量不太大的场合。当流量较大时，需采用液动或电液控制。

4) 液动换向

液动换向是利用控制油路的压力油来改变阀芯位置，采用这种操纵方式的换向阀称为液动换向阀。按其换向时间的可调性，液动换向阀分为可调式和不可调式两种。三位阀按阀芯的对中形式，分为弹簧对中型和液压对中型两种。图 5-47(a)、(b)所示为不可调式三位四通液动换向阀(弹簧对中型)，阀芯两端分别接通控制油口 K_1 和 K_2。当 K_1 口通压力油时，阀芯右移，P 口与 A 口接通，B 口与 T 口接通；当 K_2 口通压力油时，阀芯左移，P 口与 B 口接通，A 口与 T 口接通；当 K_1 和 K_2 口都不通压力油时，阀芯在两端对中弹簧的作用下处于中位。当对液动滑阀换向平稳性要求较高时，应采用可调式液动换向阀，即在滑阀两端控制油路中加装阻尼调节器，如图 5-47(c)、(d)所示。阻尼调节器由一个单向阀和一个节流阀并联组成，单向阀用来保证滑阀端面进油畅通，而节流阀则用于滑阀端面回油的节流，调节节流阀开口的大小，即可调整阀芯的动作时间。

弹簧对中型液动换向阀的特点是：结构简单，轴向尺寸较短，应用广泛。其缺点是：对中弹簧要有较大的力才能克服作用在阀芯上的各种阻力，由于弹簧力较大，所以控制压力较高。

5) 电液动换向

电液动换向是电磁换向和液动换向的综合，采用这种综合换向操纵方式的换向阀称为

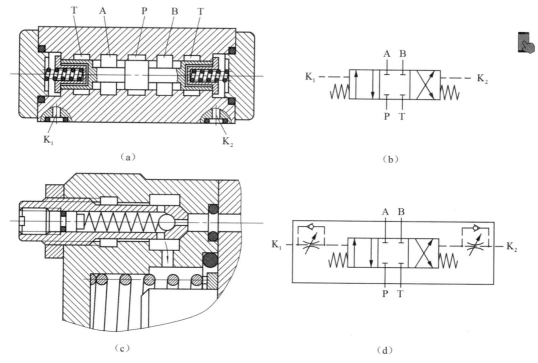

图 5-47 三位四通液动换向阀(弹簧对中型)

(a)、(b) 不可调式；(c)、(d) 可调式

电液动换向阀。电液动换向阀由电磁换向阀和液动换向阀组合而成。其中,电磁换向阀起先导作用,用来改变控制液流的方向,从而改变起主阀作用的液动换向阀的工作位置。由于操纵主阀的液压推力可以很大,所以主阀芯的尺寸可以做得很大,允许大流量通过。这样,用较小的电磁铁就能控制较大的流量。

和液动换向阀一样,电液动换向阀既有(换向时间)可调式和不可调式之分,又有弹簧对中和液压对中之别。若按控制压力油及其回油方式进行分类,则有外部控制外部回油、外部控制内部回油、内部控制外部回油、内部控制内部回油等四种类型。

图 5-48 所示为液压对中型不可调式三位四通电液动换向阀(外部控制外部回油)。其主阀(液动换向阀)为液压对中型。设 A_1 为差动活塞 3 的截面面积, A_2 为主阀芯 1 台肩处的截面面积, A_3 为差动套筒 2 的截面面积,且差动机构设计成 $A_1 : A_2 : A_3 = 1 : 2 : 3$。当先导电磁阀 4 的 a 口通压力油时,主阀芯 1 推动差动活塞 3 和差动套筒 2 一起右移,P 口与 B 口接通,A 口与 T 口接通；当先导电磁阀 4 的 b 口通压力油时,差动活塞 3 推动主阀芯 1 左移,P 口与 A 口接通,B 口与 T 口接通,实现换向。当先导电磁阀 4 的 a 和 b 口同时通高压油时,差动机构即可准确地将主阀芯 1 对中(它两端的弹簧很软,并不起主要的对中作用,仅仅在安装和不工作时能使主阀芯 1 和差动套筒 2 等零件保持初始位置)。液压对中的最大优点是回中位可靠性好,但其结构较复杂,轴向尺寸长。

5.4.2.2 转阀式换向阀

图 5-49 所示为三位四通转阀式换向阀。当阀芯 2 处于图示位置时,压力油从 P 口进入,经环槽 c、轴向沟槽 b 与油口 A 进入执行元件,执行元件的回油从 B 口进入,经沟槽 d 和

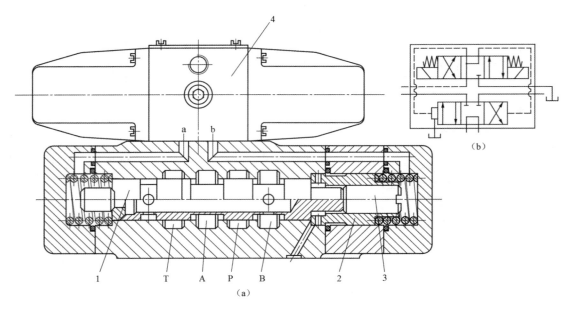

图 5-48 液压对中型不可调式三位四通电液动换向阀(外部控制外部回油)

(a) 结构;(b) 图形符号

1—主阀芯;2—差动套筒;3—差动活塞;4—先导电磁阀

环槽 a 从 T 口流回油箱;如用手柄 3 将阀芯 2 顺时针转动 45°,油口 P、T、A、B 封闭;再继续转动 45°,P 口与 B 口接通,A 口与 T 口接通,这就实现了换向。钢球 4 和弹簧 5 起定位作用,限位销 6 用以控制手柄转动的范围。利用挡铁通过手柄 3 下端的拨叉 7 和 8 还可以使转阀机动换向。

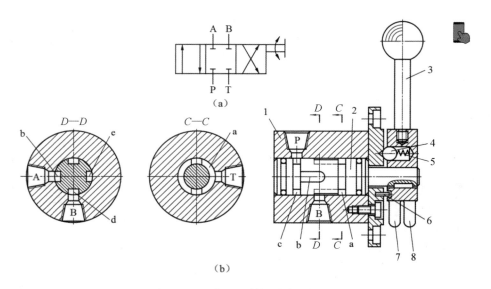

图 5-49 三位四通转阀式换向阀

(a) 符号;(b) 结构图

1—阀体;2—阀芯;3—手柄;4—钢球;5—弹簧;6—限位销;7、8—拨叉转阀工作时,因有不平衡的径向力存在,操作很费劲,阀芯易磨损,内泄漏量大,故仅在低压小流量系统中用作先导阀或小型换向阀。

5.4.2.3　球式换向阀

球式换向阀与滑阀式换向阀相比,具有以下优点:

(1) 不会产生液压卡紧现象,动作可靠性高;

(2) 密封性好;

(3) 对油液污染不敏感;

(4) 切换时间短,可达 $0.5 \sim 10$ ms;

(5) 使用介质黏度范围大,运动黏度为 $(1 \sim 380) \times 10^{-6}$ m²/s,介质可以是水、乳化液和矿物油;

(6) 工作压力可高达 63 MPa;

(7) 球阀芯可直接从轴承厂获得,精度很高,价格便宜。

球式换向阀有手动式、机动式、电磁式、液控式和电液动式等多种形式。下面分别对电磁球式换向阀和液控球式换向阀做一介绍。

1. 电磁球式换向阀

图 5-50(a)所示为常开型二位三通电磁球式换向阀的结构。它主要由左阀座和右阀座 6、球阀 5、弹簧 7、操纵杆 2 和杠杆 3 等零件组成。图示为电磁铁断电状态,即常态位。P 口的压力油一方面作用在球阀 5 的右侧,另一方面经通道 b 进入操纵杆 2 的空腔而作用在球阀 5 的左侧,以保证球阀 5 两侧承受的液压力平衡。球阀 5 在弹簧 7 的作用下压在左阀座 4 上,P 口与 A 口接通,A 口与 T 口切断。当电磁铁 8 通电时,衔铁推动杠杆 3,以 1 为支点推动操纵杆 2,克服弹簧力,使球阀 5 压在右阀座 6 上,实现换向,P 口与 A 口切断,A 口与 T 口接通。

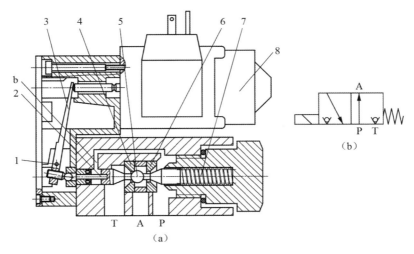

图 5-50　常开型二位三通电磁球式换向阀

(a) 结构;(b) 图形符号

1—支点;2—操纵杆;3—杠杆;4—左阀座;5—球阀;6—右阀座;7—弹簧;8—电磁铁

图 5-51(b)所示为常闭型二位三通电磁球式换向阀的结构。与常开型不同的是:它有两个球阀,电磁铁不通电时,P 口封闭,A 口与 T 口接通。

电磁球式换向阀除用于大流量换向阀的先导控制外,还可在小流量系统中直接使用。

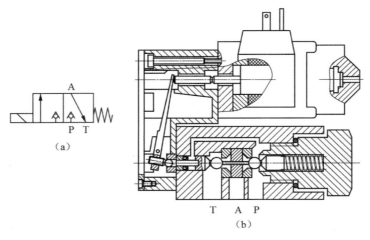

图 5-51 常闭型二位三通电磁球式换向阀

(a) 图形符号;(b) 结构

2. 液控球式换向阀

1) 液控球式换向阀基本单元

常开型二位二通液控球阀单元(见图 5-52)和常闭型二位二通液控球阀单元(见图 5-53)是液控球式换向阀的两种基本单元。它是利用控制油路中压力 p_K 的变化来改变球阀芯的位置,从而实现对油路通断关系的控制的。在图 5-52(a)所示结构中:当控制油口通入控制油(压力为 p_K)时,球阀芯 1 下降并关闭负载油口 A,P 口与 A 口不通;当控制油口无油压时,P 口与 A 口接通。在图 5-53 所示结构中:当通入控制油压 p_K 时,球阀芯 1 被推向阀腔的右端,P 口与 A 口接通;当控制压力消失时,球阀芯 1、2 在压力油的作用下被推向阀腔的左边,P 口与 A 口不通。

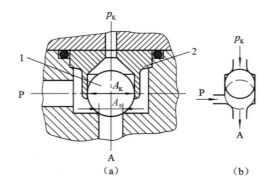

图 5-52 常开型二位二通液控球阀单元

(a) 结构图;(b) 示意图

1—球阀芯;2—导向套

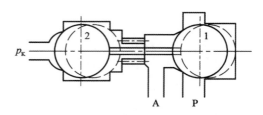

图 5-53 常闭型二位二通液控球阀单元

1、2—球阀芯

以上述两种基本单元为基础,通过插装集成,可组成各种功能的多工位多通路的换向阀和复杂的方向控制回路,也可组成实现逻辑动作的各种逻辑"门"。

由二位二通液控球阀单元组成的各种换向阀如表 5-5 所示。

表 5-5　各种液控球式换向阀

类　　型	符　　号	结　　构
二位二通	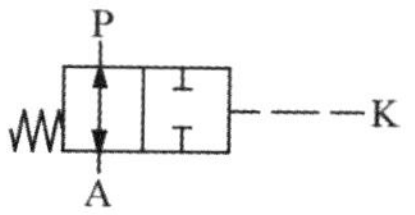	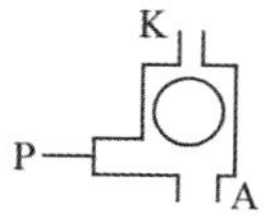
二位二通	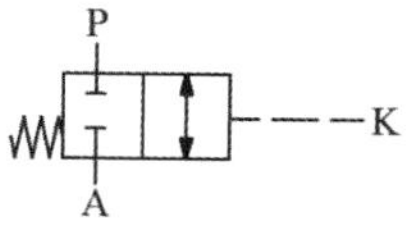	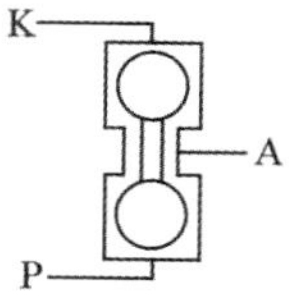
四位三通	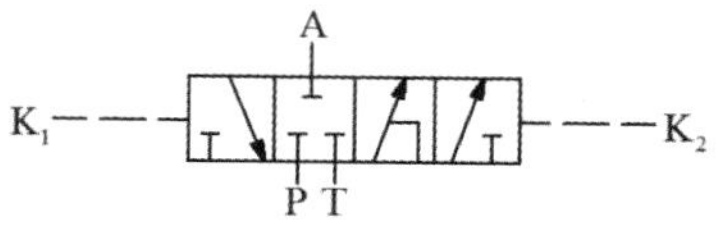	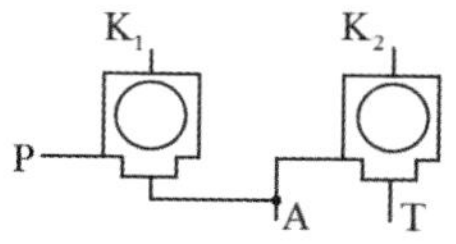
二位三通	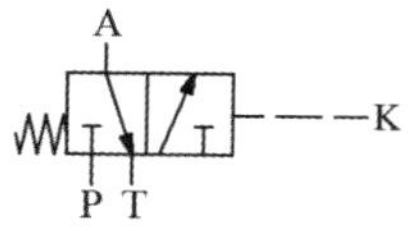	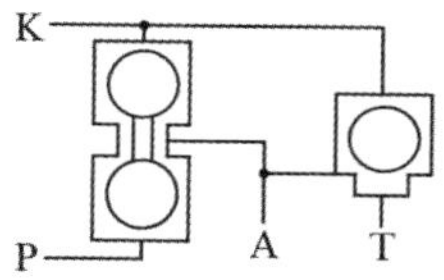
二位三通	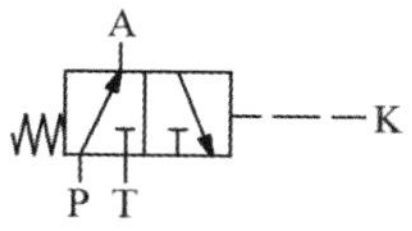	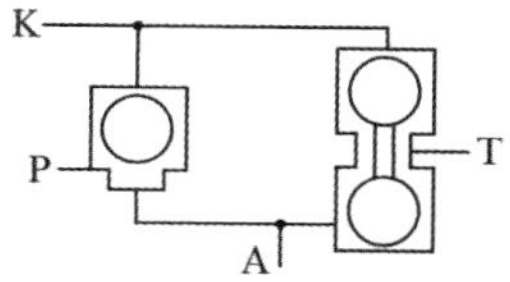
四位四通	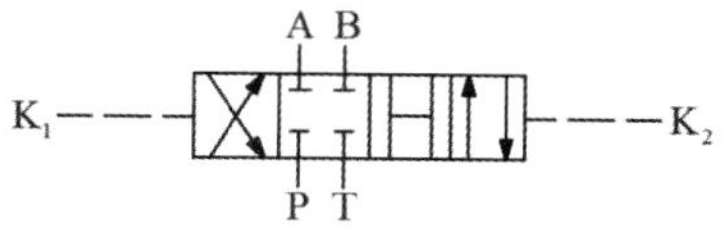	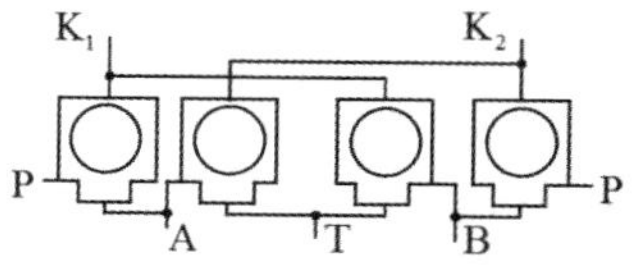
二位四通	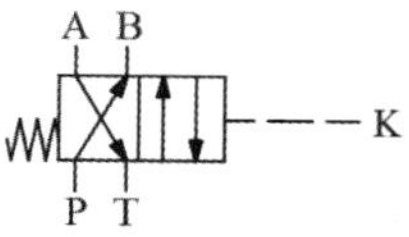	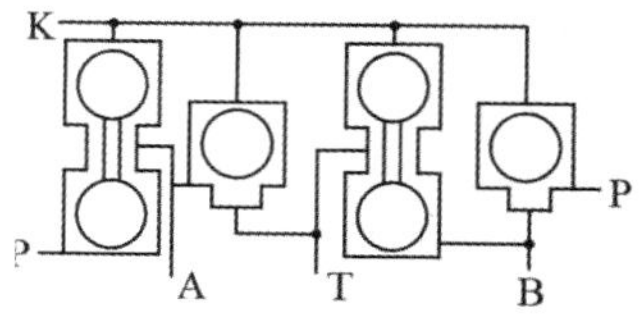

2) 液控球式换向阀的应用

液控球式换向阀已用在珩磨机、超精加工机床、液压打夯机和打桩机等机械中的要求动作快速而准确的小流量换向回路中。公称通径为 10 mm 的液控球式换向阀所控制的执行元件,其往复运动频率可达 45 Hz,换向精度为 0.1 mm。这种元件还应用在可靠性要求特别高的液压机安全阀和电厂的液压传动开关中。

图 5-54 所示为应用四位四通液控球式换向阀控制液压缸动作的原理图。

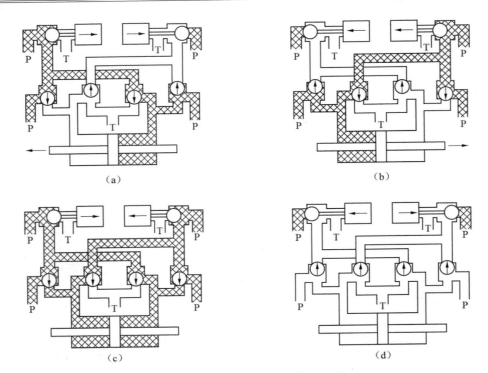

图 5-54 用液控球式换向阀控制液压缸
(a) 活塞向左;(b) 活塞向右;(c) 活塞锁紧;(d) 回路卸荷

5.5 电液比例阀

电液比例阀是一种输出量与输入信号成比例的液压阀,简称比例阀。它可以按给定的输入电信号连续地、按比例地控制液流的压力、流量和方向。

在普通液压阀上用电-机械转换器取代原有的控制部分,即成为比例阀。

按用途和工作特点的不同,比例阀可分为比例压力阀(如比例溢流阀、比例减压阀、比例顺序阀)、比例流量阀(如比例节流阀、比例调速阀)和比例方向流量阀(如比例方向节流阀、比例方向调速阀)。

比例阀有如下特点:

(1) 能实现自动控制、远程控制和程序控制。

(2) 能把电动的快速、灵活等优点与液压传动的功率大等特点结合起来。

(3) 能连续地、按比例地控制执行元件的力、速度和方向,并能防止压力或速度变化及换向时的冲击现象。

(4) 简化了系统,减少了元件的使用量。

(5) 制造简便,价格比伺服阀低廉,但比普通液压阀高。由于在输入信号与比例阀之间需设置直流比例放大器,相应增加了投资费用。

(6) 使用条件、保养和维护与普通液压阀相同,抗污染性能好。

(7) 具有优良的静态性能和适当的动态性能,动态性能虽比伺服阀低,但已经可以满足一般工业控制的要求。

（8）效率比伺服阀高。

（9）主要用于开环系统，也可组成闭环系统。

5.5.1 电-机械转换器

目前比例阀上采用的电-机械转换器主要有比例电磁铁、动圈式力马达、力矩马达、伺服电动机和步进电动机等五种。

1. 比例电磁铁

比例电磁铁是一种直流电磁铁，但和普通电磁换向阀所用的电磁铁不同。普通电磁换向阀所用的电磁铁只要求有吸合和断开两个位置，并且为了增加吸力，在吸合时磁路中几乎没有气隙。而比例电磁铁则要求吸力（或位移）和输入电流成比例，并在衔铁的全部工作位置上，磁路中保持一定的气隙。比例电磁铁按输出位移的形式，有单向移动式和双向移动式之分。

1）单向移动式比例电磁铁

图 5-55 所示为单向移动式比例电磁铁。线圈 2 通电后形成的磁路经壳体 5、导向套 12 的右段、衔铁 10 后，分成两路：一路由导向套 12 左段的锥端到轭铁 1 而产生斜面吸力；另一路直接由衔铁 10 的左端面到轭铁 1 而产生表面吸力。二者的合力即为比例电磁铁的输出力（吸力），其特性如图 5-56 所示。图中还画出了普通电磁铁的吸力特性曲线，以便比较。将此比例电磁铁的吸力特性分为三个区段，在气隙很小的区段Ⅰ，吸力虽大，但会随位置改变而急剧变化；而在气隙较大的区段Ⅲ，吸力明显下降；吸力随位置变化较小的区段Ⅱ是比例电磁铁的工作区段（图 5-55 中的限位环 3 用以防止衔铁进入区段Ⅰ）。由于比例电磁铁在其工作区段内具有基本水平的位移-力特性曲线，所以改变线圈中的电流，即可在衔铁上得到与电流大小成比例的吸力。如果要求比例电磁铁的输出为位移，则可在衔铁左侧加一弹簧（当衔铁与阀芯直接连接时，此弹簧常处于阀芯左侧），这样便可得到与电流大小成正比的位移。

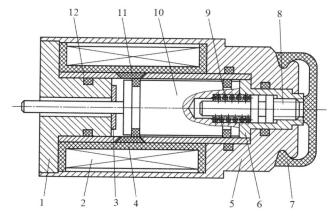

图 5-55 单向移动式比例电磁铁

1—轭铁；2—线圈；3—限位环；4—隔磁环；5—壳体；6—内盖；7—盖；8—调节螺钉；
9—弹簧；10—衔铁；11—（隔磁）支撑环；12—导向套

2）双向移动式比例电磁铁

如图 5-57 所示，双向移动式比例电磁铁由两个单向直流比例电磁铁相对组合而成。在壳体 1 内对称地安放着两对线圈：一对为激磁线圈，它们极性相反，互相串联或并联，由一恒流电源供给恒定的激磁电流，在磁路内形成初始磁通 Φ_1、Φ_2；另一对线圈为控制线圈，它们

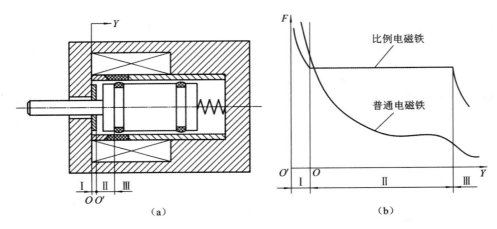

图 5-56 单向移动式比例电磁铁及其吸力特性

(a) 结构示意图；(b) 特性

Ⅰ—吸合区；Ⅱ—工作行程区；Ⅲ—空行程区

极性相同,互相串联。仅有激磁电流时,左右两端的电磁吸力大小相等、方向相反,衔铁处于平衡状态,输出力为零。当控制电流流过时,两控制线圈分别在左右两半环形磁路内产生极性相同、大小相等的控制磁通 Φ_c 和 Φ_c'。它们与原有初始磁通叠加,在左右工作气隙内产生差动效应,形成与控制电流方向和大小相对应的输出力。由于采用了初始磁通,避开了铁磁材料磁化曲线起始段的影响。双向移动式比例电磁铁不仅具有良好的位移-力水平特性,而且无零位死区,线性好,滞环小,动态响应较快(幅频宽在 100 Hz 以上)。

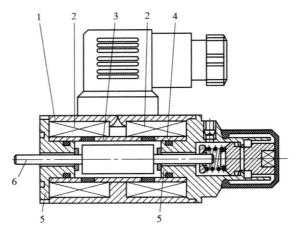

图 5-57 双向移动式比例电磁铁

1—壳体；2—线圈(左、右)；3—导向套；4—隔磁环；5—衔铁；6—推杆

2. 动圈式力马达

图 5-58 所示的动圈式力马达也是一种移动式电-机械转换器,其运动件不是衔铁,而是线圈。当线圈 4 中通入控制电流时,线圈在磁场中受力而移动。此力的方向由电流方向及固定磁通方向按左手定则来确定。力的大小与磁场强度及电流大小成正比。

图 5-58 所示的力马达的固定磁场由永久磁铁产生。也有用激磁方式来产生磁场的动圈式力马达。

动圈式力马达的特点是:线性行程范围大($\pm(2\sim4)$mm),滞环小,可动质量小,工作频率较宽,结构简单,所以应用较广泛。其缺点是:如果采用湿式方案,动圈受油的阻尼较大,影响工作频宽。因此,动圈式力马达更适合作为气动比例元件或伺服元件的电-机械转换器。

3. 力矩马达

图 5-59 所示为动铁式永磁力矩马达。它由上下两块导磁体、左右两块永久磁铁、带扭轴(弹簧管)的衔铁及套在衔铁上的两个控制线圈所组成。衔铁悬挂在扭轴上,它可以绕扭轴在 a、b、c、d 四个气隙中摆动。当线圈控制电流为零时,四个气隙中均有永久磁铁所产生的固定磁场的磁通,因此,作用在衔铁上的吸力相等,衔铁处于中位平衡状态。通入控制电流后,所产生的控制磁通与固定磁通叠加,在两个气隙中(例如,气隙 a 和 d)磁通增大,在另两个气隙中(例如,气隙 b 和 c)磁通减少,因此作用在衔铁上的吸力失去平衡,产生力矩而使衔铁偏转。当作用在衔铁上的电磁力矩与扭轴的弹性变形力矩及外负载力矩平衡时,衔铁在某一扭转位置上处于平衡状态。

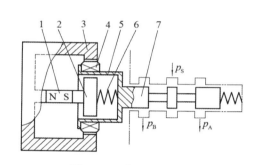

图 5-58　动圈式力马达

1—永久磁铁;2—内导磁体;3—外导磁体;4—可动控制线圈;

5—线圈骨架;6—对中弹簧;7—滑阀阀芯

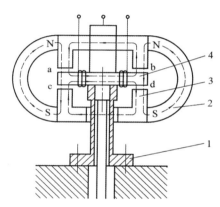

图 5-59　动铁式永磁力矩马达

1—弹簧管;2—永久磁铁;3—导磁体;4—衔铁

力矩马达是一种输出力矩或转角的电-机械转换器,其输出力矩较小,适合控制喷嘴挡板之类的先导级阀。力矩马达的主要优点是:自振频率高,功率质量比大,抗加速度零漂性能好;其缺点是:限于气隙的形式,其工作行程很小(一般小于 0.2 mm),制造精度要求高,价格高,抗干扰能力不如动圈式力马达和动铁式比例电磁铁。

力矩马达也有不用永久磁铁,而由激磁线圈来产生磁场的结构形式。

4. 伺服电动机

伺服电动机是可以连续旋转的电-机械转换器。作为液压阀控制器的伺服电动机,属于功率很小的微特电动机,以永磁式直流伺服电动机和并激式直流伺服电动机最为常用。

直流伺服电动机的输出转速与输入电压成正比,并能实现正反向速度控制。其具有启动转矩大、调速范围宽、机械特性和调节特性的线性度好、控制方便等优点,但换向电刷易产生火花和易磨损的缺点会影响其使用寿命。近年来出现的无刷直流伺服电动机避免了电刷摩擦和换向干扰,因此灵敏度高,死区小,噪声低,寿命长,对周围的电子设备干扰小。

直流伺服电动机的输出转速/输入电压的传递函数可近似视为一阶滞后环节,其机电时间常数一般在十几毫秒到几十毫秒之间。而某些低惯量直流伺服电动机(如空心杯转子型、印制绕组型、无槽型)的时间常数仅为几毫秒至 20 毫秒。

小功率规格的直流伺服电动机的额定转速在 3000 r/min 以上,甚至大于 10000 r/min。因此作为液压阀的控制器需配用高速比的减速器。而直流力矩伺服电动机(即低速直流伺服电动机)可在每分钟几十转的低速下,甚至在长期堵转的条件下工作,故可直接驱动被控件而不需减速。

5. 步进电动机

步进电动机是一种数字式旋转运动的电-机械转换器,它可将脉冲信号转换为相应的角位移。每输入一个脉冲信号,电动机就转过一个步距角,其转角与输入的数字式信号脉冲数成正比,转速随输入的脉冲频率而变化。当输入反向脉冲时,步进电动机将反向旋转。由于它直接用数字量控制,不必经过数/模转换就能与计算机联用,控制方便,调速范围宽,位置精度较高(误差小于步距角),工作时的步数不易受电压波动和负载变化的影响。

步进电动机可分为反应式、永磁式和感应式,其中反应式结构简单,应用较普遍。

每输入一个脉冲信号对应的步进电动机转角称为步距角。步距角越小,则驱动电源和电动机结构越复杂。常见的步距角大小为 $0.375°$、$0.75°$、$1.5°$、$3°$。

步进电动机需要专门的驱动电源,一般包括变频信号源、脉冲分配器和功率放大器。

5.5.2 比例压力阀

比例压力阀按用途不同,有比例溢流阀、比例减压阀和比例顺序阀之分。按结构特点不同,则有直动型比例压力阀和先导型比例压力阀之别。

先导型比例压力阀包括主阀和先导阀两部分。其主阀部分与普通压力阀相同,而其先导阀本身实际上就是直动型比例压力阀,它是用电-机械转换器(比例电磁铁、伺服电动机或步进电动机)代替普通直动型压力阀上的手动机构而构成的。

1. 直动型比例压力阀

图 5-60 所示为直动锥阀式比例压力阀。比例电磁铁 1 通电后产生吸力经推杆 2 和传力弹簧 3 作用在锥阀上,当锥阀底面的液压力大于电磁吸力时,锥阀被顶开而溢流。连续地改变控制电流的大小,即可连续地按比例地控制锥阀的开启压力。

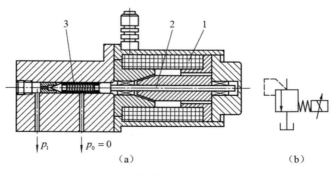

图 5-60　直动锥阀式比例压力阀
(a) 结构;(b) 符号
1—比例电磁铁;2—推杆;3—传力弹簧

直动型比例压力阀可作为比例先导压力阀用,也可作远程调压阀用。

2. 先导锥阀式比例溢流阀

图 5-61 所示的比例溢流阀,其下部为与图 5-16 所示的普通溢流阀相同的主阀,上部则为比例先导压力阀。该阀还附有一个手动调整的先导阀 9,用以限制比例溢流阀的最高压力,以避免因电子仪器发生故障使得控制电流过大,压力超过系统允许最大压力。

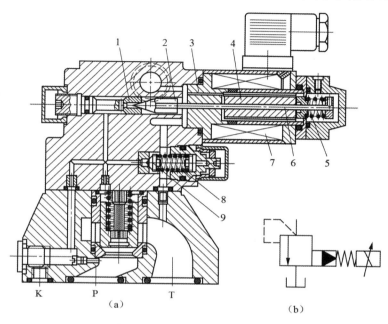

图 5-61　先导锥阀式比例溢流阀

(a) 结构图;(b) 符号

1—阀座;2—先导锥阀;3—轭铁;4—衔铁;5—小弹簧;6—推杆;7—线圈;8—大弹簧;9—先导阀

如将比例先导压力阀的回油及先导阀 9 的回油都与主阀回油分开,则图示比例溢流阀可作比例顺序阀使用。

3. 先导喷嘴挡板式比例减压阀

如图 5-62 所示,动铁式力马达推杆 3 的端部起挡板作用,挡板的位移(即力马达的衔铁位移)与输入的控制电流成比例,从而可改变喷嘴挡板之间的液阻大小,控制喷嘴前的先导压力。此力马达的结构特点是:衔铁采用左、右两片铍青铜弹簧片悬挂的形式,所以衔铁可以与导套不接触,从而消除了衔铁组件运动时的摩擦力。所以在工作时不必在力马达的控制线圈中加入颤振信号电流,也能达到很小的滞环值。

5.5.3　比例流量阀

比例流量阀分比例节流阀和比例调速阀两大类。

1. 比例节流阀

在普通节流阀的基础上,利用电-机械比例转换器对节流阀口进行控制,即成为比例节流阀。移动式节流阀利用比例电磁铁来推动;旋转式节流阀采用伺服电动机经减速后来驱动。

2. 比例调速阀

图 5-63 所示为比例调速阀。比例电磁铁 1 的输出力作用在节流阀阀芯 2 上,与弹簧

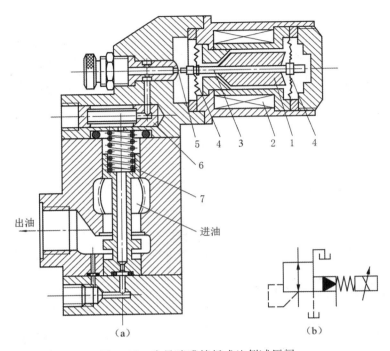

图 5-62　先导喷嘴挡板式比例减压阀

（a）结构；（b）图形符号

1—衔铁；2—线圈；3—推杆（挡板）；4—铍青铜片；5—喷嘴；6—精过滤器；7—主阀

力、液动力、摩擦力相平衡。一定的控制电流对应一定的节流开度，改变输入电流的大小，即可改变通过调速阀的流量。

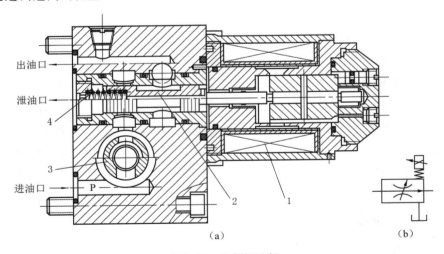

图 5-63　比例调速阀

（a）结构；（b）图形符号

1—比例电磁铁；2—节流阀阀芯；3—定差减压阀；4—弹簧

5.5.4　比例方向流量阀

比例方向流量阀不仅可以改变液流方向，而且可以控制流量的大小。这种阀又分为比例方向节流阀和比例方向调速阀两类。

1. 比例方向节流阀

1）直控型比例方向节流阀

以比例电磁铁（或步进电动机等电-机械转换器）取代普通电磁换向阀中的电磁铁，即可构成直控型比例方向节流阀。输入控制电流后，比例电磁铁的输出力与弹簧力平衡。滑阀开度的大小与输入的电信号成比例。当控制电流输入另一端的比例电磁铁时，即可实现液流换向。显然，比例方向节流阀既可改变液流方向，还可控制流量的大小。它相当于一个比例节流阀加换向阀。它可以有多种滑阀机能，既可以是三位阀，也可以是二位阀。

直控型比例方向节流阀只适用于通径为 10 mm 以下的小流量场合。

2）先导型比例方向节流阀

图 5-64 所示为先导型比例方向节流阀。它由先导阀（双向比例减压阀）和主阀（液动双向比例节流阀）两部分组成。在先导阀中，由两个比例电磁铁 4、8 分别控制双向比例减压阀阀芯 1 的位移。当比例电磁铁 8 得到电流信号 I_1 时，其电磁吸力 F_1 使阀芯 1 右移，于是油液（供油压力即一次压力 p_s）经阀芯中部右台肩与阀体孔之间形成的减压口减压，在流道 2 得到控制压力（二次压力）p_c，p_c 经流道 3 反馈作用到阀芯 1 的右端面（阀芯 1 的左端面通回油，油压为 p_d），于是形成一个与电磁吸力 F_1 方向相反的液压力。当液压力与 F_1 相等时，阀芯 1 停止运动，而处于某一平衡位置，控制压力 p_c 保持某一相应的稳定值。显然，控制压力 p_c 的大小与供油压力 p_s 无关，仅与比例电磁铁的电磁吸力 F_1 成比例，即与电流 I_1 成比例。同理，当比例电磁铁 4 得到电流信号 I_2 时，阀芯 1 左移，得到与 I_2 成比例的控制压力 p_c'。

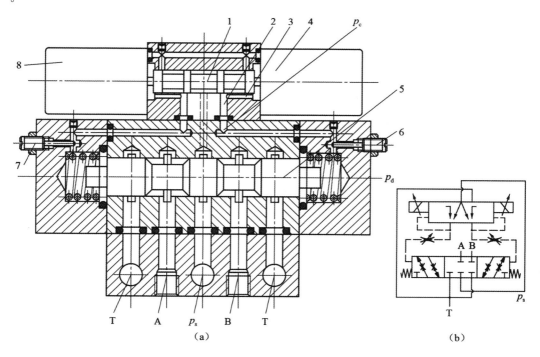

图 5-64　先导型比例方向节流阀

（a）结构；（b）图形符号

1—双向比例减压阀阀芯；2、3—流道；4、8—比例电磁铁；5—主阀芯；6、7—阻尼螺钉

该比例方向节流阀的主阀与普通液动换向阀相同。先导阀输出的控制压力 p_c 经阻尼螺钉 6 构成的阻尼孔缓冲后,作用在主阀芯 5 的右端面,液压力克服左端弹簧力使主阀芯 5 左移(左端弹簧腔通压力为 p_d 的回油),分别接通油口 P、B 和 A、T。随着弹簧力与液压力平衡,主阀芯 5 停止运动而处于某一平衡位置。此时,各油口的节流口开度取决于 p_c,即取决于输入电流 I_1 的大小。如果节流口前后压差不变,则比例方向节流阀的输出流量与其输入电流 I_1 成比例。当比例电磁铁 4 输入电流 I_2 时,主阀芯 5 右移,油路反向,分别接通油口 P、A 和 B、T。输出的流量与输入电流 I_2 成比例。

综上所述,改变比例电磁铁 4、8 的输出电流,不仅可以改变比例方向节流阀的液流方向,而且可以控制各油口的输出流量。

2. 比例方向调速阀

事实上,上述比例方向节流阀的输出流量,除了与输入电流有关外,还受外负载变化的影响。当输入电流一定时,为了使输出流量不受负载压力变化的影响,必须在主阀阀口加设压力补偿机构(定差减压阀或溢流阀),以构成比例方向调速阀。图 5-65(a)所示为减压型比例方向调速阀,图 5-66(b)所示为溢流型比例方向调速阀。

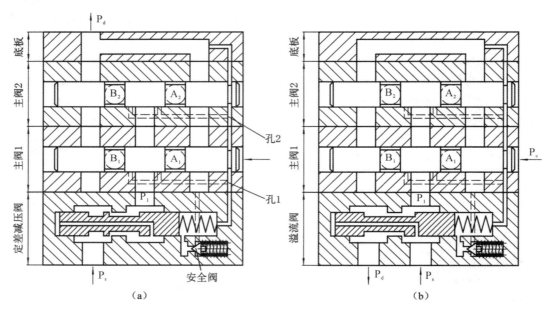

图 5-65　比例方向调速阀

(a) 减压型;(b) 溢流型

下面以减压型为例说明比例方向调速阀的工作原理。如图 5-65(a)所示,定差减压阀与主阀串联。当先导阀(图中未画出)输出压力为 p_c 的控制压力油,使主阀芯 1 左移时,油口 P_1 与 A_1,B_1 与 P_d 分别接通。其中 A_1 口的压力油(其压力 p_A 由负载决定)经孔 1 反馈到减压阀阀芯右端弹簧腔,而减压阀阀芯左端压力为减压阀的二次压力 p_1。于是减压阀阀芯在左右两端液压力及弹簧力的作用下处于平衡状态(忽略了液动力、阀芯自重及摩擦力),即

$$p_1 A = p_A A + K(y_0 - y) \tag{5-57}$$

式中:p_1 为减压阀的二次压力(N/m^2);p_A 为主阀 A 口的压力(N/m^2);K 为减压阀弹簧刚度(N/m);y_0 为减压阀弹簧预压缩量(对应于减压口刚关闭时)(m);y 为减压阀减压缝隙长度(m)。

由式(5-57)可知,对应于一定的弹簧预压缩量,p_1-p_A 近似为常量,即主阀阀口前后压差为常量,亦即定差减压阀对通过主阀阀口的流量进行了压力补偿。显然,减压型比例方向调速阀相当于一个双向比例调速阀加换向阀。图中安全阀起过载保护作用。图 5-65(b)所示为溢流型比例方向调速阀,将溢流阀与主阀并联,实现压力补偿,其作用相当于一个双向比例溢流节流阀加换向阀。其特点是泵的压力随负载而变,可以大大节省功率。

5.6   逻 辑 阀

5.6.1   逻辑阀的组成

如图 5-66 所示,逻辑阀是以逻辑阀单元 3 为主阀,配以适当的控制盖板 2 和不同的先导阀 1 组合而成的具有一定控制功能(可以是压力控制,也可以是流量控制、方向控制或复合控制)的组件。

逻辑阀单元为插装式结构,它插装于阀体 4 中,用来控制主油路的液流方向、压力和流量。它由阀芯、阀套、弹簧和密封件等组成。控制盖板 2 用来固定和密封逻辑阀单元,内嵌节流螺塞、微型先导控制元件(单向阀、梭阀、流量控制器和先导压力阀等),安装先导控制阀、位移传感器、行程开关等电器附件,沟通控制油路和主阀控制腔之间的联系。先导阀 1 安装在控制盖板上(或直接安装在阀体上),是用来控制主阀(逻辑阀单元)动作的小通径液压阀。阀体 4 用来安装插装件(逻辑阀单元)、控制盖板和其他控制阀,沟通主油路和控制油路。

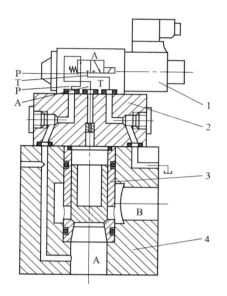

图 5-66 逻辑阀的组成
1—先导阀;2—控制盖板;
3—逻辑阀单元(主阀);4—阀体

5.6.2   逻辑阀单元

逻辑阀单元(插装件)有锥阀和滑阀两种结构。图 5-67 所示的逻辑阀单元主要由阀套 1、阀芯 2、弹簧 3 和盖板组成。A、B 为主油口,X 为控制油口。A、B、X 口的液压力分别为 p_A、p_B 和 p_X;各自的作用面积为 A_A、A_B 和 A_X;A、B 口与 X 口的截面面积比分别为

$$\alpha_A = A_A/A_X, \alpha_B = A_B/A_X \quad (5\text{-}58)$$

显然,$\alpha_A + \alpha_B = 1$。根据用途不同,可以有 α_A < 1 和 $\alpha_A = 1$ 两种情况。阀芯结构除了基本形式外,还可以做成阀芯内设节流小孔、阀芯尾部带节流窗口(可以是三角形或矩形、梯形、双矩

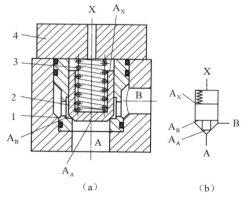

图 5-67 逻辑阀单元
(a) 结构;(b) 图形符号
1—阀套;2—阀芯;3—弹簧;4—盖板

形、倒梯形等)、阀芯内有通孔,以及阀芯内带反馈弹簧和节流窗口等多种形式,如图 5-68、图 5-69 和图 5-70 所示。

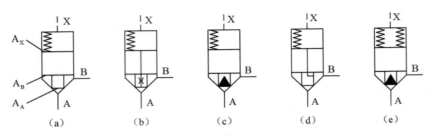

图 5-68 $\alpha_A < 1$ 的锥阀

(a) 基本形式;(b) 阀芯内设节流小孔;(c) 阀芯尾部带节流窗口;(d) 阀芯内有通孔;(e) 阀芯内带反馈弹簧和节流窗口

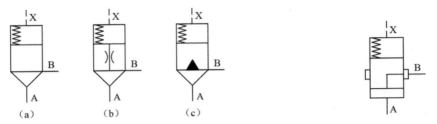

图 5-69 $\alpha_A = 1$ 的锥阀

(a) 基本形式;(b) 阀芯内设节流小孔;(c) 阀芯尾部带节流窗口

图 5-70 $\alpha_A = 1$ 的滑阀

对于图 5-67 所示的阀,如果忽略阀芯的质量和阻尼力的影响,作用在阀芯上的力平衡关系为

$$F_1 + F_2 + p_X A_X = p_A A_A + p_B A_B \quad (\text{N}) \tag{5-59}$$

式中:F_1 为弹簧力(N);F_2 为阀口液流产生的稳态液动力(N)。

5.6.3 逻辑方向阀

1. 逻辑单向阀

如图 5-71 所示,将控制口 X 与 A 或 B 连通,逻辑阀即成为逻辑单向阀。其导通方向随连接方法而异。在逻辑阀的控制盖板上接一个二位三通液控换向阀(作先导阀),即可得到液控单向阀。

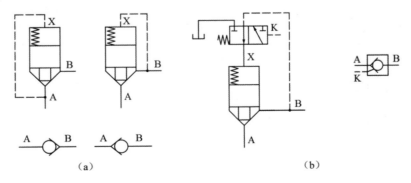

图 5-71 逻辑单向阀

(a) 普通单向阀;(b) 液控单向阀

2. 二位二通逻辑换向阀

用一个二位三通电磁换向阀作先导阀来调节控制腔的压力,所构成的系统即相当于二位二通电液换向阀(见图 5-72(a)),但只能单向切断液流。若在控制油路中增加一个梭阀(见图 5-72(b)),梭阀的作用相当于两个单向阀,当电磁阀断电时,梭阀可保证 A 口和 B 口中压力较高者经梭阀和电磁先导阀进入控制腔,使锥阀可靠地关闭,实现液流的双向切断。

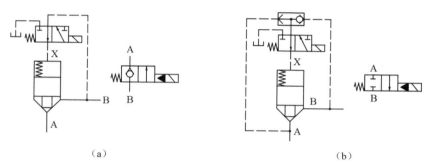

（a）　　　　　　　　　　（b）

图 5-72　二位二通逻辑换向阀

(a) 单向切断;(b) 双向切断

3. 二位三通逻辑换向阀

如图 5-73(a)所示,将两个逻辑阀单元组合起来,用二位四通电磁换向阀作先导阀,当电磁铁断电时,A 口与 T 口接通,P 口封闭,当电磁铁通电时,P 口与 A 口接通,T 口封闭,相当于一个二位三通电液换向阀。

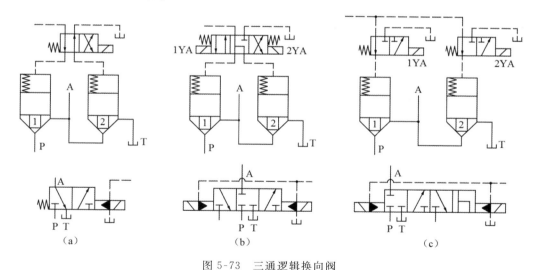

（a）　　　　　　　（b）　　　　　　　（c）

图 5-73　三通逻辑换向阀

(a) 二位三通逻辑换向阀;(b) 三位三通逻辑换向阀;(c) 四位三通逻辑换向阀

4. 三位三通逻辑换向阀

如图 5-73(b)所示,用三位四通电磁换向阀作先导阀控制两个逻辑阀单元,当电磁阀处于中位时,P 口、A 口、T 口均不通,当电磁铁 1YA 通电时,A 口与 T 口接通,P 口封闭;当电磁铁 2YA 通电时,P 口与 A 口接通,T 口封闭,这样所得到的即三位三通换向阀,它相当于三位三通电液换向阀。

5. 四位三通逻辑换向阀

如图 5-73(c)所示,用两个二位三通电磁换向阀作先导阀控制两个逻辑阀单元,所得到的即四位三通逻辑换向阀,它相当于一个四位三通电液换向阀。

6. 二位四通逻辑换向阀

如图 5-74 所示,用一个二位四通电磁换向阀作先导阀控制四个逻辑阀单元,所得到的即二位四通逻辑换向阀,它相当于一个二位四通电液换向阀。

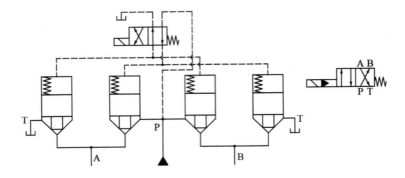

图 5-74　二位四通逻辑换向阀

7. 三位四通逻辑换向阀

如图 5-75 所示,以 P 型三位四通电磁换向阀为先导阀(另加三个单向阀)来控制四个逻辑阀单元,所得到的是 O 型三位四通逻辑换向阀,它相当于 O 型三位四通电液换向阀。

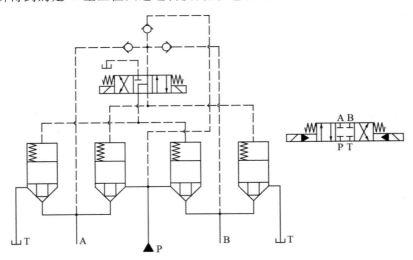

图 5-75　O 型三位四通逻辑换向阀

将图 5-75 中的三个单向阀拿掉,所得到的是 H 型三位四通逻辑换向阀,它就相当于一个 H 型三位四通电液换向阀,如图 5-77 所示。

8. 四位四通逻辑换向阀

用两个二位四通电磁换向阀来控制四个逻辑阀单元,即得到四位四通逻辑换向阀,它相当于四位四通电液换向阀。图 5-77 给出了两种可能的组合机能。

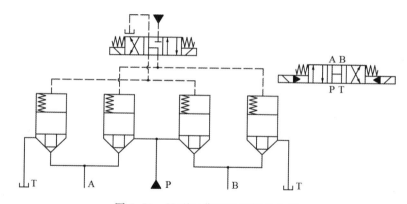

图 5-76　H 型三位四通逻辑换向阀

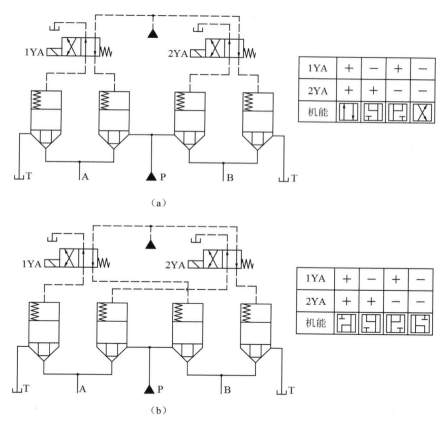

（a）

图 5-77　四位四通逻辑换向阀

（a）方案一；（b）方案二

9. 多机能四通逻辑换向阀

每一个逻辑阀单元具有通、断两种状态。如果采用 n 个逻辑阀单元,理论上可以实现 2^n 个工作状态。其中某些(假设有 m 个)工作状态可能重复或没有意义,则实际得到的工作状态数为

$$Z = 2^n - m \tag{5-60}$$

在图 5-78 中,用 4 个二位三通电磁换向阀作先导阀分别控制 4 个逻辑阀单元($n=4$),

理论上能实现 16 个换向位置,但是电磁铁 1YA、2YA、4YA 通电,1YA、2YA、3YA 通电,4YA、2YA、3YA 通电或 4YA、1YA、3YA 通电时及电磁铁 1YA、2YA、3YA、4YA 均断电时,换向阀都具有 H 机能,因此,重复数 $m = 4$,可实际得到的不同工作状态数为

$$Z = 2^4 - 4 = 12$$

即可得到除 M 机能以外的 12 种不同的机能。如果采用普通电磁(或电液)换向阀来实现上述 12 个换向位置的换向控制,那将是相当复杂的。

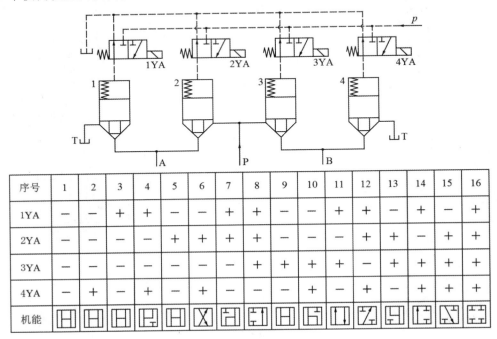

序号	1	2	3	4	5	6	7	8	9	10	11	12	13	14	15	16
1YA	−	−	+	+	−	−	+	+	−	−	+	+	−	+	−	+
2YA	−	−	−	−	+	+	−	−	+	−	+	+	−	+	+	+
3YA	−	−	−	−	−	−	+	+	+	+	+	+	+	+	+	+
4YA	−	+	−	+	−	+	−	−	−	+	−	+	−	+	+	+
机能																

图 5-78 多机能四通逻辑换向阀

注:图中"−"表示通电,"+"表示断电。

5.6.4 逻辑压力阀

1. 逻辑溢流阀

图 5-79(a)所示为逻辑溢流阀的工作原理图,B 口通油箱,A 口的压力油经节流小孔(此节流小孔也可直接放在锥阀阀芯内部)进入控制腔,并与先导压力阀相通。

必须指出,对于压力阀(包括溢流阀、顺序阀和减压阀),为了减少 B 口压力对调整压力的影响,常取 $\alpha_A = A_A / A_X = 1$(或 0.9)。

2. 逻辑顺序阀

当图 5-79(a)中的 B 口不接油箱而接负载时,逻辑压力阀即成为逻辑顺序阀。

3. 逻辑卸荷阀

如图 5-79(b)所示,在逻辑溢流阀的控制口 X 后再接一个二位二通电磁换向阀。当电磁铁断电时,系统具有溢流阀功能;电磁铁通电时,即成为卸荷阀。

4. 逻辑减压阀

如图 5-79(c)所示,减压阀中的逻辑阀单元为常开式滑阀结构,B 为一次压力 p_1 的进

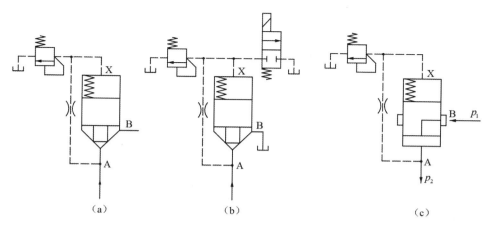

图 5-79　逻辑压力阀

(a) 溢流阀(顺序阀); (b) 卸荷阀; (c) 减压阀

口, A 为出口, A 腔的压力油经节流小孔与控制腔 X 相通, 并与先导阀进口相通。由于控制油取自 A 口, 因而能得到恒定的二次压力 p_2。该系统相当于定压输出减压阀。

5.6.5　逻辑流量阀

1. 逻辑节流阀

如图 5-80(a)所示, 锥阀单元尾部带节流窗口(也有不带节流窗口的), 锥阀的开启高度由行程调节器(如调节螺杆)来控制, 从而达到控制流量的目的。根据需要, 还可在控制口 X 与阀芯上腔之间加设固定阻尼孔(节流螺塞)a, 如图 5-80(b)所示。

2. 逻辑调速阀

如图 5-81 所示, 使定差减压阀阀芯两端分别与节流阀进出口相通, 保证节流阀进出口压差不随负载变化, 即构成成调速阀。

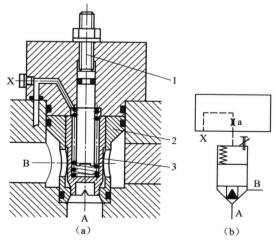

图 5-80　逻辑节流阀

(a) 结构; (b) 图形符号

1—调节螺杆; 2—阀套; 3—锥阀阀芯

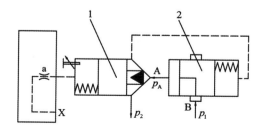

图 5-81　逻辑调速阀

1—节流阀; 2—定差减压阀

5.7 电液数字阀

用计算机的数字信息直接控制的液压阀，称为电液数字阀，简称数字阀。数字阀可直接与计算机连接，不需要数/模转换器。与比例阀、伺服阀相比，这种阀结构简单，工艺性好，价格低廉，抗污染能力强，重复性好，工作稳定可靠，功率小，故在机床、飞行器、注塑机、压铸机等领域得到了应用。由于它将计算机和液压技术紧密结合起来，因而其应用前景十分广阔。

用数字量进行控制的方法很多，目前常用的是增量控制法和脉宽调制控制法两种。相应地按控制方式可将数字阀分为增量式数字阀和脉宽调制式数字阀两类。

5.7.1 增量式数字阀

这种阀由步进电动机带动工作。步进电动机直接用数字量控制，其转角与输入的数字式信号脉冲数成正比，其转速随输入的脉冲频率而变化；当输入反向脉冲时，步进电动机将反向旋转。步进电动机在脉冲数字信号的基础上，使每个采样周期的步数较前一采样周期增减若干步，以保证所需的幅值。由于步进电动机是以增量控制方式进行工作的，所以它所控制的阀称为增量式数字阀。按用途不同，增量式数字阀又有数字流量阀、数字方向流量阀和数字压力阀之分。

5.7.1.1 增量式数字流量阀

1. 数字节流阀

图 5-82 所示为直控式（由步进电动机直接控制）数字节流阀。步进电动机 4 按计算机的指令而转动，该转动通过滚珠丝杠 5 变为轴向位移，使节流阀阀芯 6 打开阀口，从而控制流量。该阀有两个面积梯度不同的节流口，阀芯移动时首先打开右节流口 8，由于非全周边通流，故流量较小；继续移动时打开全周边通流的左节流口 7，流量增大。阀开启时的液动力可抵消一部分向右的液压力。此阀从节流阀阀芯 6、阀套 1 和连杆 2 的相对热膨胀中获得了温度补偿。零位移传感器 3 的作用是：每个控制周期结束时，控制阀芯自动返回零位，以保证每个工作周期都从零位开始，从而提高阀的重复精度。

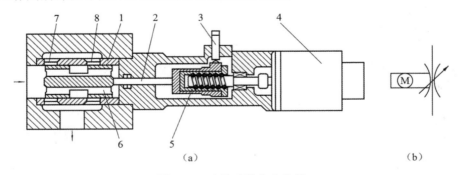

（a） （b）

图 5-82 直控式数字节流阀

（a）结构；（b）图形符号

1—阀套；2—连杆；3—零位移传感器；4—步进电动机；5—滚珠丝杠；6—节流阀阀芯；7—左节流口；8—右节流口

图 5-83 所示为先导式(步进电动机经液压先导控制)数字节流
阀的图形符号(其结构原理见图 5-84(b)所示数字调速阀中的节流
阀部分)。

2. 数字调速阀

1) 溢流型压力补偿数字调速阀

在直控式数字节流阀前面并联一个溢流阀,并使溢流阀阀芯两

图 5-83 先导式数字
节流阀符号

端分别受节流阀进出口液压力的控制,即可构成溢流型压力补偿的直控式数字调速阀,如
图 5-84(a)所示。

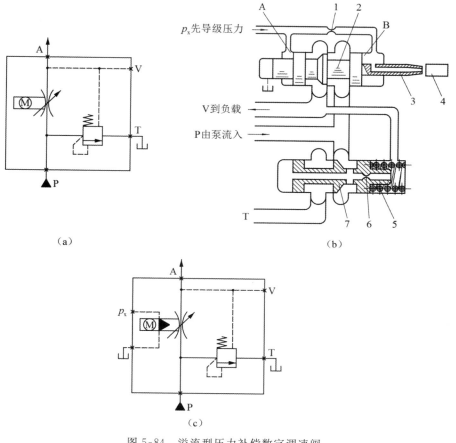

图 5-84 溢流型压力补偿数字调速阀

(a) 直控式;(b)、(c) 先导式

1、6—节流孔;2—节流阀阀芯;3—喷嘴;4—挡板;5—弹簧;7—溢流阀阀芯

图 5-84(b)、(c)所示为溢流型压力补偿的先导式数字调速阀。步进电动机旋转时,通过
凸轮或螺纹机构带动挡板 4 做往复运动,从而改变喷嘴 3 与挡板 4 之间的可变液阻,进而改
变喷嘴 3 前的先导压力(即 B 腔压力)p_B,使节流阀阀芯 2 跟随挡板 4 运动。因 B 腔横截面
面积 B 是 A 腔横截面面积 A 的 2 倍,所以当 $p_B = p_A/2$(p_A 为 A 腔压力)时,节流阀阀芯 2
停止运动,该调速阀的流量与节流阀阀芯 2 的位移成正比。溢流阀阀芯 7 的左、右端分别受
节流阀进出口油压的控制,溢流阀的控制腔受 V 口液压力的控制,执行元件的负载口 A(或
B)在与 P 口接通的同时,也与 V 口相通,所以溢流阀的溢流压力随负载压力的增加(或降

低)而相应增加(或降低)，从而保证节流阀进出口压差恒定，消除负载压力对流量的影响。

2）减压型压力补偿数字调速阀

分别在直控式和先导式数字节流阀前面串联一个减压阀，并使减压阀阀芯两端分别受节流阀进出口液压的控制，即可构成减压型压力补偿的直控式(见图 5-85(a))和先导式(见图 5-85(b))数字调速阀。

5.7.1.2 增量式数字方向流量阀

图 5-86 所示为先导式数字方向流量阀，其结构与电液换向阀类似，也是由先导阀和主阀(液动换向阀)两部分组成，只是以步进电动机取代了电磁先导阀中的电磁铁。通过控制步进电动机的旋转方向和角位移的大小，不仅可以改变这种阀的液流方向，而且可以控制各油口的输出流量。为了使输出流量不受负载压力变化的影响，在主阀阀口并联一个溢流阀，且使溢流阀阀芯两端分别受主阀口 P、T 液压力的控制，溢流阀的控制腔受 L 口液压力的控制，执行元件的负载口 A(或 B)在与 P 口接通的同时，也与 L 口相通，所以溢流阀的溢流压力随负载压力的增减而增减，从而保证主阀口 P、T 压差恒定，消除负载压力对流量的影响。

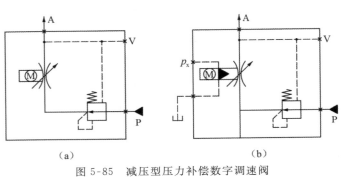

图 5-85　减压型压力补偿数字调速阀

(a) 直控式；(b) 先导式

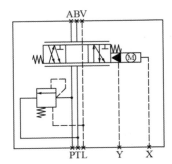

图 5-86　先导式数字方向流量阀

注：根据系统的要求，对该阀可设计
各种不同的中位机能。

5.7.1.3 增量式数字压力阀

将普通压力阀(包括溢流阀、减压阀和顺序阀)的手动机构改用步进电动机控制，即可构成数字压力阀。步进电动机旋转时，由凸轮或螺纹等机构将角位移转换成直线位移，使弹簧压缩，从而控制压力。

5.7.1.4 增量式数字阀在数控系统中的应用

如图 5-87 所示，计算机发出需要的脉冲序列，经驱动电源放大后使步进电动机工作。每个脉冲使步进电动机沿给定方向转动一个固定的步距角，再通过凸轮或螺纹等机构使转角转换成位移量，带动液压阀的阀芯(或挡板)移动一定的距离。因此，根据步进电动机原有的位置和实际行走的步数，可使数字阀得到相应的开度。

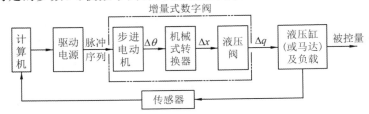

图 5-87　增量式数字阀在数控系统中的应用

5.7.2　高速开关阀

高速开关阀又称脉宽调制式数字阀,这种阀可以直接用计算机进行控制。计算机是按二进制工作的,而最普通的信号可量化为开关信号。控制这种阀的开与关以及开和关的时间长度(脉宽),即可达到控制液流的方向、流量或压力的目的。这种阀的阀芯多为锥阀、球阀或喷嘴挡板阀,均可快速切换,而且只有开和关两个位置,这即是其被称为高速开关阀的原因。

1. 典型的高速开关阀

这种阀按结构形式可分为多种类型,这里仅介绍使用较多的三种类型。

1) 二位二通电磁锥阀式高速开关阀

如图 5-88 所示,当螺管电磁铁 4 不通电时,衔铁 2 在弹簧 3 的作用下使锥阀 1 关闭;当电磁铁 4 有脉冲电信号通过时,电磁吸力使衔铁带动锥阀 1 开启。阀套 5 上的阻尼孔 6 用以补偿液动力。

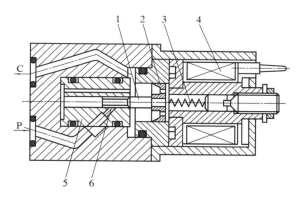

图 5-88　二位二通电磁锥阀式高速开关阀

1—锥阀;2—衔铁;3—弹簧;4—螺管电磁铁;5—阀套;6—阻尼孔

2) 二位三通电磁球式高速开关阀

如图 5-89 所示,二位三通电磁球式高速开关阀是由先导级(二位四通电磁球式换向阀)和第二级(二位三通液控球式换向阀)组合而成的。力矩马达通电时衔铁偏转,推动先导级球阀 2 向下运动,关闭油口 P,而先导级左边的球阀 1 压在上边位置,L_2 口与 T 口接通,L_1 与 P 通;相应地,第二级的球阀 3 向下关闭,球阀 4 向上关闭,使得 A 口与 P 口接通,T 口封闭;反之,当交换线圈的通电方向时,情况将相反,即 A 口与 T 口接通,P 口封闭。

这种阀也有用电磁铁代替力矩马达的。

3) 喷嘴挡板式高速开关阀

如图 5-90 所示,此阀由两个电磁线圈 1、4 控制挡板(浮盘)2 向左或向右运动,从而改变喷嘴与挡板之间的距离,使之或开或关,压力 p_1 和 p_2 得到控制(当两个电磁线圈都失电时,浮盘处于中间位置,使 $p_1 = p_2$),以实现不同的工况。显然,该阀只能控制对称执行元件。

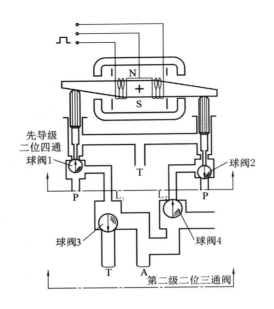

图 5-89　二位三通电磁球式高速开关阀

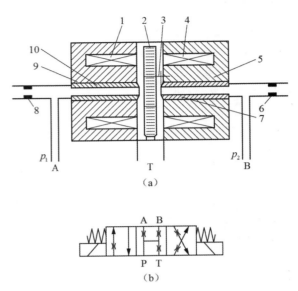

图 5-90　喷嘴挡板式高速开关阀

(a) 结构;(b) 图形符号

1、4—电磁线圈;2—挡板(浮盘);3—吸合气隙;

5、9—轭铁;6、8—固定阻尼;7、10—喷嘴

2. 高速开关阀在数控系统中的应用

如图 5-91 所示,由计算机发出的脉冲信号,经脉宽调制放大后被送至高速开关阀中的电磁铁(或力矩马达),通过控制高速开关阀开启时间的长短即可控制流量。在需要做两个方向运动的系统中需要两个高速开关阀分别控制不同方向的运动。

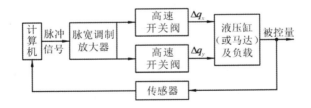

图 5-91　高速开关阀在数控系统中的应用

3. 数控系统中输入信号的脉宽调制

脉宽调制信号是具有恒定频率、开启时间比率不同的信号,如图 5-92(a)所示。脉宽时间 t_p 对采样时间 T 的比值称为脉宽占空比。用脉宽信号对连续信号进行调制,可将图 5-92 中的连续信号 1 调制成脉宽信号 2。如果所要求的连续信号波形是一条水平线(如图 5-92 (b)中的直线 1),经调制后的脉宽信号如图 5-92(b)中的线 2 所示,显然,此时每个脉冲的脉宽相等,开启时间比率相同。如果调制的量是流量,且阀全开时的流量为 q_n,则每个采样周期的平均流量 $q = q_n t_p / T$ 就与连续信号处的流量相对应。显然,数控用的高速开关阀的平均流量小于该阀在连续工况下的最大流量。这虽使阀的体积有所增加,但提高了可靠性。在确定高速开关阀的规格时,应注意这个问题。

必须指出,脉宽时间 t_p 应大于流量稳定下来所需的时间。

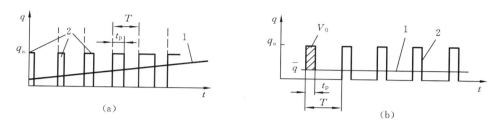

图 5-92　信号的脉宽调制

（a）连续信号为斜线；（b）连续信号为水平直线

1—连续信号；2—脉宽调制信号

5.8　电液伺服阀

电液伺服阀是一种将小功率电信号转换为大功率的液压能输出,以实现对流量和压力控制的转换装置。它集中了电信号所具有的传递快、线路连接方便,便于遥控,容易检测、反馈、比较、校正和液压动力所具有的输出力大、惯性小、反应快等优点,而成为一种控制灵活、精度高、快速性好、输出功率大的控制元件。

5.8.1　电液伺服阀的分类

（1）按电-机械转换器的结构,电液伺服阀可分为动圈式（动圈式力马达常与作为前置级、要求行程较长的小型滑阀式液压伺服阀配合使用）和动铁式（动铁式力矩马达常与作为前置级、工作行程较小的喷嘴挡板式及射流管式液压伺服阀配合使用）两种。

（2）按液压前置放大器的结构形式,电液伺服阀可分为滑阀式、喷嘴挡板式（双喷嘴或单喷嘴）和射流管式三种。

（3）按液压放大器的串联级数,电液伺服阀可分为单级电液伺服阀、二级电液伺服阀和三级电液伺服阀。

（4）按伺服阀的功用,电液伺服阀可分为流量伺服阀（用于控制输出的流量）和压力伺服阀（用于力或压力控制系统）两种。

（5）按反馈情况,电液伺服阀可分为无反馈式、机械反馈式、电气反馈式、力反馈式、负载压力反馈式、负载流量反馈式等数种。

（6）按液压能源,电液伺服阀可分为恒压源式（即进入液压放大器的液压源的压力为恒值,而流量是可变的）和恒流源式（即进入液压放大器的能源流量是恒值,而压力是可变的）两种。

（7）按力（力矩）马达是否浸在油中,可分为干式和湿式两种。

5.8.2　电液伺服阀的组成

电液伺服阀由电-机械转换器（力矩马达或力马达）和液压放大器组成,如图 5-93 所示。

5.8.3　液压放大器

电液伺服阀中常用的液压放大器有滑阀式、喷嘴挡板式和射流管式三种。

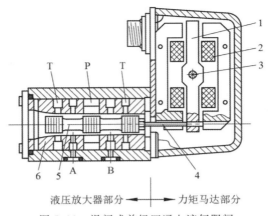

图 5-93　滑阀式单级四通电液伺服阀

1—衔铁；2—线圈；3—扭簧；4—连接杆；5—滑阀；6—阀套

1. 滑阀式液压放大器

滑阀式液压放大器简称滑阀。根据滑阀上的控制边数(起控制作用的阀口数)的不同，滑阀可分为单边、双边和四边滑阀三种类型(见图 5-94)。

图 5-94(a)所示的单边滑阀有一个控制边(可变节流口)，它有一个负载口和一个回油口，即共两个通道，故又称为二通伺服阀。由于只有一个负载通道，只能用来控制差动缸，故应使缸的有杆腔与供油腔常通(以产生固定的回程液压力)，还必须和一个固定节流孔配合使用，才能控制无杆腔的液压力。当滑阀向左(或向右)移动时，控制边的开度 x_s 增大(或减小)，控制缸中的液压力和流量，从而改变缸的运动速度和方向。

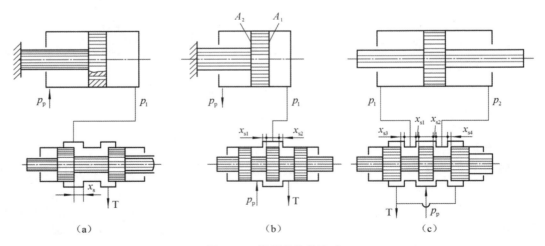

图 5-94　滑阀的结构形式

(a) 单边(二通阀)；(b) 双边(三通阀)；(c) 四边(四通阀)

图 5-94(b)所示的双边滑阀有两个控制边(可变节流口)，它有一个供油口、一个回油口和一个负载口，即共有三个通道，故又称为三通伺服阀。因只有一个负载通道，也只能用来控制差动缸，故同单边滑阀一样，也应使缸的有杆腔与供油压力常通。压力油经滑阀控制边 x_{s1} 的开口与缸的无杆腔相通，并经 x_{s2} 的开口回油箱。当滑阀阀芯向右移动时，x_{s1} 增大，x_{s2} 减小；滑阀阀芯向左移动时，x_{s1} 减小，x_{s2} 增大。这样，就可控制缸的无杆腔的回油阻力，从而

改变差动缸的运动速度和方向。

图 5-94(c)所示的四边滑阀有四个控制边(可变节流口),它有一个供油口、一个回油口和两个负载口,即共有四个通道,故又称为四通伺服阀。因它有两个负载通道,故能控制各种液压执行元件。开度为 x_{s1} 和 x_{s2} 的控制边用于控制压力油进入执行元件左、右油腔,开度为 x_{s3} 和 x_{s4} 的控制边用于控制左、右油腔中的压力油通向油箱。当力矩马达通过连接杆驱动滑阀移动时,x_{s1} 和 x_{s4} 增大,x_{s2} 和 x_{s3} 减小,或者相反。这样,就控制了进入执行元件左、右腔的液压力和流量,从而控制了执行元件的运动速度和方向。

四边滑阀的控制性能最好,双边滑阀居中,单边滑阀性能最差。但单边滑阀最容易加工、成本最低,双边滑阀居中,四边滑阀加工困难、成本高。通常,四边滑阀用于精度和稳定性要求较高的系统;单边和双边滑阀用于一般精度的系统。

滑阀根据阀芯在零位(中间位置)时的开口形式,可分为负开口(正遮盖)、零开口(零遮盖)和正开口(负遮盖)三种类型(见图 5-95)。

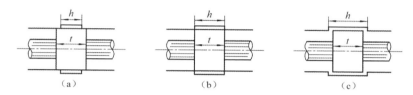

图 5-95　阀芯在零位时的开口形式
(a) 负开口($t>h$);(b) 零开口($t=h$);(c) 正开口($t<h$)

液压放大器除了做直线移动的滑阀外,还有一种做旋转运动的转阀,其工作原理与上述滑阀相同。

总之,滑阀式液压放大器加工困难,装配精度要求较高,价格较贵;阀芯质量较大,惯量大,阀芯固有频率低;阀芯与阀套间有摩擦力;对油液的污染较敏感,容易发生卡死现象;阀芯上作用力较大,因而要求控制元件的拖动力较大。滑阀式液压放大器广泛地作为功率放大器来使用。

2. 喷嘴挡板式液压放大器

喷嘴挡板式液压放大器简称喷嘴挡板阀,有单喷嘴挡板阀和双喷嘴挡板阀两种。

1) 单喷嘴挡板阀

如图 5-96 所示,单喷嘴挡板阀由固定节流孔 1、喷嘴 2 和挡板 3 组成。挡板和喷嘴之间形成可变节流口,挡板一般由扭轴或弹簧支承,且可绕支点偏转,挡板的位置由电-机械转换器输入信号控制。设供油压力为 p_s,固定节流口的流量为 q_1,控制腔的压力为 p_c,喷嘴孔径为 d_n,喷嘴出口流量为 q_2,挡板与喷嘴的初始距离为 x_0,挡板的移动距离为 x,喷嘴与挡板间的圆柱面积 $\pi d_n(x_0-x)$ 即为喷嘴节流面积。通过改变 x 来改变节流面积和流量 q_2,从而控制压力 p_c。单喷嘴挡板阀有一个固定节流孔和一个可变节流孔,共有三个通道(一个供油口、一个回油口通油箱、一个负载口通液压缸,见图 5-96(b)),相当于一个三通阀。

2) 双喷嘴挡板阀

如图 5-97 所示,双喷嘴挡板阀由两个完全一样的单喷嘴共用一个挡板对称配置而成。当挡板上没有作用输入信号时,挡板处于中间位置——零位,与两喷嘴之距均为 x_0,此时两喷嘴控制腔的压力 p_1 与 p_2 相等。当电-机械转换器偏离 x 时(x 以图示箭头方向为正),则

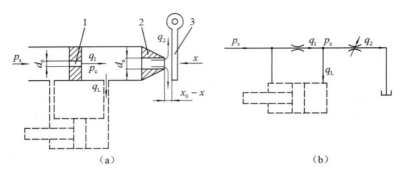

图 5-96　单喷嘴挡板阀

(a) 结构原理图；(b) 油路图

1—固定节流孔；2—喷嘴；3—挡板

两个控制腔的压力一边升高，另一边降低，就有负载压力 $p_L(=p_1-p_2)$ 输出。双喷嘴挡板阀有四个通道(一个供油口、一个回油口和两个负载口)，而且它的四个节流孔(两个固定节流孔和两个可变节流孔)都是常开的，所以它相当于正开口四通阀。

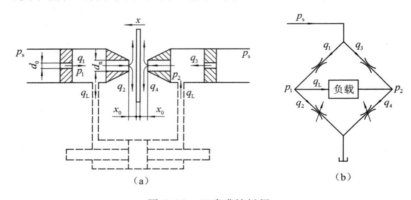

图 5-97　双喷嘴挡板阀

(a) 结构原理图；(b) 油路图

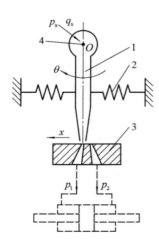

图 5-98　射流管阀

1—射流管；2—复位弹簧；
3—接收器；4—枢轴

与前述滑阀相比，喷嘴挡板阀的优点是：运动部分(挡板)惯性小，位移小，可认为是无惯性的环节，动态响应速度高，灵敏度高；结构简单，制造容易(没有严格的轴向和径向尺寸要求，制造公差要求低)，成本低；由于没有相对摩擦的滑动表面，因而动作灵敏，工作较可靠，不易发生卡死现象。其缺点是：由于喷嘴节流口和固定节流口都是常开的，故油液损失大，效率低。所以喷嘴挡板阀通常作为二级(或三级)伺服阀中的第一级(即前置级)或功率极小的功率放大器用。

3. 射流管式液压放大器

射流管式液压放大器简称射流管阀。如图 5-98 所示，射流管 1 由枢轴 4 支承，可绕枢轴 4 摆动，压力油通过枢轴 4 引入射流管 1，射流管 1 喷出的油液由接收器 3 上两个接收孔接收后又转换成压力能。零位时，两接收孔接收的能量相等，转换成的压力(称压力恢复)也相同,两腔与接收孔相通的液压缸的活塞不动。当射流管偏离零位时,一个接收孔接收的能量多,压力恢复高,而另一个接收孔接收的能量少,压力恢复低,由此产生的压差将推动液压缸活塞运动。

射流管阀有干式和湿式两种。对于干式射流管阀,射流是经过空气进入接收器的,喷嘴周围的空间实际上由液体和气体的混合物充满,处于一种强烈的涡流状态,大量空气进入执行元件,性能欠佳。而湿式射流管阀,射流管浸在油中,射流是淹没射流,既可避免空气进入执行元件,还可增加射流管本身的阻尼作用,从而得到最好的特性。因此目前多采用湿式射流管阀。

射流管阀的优点是:结构简单,加工精度低,抗污染能力强,工作可靠;所需操纵力小;其单级功率可比喷嘴挡板阀做得高,压力效率和流量效率高于喷嘴挡板阀,可直接用于小功率伺服系统。其缺点是:其特性不易预测,主要靠试验确定;供油压力高时,容易引起振动;与喷嘴挡板阀相比,惯量较大,响应速度低(改进后的射流管阀的响应速度与喷嘴挡板阀接近),工作性能较差;零位功率损耗大;当油液黏度变化时,对特性影响较大,低温特性差。

这种阀用于低压小功率场合,可作为电液伺服阀的前置级。

5.8.4　电液伺服阀的典型结构

1. 滑阀式电液伺服阀

图 5-99(a)所示为滑阀式二级四通电液伺服阀(DY 系列)。它由动圈式力马达和两级滑阀式液压放大器组成。压力油由 P 口进入,A、B 口接执行元件,T 口回油。由动圈 8 带动的小滑阀 6 与空心主滑阀 4 的内孔配合,动圈与小滑阀固连,并用弹簧 7、9 定位对中。小滑阀上的两条控制边与主滑阀上两个横向孔形成两个可变节流口 11、12。P 口来的压力油除经主控油路外,还经过固定节流口 3、5,可变节流口 11、12,小滑阀的环形槽和主滑阀中部的横向孔到 T 口回油,形成如图 5-99(b)所示的前置液压放大器油路(桥路)。显然,前置级液压放大器是由具有两个可变节流口 11、12 的小滑阀和两个固定节流口 3、5 组合而成的。桥路中固定节流口与可变节流口连接的节点 a、b 分别与主滑阀上、下两个台肩端面连通,主滑阀可在节点压力作用下运动。在平衡位置时,节点 a、b 的压力相同,主滑阀保持不动。如果小滑阀在动圈作用下向上运动,节流口 11 开度加大,节流口 12 开度减小,a 点压力降低,b 点压力上升,主滑阀随之向上运动。由于主滑阀又兼作小滑阀的阀套(位置反馈),故当主滑阀向上移动的距离与小滑阀一致时,停止运动。同样,在小滑阀向下运动时,主滑阀也随之向下移动相同的距离。故前置液压放大器是一个位置反馈系统,起放大力的作用。在这种情况下,动圈只需带动小滑阀,力马达的结构尺寸就不至于太大。

以滑阀式液压放大器作前置级的优点是:功率放大系数大,适合于大流量控制。其缺点是:滑阀阀芯受力较多、较大,因此要求驱动力大;由于摩擦力大,因而分辨率和滞环大;因运动部分质量大,动态响应慢;公差要求严,制造成本高。

DY 系列伺服阀在设计中采用了以下措施:

(1) 采用动圈式力马达,结构简单、磁环小和工作行程大;

(2) 加大了阀的工作行程(工程行程为零点几毫米),从而降低了公差要求,改善了工艺性,并提高了阀的零区分辨率,减少了因油液污染引起的卡死和堵塞等故障;

(3) 加大了固定节流口尺寸(直径为 0.8 mm),使之不易被污物堵塞;

(4) 加大了主滑阀两端控制油压的作用面积,从而加大了驱动力,使主滑阀不易卡死。

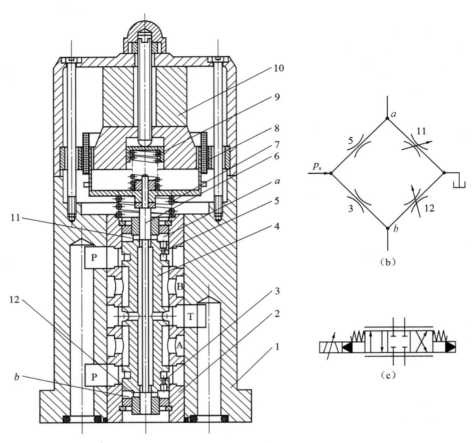

图 5-99 滑阀式二级四通电液伺服阀

(a) 结构;(b) 前置级液压放大器油路;(c) 二级四通电液伺服阀图形符号

1—阀体;2—阀座;3、5—固定节流口;4—主滑阀;6—小滑阀;7—下弹簧;8—线圈(动圈);9—上弹簧;

10—磁钢(永久磁铁);11、12—可变节流口

通过上述措施,DY 系列伺服阀达到了结构简单、抗污染能力强和工作可靠的要求。

2.喷嘴挡板式电液伺服阀

图 5-100 所示为喷嘴挡板式二级四通(力反馈)电液伺服阀的结构示意图。图中上半部为衔铁式力矩马达,下半部为前置级(喷嘴挡板式)和功率级(滑阀式)液压放大器。衔铁 3 与挡板 5 和反馈弹簧杆 11 连接在一起,由固定在阀体 10 上的弹簧管 12 支承着。弹簧杆 11 下端为一球头,嵌放在滑阀 9 的凹槽内,永久磁铁 1 和导磁体 2、4 形成一个固定磁场。当线圈 13 中没有电流通过时,导磁体 2、4 和衔铁 3 间四个气隙中的磁通相等,且方向相同,衔铁 3 和挡板 5 都处于中间位置,因此滑阀没有液压油输出。当有控制电流流入线圈 13 时,一组对角方向的气隙中的磁通增加,另一组对角方向的气隙中的磁通减小,于是衔铁 3 就在磁力作用下克服弹簧管 12 的弹性反作用力而以弹簧管 12 中的某一点为支点偏转 θ 角,并偏转到磁力所产生的转矩与弹簧管的弹性反作用力所产生的反转矩平衡时为止。这时滑阀 9 尚未移动,而挡板 5 因随衔铁 3 偏转而发生挠曲,改变了它与两个喷嘴 6 间的间隙,一个间隙减小,另一个间隙加大。

通入伺服阀的压力油经过滤器 8、两个对称的固定节流孔 7 和左、右喷嘴 6 流出,通向回

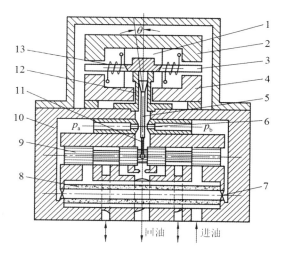

图 5-100　喷嘴挡板式二级四通(力反馈)电液伺服阀

1—永久磁铁;2、4—导磁体;3—衔铁;5—挡板;6—喷嘴;7—固定节流孔;8—过滤器;
9—滑阀;10—阀体;11—反馈弹簧杆;12—弹簧管;13—线圈

油口。当挡板 5 挠曲,喷嘴挡板的两个间隙不相等时,两喷嘴后侧的压力就不相等,它们作用在滑阀 9 的左、右端面上,使滑阀 9 向相应方向移动一段距离,压力油就通过滑阀 9 上的一个阀口输向执行元件,由执行元件回来的油经滑阀 9 上另一个阀口通向回油口。滑阀 9 移动时,弹簧杆 11 下端球头跟着移动,使得衔铁挡板组件上产生转矩,使衔铁 3 向相应方向偏转,并使挡板 5 在两喷嘴间的偏移量减少,这就是所谓的力反馈。力反馈作用的结果,是使滑阀 9 两端的压差减小。当滑阀 9 通过弹簧杆 11 作用于挡板 5 的力矩、喷嘴液流作用于挡板的力矩以及弹簧管反力矩之和等于力矩马达产生的电磁力矩时,滑阀 9 不再移动,并一直使其阀口保持在这一开度上。通入线圈 13 的控制电流越大,使衔铁 3 偏转的转矩、弹簧杆 11 的挠曲变形、滑阀 9 两端的压差以及滑阀 9 的偏移量就越大,伺服阀输出的流量也越大。由于滑阀 9 的位移、喷嘴 6 与挡板 5 之间的间隙、衔铁 3 的转角都与输入电流成正比,因此这种阀的输出流量也与输入电流成正比。输入电流反向时,输出流量也反向。

由于力反馈的存在,这种伺服阀的力矩马达可在其零点附近工作,即衔铁偏转角 θ 很小,这保证了阀的输出有良好的线性度。另外,改变反馈弹簧杆 11 的刚度,就可使输入电流相同时滑阀的位移改变,这给伺服阀的研制和系列化带来了方便。这种伺服阀的结构很紧凑,外形尺寸小,响应快。但由于喷嘴挡板的工作间隙较小(0.025~0.05 mm),使用时对系统中油液的清洁度要求较高。

图 5-101 所示为喷嘴挡板式三级四通电液伺服阀原理图。该阀通过一个小流量的两级伺服阀 1 去控制功率级液压放大器 2。功率级液压放大器中滑阀的位移由位移传感器(如差动变压器)3 检测并反馈到伺服放大器 4,从而构成一个位置伺服控制系统,以实现滑阀的定位。该伺服阀用于大流量、高速响应的场合,其流量通常在 200 L/min 以上。

3. 射流管式电液伺服阀

以射流管阀为前置级的二级四通电液伺服阀如图 5-102 所示。该阀采用衔铁式力矩马达带动射流管。两个接收孔直接和主阀两端面连通,控制主阀运动。主阀靠一个板簧定位,其位移与主阀两端压差成比例。这种伺服阀的最小通流尺寸(射流管口直径)为 0.2 mm,与

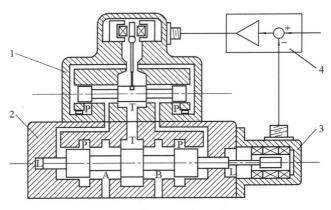

图 5-101　喷嘴挡板式三级四通电液伺服阀的工作原理图

1—两级伺服阀;2—功率级液压放大器;3—差动变压器;4—伺服放大器

喷嘴挡板的工作间隙(0.025~0.05 mm)相比相差较大,故对油液的清洁度要求较低。其缺点是:零位泄漏量大;受油液黏度变化的影响显著,低温特性差;又因力矩马达需带动射流管,负载惯量较大,响应速度低于喷嘴挡板式电液伺服阀(改进后的射流管式电液伺服阀的响应速度与喷嘴挡板式很接近)。

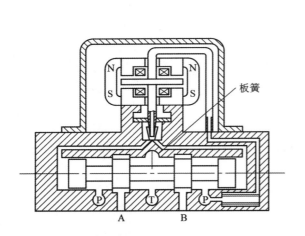

图 5-102　射流管式二级四通电液伺服阀

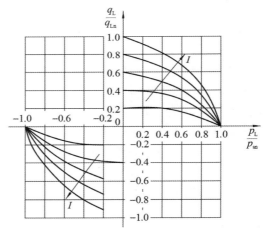

图 5-103　电液伺服阀的压力-流量特性曲线

5.8.5　电液伺服阀的特性

1. 静态特性

1) 负载流量特性(压力-流量特性)

伺服阀的负载流量曲线表示了稳定状态下,输入电流 I、负载流量 q_L 和负载压降 p_L 三者之间的函数关系,如图 5-103 所示。图中的每条曲线都是在电流 I 等于某一恒定值的条件下作出的。图中横坐标为 p_L/p_{sn}(p_{sn} 为额定供油压力),纵坐标为 q_L/q_{Ln}(q_{Ln} 为额定流量)。

电液伺服阀的额定压力 p_{sn},是指保证按规定的性能正常工作的最大供油压力。伺服阀可在额定压力以下工作,但供油压力过低,会破坏其正常工作性能。

电液伺服阀的额定流量 q_{Ln}，是指当阀的力矩马达输入额定电流、供油压力 p_s 为额定压力时，在给定的阀的压降下，阀输出的流量。

可利用压力-流量特性曲线来确定阀的负载压力、负载流量和消耗功率间的关系，从而为伺服阀(伺服系统)选定最佳工作点(当 $p_L = 2p_{sn}/3$ 时输出功率最大，效率最高)；确定伺服阀的型号和估计伺服阀的规格，使之与所要求的负载流量和负载压力相匹配。

2）空载流量特性

空载流量曲线(简称流量曲线)表示空载输出流量 q_0 与输入电流 I 的函数关系，呈回环状，如图 5-104 所示。它是在给定的伺服阀压降(通常为 6.3 MPa)和负载压降为零的条件下，使输入电流在正、负额定电流值之间做一完整的循环所描绘出来的连续曲线。图中横坐标是 I/I_n(I_n 为额定电流)，纵坐标是 q_0/q_{0n}(q_{0n} 为额定空载流量)。

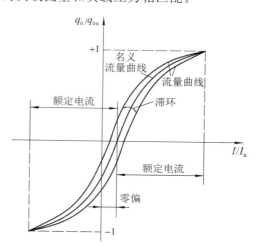

图 5-104　电液伺服阀的空载流量曲线

由空载流量曲线可得出额定流量、流量增益、滞环、非线性度、不对称度、零偏、零飘、分辨率等。

（1）额定流量　阀的额定流量是在额定电流和规定的阀压降下所测得的流量。

（2）流量增益　流量增益又称流量放大系数，用 K_q 表示。流量曲线回环的中点轨迹称为名义流量曲线(见图 5-104)，它是无滞环流量曲线。由于伺服阀的滞环通常很小，因此可把流量曲线的一侧当作名义流量曲线使用。

流量曲线上某点或某段的斜率就是阀在该点或区段的流量增益。从名义流量曲线的零流量点向两极方向各作一条与名义流量曲线偏差最小的直线，这就是名义流量增益线，该直线的斜率就是名义流量增益。通常，伺服阀生产厂只提供空载流量曲线及其名义流量增益指标(数据)。

伺服阀的额定流量与额定电流之比称为额定流量增益。流量增益的单位为 $m^3/(s \cdot A)$。

（3）滞环　图 5-104 表明伺服阀的流量曲线呈回环状，这是由力矩马达磁路的磁滞现象、滑阀上的摩擦力和伺服阀中的游隙造成的。此游隙是由于力矩马达中机械固定处的滑动而产生的。如果油液较脏，则游隙可能加大。伺服阀的滞环规定为输入电流缓慢地在正、负额定电流之间做一个循环时，产生相同的输出流量的两个输入电流的最大差值与额定电流的百分比，一般应小于 5%，对于高性能伺服阀其值小于 3%。

（4）非线性度　非线性度表示流量曲线的非线性程度。它是名义流量曲线与名义流量增益线的最大电流偏差。非线性度以该偏差与额定电流的百分比来表示，通常小于 7.5%。

（5）不对称度　它表示电流增大时与电流减小时的流量增益之间的不一致性。不对称度用上述两增益之差与其中较大者的百分比来表示。

（6）零偏　当线圈中电流为零时，伺服阀的输出流量不为零，存在零偏。空载情况下，输出流量为零时的阀芯位置称为零位。为使阀芯处于零位，需要输入的控制电流称为零偏电流。零偏的大小以流量曲线上往返两次时，零偏电流绝对值的平均值与额定电流的百分比来表示。规定在伺服阀寿命期间,零偏应小于3%。

(7) 零飘 电液伺服阀的调试工作是在标准试验条件下进行的,当工作条件(如供油压力、回油压力等)或环境(如温度、加速度等)发生变化时,而引起的零位的变化,称为伺服阀的零飘。其大小以纠飘电流与额定电流的百分比来表示,一般应小于2%。

(8) 分辨率 使伺服阀的输出流量发生变化所需的输入电流的最小变化值与额定电流的百分比,称为伺服阀的分辨率(不灵敏度)。电液伺服阀的分辨率一般小于1%,高性能伺服阀的分辨率小于0.5%。

3) 压力特性

压力特性曲线是输出流量为零(将两个负载口堵死)时,输入电流在正、负额定电流之间变化一个完整周期后负载压力 p_L 的变化曲线(见图5-105)。在压力特性曲线上某点或某段的斜率 K_p 即为压力增益(或称压力放大系数),单位为$(N \cdot m^{-2})/A$。测定压力增益时,通常把负载压力限定在最大负载压力的±40%以内,取负载压力对输入电流曲线的平均斜率为伺服阀的压力增益。通常要求控制电流的增长量为额定电流的1%时,压力增长大于最大负载压力的30%。伺服阀的压力增益越高,伺服系统的刚度越大,克服负载的能力就越强,系统的误差就越小。压力增益低,表明零位泄漏量大,阀芯和阀套配合不好,从而使伺服系统的响应变得缓慢而迟钝。

4) 内泄漏特性

泄漏流量是输出流量为零(在负载通道关闭)时,由回油口流出的内部泄漏流量(m^3/s)。泄漏流量随输入电流变化而变化,当阀处于零位时达到最大值q_c(见图5-106)。对于两级伺服阀,泄漏量由前置级的泄漏量q_{p0}和输出级的泄漏量q_L组成。q_c与p_s的比值K_c可用来作为滑阀的流量-压力系数。零位泄漏流量q_c对于新阀可作为滑阀制造质量指标,对于旧阀可反映其磨损情况。

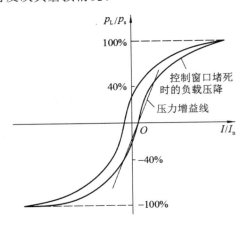

图5-105 电液伺服阀的压力特性曲线

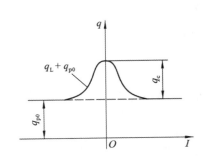

图5-106 电液伺服阀的内泄漏特性曲线

2. 动态特性

电液伺服阀的动态特性可用频率响应表示。

1) 频率响应

电液伺服阀的频率响应是输入电流在某一频率范围内做等幅变频正弦变化时,空载流量与输入电流的复数比。频率响应用幅值比(dB)和相位滞后即相位差(度)与频率的关系表示,如图5-107所示。

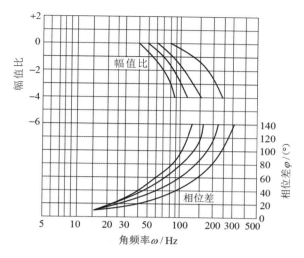

图 5-107　电液伺服阀的频率响应

2）频宽

伺服阀的频宽包括幅频宽和相频宽。伺服阀通常以幅值比为 -3 dB 时的频率区间作为幅频宽，以相位滞后 90°时的频率区间作为相频宽。

频宽是伺服阀动态响应速度的度量。选择伺服阀的频宽应根据系统实际需要加以确定，频宽过低会限制系统的响应，过高会使高频干扰传到负载上去。

5.8.6　电液伺服阀在闭环液压控制系统中的应用实例

在带钢生产过程中，要求控制带钢的张力。图 5-108 所示为带钢恒张力控制系统，牵引辊 2 牵引带钢移动，加载装置 8 使带钢保持一定张力。当张力由于某种干扰发生波动时，通过设置在转向辊 4′轴承上的力传感器 5 检测带钢的张力，并和给定值进行比较，得到偏差值，通过电放大器 9 放大后，控制电液伺服阀 7，进而控制输入张力调节液压缸 1 的流量，驱动浮动辊 6 来调节张力，使张力回复到原来给定之值。

5.8.7　电液伺服阀的选用

1. 选用时应考虑的问题

选用电液伺服阀时，希望阀的零偏、零飘小，分辨率小，非线性度小等。为了缩短伺服阀和执行元件间的连接管道，常将伺服阀直接固定在执行元件上（板式连接），这时要注意伺服阀的外形尺寸是否会妨碍机器的布局。如果工作环境较恶劣，应该选用抗污染能力较强（即对油液清洁度要求较低）的伺服阀。最后还要考虑用户对伺服阀的价格的承受能力。

2. 伺服阀规格的选择

一般按下列程序进行。

（1）根据负载参数或负载轨迹求出最大负载功率。

（2）由最大负载功率时的力 F_{Lm}（或转矩 T_{Lm}）计算负载压力 p_L 及执行元件所需流量 q。

① 当执行元件为液压缸时，有

$$p_L = F_{Lm}/A_P \quad （N/m^2）\qquad（5-61）$$

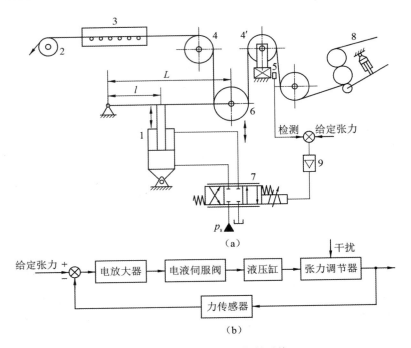

图 5-108 带钢恒张力控制系统

(a) 系统原理图；(b) 方框图

1—张力调节液压缸；2—牵引辊；3—热处理炉；4、4′—转向辊；5—力传感器；6—浮动辊；

7—电液伺服阀；8—加载装置；9—电放大器

$$q = A_{\mathrm{P}} v_{\max} \quad (\mathrm{m^3/s}) \tag{5-62}$$

式中：A_{P} 为液压缸承载腔的有效作用面积（$\mathrm{m^2}$）；$v_{\max}$ 为最大功率下液压缸的速度（m/s）。

② 当执行元件为液压马达时，有

$$p_{\mathrm{L}} = T_{\mathrm{Lm}}/V \quad (\mathrm{N/m^2}) \tag{5-63}$$

$$q = V\omega \quad (\mathrm{m^3/s}) \tag{5-64}$$

式中：V 为液压马达排量（$\mathrm{m^3/rad}$）；$\omega_{\max}$ 为最大功率下液压马达的角速度（rad/s）。

（3）计算供油压力：

$$p_{\mathrm{s}} = \frac{3}{2}(p_{\mathrm{L}} + \Delta p_{\mathrm{v}}) \quad (\mathrm{N/m^2}) \tag{5-65}$$

式中：Δp_{v} 为伺服阀到执行元件间的压力损失（$\mathrm{N/m^2}$）。

（4）求伺服阀的输出流量：

$$q_{\mathrm{L}} = (1.15 \sim 1.30)q \quad (\mathrm{m^3/s}) \tag{5-66}$$

（5）计算伺服阀的压降：

$$p_{\mathrm{v}} = p_{\mathrm{s}} - p_{\mathrm{L}} - \Delta p_{\mathrm{v}} \quad (\mathrm{N/m^2}) \tag{5-67}$$

（6）根据 p_{v} 和 q_{L} 查伺服阀产品样本中的压降-负载流量曲线，找出对应 p_{v} 和 q_{L} 的伺服阀型号。估计伺服阀规格的主要方法是：把阀的额定流量选得大到能使压力-流量特性曲线（见图 5-103）上对应最大电流 $I_{\max}$ 的那条曲线包住工作循环中负载流量和负载压力的所有各点，并且确保 $p_{\mathrm{L}} < (2/3) p_{\mathrm{s}}$，这就能保证所有负载都在伺服阀的能力范围内。但为了满足系统总的精度要求，伺服阀不要用到最大电流。

（7）根据系统执行元件的频率选择伺服阀的频宽，伺服阀的频宽应高于系统执行元件——负载环节的频宽。但频宽过高,会使高频干扰信号传到负载上去。

5.9　液压阀的连接方式

液压阀的连接方式有五种,即螺纹连接、法兰连接、板式连接、叠加式连接、插装式连接。

1. 螺纹连接

油口带螺纹的阀称为管式阀(见图 5-15)。液压阀的螺纹连接是指将管式阀的油口用螺纹管接头和管道连接,并由此固定在管路上。这种连接方式适用于小流量的简单液压系统。其优点是:连接方式简单,布局方便,系统中各阀间油路一目了然。其缺点是:元件分散布置,所占空间较大,管路交错,接头繁多,既不便于装卸维修,在管接头处也容易造成漏油和渗入空气,而且有时会产生振动和噪声。

2. 法兰连接

它是通过阀体上的螺钉孔与管件端部的法兰来实现液压阀连接的连接方式。采用法兰连接的阀称为法兰式阀,适用于通径在 32 mm 以上的大流量液压系统。其优缺点与螺纹连接相同。

3. 板式连接

阀的各油口均布置在同一安装面上,并留有连接螺钉孔,这种阀称为板式阀(见图 5-16)。板式阀用螺钉固定在与阀有对应油口的连接体上,即构成板式连接形式。这种连接方式的优点是:更换元件方便,不影响管路,并且有可能将阀集中布置。与板式阀相连的连接体有连接板、油路板和集成块三种。

1)连接板

将板式阀固定在竖立的连接板前面,阀间油路在板后用管接头和管子连接。这种连接板简单,检查油路较方便,但板上油管多,装配极为麻烦,占空间也大。

2)油路板

油路板是一种箱体状的板块,在板内钻有所需的油路孔道。将板式阀等元件安装在同一块油路板上,借助于油路板内的孔道沟通各元件而组成系统。这种连接方式的缺点是针对一个液压系统要专门设计一块油路板。油路板有整体式和分层式两种。分层式油路板是在双层板中间加工出通道,然后叠加起来(用螺钉或黏结剂固接)。这种分层式油路板比整体式油路板工艺简单,便于制造,但当系统压力较高或产生液压冲击时,易使胶合失效而造成油路串腔,使系统无法工作。

3)集成块

集成块是一个正六面连接体。将板式阀用螺钉固定在集成块的三个侧面上。通常三个侧面各装一个阀,有时在侧面的阀与集成块间还可以用垫板安装一个简单的阀,如单向阀、节流阀等。剩余的一个侧面则安装油管,连接执行元件。集成块的上、下面是块与块的结合面,在各集成块的结合面同一坐标位置的垂直方向上钻有公共通油孔(压力油孔、回油孔、泄漏油孔)以及安装螺栓孔,有时还有测压油路孔;若为多级压力控制回路,还要增设油孔。块与块之间及块与阀之间结合面上的各油口用 O 形密封圈密封。在集成块内打孔,沟通各阀组成回路。每个集成块与装在其周围的阀类元件构成一个集成块组。每个集成块组就是一个典型回路。根据各种液压系统的不同要求,选择若干不同的集成块组叠加在一起(见图 5-

109),即可构成整个集成块式液压装置。在图 5-109 中的底板 1 上有进油口 P、回油口 T、泄漏油口 L 等;在盖板 4 上可以装压力表开关,以便测量系统的压力。这种集成方式的优点是:结构紧凑,占地面积小,便于装卸和维修,可把液压系统的设计简化为集成块组的选择,因而得到广泛应用。但它也有设计工作量大,加工复杂,不能随意修改系统等缺点。

4. 叠加式连接

在叠加式连接中,各种液压阀的上下面都做成像板式阀底面那样的连接面,相同规格的各种液压阀的连接面中,油口位置、螺钉孔位置、连接尺寸(按相同规格的换向阀的连接尺寸确定)都相同。采用叠加式连接方式的阀称为叠加阀。按系统的要求,将相同规格的各种功能的叠加阀按一定次序叠加起来,即可构成叠加阀式液压装置,如图 5-110 所示。叠加阀式液压装置的最下面一般为底板,在底板上开有进油口 P、回油口 T 及通往执行元件的油口 A、B 和压力表油口。底板上面第一块一般为压力表开关,再向上依次叠加各种压力阀和流量阀,最上层为换向阀。一个叠加阀组一般控制一个执行元件。若系统中有几个执行元件需要集中控制,可将几个垂直叠加阀组并排安排在多联底板上。在用叠加阀组成的液压系统中,元件间的连接不使用管子,也不使用其他形式的连接体,因而结构紧凑,体积小,系统的泄漏损失及压力损失较小,尤其是液压系统更改较方便、灵活。叠加阀为标准化元件,在设计中仅需绘出叠加阀式液压系统原理图,即可进行组装,因而设计工作量小,应用广泛。

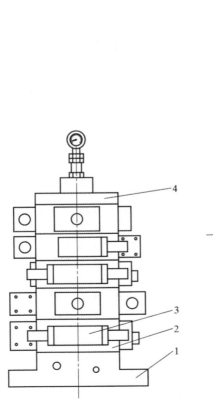

图 5-109　集成块式液压装置
1—底板;2—集成块;3—阀;4—盖板

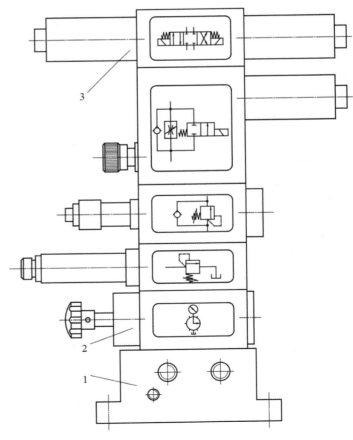

图 5-110　叠加阀式液压装置
1—底板;2—压力表开关;3—换向阀

5. 插装式连接

插装式连接是指将阀制成（取消了阀体的）圆筒形专用元件——插装阀，将插装阀直接插入布有孔道的阀块（或油路板、集成块）的插座孔中，而构成液压系统。插装式液压装置结构十分紧凑。各种压力阀、流量阀、方向阀、比例阀等均可制成插装阀形式。逻辑阀也属于插装阀的一种。

插装阀与阀块（或油路板、集成块）的插装方式有以下三种。

（1）螺纹式插装　带有螺纹的插装阀，旋入插座孔后，即可起到连接、固定和封堵作用（见图 5-13）。

（2）法兰式插装　插装阀本身带有法兰（见图 5-111），插入插座孔后，用螺钉固定法兰，封堵插座孔。

（3）盖板式插装　插装件本身不能连接固定，而是在插座孔口另加盖板进行封堵。逻辑阀即采用了这种方式（见图 5-67）。

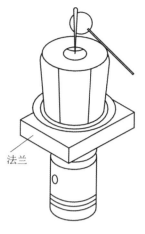

图 5-111　节流阀
（法兰式插装阀）

练 习 题

5-1　如何判断稳态液动力和瞬态液动力的方向？

5-2　液压卡紧力是怎样产生的？它有什么危害？减小液压卡紧力的措施有哪些？

5-3　分析比较溢流阀、减压阀和顺序阀的作用及差别。

5-4　绘出先导型溢流阀的启闭特性曲线，并对各段曲线及各拐点做出解释。

5-5　现有两个压力阀，由于铭牌脱落，分不清哪个是溢流阀，哪个是减压阀，又不希望把阀拆开，如何根据其特点做出正确判断？

5-6　若减压阀调压弹簧预调为 5 MPa，而减压阀前的一次压力为 4 MPa。试问：经减压后的二次压力是多少？为什么？

5-7　在节流调速系统中，如果调速阀的进出油口接反了，将会出现怎样的情况？试根据调速阀的工作原理进行分析。

5-8　将调速阀和溢流节流阀分别装在回油路上，能否起到速度稳定作用？

5-9　溢流阀和节流阀都能作背压阀使用，其差别何在？

5-10　将调速阀中的定差减压阀改为定值输出减压阀，是否仍能保证执行元件速度的稳定？为什么？

5-11　分别说明 O 型、M 型、P 型和 H 型三位四通换向阀在中间位置时的性能特点。

5-12　球式换向阀与滑阀式换向阀相比具有哪些优点？

5-13　电液比例阀与普通开关（或定值控制）阀相比有何特点？

5-14　电液比例压力先导阀中弹簧的作用是什么？该弹簧的刚度对阀的启闭特性有无影响？

5-15　利用两个逻辑阀单元组合起来作放大级，以适当的电磁换向阀作先导级，分别构成相当于二位三通、三位三通和四位三通电磁换向阀的阀。

5-16　利用四个逻辑阀单元组合起来作放大级，以适当的电磁换向阀作先导级，分别构成相当于二位四通、O 型三位四通、H 型三位四通、四位四通电液换向阀的阀。

5-17 分别绘出逻辑溢流阀、逻辑顺序阀、逻辑卸荷阀和逻辑减压阀的原理图。

5-18 分别绘出逻辑节流阀和逻辑调速阀的原理图。

5-19 什么是电液数字阀？它与比例阀和伺服阀相比有何优点？

5-20 分别叙述增量式数字流量阀、数字方向流量阀和数字压力阀的工作原理。

5-21 试述高速开关阀的工作原理。

5-22 电液伺服阀是由哪两部分组成的？

5-23 液压放大器有哪几种结构形式？各有哪些优缺点？

5-24 滑阀式液压放大器根据滑阀上的控制边数（起控制作用的阀口数）的不同可分为哪几种类型？它们各有哪些优缺点？

5-25 滑阀在零位（中间位置）时的开口形式有哪几种（分别绘图表示）？

5-26 伺服阀的负载流量曲线表示出了哪几个参数之间的函数关系？绘制这些曲线的主要用途是什么？

5-27 伺服阀的空载流量曲线是怎样绘制出来的？

5-28 伺服阀的压力特性曲线是怎样绘制出来的？绘制这种曲线的主要用途是什么？

5-29 压力增益 K_p 的大小能说明什么问题？

5-30 伺服阀的内泄漏特性曲线是怎样绘制出来的？零位泄漏流量 q_c 的大小能够说明什么问题？

5-31 解释下列名词：伺服阀的额定流量、流量增益（流量放大系数）K_q、压力增益（压力放大系数）K_p、流量压力系数 K_c、滞环、非线性度、不对称度、零偏、零飘、分辨率、频率特性、频宽。

第 6 章　液压辅助元件

液压辅助元件包括蓄能器、过滤器、密封件、油管和管接头、油箱、冷却器和加热器等。它们对液压元件和系统的正常工作、工作效率、使用寿命等影响极大。因此,在设计、制造和使用液压设备时,对辅助元件必须予以足够的重视。

6.1　蓄　能　器

6.1.1　蓄能器的作用

蓄能器的作用是将液压系统中的压力油储存起来,在需要时又重新放出。其主要作用表现在以下几个方面。

1. 作辅助动力源

某些液压系统的执行元件是间歇动作的,总的工作时间很短;有些液压系统的执行元件虽然不是间歇动作的,但在一个工作循环内(或一次行程内)速度差别很大。在这种系统中设置蓄能器后,即可采用一个功率较小的泵,使整个液压系统的尺寸小、重量轻、价格便宜;同时可减少功率损耗,降低系统温升。

2. 作紧急动力源

某些系统要求当泵发生故障或停电(对执行元件的供油突然中断)时,执行元件能继续完成必要的动作。例如,为安全起见,液压缸的活塞杆在系统停机时必须内缩到缸内。在这种场合下,需要有适当容量的蓄能器作紧急动力源。

3. 补充泄漏和保持恒压

对于执行元件长时间不动作,而要保持恒定压力的系统,可用蓄能器来补偿泄漏,从而使压力恒定。

4. 吸收液压冲击

换向阀的突然换向、液压泵的突然停车、执行元件运动的突然停止,乃至执行元件的紧急制动等原因,都会使管路内的液体流动发生急剧变化,而产生冲击压力(油击)。虽然系统中设有安全阀,但仍然难免产生压力的短时剧增和冲击。这种冲击压力,往往引起系统中的仪表、元件和密封装置发生故障甚至损坏,或者导致管道破裂,此外还会使系统产生明显的振动。若在控制阀或液压缸冲击源之前装设蓄能器,即可吸收或缓和这种液压冲击。

5. 吸收脉动、降低噪声

泵的流量脉动会引起压力脉动,使执行元件的运动速度不均匀,产生振动、噪声等。在泵的出口处并联一个反应灵敏而惯性小的蓄能器,即可吸收流量和压力的脉动,降低噪声。

6.1.2 蓄能器的分类和结构

蓄能器可分为重力式、弹簧式和充气式三种。

1. 重力式蓄能器

重力式蓄能器如图 6-1 所示,它利用重物的势能变化来储存、释放液压能。这种蓄能器产生的压力取决于重物的重量和柱塞面积的大小。其最大的特点是:在工作过程中,无论油液进出多少和速度快慢如何,均可获得恒定的液体压力,而且结构简单,工作可靠。其缺点是:体积大、惯性大,反应不灵敏,有摩擦损失。重力式蓄能器常用在固定设备(如轧钢设备)中起蓄能作用。

2. 弹簧式蓄能器

弹簧式蓄能器如图 6-2 所示,它利用弹簧的压缩来储存能量。这种蓄能器产生的压力取决于弹簧的刚度和压缩量。其特点是:结构简单,容量小。这种蓄能器一般用于小容量、低压($p \leqslant 1.2$ MPa)、循环频率低的场合。

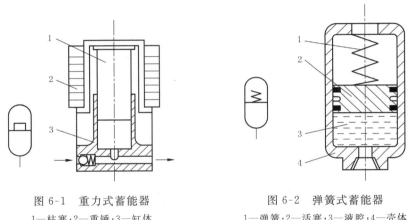

图 6-1 重力式蓄能器
1—柱塞;2—重锤;3—缸体

图 6-2 弹簧式蓄能器
1—弹簧;2—活塞;3—液腔;4—壳体

3. 充气式蓄能器

充气式蓄能器按气体与液体是否接触分为非隔离式(直接接触式)和隔离式两种。

直接接触式蓄能器,由于压缩空气直接与液压油接触,气体中容易混入油液,影响系统工作的稳定性。这种蓄能器适用于大流量的低压回路。

常用的隔离式蓄能器有活塞式和气囊式两种。

图 6-3 所示为气囊式蓄能器,它是利用气体(一般用氮气)的压缩和膨胀来储存、释放液压能的。气囊 3 用于将液体和气体隔开。提升阀 4 能保证只有液体才能进出蓄能器,并能防止气囊从油口挤出。充气阀 1 只在为气囊充气时打开,蓄能器工作时该阀关闭。气囊式蓄能器的特点是:体积小、重量轻、反应灵敏,可清除压力冲击和脉动。

6.1.3 蓄能器的容量计算

蓄能器容量的大小与它的用途有关。下面以气囊式蓄能器为例,说明其容量的计算。

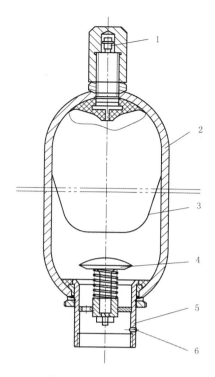

图 6-3 气囊式蓄能器
1—充气阀；2—壳体；3—气囊；4—提升阀；5—阀体总成；6—放气塞

1. 蓄能器作动力源使用时

蓄能器的容积 V_0 是充液前充气压力为 p_0 时的容积，V_1 为气体在最低工作压力 p_1 下的体积，V_2 为气体在最高工作压力 p_2 下的体积，如图 6-4 所示。设工作中要求蓄能器输出油液的体积为 ΔV，由气体定律有

$$p_0 V_0^n = p_1 V_1^n = p_2 V_2^n = 常量 \tag{6-1}$$

式中：n 为指数，其值由气体工作条件决定。当蓄能器用来补偿泄漏、保持压力时，它释放能量的速度缓慢，可认为气体在等温条件下工作，$n=1$；当蓄能器用来大量供油时，它释放能量的速度很快，可认为气体在绝热条件下工作，$n=1.4$。p_0、p_1、p_2 的单位均为绝对压力单位（Pa）；V_0、V_1、V_2 的单位均为 m^3。

当蓄能器向系统供出压力油的体积为 $\Delta V(\Delta V = V_1 - V_2)$ 时，蓄能器内的压力将从 p_2 降到 p_1，称 ΔV 为蓄能器的工作容积，由式（6-1）可推得

$$V_0 = \frac{\Delta V}{p_0^{1/n}\left[(1/p_1)^{1/n} - (1/p_2)^{1/n}\right]} \quad (m^3) \tag{6-2}$$

理论上可使 p_0 与 p_1 相等，但一般应留有一定余量，使 $p_1 > p_0$。对于折合形气囊，取 $p_0 = (0.8 \sim 0.85)p_1$；对于波纹形气囊，取 $p_0 = (0.6 \sim 0.65)p_1$。

2. 蓄能器用来消除液压冲击时

蓄能器的容积 V_0 可近似地由其充气压力 p_0、系统中允许的最高压力 p_2 和瞬时吸收的动能来确定。例如，管道突然关闭时，蓄能器瞬时吸收的动能为 $\rho A l v^2/2$，其中 ρ 为油液密度（kg/m^3），A 为管道截面面积（m^2），l 为管道长度（m），v 为管道中油液的流速（m/s）。蓄能

器中的气体在绝热过程中压缩,则

$$\frac{1}{2}\rho Alv^2 = \int_{V_2}^{V_1} p\,\mathrm{d}V = \int_{V_2}^{V_1} p_0\left(\frac{V_0}{V}\right)^{1.4}\mathrm{d}V = \frac{p_0 V_0}{0.4}\left[\left(\frac{p_2}{p_0}\right)^{0.286}-1\right]$$

故得

$$V_0 = \frac{0.2\rho Alv^2}{p_0}\left[\frac{1}{(p_2/p_0)^{0.286}-1}\right]\quad (\mathrm{m}^3) \tag{6-3}$$

式中:p_0 常取为系统工作压力的 90%。式(6-3)未考虑油液压缩性和管道弹性变形。

3. 蓄能器用来吸收液压泵压力脉动时

计算其容量 V_0 的经验公式有多种,这里介绍其中一种,即

$$V_0 = Vi/(0.6\delta_\mathrm{p})\quad (\mathrm{m}^3) \tag{6-4}$$

式中:V 为泵的排量(m^3/r);i 为排量的变化率,$i=\Delta V/V$(柱塞数目与 i 的关系见表 6-1);ΔV 为超出平均排量的排量(m^3/r)(见图 6-5);δ_p 为压力脉动系数,$\delta_\mathrm{p}=\Delta p/p_\mathrm{p}$;$\Delta p$ 为压力脉动单侧振幅(Pa);p_p 为压力脉动的平均值(Pa)。

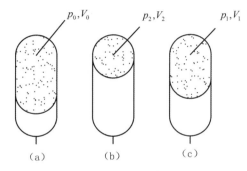

图 6-4 蓄能器作动力源使用时的工作过程
(a) 充气时;(b) 储能时;(c) 放能时

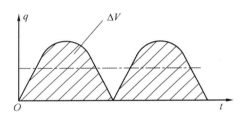

图 6-5 泵排量变化曲线

表 6-1 柱塞数目与 i 的关系

柱塞数	1	2	3
i	0.55	0.11	0.012

使用时,蓄能器充气压力 p_0 常取为泵出口压力(平均压力)的 0.6 倍。

6.1.4 蓄能器的安装

安装蓄能器时应注意以下几点。

(1)皮囊式蓄能器应垂直安装,倾斜安装或水平安装会使蓄能器的气囊因与壳体摩擦而损伤,影响蓄能器的使用寿命。

(2)用于消除压力冲击或压力脉动的蓄能器应安装在振源附近。

(3)装在管路上的蓄能器,必须用支架固定,以承受因蓄能器蓄能或释放能量时所产生的反作用力。

(4)蓄能器与管路系统之间应安装截止阀,以便于充气、检修;蓄能器与液压泵之间应安装单向阀,防止液压泵停转或卸荷时蓄能器储存的压力油倒流。

6.2　过　滤　器

当液压系统油液中混有杂质微粒时,会卡住滑阀,堵塞小孔,加剧零件的磨损,缩短元件的使用寿命。油液污染越严重,系统工作性能越差,可靠性就越低,甚至会造成故障。油液污染是液压系统发生故障、液压元件过早磨损、损坏的重要原因。统计表明,液压系统 75% 以上的故障是油液污染造成的。

在液压系统中一般采用过滤器来滤除混在油液中的各种杂质,使进入系统的油液保持一定的清洁度,从而保证液压元件和系统可靠地工作。

6.2.1　过滤器的主要性能指标

过滤器的主要性能指标有过滤精度、通流能力、压力损失等,其中过滤精度是主要指标。

1. 过滤精度

过滤精度就是从油液中过滤掉的杂质颗粒中最大尺寸(以污染颗粒的平均直径 d 表示)。过滤器按过滤精度可以分为粗过滤器、中等过滤器、精过滤器和高精过滤器四种,它们分别能滤去公称尺寸为 $100\ \mu m$ 以上、$10\sim100\ \mu m$、$5\sim10\ \mu m$ 和 $5\ \mu m$ 以下的杂质颗粒。

液压系统所要求的过滤精度应使杂质颗粒尺寸小于液压元件运动表面间的间隙或油膜厚度,以免卡住运动件或加剧零件磨损,同时也应使杂质颗粒尺寸小于系统中节流孔和节流缝隙的最小开度,以免造成堵塞。用于不同场合的液压系统在不同的工作压力下,对油液的过滤精度要求也不同,其推荐值见表 6-2。

表 6-2　过滤精度推荐值表

系统类别	润滑系统	传动系统			伺服系统
系统工作压力/MPa	$0\sim2.5$	<14	$14\sim32$	>32	21
过滤精度/μm	<100	$25\sim50$	<25	<10	<5

2. 通流能力

通流能力是指过滤器在进口和出口压力产生一定差值的情况下通过的流量,它与过滤器滤芯的过流面积成正比。

3. 纳垢容量

过滤器在使用过程中不断滤除油液中的颗粒污染物,滤芯逐渐被堵塞,压差随之不断增大。当流过一定流量时,压差达到规定极限值,则需要更换滤芯。滤芯在整个使用寿命过程中容纳的污染物总量即为纳垢容量。纳垢容量越大,滤芯的使用寿命越长。

4. 其他性能

过滤器的其他性能主要指滤芯强度、连接方式、滤芯耐腐蚀性等指标。

6.2.2 过滤器的典型结构

1. 网式过滤器

图 6-6 所示为网式过滤器。网式过滤器以金属丝网为过滤材料，其过滤精度取决于金属丝网层数和网孔的大小。这种过滤器结构简单，通流能力大，清洗方便，但过滤精度低，一般用于液压泵的吸油口。

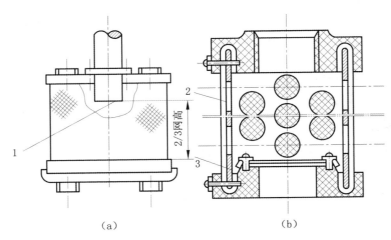

（a）　　　　　　　　　　　　（b）

图 6-6　网式过滤器

（a）示意图；（b）结构图

1—油管吸油口；2—金属丝网；3—骨架

2. 线隙式过滤器

线隙式过滤器如图 6-7 所示，其滤芯用直径 0.4 mm 的铜丝绕成，依靠铜丝间的微小间隙滤除混入液体中的杂质。其结构简单，通流能力大，过滤精度比网式过滤器高，但不易清洗。

3. 折叠圆筒式过滤器

将过滤材料按照一定折距折叠成圆筒状，这样在有限的外形尺寸内可以获得尽可能大的有效过滤面积。折叠筒形滤芯采用的过滤材料主要有金属丝编织网、滤纸、合成纤维滤材等。滤芯内有金属骨架，可承受因压差而形成的液压力。图 6-8 所示为纸质过滤器，其滤芯为平纹或波纹的酚醛树脂或木浆微孔滤纸制成的纸芯，将纸芯围绕在带孔的骨架上，以增大强度。该过滤器过滤精度较高，一般用于油液的精过滤，但堵塞后无法清洗，须经常更换滤芯。

4. 烧结式过滤器

烧结式过滤器如图 6-9 所示，其滤芯用金属或陶瓷粉末烧结而成，利用颗粒间的微孔来挡住油液中的杂质通过。其滤芯能承受高压，耐腐蚀性好，过滤精度高，适用于要求精滤的高压、高温液压系统。

5. 磁性过滤器

磁性过滤器如图 6-10 所示，其滤芯为永久磁铁，罩子外面为铁环。当油液中能磁化的杂质经过铁环间隙时，便被吸附在其上，从而起到过滤作用。这种过滤器适用于加工磁性材料零件的机床液压系统。

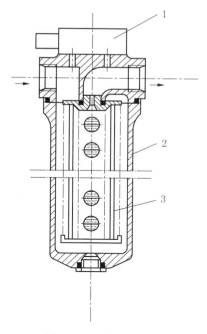

图 6-7 线隙式过滤器

1—发信装置;2—外壳;3—滤芯

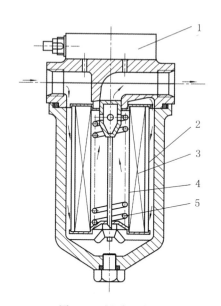

图 6-8 纸质过滤器

1—发信装置;2—外层(粗眼钢板网);3—中层(滤纸);

4—里层(金属丝网与滤纸折叠在一起);5—支撑弹簧

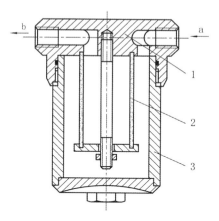

图 6-9 烧结式过滤器

1—端盖;2—滤芯;3—壳体

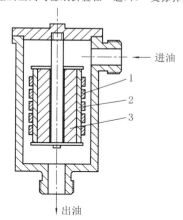

图 6-10 磁性过滤器

1—铁环;2—罩子;3—永久磁铁

6.3 密封装置

6.3.1 密封装置的作用和分类

密封装置的作用是防止液压系统中工作介质的内、外泄漏以及灰尘、金属屑等异物侵入液压系统。

系统的内、外泄漏均会使液压系统容积效率下降,或达不到要求的工作压力,从而使系统不能正常工作。外泄漏还会造成工作介质的浪费,污染环境。异物的侵入会加剧液压元件的磨损、堵塞、卡死甚至损坏,造成系统失灵。

密封分为间隙密封和非间隙密封。前者靠控制两个配合部件间的间隙来控制泄漏量,如柱塞泵中的柱塞与缸体等;后者则是利用密封装置的变形达到完全消除两个配合面的间隙,或将间隙控制在被密封的液体能微量通过的最小间隙值以下,最小间隙值由工作介质的压力、黏度、温度、配合面相对运动速度等决定。

密封还可分为静密封和动密封两大类。相对静止的结合面之间的密封称为静密封。静密封一般不允许有泄漏。在液压元件及系统中常用的静密封件有 O 形圈、各种垫片以及密封带、密封胶等。相对运动的结合面之间的密封称为动密封。按照运动形式的不同,可分为往复运动密封和旋转运动密封。

液压系统对密封件的主要要求是:

① 在一定的压力、温度范围内具有良好的密封性能;

② 耐腐蚀性能强,不易老化,工作寿命长;

③ 结构简单,使用、维护方便,价格低廉。对动密封还要求密封装置和运动件之间的摩擦力小,摩擦因数稳定;耐磨性好,磨损后能在一定程度上自动补偿。

6.3.2　橡胶密封圈的种类和特点

橡胶密封圈有 O 形、Y 形、Y_x 形、V 形密封圈,以及组合密封圈等。

1. O 形密封圈

O 形密封圈一般用耐油橡胶制成,其横截面呈圆形,具有良好的密封性能,内外侧和端面都能起密封作用。它具有结构紧凑、摩擦阻力小、装拆方便、成本低等特点。

O 形密封圈的结构和工作情况如图 6-11 所示。图 6-11(a) 为 O 形密封圈的外形截面图;图 6-11(b)所示为装入密封沟槽时的情况,图中 δ_1、δ_2 为 O 形圈装配后的预压缩量,其压缩率 W 为

$$W = \frac{d_0 - h}{d_0} \times 100\% \qquad (6-5)$$

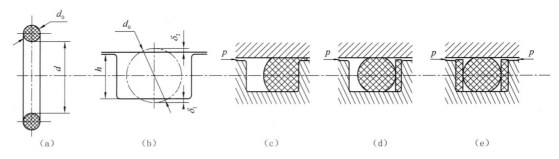

图 6-11　O 形密封圈的结构和工作情况

对于固定密封、往复运动密封和回转运动密封,O 形密封圈压缩率一般分别取 15%～20%、10%～20% 和 5%～10%,可获得满意的密封效果。

当工作压力超过 10 MPa 时,O 形密封圈容易被挤入间隙中而损坏(见图 6-11(c))。为此要在它的侧面安放 1.2～1.5 mm 厚的聚四氟乙烯挡圈。当 O 形圈单向受力时,在受力侧的对面安装一个挡圈(见图 6-11(d));双向受力时则在两侧均安装挡圈(见图 6-11(e))。

安装 O 形密封圈的沟槽形状有矩形、V 形、燕尾形、三角形和半圆形等。

2. Y 形和 Y$_X$ 形密封圈

Y 形密封圈一般用聚氨酯橡胶和丁腈橡胶制成,其截面形状呈 Y 形,如图 6-12 所示。这种密封圈有一对与密封面接触的唇边,安装时唇口对着压力高的一边。油压低时,靠预压缩密封;油压高时,密封圈受油压作用而两唇张开,贴紧密封面(能主动补偿磨损量),油压越高,唇边贴得

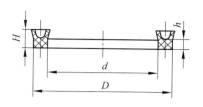

图 6-12　Y 形密封圈

越紧。双向受力时要成对使用。这种密封圈具有摩擦力较小、运动平稳、安装简便等特点。其缺点是在速度高、压力变化大的场合易产生"翻转"现象。图 6-13 所示的 Y$_X$ 形密封圈不易产生"翻转",其截面的高与宽之比等于或大于 2,分轴用和孔用两种。

3. V 形密封圈

V 形密封圈(见图 6-14)用多层涂胶织物压制而成,由支承环、密封环和压环组成,三环叠在一起使用。当压力增大时,可增加密封环的数量,以提高密封性,工作压力可达 50 MPa 甚至更高。

V 形密封圈的密封性能好,耐磨,在直径大、压力高、行程长等条件下多采用这种密封圈。但其轴向尺寸长,外形尺寸较大,摩擦因数大。

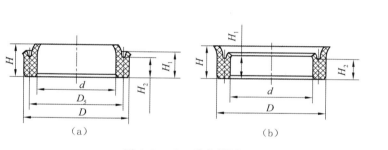

图 6-13　Y$_X$ 形密封圈

(a) 孔用;(b) 轴用

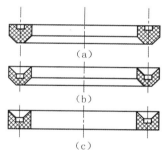

图 6-14　V 形密封圈

(a) 支承环;(b) 密封环;(c) 压环

4. 同轴组合密封装置

同轴组合密封装置由添加了改性材料的聚四氟乙烯滑环和充当弹性体的橡胶环(如 O 形圈、矩形圈或 X 形圈)组成,如图 6-15 所示。

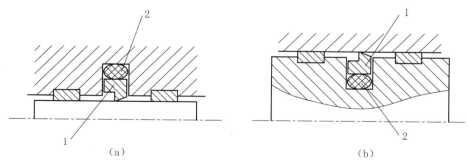

图 6-15　同轴组合密封装置

(a) 孔用;(b) 轴用

1—聚四氟乙烯滑环;2—橡胶环(O 形圈)

聚四氟乙烯滑环自润滑性好,摩擦因数小,但它缺乏弹性。通常将其与橡胶环同轴组合使用,利用橡胶环的弹性施加压紧力,二者取长补短,能获得良好的密封效果。

6.4 油管及管接头

液压系统通过油管输送液体,用管接头把油管、元件连接起来。

油管的种类有无缝钢管、有缝钢管、橡胶软管、紫铜管、尼龙管、塑料管等。

油管内径 d、金属管壁厚 δ 及外径 D 分别按下面公式计算(结果按有关标准圆整为标准值):

$$d = \sqrt{4q/(\pi v)} \quad (\text{m}) \tag{6-6}$$

$$\delta = \frac{pd}{2[\sigma]} \quad (\text{m}) \tag{6-7}$$

$$D = d + 2\delta \quad (\text{m}) \tag{6-8}$$

式中:q 为管内流量(m^3/s);v 为管内油液流速,压力低时取小值,压力高时取大值(对于吸油管取 $0.5\sim1.5$ m/s,对于回油管取 $1.5\sim2.5$ m/s,压力在 3 MPa 以下的取 $2.5\sim3$ m/s,压力在 $3\sim6$ MPa 之间的取 4 m/s,压力在 6 MPa 以上的取 5 m/s,短管及局部收缩处取 $5\sim7$ m/s),管道较长的取小值,较短的取大值,油液黏度大时取小值,对于橡胶软管,无论用于何处,流速都不能超过 $3\sim5$ m/s;p 为管内液体最大工作压力(Pa);$[\sigma]$ 为许用拉伸应力(N/m^2),对于铜管 $[\sigma]\leqslant25\times10^6$ Pa,对于钢管 $[\sigma]=\sigma_b/n$;n 为安全系数,当 $p<7$ MPa 时取 $n=8$,7 MPa$<p<17.5$ MPa 时取 $n=6$,$p>17.5$ MPa 时取 $n=4$;σ_b 为管材抗拉强度。

常用的管接头有焊接管接头(见图 6-16)、卡套管接头(见图 6-17)、扩口管接头(见图 6-18)、扣压式胶管接头(见图 6-19)和快速管接头(见图 6-20)。其中快速管接头是一种快速装拆的接头,适用于须经常接通或断开的管路系统。图 6-20 所示为油路接通的情况。当须断开油路时,用力将外套 7 向左推,拉出接头体 8,弹簧 4 使外套 7 复位,单向阀阀芯 2、5 分别在弹簧 1、6 的作用下外伸,顶在接头体 3 和 8 的阀座上而关闭油路。当须重新接通油路时,仍将外套 7 左推,并插入接头体 8,使单向阀阀芯 2、5 互相挤紧,压缩弹簧 1、6 而离开阀座,油路接通。

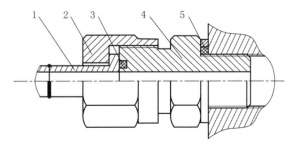

图 6-16 焊接管接头
1—接管;2—螺母;3—O 形密封圈;
4—接头体;5—组合密封圈

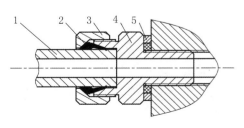

图 6-17 卡套管接头
1—油管;2—卡套;3—螺母;
4—接头体;5—组合密封圈

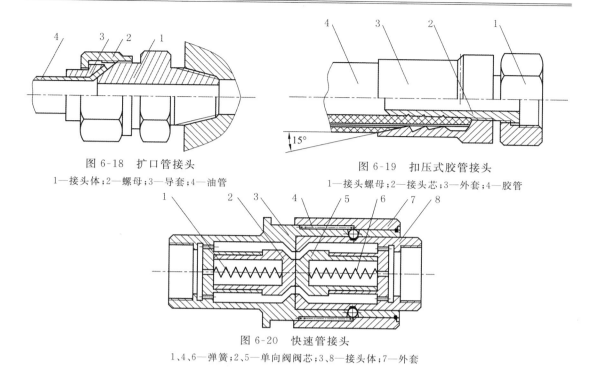

图 6-18　扩口管接头
1—接头体；2—螺母；3—导套；4—油管

图 6-19　扣压式胶管接头
1—接头螺母；2—接头芯；3—外套；4—胶管

图 6-20　快速管接头
1、4、6—弹簧；2、5—单向阀阀芯；3、8—接头体；7—外套

6.5　油　　箱

油箱的功用是储存油液、散发热量、沉淀杂质和分离油液中的气泡等。

6.5.1　油箱容积的确定

从油箱的散热、沉淀杂质和分离气泡等功能来看，油箱容积越大越好。但若容积太大，油箱体积将加大，重量增加，操作不便，特别是在行走机械中矛盾更为突出。对于固定设备的油箱，一般建议其有效容积 V 为液压泵每分钟流量的 3 倍（行走机械一般取 2 倍）以上。通常根据系统的工作压力来概略地确定油箱的有效容积 V。

（1）对于低压系统，一般取 $V=(2\sim4)60q(\text{m}^3)$，$q$ 为液压泵的流量（m^3/s）。

（2）对于中压系统，一般取 $V=(5\sim7)60q(\text{m}^3)$。

（3）压力超过中压、连续工作时，油箱有效容积 V 应按发热量计算确定。在自然冷却（没有冷却装置）情况下，对长、宽、高之比为 1∶(1~2)∶(1~3) 的油箱，油面高度为油箱高度的 80% 时，其最小有效容积 $V_{\min}$ 可近似按下式确定：

$$V_{\min}=10^{-3}\sqrt{\left(\frac{Q}{\Delta T}\right)^3}=10^{-3}\sqrt{\left(\frac{Q}{T_{\text{y}}-T_0}\right)^3}\quad(\text{m}^3)\qquad(6\text{-}9)$$

$$Q=P(1-\eta)\quad(\text{W})\qquad(6\text{-}10)$$

式中：ΔT 为油液温升值（K），$\Delta T(=T_{\text{y}}-T_0)$；$T_{\text{y}}$ 为系统允许的最高温度（K）；T_0 为环境温度（K）；Q 为系统单位时间的总发热量（W）；P 为液压泵的输入功率（W）。

设计时，应使 $V\geqslant V_{\min}$，则油箱的散热面积的近似值为

$$A=6.66\sqrt[3]{V^2}\quad(\text{m}^2)\qquad(6\text{-}11)$$

则油箱的总容积 V_a 为

$$V_a = V/0.8 = 1.25V \quad (\text{m}^3) \tag{6-12}$$

6.5.2　油箱结构

油箱有开式、隔离式和压力式三种类型。

1. 开式油箱

开式油箱如图 6-21 所示。

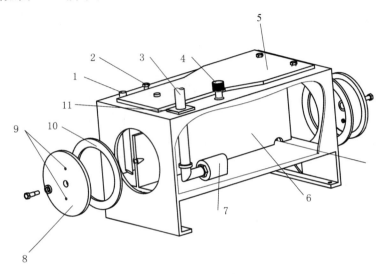

图 6-21　开式油箱

1—回油管；2—泄漏油管；3—泵的吸油管；4—空气过滤器；5—安装板；6—隔板；7—粗过滤器；
8—清洗用侧板；9—油位计安装孔；10—密封垫；11—密封法兰

设计开式油箱时，应注意以下几个问题：

（1）油箱内设隔板，将吸油区和回油区隔开，以利于散热、沉淀污物和分离气泡。隔板高度一般为液面高度的 2/3～3/4。

（2）油箱底面应略带斜度，并在最低处设放油螺塞。

（3）油箱上部设置带滤网的加油口，平时用盖子封闭；油箱上部还设有带空气过滤器的通气孔。目前生产的空气过滤器兼有加油和通气的作用，其规格可按泵的流量选用。

（4）油箱侧面装设油位计及温度计。

（5）吸油管和回油管尽量远离。回油管口与箱底之距不小于管径的 3 倍，管端切成 45° 斜口，斜口面向与回油管最近的箱壁，这样既有利于散热，又有利于沉淀杂质，吸油管口要安装具有泵吸入量 2 倍以上的过滤能力的过滤器或滤网（其精度为 100～200 目），它们距箱底和侧壁应有一定的距离，以便四面进油，保证泵的吸入性能。

（6）系统中的泄漏油管应尽量单独接入油箱。其中，各类控制阀的泄漏油管端部应在油面之上，以免产生背压。

（7）一般油箱可通过拆卸上盖进行清洗、维护。对于大容量的油箱，多在油箱侧面设清洗用的窗口，平时用侧板密封。

（8）油箱容量较小时，可用钢板直接焊接而成；对于大容量的油箱，特别是在油箱盖板上安装电动机、泵和其他液压件时,不仅应使盖板加厚,局部加强,而且还应在油箱各面加焊角板、加强肋,以增强刚度和强度。

（9）油箱内壁要做专门处理。为防止内壁涂层脱落,新油箱内壁要经喷丸、酸洗和表面清洗,然后再涂一层与工作介质相容的塑料薄膜或耐油清漆。

2. 隔离式油箱

在周围环境恶劣、灰尘特别多的场合,可采用隔离式油箱,如图 6-22 所示。当泵吸油时,挠性隔离器 1 的孔 2 进气;当泵停止工作,油液排回油箱时,挠性隔离器 1 被压瘪,孔 2 排气,所以油液在不与外界空气接触的条件下,液面压力仍能保持为大气压力。挠性隔离器的容积应比泵的每分钟流量大 25% 以上。

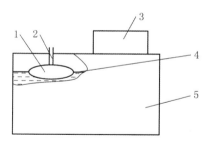

图 6-22　隔离式油箱
1—挠性隔离器;2—进出气孔;
3—液压装置;4—液面;5—油箱

3. 压力油箱

当泵吸油能力差,安装补油泵不合算时,可采用压力油箱,如图 6-23 所示。将油箱封闭,来自压缩空气站储气罐的压缩空气经减压阀将压力降到 0.05～0.07 MPa。为防压力过高,设有安全阀 5。为避免压力不足,还设有电接点压力表 4 和报警器。

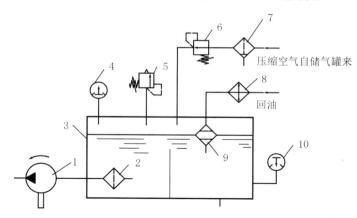

图 6-23　压力油箱
1—泵;2—粗过滤器;3—压力油箱;4—电接点压力表;5—安全阀;6—减压阀;
7—分水滤气器;8—冷却器;9—精过滤器;10—电接点温度表

6.6　热 交 换 器

为保证液压系统正常工作,应使油液温度保持在 15～65 ℃之间。油温过高将使油液变质,黏度下降,导致系统容积效率降低;油温过低则油液黏度将增加,使系统压力损失加大,泵的自吸能力降低。通常用热交换器来控制系统油温。热交换器分为冷却器和加热器两类。

6.6.1　冷却器

冷却器常用的冷却形式有水冷式和风冷式两种。

1. 水冷式冷却器

水冷式冷却器有多管式、板式和翅片式等形式。

图 6-24 所示为多管式水冷却器,工作时,冷却水从铜管 3 内通过,将铜管周围油流中的热量带走。冷却器内的挡板 2 使油迂回前进,可增大油的流程和流速,提高传热效率,因而冷却效果较好。

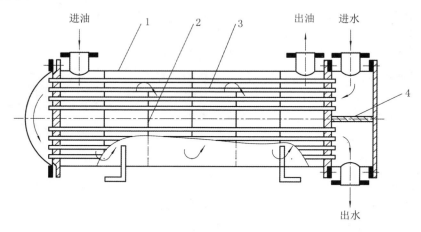

图 6-24　多管式水冷却器
1—外壳;2—挡板;3—铜管;4—隔板

图 6-25 所示为翅片式水冷却器,水从管内流过,油液在水管外面通过,油管外部加装横向或纵向的散热翅片,以增加散热面积,其冷却效果比其他冷却器高数倍。

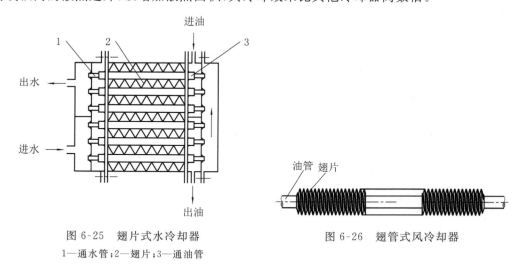

图 6-25　翅片式水冷却器
1—通水管;2—翅片;3—通油管

图 6-26　翅管式风冷却器

2. 风冷式冷却器

在行走机械(如轮胎吊)和在野外工作的机械中,宜采用风冷式冷却器。常用的风冷式冷却器有翅管式和翅片式两种。

(1) 翅管式风冷却器　图 6-26 所示为某工程机械上用的翅管式风冷却器,它是将翅片绕在光管上焊接而成的。

(2) 翅片式风冷却器　如图 6-27 所示,该冷却器每两层通油板之间设有波浪形的翅片板,大大提高了传热系数。如果强制通风,冷却效果将更好。翅片式结构紧凑、体积小、强度高。

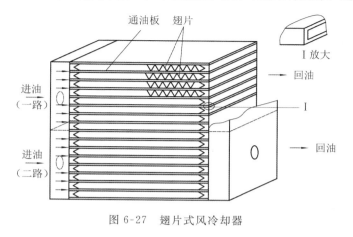

图 6-27　翅片式风冷却器

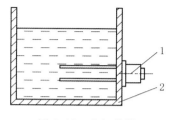

图 6-28　电加热器
1—电加热器;2—油箱

6.6.2　加热器

　　液压系统工作前,如果油温低于 10 ℃,将因黏度大而不利于泵的吸入和启动。加热器的作用在于在泵低温启动前将油温升高到适当值(15 ℃)。加热方法包括蒸汽加热和电加热。加热器多装在油箱内(见图 6-28)。也有采用管道加热的。

　　加热器的发热功率可按下式估算:

$$P \geqslant c\rho V \Delta t / T \quad \text{(W)} \tag{6-13}$$

式中:c 为油液的比热容,取 $c = 1675 \sim 2093$ J/(kg·K);ρ 为油液的密度,取 $\rho \approx 900$ kg/m³;V 为油箱内油液的容积(m³);Δt 为油液加热后的温升(K);T 为加热时间(s)。

　　电加热器所需功率 P_d 为

$$P_d = P / \eta_d \quad \text{(W)} \tag{6-14}$$

式中:η_d 为电加热器的热效率,一般取 $\eta_d = 0.6 \sim 0.8$。

　　电加热器多装在油箱的横侧,加热部分应全部浸入油中。

练　习　题

　　6-1　蓄能器有哪些用途?

　　6-2　蓄能器为什么能储存和释放能量?

　　6-3　蓄能器的类型有哪些? 各有什么特点?

　　6-4　如何计算充气式蓄能器的容量?

　　6-5　过滤器有哪几种类型?

　　6-6　选择过滤器是应考虑哪些问题?

　　6-7　常用的密封装置有哪几种类型? 它们各有什么特点?

　　6-8　油管的种类有哪些? 它们各有什么特点,分别用在什么场合?

　　6-9　如何计算油管的内径和壁厚?

　　6-10　管接头的种类有哪些?

6-11　油箱的功用是什么？

6-12　油箱结构分哪几种类型？

6-13　设计油箱时应注意哪些问题？

6-14　怎样确定油箱的容积？

6-15　冷却器有何功用？冷却器应安装在液压系统的什么部位？

6-16　冷却器有哪几种类型？它们各有什么特点？

6-17　在什么情况下需要设置加热器？加热方法有哪几种？

6-18　加热器的发热功率 P 应如何估算？电加热器所需功率 P_d 应如何估算？

第7章 | 液压基本回路

任何机械设备的液压传动系统,都是由一些液压基本回路组成的。所谓基本回路,就是由有关的液压元件组成,用来完成特定功能的典型油路。下面对一些常用的基本回路分别予以介绍。

7.1 | 压力控制回路

压力控制回路是利用压力控制阀来控制系统中油液的压力,以满足执行元件对力或转矩的要求的回路。这类回路包括调压回路、减压回路、增压回路、卸荷回路、保压回路和平衡回路等多种。

7.1.1 调压回路

调压回路的功用是使液压系统整体或某一部分的压力保持恒定或不超过某个数值。

（1）单级调压回路（见图 7-1(a)）。在该回路中,泵 1 的出口处设置了并联的溢流阀 2 来控制系统的最高压力。

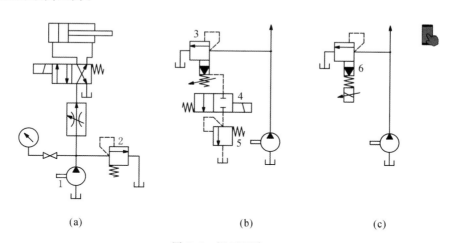

(a)   (b)   (c)

图 7-1 调压回路

(a) 单级调压回路；(b) 多级调压回路；(c) 无级调压回路

1—泵；2—溢流阀；3—先导式溢流阀；4—二位二通换向阀；5—远程调压阀；6—比例溢流阀

（2）多级调压回路（见图 7-1(b)）。在该回路中,先导式溢流阀 3（调定压力为 p_1）的遥控口串接二位二通换向阀 4 和远程调压阀 5（调定压力为 p_2）。当两个压力阀的调定压力符合 $p_2 < p_1$ 时,液压系统可通过换向阀的左位和右位分别得到 p_2 和 p_1 两种压力。如果在溢流阀的遥控口处通过多位换向阀的不同通口,并联多个调压阀,即可构成多级调压回路。

（3）无级调压回路（见图 7-1(c)）。该回路可通过改变比例溢流阀 6 的输入电流来实现无级调压,这样可使压力切换平稳,而且容易使系统实现远距离控制或程控。

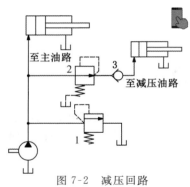

图 7-2　减压回路
1—溢流阀；2—定值输出减压阀；
3—单向阀

7.1.2　减压回路

减压回路的功用是,使系统中的某一部分油路具有较低的稳定压力,如图 7-2 所示。回路中的单向阀 3 用于在主油路压力降低(低于减压阀 2 的调整压力)时防止油液倒流,起短时保压作用。

也可采用类似两级或多级调压的方法实现两级或多级减压。还可采用比例减压阀来实现无级减压。

为了使减压回路工作可靠,减压阀的最低调整压力不应小于 0.5 MPa,最高调整压力至少应比系统压力小 0.5 MPa。当减压回路中的执行元件需要调速时,调速元件应放在减压阀的下游,以避免减压阀泄漏(指油液由减压阀泄油口流回油箱),对执行元件速度产生影响。

7.1.3　增压回路

增压回路用于提高系统局部油路中的压力。它能使局部压力远远高于油源的压力。

采用增压回路比选用高压大流量泵要经济得多。

(1) 单作用增压器的增压回路(见图 7-3(a))。当系统处于图示位置时,压力为 p_1 的油液进入增压器的大活塞腔,此时在小活塞腔即可得到压力为 p_2 的高压油液,增压的倍数等于增压器大、小活塞的工作面积之比。当二位四通电磁换向阀右位接入系统时,增压器的活塞返回,补油箱中的油液经单向阀补入小活塞腔。这种回路只能间断增压。

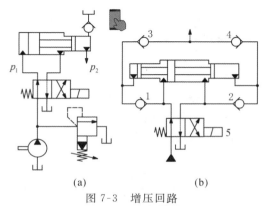

(a)　　　　　　(b)
图 7-3　增压回路
(a) 单作用的增压回路；(b) 双作用的增压回路
1~4—单向阀；5—换向阀

(2) 双作用增压器的增压回路(见图 7-3(b))。在图示位置,泵输出的压力油经换向阀 5 和单向阀 1 进入增压器左端大、小活塞腔,右端大活塞腔的回油通油箱,右端小活塞腔增压后的高压油经单向阀 4 输出,此时单向阀 2、3 被关闭;当活塞移到右端时,换向阀得电换向,活塞向左移动,左端小活塞腔输出的高压油经单向阀 3 输出。这样,增压缸的活塞不断往复运动,两端便交替输出高压油,实现连续增压。

7.1.4　卸荷回路

卸荷回路的功用是,在液压泵的驱动电动机不频繁启停,且使液压泵在接近零压的情况下运转,以减少功率损失和系统发热,延长泵和电动机的使用寿命。

(1) 用换向阀的卸荷回路(见图 7-4)。图 7-4(a)所示回路利用二位二通换向阀使泵卸荷。在图 7-4(b)中的 M(或 H、K)型换向阀处于中位时,可使泵卸荷,但切换时压力冲击大,因此该回路仅适用于低压小流量系统。对于高压大流量系统,可采用 M(或 H、K)型电液换向阀对泵进行卸荷(见图 7-4(c))。由于这种换向阀装有换向时间调节器,所以切换时压力冲击小,但必须在换向阀前面设置单向阀(或在换向阀回油口设置背压阀),以使系统保持 0.2~0.3 MPa 的压力,供控制油路用。

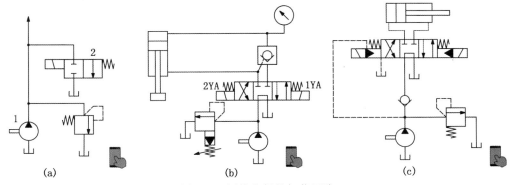

图 7-4　用换向阀的卸荷回路

（2）用先导型溢流阀的卸荷回路。在图 7-1（b）中，如果去掉远程调压阀 5，使溢流阀 3 的遥控口直接与二位二通换向阀 4 相连，便构成一种由先导型溢流阀卸荷的回路。这种回路的卸荷压力小，切换时冲击也小；二位二通阀只需通过很小的流量，规格尺寸可选得小些，所以这种卸荷方式适合流量大的系统。

在双泵供油回路中，利用顺序阀作卸荷阀的卸荷方式见 7.2.2 节。

7.1.5　保压回路

执行元件在工作循环的某一阶段内，若需要保持规定的压力，就应采用保压回路。

（1）利用蓄能器保压的回路。如图 7-5（a）所示的回路，当主换向阀 6 在左位工作时，液压缸推进压紧工件，进油路压力升高至调定值，压力继电器发信使二通阀通电，泵即卸荷，单向阀 3 自动关闭，液压缸 7 由蓄能器 4 保压。当蓄能器的压力不足时，压力继电器复位使泵重新工作。保压时间的长短取决于蓄能器的容量，调节压力继电器的通断区间即可调节液压缸中压力的最大值和最小值。图 7-5（b）所示为多缸系统一缸保压回路，进给缸快进时，泵压下降，但单向阀 3 关闭，将夹紧油路和进给油路隔开。蓄能器 4 用来给夹紧缸保压并补充油液，压力继电器 5 的作用是当夹紧缸压力达到预定值时发出信号，使进给缸动作。

（2）用泵保压的回路（见图 7-6）。当系统压力较低时，低压大泵 1 和高压小泵 2 同时向系统供油，当系统压力升高到卸荷阀 4 的调定压力时，泵 1 卸荷。此时高压小泵 2 使系统压力保持为溢流阀 3 的调定值。泵 2 的流量只需略高于系统的泄漏量，以减少系统发热。

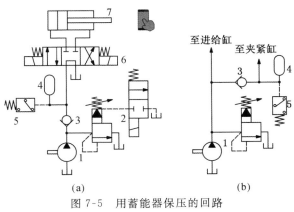

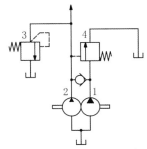

图 7-5　用蓄能器保压的回路

1—泵；2—二通阀；3—单向阀；4—蓄能器；5—压力继电器；6—主换向阀；7—液压缸

图 7-6　用泵保压的回路

1、2—泵；3—溢流阀；4—卸荷阀

也可采用限压式变量泵来保压,它在保压期间仅输出少量足以补偿系统泄漏的油液,效率较高。

(3) 用液控单向阀保压的回路。图 7-4(b)所示为采用液控单向阀和电接触式压力表的自动补油式保压回路。当 1YA 得电时,换向阀右位接入回路,缸上腔压力升至电接触式压力表上触点调定的压力值时,上触点接通,1YA 失电,换向阀切换成中位,泵卸荷,液压缸由液控单向阀保压。当缸上腔压力下降至下触点调定的压力值时,压力表又发出信号,使 1YA 得电,换向阀右位接入回路,泵给缸上腔补油使压力上升,直至上触点调定值为止。

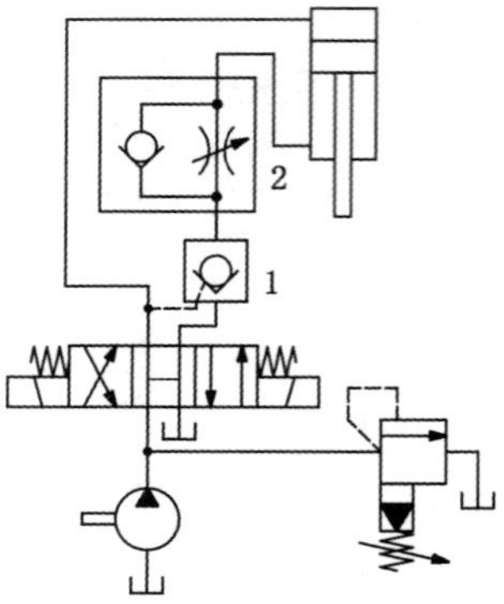

7.1.6 平衡回路

为了防止立式液压缸及其工作部件因自重而自行下落,或在下行运动中由于自重而造成失控、失速的不稳定运动,可设置平衡回路。图 7-7 所示为用单向节流阀 2 限速、用液控单向阀 1 锁紧的平衡回路。

图 7-7 平衡回路
1—液控单向阀;2—单向节流阀

7.2 速度控制回路

速度控制回路包括调速回路、快速运动回路和速度换接回路。

7.2.1 调速回路

调速回路又有节流调速回路、容积调速回路和容积节流调速回路之分。

7.2.1.1 节流调速回路

它用定量泵供油,用节流阀(或调速阀)改变进入执行元件的流量使之变速。根据流量阀在回路中的位置不同,分为进油节流调速回路、回油节流调速回路和旁路节流调速回路三种。根据回路中使用元件的不同,这三种回路也可进一步细分。以下介绍常用的几种节流调速回路。

1. 进油节流阀调速回路

将节流阀串联在泵与缸之间,即构成进油节流阀调速回路(见图 7-8(a))。泵输出的油液一部分经节流阀进入缸的工作腔,泵多余的油液经溢流阀回油箱。由于溢流阀有溢流,泵的出口压力 p_p 保持恒定。调节节流阀通流面积,即可改变通过节流阀的流量,从而调节缸的速度。

设 p_1、p_2 分别为缸的进油腔和回油腔的压力(由于回油通油箱,$p_2 \approx 0$);F 为缸的负载;通过节流阀的流量为 q_1;泵的出口压力为 p_p;A_T 为节流阀孔

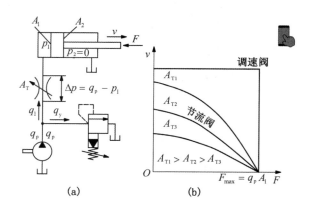

图 7-8 进油节流阀调速回路及其速度-负载特性曲线
(a) 回路;(b) 速度-负载特性曲线

口截面面积；C_d 为流量系数；ρ、μ 分别为液体密度和动力黏度；d、L 分别为细长孔直径和长度；K 为节流系数（对于薄壁孔 $K=C_d\sqrt{2/\rho}$，对于细长孔 $K=d^2/(32\mu L)$）；m 为由孔口形状决定的指数，$0.5\leqslant m\leqslant 1$，对于薄壁孔 $m=0.5$，对于细长孔 $m=1$。则缸的运动速度为

$$v=\frac{q_1}{A_1}=\frac{KA_T}{A_1}\left(p_p-\frac{F}{A_1}\right)^m \tag{7-1}$$

式(7-1)即为进油节流阀调速回路的负载特性方程。

按式(7-1)选用不同的 A_T 值，可作出一组速度-负载特性曲线（见图 7-8(b)）。该曲线表明了速度随负载变化的规律，曲线越陡，表明负载变化对速度的影响越大，即速度刚度小。由图 7-8(b)可以看出：

① 当节流阀通流面积 A_T 一定时，重载区比轻载区的速度刚度小；

② 在相同负载下工作时，节流阀通流面积大的比小的速度刚度小，即速度高时速度刚度低；

③ 多条特性曲线汇交于横坐标轴上的一点，该点对应的 F 值即为最大负载，这说明最大承载能力 F_{max} 与速度调节无关，因负载最大时缸停止运动（$v=0$），故由式(7-1)可知，该回路的最大承载能力为 $F_{max}=p_pA_1$。

可见，进油节流阀调速回路适用于轻载、低速、负载变化不大和对速度稳定性要求不高的小功率场合。

2. 回油节流阀调速回路

如图 7-9 所示，将节流阀串接在缸的回油路上，即构成回油节流阀调速回路（泵的出口压力恒定）。用节流阀调节缸的回油流量，实现调速。缸的运动速度为

$$v=\frac{q_2}{A_2}=\frac{KA_T}{A_2}\left(p_p\frac{A_1}{A_2}-\frac{F}{A_2}\right)^m \tag{7-2}$$

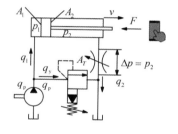

图 7-9 回油节流阀调速回路

式中：A_2 为缸有杆腔的有效作用面积；q_2 为通过节流阀的流量；其他符号意义与式(7-1)同。

比较式(7-2)和式(7-1)可以发现，回油节流阀调速回路与进油节流阀调速回路的速度-负载特性及速度刚度基本相同，若缸两腔有效作用面积相同（双出杆缸），则两种节流阀调速回路的速度-负载特性和速度刚度就完全一样。因此，前面对进油节流阀调速回路的分析和结论都适用于本回路。

上述两种回路也有以下不同之处。

（1）回油节流阀调速回路的节流阀使缸的回油腔形成一定的背压（$p_2\neq 0$），因而能承受负值负载，并提高了缸的速度平稳性。

（2）进油节流阀调速回路容易实现压力控制。因当工作部件在行程终点碰到死挡铁后，缸的进油腔油压会上升到等于泵压，利用这个压力变化，可使并联于此处的压力继电器发信，对系统的下一步动作实现控制。而在回油节流阀调速回路中，进油腔压力没有变化，不易实现压力控制。虽然工作部件碰到死挡铁后，缸的回油腔压力下降为零，可利用这个变化值使压力继电器失压发信，对系统的下步动作实现控制，但可靠性差，一般不采用这种方式。

（3）若回路使用单杆缸，无杆腔进油流量大于有杆腔回油流量，故在缸径、缸速相同的情况下，进油节流阀调速回路的节流阀开口较大，低速时不易堵塞。因此，进油节流阀调速

回路能获得更低的稳定速度。

（4）长期停车后缸内油液会流回油箱，当泵重新向缸供油时，在回油节流阀调速回路中，由于进油路上没有节流阀控制流量，活塞会前冲；而在进油节流阀调速回路中，活塞前冲很小，甚至没有前冲。

（5）发热及泄漏对进油节流阀调速回路的影响均大于对回油节流阀调速回路的影响。因为进油节流调速回路中，经节流阀后的发热油液将直接进入缸的进油腔；而在回油节流调速回路中，经节流阀后的发热油液将直接流回油箱冷却。

为了提高回路的综合性能，一般采用进油节流阀调速，并在回油路上加背压阀。

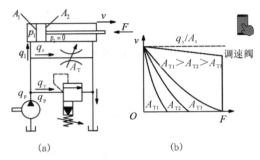

图 7-10 旁路节流阀调速回路及其
速度-负载特性曲线
(a)回路；(b)速度-负载特性曲线

3. 旁路节流阀调速回路

如图 7-10 所示，这种回路把节流阀接在与执行元件并联的旁油路上，通过调节节流阀的通流面积，来控制泵溢回油箱的流量，从而实现调速。由于溢流功能已由节流阀承担，故溢流阀实为安全阀，常态时关闭，过载时打开，其调定压力为最大工作压力的 1.1～1.2 倍。因此，泵工作过程中的压力随负载而变化。设泵的理论流量为 q_t，泵的泄漏系数为 k_1，其他符号意义同前，则缸的运动速度为

$$v = q_1/A_1 = [q_1 - k_1(F/A_1) - KA_T(F/A_1)^m]/A_1 \tag{7-3}$$

按式(7-3)选取不同的 A_T 值，可作出一组速度-负载特性曲线(见图 7-10(b))。由曲线可见：当节流阀通流面积一定而负载增加时，速度下降较前两种回路更为严重，即特性很软，速度稳定性很差；在重载高速时，速度刚度较好，这与前两种回路恰好相反。其最大承载能力随节流口 A_T 的增加而减小，即旁路节流调速回路的低速承载能力很差，调速范围也小。

这种回路只有节流损失而无溢流损失；泵压随负载变化，即节流损失和输入功率随负载变化而增减。因此，本回路比前两种回路效率高。

由于本回路的速度-负载特性很软，低速承载能力差，故其应用比前两种回路少，只用于高速、重载、对速度平稳性要求不高的较大功率的系统，如牛头刨床主运动系统、输送机械液压系统等。

4. 采用调速阀的节流调速回路

采用节流阀的节流调速回路，节流阀两端的压差和缸速随负载的变化而变化，故速度平稳性都差。若用调速阀代替节流阀，由于调速阀本身能在负载变化的条件下保证节流阀进出油口压差基本不变，通过的流量也基本不变，所以回路的速度-负载特性将得到改善，旁路节流调速回路的承载能力也不因活塞速度降低而减小。采用节流阀与采用调速阀的调速回路速度-负载特性曲线分别如图 7-8(b)和图 7-10(b)所示。

5. 采用溢流节流阀的进油节流调速回路

此回路是在进油节流调速系统中，用溢流节流阀取代节流阀(或调速阀)而构成。泵不在恒压下工作(属变压系统)，泵压随负载的大小而变，其效率比进口节流阀(或调速阀)调速回路高。此回路适用于运动平稳性要求较高、功率较大的节流调速系统。

7.2.1.2　容积调速回路

通过改变泵或马达的排量来进行调速的方法称为容积调速。其主要优点是没有节流损失和溢流损失,因而效率高,系统温升小,适用于高速大功率调速系统。

容积调速回路根据油液的循环方式有开式回路和闭式回路两种。在开式回路中,从油箱吸油,执行元件的回油直接回油箱,油液能得到较好的冷却;但油箱体积大,空气和脏物容易侵入回路,影响正常工作。在闭式回路中,执行元件的回油直接与泵的吸油腔相连,结构紧凑,只需很小的补油箱,空气和脏物不易混入回路,但油液的散热条件差,为了补充(回路中的)泄漏并进行换油和冷却,需附设补油泵(其流量为主泵的 $10\%\sim15\%$,压力为 $0.3\sim0.5$ MPa)。

1. 容积式分级调速回路

图 7-11 所示为多泵组合分级调速回路。其中三个泵的流量一般为 $1:2:4$。改变各换向阀的电磁铁通断关系,即可达到有级调速的目的。各泵出口的单向阀可防止三泵的相互干扰。

图 7-12 所示为某起重机的起升机构上的多马达组合(两马达 A、B 轴固联)分级调速回路。当起升较重物件时,使阀 C 处于左位,则马达并联,低速旋转;当起升较轻物件时,使阀 C 处于右位,马达 B 自成回路,因而马达组高速旋转。

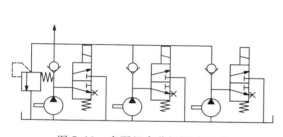

图 7-11　多泵组合分级调速回路

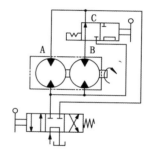

图 7-12　多马达组合分级调速回路

2. 容积式无级调速回路

1) 变量泵-缸(定量马达)容积调速回路

图 7-13(a)所示为变量泵-缸容积调速回路,改变变量泵 1 的排量可实现对缸的无级调速。单向阀 3 用来防止停机时油液倒流入油箱和防止空气进入系统。

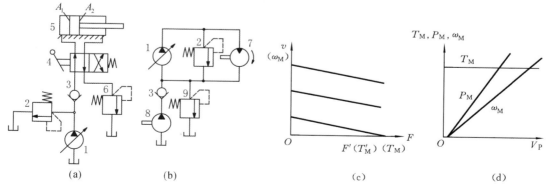

图 7-13　变量泵-缸(定量马达)容积调速回路

(a) 变量泵-缸容积调速回路;(b) 变量泵-定量马达容积调速回路;(c) 执行元件的速度-负载特性曲线;(d) 执行元件的输出特性曲线

1—变量泵;2—安全阀;3—单向阀;4—换向阀;5—缸;6—背压阀;7—定量马达;8—补油泵;9—溢流阀

图 7-13(b)所示为变量泵-定量马达容积调速回路。此回路为闭式回路,补油泵 8 将冷油送入回路,而从溢流阀 9 溢出回路中多余的热油,进入油箱冷却。

(1) 执行元件的速度-负载特性 在变量泵-缸(定量马达)容积调速回路中,泵的角速度 ω_P 和活塞面积 A_1(马达排量 V_M)均为常量。当不考虑泵以外的元件和管道的泄漏时,执行元件的速度 v 可由下式求出:

$$v = \frac{q_P}{A_1} = \frac{q_t - k_1 F/A_1}{A_1} \tag{7-4}$$

马达角速度 ω_M

$$\omega_M = \frac{q_P}{V_M} = \frac{q_t - k_1 T_M/V_M}{V_M} \tag{7-5}$$

由式(7-4)和式(7-5)按不同的 q_t 值可作出一组平行直线,即速度-负载特性曲线(见图 7-13(c))。由图可见,由于变量泵有泄漏,执行元件运动速度 v(或 ω_M)会随负载 F(或 T_M)的加大而减小,即速度刚度要受负载变化的影响。负载增大到某值时,执行元件停止运动(见图 7-13(c)中的 F'(或 T_M')),表明这种回路在低速下的承载能力很差。所以在确定该回路的最低速度时,应将这一速度排除在调速范围之外。

(2) 执行元件输出力 F(转矩 T_M)和功率 P_M 改变泵排量 V_P,可使 $\omega_M(v)$ 和 P_M 成比例地变化。马达的转矩 T_M(活塞的输出力 F)和回路的工作压力 p 都由负载转矩(或负载力)决定,不因调速而发生变化(见图 7-13(d)),故称这种回路为等推力(等转矩)调速回路。由于泵和执行元件有泄漏,所以当 V_P 还未调到零值时,实际的 $\omega_M(v)$、$T_M(F)$ 和 P_M 也都为零值。这种回路若采用高质量的轴向柱塞变量泵,其调速范围 R_P(即最高速度 v_{max}(或 ω_{Mmax})与最低速度 v_{min}(或 ω_{Mmin})之比)可达 40,当采用变量叶片泵时,R_P 仅为 5~10。

2) 定量泵-变量马达回路

如图 7-14 所示,这种回路的 ω_P 和 V_P 均为常数,改变 V_M 时,T_M 与 V_M 成正比变化,ω_M 与 V_M 成反比(按双曲线规律)变化。当 V_M 减小到一定程度,T_M 不足以克服负载时,马达便停止转动。对于该回路,不仅不能在运转过程中用改变 V_M 的办法使马达通过 $V_M = 0$ 点来实现反向,而且马达调速范围 R_M 也很小,即使采用了高效率的轴向柱塞马达,R_M 也只有 4 左右。在不考虑泵和马达效率变化的情况下,由于定量泵的最大输出功率不变,在改变 V_M 时,马达的输出功率 P_M 也不变,故称这种回路为恒功率调速回路(见图 7-14(b))。这种回路能最大限度地发挥原动机的作用。要保证输出功率为常数,马达的调节系统应是一个自动的恒功率装置,其原理就是保证马达的进出口压差 Δp_M 为常数。

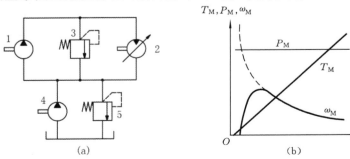

图 7-14 定量泵-变量马达回路及其输出特性曲线

(a) 回路;(b) 输出特性曲线

1—定量泵;2—变量马达;3—高压安全阀;4—补油泵;5—低压溢流阀

3）变量泵-变量马达回路

如图 7-15 所示,该回路主要由变量泵和变量马达组成。单向阀 4、5 的作用是始终保证补油泵来的油液只能进入双向变量泵的低压腔,液动滑阀 8 的作用是始终保证低压溢流阀 9 与低压管相通,使回路中的一部分热油由低压管路经溢流阀 9 排入油箱冷却。当高、低压管路的压差小时,液动滑阀处于中位,切断低压溢流阀 9 的油路,此时补油泵供给的多余的油液就从低压安全阀 12 流掉。

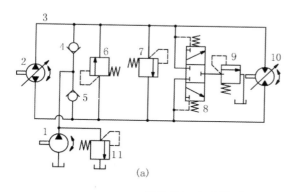

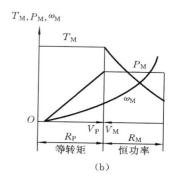

(a)

(b)

图 7-15　变量泵-变量马达回路及其输出特性曲线

(a) 回路;(b) 输出特性曲线

1—补油泵;2—双向变量泵;3—上管路;4、5—单向阀;6、7—高压安全阀;

8—液动滑阀(梭阀);9—低压溢流阀;10—双向变量马达;11—低压安全阀

该回路中,ω_P 为常数,V_P 和 V_M 都可调,故扩大了马达的调速范围。

将 ω_M 由低向高调节时,低速阶段应将 V_M 固定在最大值上,改变 V_P 使其由小到大逐渐增加,ω_M 也由低向高增大,直到 V_P 达到最大值为止。在此过程中,马达最大转矩 T_M 不变,而 P_M 逐渐增大,这一阶段为等转矩调速,调速范围为 R_P。在高速阶段,应将 V_P 固定在最大值上,使 V_M 由大变小,而 ω_M 继续升高,直至马达转速达到允许的最高转速为止。在此过程中,T_M 由大变小,P_M 不变,这一阶段为恒功率调节,调节范围为 R_M。这样的调节顺序,可以满足在大多数机械中低速时能保持较大转矩、高速时能输出较大功率的要求。这种调速回路,实际是上述两种调速回路的组合,其总调速范围为上述两种回路调速范围之乘积,即 $R = R_P \cdot R_M$。图 7-15(b)所示为此回路的输出特性。

7.2.1.3　容积节流调速回路

容积节流调速回路的工作原理是:用压力补偿变量泵供油,用流量控制阀调定进入缸或由缸流出的流量来调节活塞运动速度,并使变量泵的输油量自动与缸所需流量相适应。这种调速回路没有溢流损失,效率较高,速度稳定性也比单纯的容积调速回路好。

1. 限压式变量泵与调速阀组成的容积节流调速回路

如图 7-16 所示,调速阀 2 也可放在回油路上,但为使单杆缸获得更低的稳定速度,应放在进油路上,空载时压力油以最大流量进入缸使其快速运动。进入工进时,电磁阀 3 应通电使其所在油路断开,压力油经调速阀流入缸内。工进结束后,压力继电器 5 发信,使阀 3 和阀 4 换向,调速阀再被短接,缸快退。

当回路处于工进阶段时,缸的运动速度由调速阀中节流阀的通流面积 A_T 来控制。变量泵的输出流量 q_p 和出口压力 p_p 自动保持相应的恒定值。故又称此回路为定压式容积节流调速回路。

这种回路适用于负载变化不大的中、小功率场合,如用左组合机床的进给系统等中。

2. 差压式变量泵与节流阀组成的容积节流调速回路

如图 7-17 所示,设 p_p、p_1 分别为节流阀 5 前、后的压力,F_s 为控制缸 2 中的弹簧力,A 为控制缸 2 活塞右端面积,A_1 为控制缸 1 和缸 2 的柱塞面积,则作用在泵定子上的力平衡方程式为

$$p_p A_1 + p_p(A - A_1) = p_1 A + F_s$$

故得节流阀前后压差为

$$\Delta p = p_p - p_1 = F_s / A \tag{7-6}$$

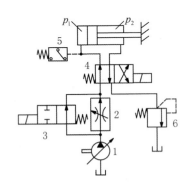

图 7-16 限压式变量泵与调速阀组成的
容积节流调速回路

1—限压式变量泵;2—调速阀;
3、4—电磁换向阀;5—压力继电器;6—背压阀

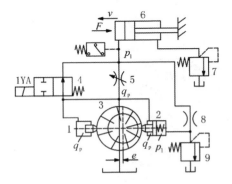

图 7-17 差压式变量泵与节流阀组成的
容积节流调速回路

1、2—控制缸;3—泵;4—电磁换向阀;
5—节流阀;6—缸;7—背压阀;8—阻尼孔;9—安全阀

系统在图示位置时,泵排出的油液经阀 4 进入缸 6,故 $p_p = p_1$,泵的定子仅受 F_s 的作用,从而使定子与转子间的偏心距 e 为最大,泵的流量最大,缸 6 实现快进。

快进结束,1YA 通电,阀 4 关闭,泵的油液经节流阀 5 进入缸 6,故 $p_p > p_1$,定子右移,使 e 减小,泵的流量就自动减小至与节流阀 5 调定的开度相适应为止,缸 6 实现慢速工进。

由于弹簧刚度小,工作中伸缩量 x 也很小($x \leqslant e$),所以 F_s 基本恒定,由式(7-6)可知,节流阀前后压差 Δp 基本上不随外负载而变化,经过节流阀的流量也近似等于常量。

当外负载 F 增大(或减小)时,缸 6 工作压力 p_1 就增大(或减小),则泵的工作压力 p_p 也相应增大(或减小)。故又称此回路为变压式容积节流调速回路。由于泵的供油压力随负载而变化,回路中又只有节流损失,没有溢流损失,因而其效率比限压式变量泵和调速阀组成的调速回路要高。这种回路适用于负载变化大,速度较低的中、小功率场合,如用在某些组合机床进给系统中。

7.2.2 快速运动回路

快速运动回路的功用是,加快执行元件的空载运行速度,以提高系统的工作效率和充分利用功率。常见的快速运动回路有以下几种。

(1)液压缸差动连接快速运动回路(见图 7-18)。当

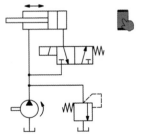

图 7-18 液压缸差动连接
快速运动回路

换向阀处于右位时,缸呈差动连接,泵输出的油和缸返回的油合流,进入缸的无杆腔,实现活塞快速运动。当活塞两端有效作用面积为 2：1 时,快进速度将是非差动连接的 2 倍。

（2）采用蓄能器的快速运动回路（见图 7-19）。当换向阀 5 处于左位或右位时,泵 1 和蓄能器 4 同时向缸 6 供油,缸实现快速运动。当换向阀处于中位时,缸停止工作,泵经单向阀 3 向蓄能器充液,当蓄能器压力升高到液控顺序阀 2 的调定压力时,泵卸荷。

（3）双泵供油快速运动回路（见图 7-20）。图中 1 为大流量泵,2 为小流量泵,两泵同时向系统供油时可实现执行元件的快速运动；转入工作行程中,系统压力升高,打开液控顺序阀 3（卸荷阀）使大流量泵卸荷,仅由泵 2 向系统供油。

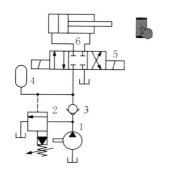

图 7-19　采用蓄能器的快速运动回路
1—泵；2—液控顺序阀；3—单向阀；4—蓄能器；5—换向阀；6—缸

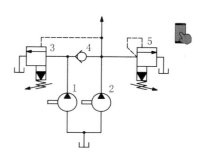

图 7-20　双泵供油快速运动回路
1、2—泵；3、5—液控顺序阀；4—单向阀

7.2.3　速度换接回路

速度换接回路的功用是：使执行元件在一个工作循环中,从一种运动速度变换到另一种运动速度。

1. 快速与慢速的换接回路

图 7-21 所示为采用行程阀的快慢速换接回路。在图示状态下,活塞快进,当活塞杆上的挡块压下行程阀时,缸右腔油液经节流阀流回油箱,活塞转为慢速工进；当换向阀左位接入回路时,活塞快速返回。此回路的优点是速度换接过程比较平稳,换接点的位置精度高；缺点是行程阀的安装位置不能任意布置。若将行程阀改为电磁阀,通过挡块压下电气行程开关来操纵,则其平稳性和换接精度均不如行程阀好。

2. 两种不同慢速的换接回路

图 7-22(a)中两调速阀并联,由换向阀 1 换接,两调速阀各自独立调节流量,互不影响；但一个调速阀工作时,另一个调速阀无油通过,其定差减压阀居最大开口位置,速度换接时大量油液通过该处使执行元件突然前冲。因此,它不宜用于在加工过程中实现速度换接,只能用于速度预选场合。

图 7-22(b)中两调速阀串联,且调速阀 2 的流量调得比调速阀 1 的小,从而实现两种慢速的换接。此回路的速度换接平稳性好。

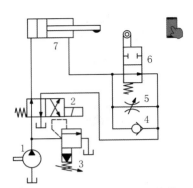

图 7-21　采用行程阀的快慢速换接回路

1—泵；2—换向阀；3—溢流阀；4—单向阀；

5—节流阀；6—行程阀；7—缸

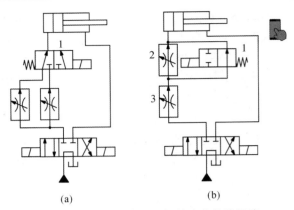

(a)　　　　　　　　　(b)

图 7-22　采用两种调速阀的速度换接回路

1—换向阀；2,3—调速阀

7.3　方向控制回路

方向控制回路分为简单换向回路和复杂换向回路。

简单换向回路只需在泵与执行元件之间采用标准的普通换向阀即可。

当需要频繁、连续自动做往复运动且对换向过程有很多附加要求时，则需采用复杂换向回路。

对于换向要求高的主机(如各类磨床)，若用手动换向阀就不能实现自动往复运动。采用机动换向阀，利用工作台上的行程块推动拨杆(连接在换向阀杆上)来实现自动换向，但工作台慢速运动时，当换向阀移至中间位置(称为换向死点)时，工作台会因失去动力而停止运动，不能实现自动换向；当工作台高速运动时，又会因换向阀阀芯移动过快而引起换向冲击。若采用电磁换向阀由行程挡块推动行程开关发出换向信号，使电磁阀动作推动换向，可避免出现换向死点，但电磁阀动作一般较快，存在换向冲击，而且电磁阀还有换向频率不高、寿命低、易出故障等缺陷。

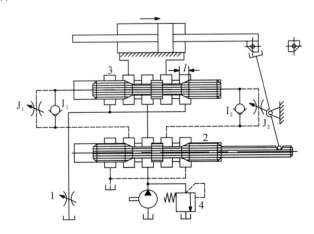

图 7-23　时间控制制动式换向回路

1—节流阀；2—(二位四通)先导阀；3—换向阀；4—溢流阀

若采用特殊设计的机液换向阀，以行程挡块推动机动先导阀，由它控制一个可调式液动换向阀来实现工作台的换向,既可避免换向死点,又可消除换向冲击。这种换向回路,按换向要求不同可分为时间控制制动式和行程控制制动式两种。

1. 时间控制制动式换向回路

如图 7-23 所示,这种回路中的主油路只受换向阀 3 控制。在换向过程中,例如,当先导阀 2 的阀芯处在左端位置时,控制油路中的压力油经单向阀 I_2 通向换向阀 3 右端,换向阀左端的油经节流阀 J_1 流回油箱,换向阀阀芯向左移动,阀芯上的制动锥逐渐关小回油通道,活塞速度逐渐减慢,并在换向阀 3 的阀芯移过 l 距离后将通道闭死,使活塞停止运动。换向阀阀芯上的制动锥半锥角 α 一般取 $1.5°\sim3.5°$,在换向要求不高的地方还可以取大一些。制动锥长度可根据试验确定,一般取 $l=3\sim12$ mm。当节流阀 J_1 和 J_2 的开口大小调定之后,换向阀阀芯移过距离 l 所需的时间(即活塞制动所经历的时间)就确定不变(不考虑油液黏度变化的影响)。因此,这种制动方式被称为时间控制制动式。这种换向回路的主要优点是:其制动时间可根据主机部件运动速度的快慢、惯性的大小,通过改变节流阀 J_1 和 J_2 的开口量得到调节,以便控制换向冲击,提高工作效率。此外,换向阀中位机能采用 H 型,对减小冲击和提高换向平稳性都有利。其主要缺点是:换向过程中的冲出量受运动部件的速度和其他一些因素的影响,换向精度不高。这种换向回路主要用于工作部件运动速度较高,要求换向平稳,无冲击,但换向精度要求不高的场合,如用在平面磨床和插、拉、刨床液压系统中。

2. 行程控制制动式换向回路

如图 7-24 所示,这种回路中的主油路除受换向阀 3 控制外,还受先导阀 2 控制。当先导阀 2 的阀芯在换向过程中向左移动时,先导阀阀芯的右制动锥将液压缸右腔的回油通道逐渐关小,使活塞速度逐渐减慢,对活塞进行预制动。当回油通道被关得很小(轴向开口量尚留 $0.2\sim0.5$ mm)、活塞速度变得很慢时,换向阀 3 的控制油路才开始切换,换向阀阀芯向左移动,切断主油路通道,使活塞停止运动,并使它随即在相反的方向上启动。这里,不论运动部件原来的速度快慢如何,先导阀总是要先移动一段固定的行程 l,对工作部件进行预制动后,再由换向阀来使它换向。所以这种制动方式被称为行程控制制动式。先导阀制动锥半锥角 α 一般取 $1.5°\sim3.5°$,长度 $l=5\sim12$ mm,合理选择制动锥半锥角能使制动平稳(而换向阀上就没有必要采用较长的制动锥,一般制动锥长度只有 2 mm,半锥角也较大,$\alpha=5°$)。

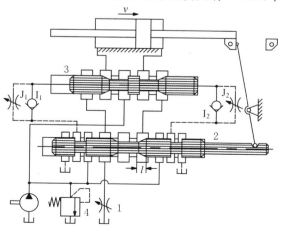

图 7-24　行程控制制动式换向回路

1—节流阀;2—(二位七通)先导阀;3—换向阀;4—溢流阀

行程控制制动式换向回路的换向精度较高,冲出量较小;但由于先导阀的制动行程恒定不变,制动时间的长短和换向冲击的大小受运动部件速度快慢的影响。所以这种换向回路宜用在主机工作部件运动速度不大,但换向精度要求较高的场合,如内、外圆磨床的液压系统中。

7.4 多缸(马达)工作控制回路

7.4.1 顺序动作回路

1. 行程控制顺序动作回路

图 7-25(a)所示为用行程阀控制的顺序动作回路,在图示状态下,A、B 两缸的活塞均在右端。推动手柄,使阀 C 左位工作,缸 A 左行,完成动作①;挡块压下行程阀 D 后,缸 B 左行,完成动作②;手动换向阀 C 复位后,缸 A 先复位,实现动作③;随着挡块后移,阀 D 复位,缸 B 退回,实现动作④。至此完成一个工作循环。

图 7-25(b)所示为用行程开关控制的顺序动作回路。当阀 E 得电换向时,缸 A 左行完成动作①;其后,缸 A 触动行程开关 S_1,使阀 F 得电换向,控制缸 B 左行,完成动作②;当缸 B 左行至触动行程开关 S_2,使阀 E 失电时,缸 A 返回,实现动作③;其后,缸 A 触动 S_3 使 F 断电,缸 B 返回,完成动作④;最后,缸 B 触动 S_4,使泵卸荷或引起其他动作。至此完成一个工作循环。

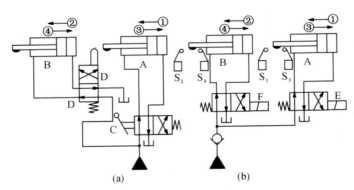

图 7-25 行程控制顺序动作回路

(a) 用行程阀控制;(b) 用行程开关控制

2. 压力控制顺序动作回路

图 7-26 所示为使用顺序阀的压力控制顺序动作回路。当换向阀左位接入回路且顺序阀 D 的调定压力大于缸 A 的最大前进工作压力时,压力油先进入缸 A 左腔,实现动作①;缸 A 行至终点后压力上升,压力油打开顺序阀 D 进入缸 B 的左腔,实现动作②;同样地,当换向阀右位接入回路且顺序阀 C 的调定压力大于缸 B 的最大返回工作压力时,两缸按③和④的顺序返回。

3. 时间控制顺序动作回路

这种回路是利用延时元件(如延时阀、时间继电器等)使多个缸按时间完成先后动作的回路。图 7-27 所示为用延时阀 2 来实现缸 3、4 工作行程的顺序动作回路。当阀 1 的电磁铁通电,左位接通回路后,缸 3 实现动作①;同时,压力油进入延时阀 2 中的节流阀 B,推动换向阀 A 缓慢左移,延续一定时间后,接通油路 a、b,油液才进入缸 4,实现动作②。通过调节节流阀的开度,来调节缸 3 和 4 先后动作的时间差。当阀 1 的电磁铁断电时,压力油同时进入缸 3 和 4 的右腔,使两缸返回,实现动作③。由于通过节流阀的流量受负载和温度的影响,所以延时不易准确,一般都与行程控制方式配合使用。

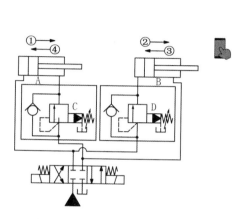

图 7-26　压力控制顺序动作回路

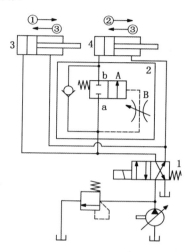

图 7-27　时间控制顺序动作回路

1—阀;2—延时阀;3、4—缸

7.4.2　同步回路

　　同步回路的功用是:保证系统中的两个或多个缸(马达)在运动中以相同的位移或相同的速度(或固定的速比)运动。在多缸系统中,影响同步精度的因素很多,如:缸的外负载、泄漏、摩擦阻力、制造精度、结构弹性变形以及油液中含气量,都会使运动不同步。为此,同步回路应尽量克服或减少上述因素的影响。

1. 容积式同步回路

　　(1)同步泵的同步回路(见图 7-28)。用两个同轴等排量的泵分别向两缸供油,实现两缸同步运动。正常工作时,两换向阀应同时动作;在需要消除端点误差时,两阀也可以单独动作。

　　(2)同步马达的同步回路(见图 7-29)。用两个同轴等排量马达作配流环节,输出相同流量的油液来实现两缸同步运动。由单向阀和溢流阀组成交叉溢流补油回路,可在行程端点消除误差。

　　(3)同步缸的同步回路(见图 7-30)。同步缸 3 由两个尺寸相同的双杆缸连接而成,当同步缸的活塞左移时,油腔 a 与 b 中的油液使缸 1 与缸 2 同步上升。若缸 1 的活塞先到达终点,则油腔 a 的余油经单向阀 4 和安全阀 5 排回油箱,油腔 b 的油继续进入缸 2 下腔,使之到达终点。同理,若缸 2 的活塞先达终点,也可使缸 1 的活塞相继到达终点。

　　(4)带补偿装置的串联缸同步回路(见图 7-31)。缸 1 的有杆腔的有效作用面积与缸 2 的无杆腔的有效作用面积相等。当三位四通阀 6 右位工作时,两缸下行,若缸 1 活塞先到底,将触动行程开关 S_1 使阀 5 得电,压力油经阀 5 和液控单向阀 3 向缸 2 的无杆腔腔补油,使活塞下降到底。若缸 2 活塞先到底,则触动行程开关 S₂ 使阀 4 得电,控制压力油经阀 4 打开液控单向阀 3,缸 1 下腔油液经液控单向阀 3 及阀 5 回油箱,其活塞下降到底。

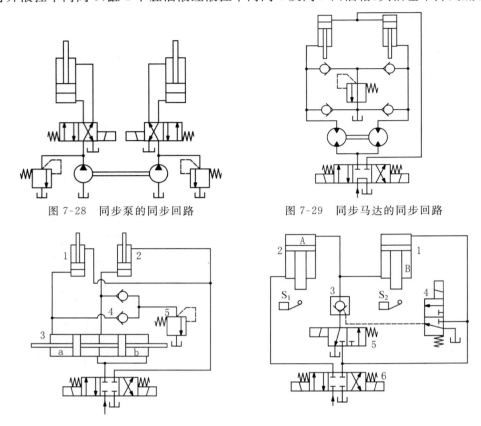

图 7-28　同步泵的同步回路　　　　　图 7-29　同步马达的同步回路

图 7-30　同步缸的同步回路　　　　图 7-31　带补偿装置的串联缸同步回路

1、2—缸;3—同步缸;4—单向阀;5—安全阀　　1、2—缸;3—液控单向阀;4、5—二位三通阀;6—三位四通阀

（5）机械连接同步回路（见图 7-32）。这种回路是用刚性梁（见图 7-32(a)）或齿轮及齿条（见图 7-32(b)）等机械零件,使两缸活塞杆间建立刚性的运动联系,实现位移同步的。

2. 节流式同步回路

（1）采用分流集流阀的同步回路（见图 7-33）。当换向阀左位接回路时,压力油经分流集流阀 3 分成两股等量的油液进入缸 5 和缸 6,使两缸活塞同步上升;当换向阀右位接回路时,阀 3 起集流作用,控制两缸活塞同步下降。回路中的单向节流阀 2 用来控制活塞下降速度,增加背压。

分流集流阀只能实现速度同步。若某缸先到达行程终点,则可经阀内节流孔窜油,使各缸都能到达终点,从而消除累积误差。

（2）采用电液比例调速阀的同步回路（见图 7-34）。回路中使用一个普通调速阀和一个电液比例调速阀(它们各自装在由单向阀组成的桥式节流油路中),分别控制着缸 3 和缸 4 的运动,当两活塞出现位置误差时,检测装置就会发出信号,调节比例调速阀的开度,实现同步。

（3）采用电液伺服阀的同步回路（见图 7-35）。图中电液伺服阀 6 根据两个位移传感器 3 和 4 的反馈信号持续不断地控制其阀口的开度,使通过的流量与通过换向阀 2 阀口的流量相同,使两缸同步运动。

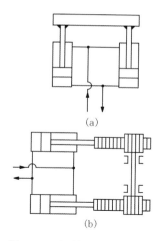

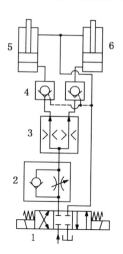

图 7-32 机械连接同步回路

图 7-33 采用分流集流阀的同步回路

1—电磁换向阀；2—单向节流阀；

3—分流集流阀；4—液控单向阀；5、6—缸

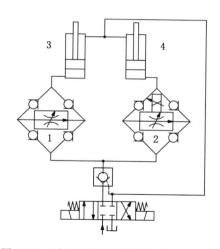

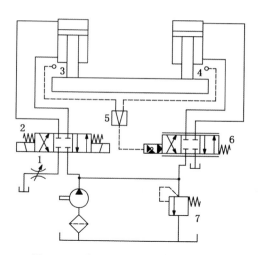

图 7-34 采用电液比例调速阀的同步回路

1—调速阀；2—电液比例调速阀；3、4—缸

图 7-35 采用电液伺服阀的同步回路

1—节流阀；2—换向阀；3、4—位移传感器；

5—伺服放大器；6—电液伺服阀；7—溢流阀

　　此回路可使两缸活塞在任何时候位置误差都不超过 0.05～0.2 mm，但因伺服阀必须通过与换向阀同样大的流量，因此规格尺寸大，价格贵。此回路适用于两缸相距较远而同步精度要求很高的场合。

7.5　其 他 回 路

7.5.1　锁紧回路

　　锁紧回路的功用是，在执行元件不工作时，切断其进出油路，使执行元件准确地停留在

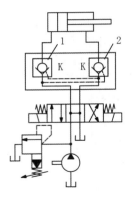

图 7-36　锁紧回路

1、2—液控单向阀

原定位置上。

图 7-36 所示为使用液控单向阀（又称双向液压锁）的锁紧回路，它能在缸不工作时使活塞迅速、平稳、可靠且长时间地被锁住，不会因外力而移动。

7.5.2　浮动回路

浮动回路是指把执行元件的进、回油路连通或同时接通油箱，借助于自重或负载的惯性力，使其处于无约束的自由浮动状态的回路。

图 7-37 所示为采用 H 型（或 P 型、Y 型）三位四通阀的浮动回路。

图 7-38 所示为利用二位二通阀实现起重机吊钩马达浮动的回路。当二位二通阀 2 的下位接回路时，起重机吊钩在自重作用下不受约束地快速下降（即"抛钩"）。马达浮动时若有外泄漏，单向补油阀 4（或 5）可自动补油，以防空气进入。

对于径向柱塞式内曲线马达，使定子内充满压力油，柱塞缩回缸体，马达外壳就处于浮动状态。这种马达用于起重机械能实现抛钩，用于行走机械则可以实现滑行。

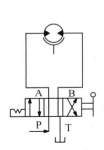

图 7-37　采用 H 型三位四通阀的浮动回路

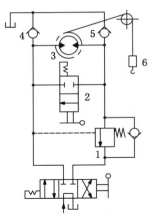

图 7-38　采用二位二通阀的浮动回路

1—平衡阀；2—二位二通阀；3—马达；

4、5—单向补油阀；6—吊钩

练　习　题

7-1　如何实现三级调压？

7-2　减压回路有何功用？

7-3　如何利用增压器获得间断增压和连续增压？

7-4　卸荷回路的功用是什么？试绘出两种不同的卸荷回路。

7-5　在什么情况下需应用保压回路？试绘出使用蓄能器的保压回路。

7-6　什么是平衡回路？平衡阀的调定压力如何确定？

7-7　进油节流阀调速回路有何特点？

7-8　回油节流阀调速回路有何特点?

7-9　旁路节流阀调速回路有何特点?

7-10　为什么采用调速阀能提高调速性能?

7-11　溢流节流阀是否既可用于进油节流调速,也可用于回油节流调速和旁路节流调速? 为什么?

7-12　试分析、比较三种容积式无级调速回路的特性。

7-13　试绘出三种不同的快速运动回路。

7-14　什么是差动回路?

7-15　如何利用行程阀实现两种不同速度的换接?

7-16　如何利用两个调速阀实现两个不同慢速的换接?

7-17　时间控制制动式换向回路有何特点?

7-18　行程控制制动式换向回路有何特点?

7-19　如何使用行程阀实现执行元件顺序动作?

7-20　如何使用顺序阀实现执行元件顺序动作?

7-21　如何利用延时阀实现执行元件时间控制顺序动作?

7-22　试绘出两种不同的容积式同步回路。

7-23　怎样实现串联液压缸同步?

7-24　怎样实现并联液压缸同步?

7-25　试绘出机械连接的同步回路。

7-26　如何利用分流集流阀使执行元件实现同步?

7-27　如何利用电液比例调速阀实现液压缸同步?

7-28　如何利用电液伺服阀使两个液压缸同步?

7-29　试述锁紧回路的功用。

7-30　浮动回路的功用是什么?

第 8 章　典型液压系统

在各种机械设备上,液压系统得到了广泛的使用。本章介绍几台设备的典型液压系统,为液压系统的分析和设计提供实例。

阅读一个较复杂的液压系统图,大致可按以下步骤进行:

(1) 了解设备的工艺对液压系统的动作要求;

(2) 初步浏览整个系统,了解系统中包含哪些元件,并以各个执行元件为中心,将系统分解为若干块(以下称为子系统);

(3) 对每一子系统进行分析,搞清楚其中含有哪些基本回路,然后根据执行元件的动作要求,参照动作循环表读懂这一子系统;

(4) 根据液压设备中各执行元件间互锁、同步、防干扰等要求,分析各子系统之间的联系;

(5) 在全面读懂系统的基础上,归纳总结整个系统有哪些特点,以加深对系统的理解。

8.1　组合机床动力滑台液压系统

8.1.1　概述

组合机床是由通用部件和部分专用部件组成的高效、专用、自动化程度较高的机床。它能完成钻、扩、铰、镗、铣、攻螺纹等工序和工作台转位、定位、夹紧、输送等辅助动作,可用来组成自动线。这里只介绍组合机床动力滑台液压系统。动力滑台上常安装着各种旋转着的刀具,其液压系统的功能是使这些刀具做轴向进给运动,并完成一定的动作循环。

8.1.2　YT4543 型动力滑台液压系统工作原理

图 8-1 所示为 YT4543 型动力滑台液压系统原理图。这个系统用限压式变量叶片泵供油,用电液换向阀换向,用行程阀实现快进速度和工进速度的切换,用电磁阀实现两种工进速度的切换,用调速阀使进给速度稳定。在机械和电气的配合下,能够实现"快进→一工进→二工进→死挡铁停留→快退→原位停止"的半自动循环。表 8-1 为该系统的动作循环表。对该系统的工作情况介绍如下。

1. 快进

按下启动按钮,电磁铁 1YA 通电吸合,控制油路由泵 14 经电磁先导阀 11 左位、单向阀 15,进入液动换向阀 12 的左端油腔,液动换向阀 12 左位接系统,液动换向阀 12 的右端油腔回油经节流阀 16 和阀 11 的左位回油箱,液动换向阀处于左位。主油路从泵 14→单向阀 13 →液动换向阀 12 左位→行程阀 8(常态位)→液压缸左腔(无杆腔)。回油路从液压缸右腔→阀 12 左位→单向阀 3→阀 8→液压缸左腔。由于动力滑台空载,系统压力低,顺序阀 2 关闭,液压缸成差动连接,且泵 14 有最大的输出流量,滑台向左快进(活塞杆固定,滑台随缸体向左运动)。

2. 一工进

快进到一定位置,滑台上的行程挡块压下行程阀 8,使原来通过阀 8 进入液压缸无杆腔的油路被切断。此时阀 9 的电磁铁 3YA 处于断电状态,调速阀 4 接入系统进油路,系统压力升高。压力的升高,一方面使液控顺序阀 2 打开,另一方面使限压式变量泵的流量减小,直到与经过调速阀 4 后的流量相同为止。这时进入液压缸无杆腔的流量由调速阀 4 的开口大小决定。液压缸有杆腔的油液则通过液动换向阀 12 后经液控顺序阀 2 和背压阀 1 回油箱(两侧的压差使单向阀 3 关闭)。液压缸以第一种工进速度向左运动。

3. 二工进

当滑台以一工进速度行进到一定位置时,挡块压下行程开关,使电磁铁 3YA 通电,经阀 9 的通路被切断。此时油液需经调速阀 4 与 10 才能进入液压缸无杆腔。由于阀 10 的开度比阀 4 小,滑台的速度减小,速度大小由调速阀 10 的开度大小决定。

4. 死挡铁停留

当滑台以二工进速度行进到碰上死挡铁后,滑台停止运动。液压缸无杆腔压力升高,压力继电器 5 发出信号给时间继电器(图中未表示),使滑台在死挡铁上停留一定时间后再开始下一动作。滑台在死挡铁上停留,主要是为了满足加工

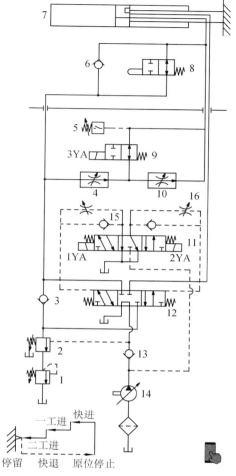

图 8-1　YT4543 型动力滑台液压系统原理图
1—背压阀;2—顺序阀;3、6、13、15—单向阀;
4、10—调速阀;5—压力继电器;7—液压缸;
8—行程阀;9—电磁阀;11—先导阀;
12—液动换向阀;14—液压泵;16—节流阀

端面或台肩孔的需要,使其轴向尺寸精度和表面粗糙度达到一定要求。当滑台在死挡铁上停留时,泵的供油压力升高,流量减少,直到限压式变量泵流量减小到仅能满足补偿泵和系统的泄漏量为止,系统这时处于需要保压的流量卸荷状态。

5. 快退

滑台在死挡铁上停留一定时间(由时间继电器调整)后,时间继电器发出使滑台快退的信号。此时电磁铁 1YA 断电、2YA 通电,阀 11 和阀 12 处于右位。进油路由泵 14→阀 13→阀 12 右位→液压缸右腔;回油路由液压缸左腔→单向阀 6→阀 12 右位→油箱。由于此时为空载,系统压力很低,泵 14 输出的流量最大,滑台向右快退。

6. 原位停止

当滑台快退到原位时,挡块压下原位行程开关,使电磁铁 1YA、2YA 和 3YA 都断电,阀

11 和阀 12 处于中位,滑台停止运动,泵 14 通过阀 12 中位卸荷(注意,这时系统处于压力卸荷状态)。

表 8-1 YT4543 型动力滑台液压系统的动作循环表

动作	1YA	2YA	3YA	压力继电器 5	行程阀 8
快进(差动)	+	−	−	−	导通
一工进	+	−	−	−	切断
二工进	+	−	+	−	切断
死挡铁停留	+	−	+	+	切断
快退	−	+	±	−	切断→导通
原位停止	−	−	−	−	导通

8.1.3 YT4543 型动力滑台液压系统特点

YT4543 型动力滑台液压系统包括以下一些基本回路:由限压式变量叶片泵和进油路调速阀组成的容积节流调速回路,差动连接快速运动回路,电液换向阀的换向回路,由行程阀、电磁阀和液控顺序阀等联合控制的速度切换回路以及采用中位机能为 M 型的电液换向阀的卸荷回路等。液压系统的性能就由这些基本回路所决定。该系统有以下几个特点。

(1) 由限压式变量泵和进油路调速阀组成的容积节流调速回路既满足系统调速范围大、低速稳定性好的要求,又提高了系统的效率。进给时,在回油路上增加了一个背压阀,这样做一方面是为了改善速度稳定性(避免空气渗入系统,提高传动刚度),另一方面是为了使滑台能承受一定的与运动方向一致的切削力。

(2) 采用限压式变量泵和差动连接两个措施实现快进,这样既能得到较高的快进速度,又不致使系统效率过低。动力滑台快进和快退速度均为最大进给速度的 10 倍,泵的流量自动变化,即在快速行程时输出最大流量,工进时只输出与液压缸需要相适应的流量,死挡铁停留时只输出补偿系统泄漏所需的流量。系统无溢流损失,效率高。

(3) 采用行程阀和液控顺序阀使快进转换为工进,动作平稳可靠,转换的位置精度比较高。至于两个工进之间的换接则由于两个工进速度都较低,采用电磁阀完全能保证换接精度。

8.2 | Q2-8 型汽车起重机液压系统

8.2.1 概述

图 8-2 所示为 Q2-8 型汽车起重机外形简图。这种起重机采用液压传动,最大起重量为 80 kN(幅度为 3 m 时),最大起重高度为 11.5 m,起重装置可连续回转。该机具有较高的行走速度,可与装运工具的车编队行驶,机动性好,装上附加吊臂后(图中未表示),可用于建筑工地吊装预制件,吊装的最大高度为 6 m。液压起重机承载能力大,可在有冲击、振动、温度变化大和环境较差的条件下工作。但其执行元件要求完成的动作比较简单,位置精度较低。一般采用高压手动控制系统,系统对保证安全性十分重视。

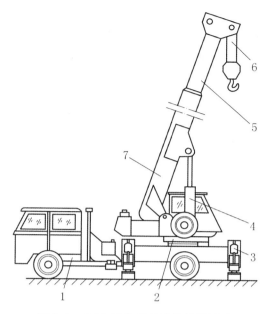

图 8-2　Q2-8 型汽车起重机外形简图

1—载重汽车;2—回转机构;3—支腿;4—吊臂变幅缸;5—吊臂伸缩缸;6—起升机构;7—基本臂

8.2.2　Q2-8 型汽车起重机液压系统原理

图 8-3 所示为 Q2-8 型汽车起重机的液压系统原理图。该系统的液压泵由汽车发动机通过装在汽车底盘变速箱上的取力箱传动。液压泵工作压力为 21 MPa,每转排量为 40 mL,转速为 1500 r/min。泵通过中心回转接头 9、开关 10 和滤油器 11 从油箱吸油,输出的压力油经手动阀组 1 和手动阀组 2 串联地输送到各个执行元件。安全阀 3 用以防止系统过载,调整压力为 19 MPa,其实际工作压力由压力表 12 读取。这是一个单泵、开式、串联(串联式多路阀)液压系统。

系统中除液压泵、滤油器、安全阀、阀组 1 及支腿部分外,其他液压元件都装在可回转的上车部分。其中油箱也在上车部分,兼作配重。上车和下车部分的油路通过中心回转接头 9 连通。

起重机液压系统包含支腿收放回路、回转机构回路、起升机构回路、吊臂伸缩回路和吊臂变幅回路等五个部分。各部分都有相对独立性。

1. 支腿收放回路

由于汽车轮胎的支承能力有限,在起重作业中必须放下支腿,使汽车轮胎架空。汽车行驶时则必须收起支腿。前后各有两条支腿,每一条支腿配有一个液压缸。两条前支腿的收放用一个三位四通手动换向阀 A 控制,而两条后支腿的收放则用另一个三位四通阀 B 控制。换向阀都采用 M 型中位机能,其油路是串联的。每一个液压缸上都配有一个双向液压锁,以保证支腿可靠地锁住,防止在起重作业过程中发生“软腿”现象(液压缸上腔油路泄漏引起)或行车过程中液压支腿自行下落(液压缸下腔油路泄漏引起)。

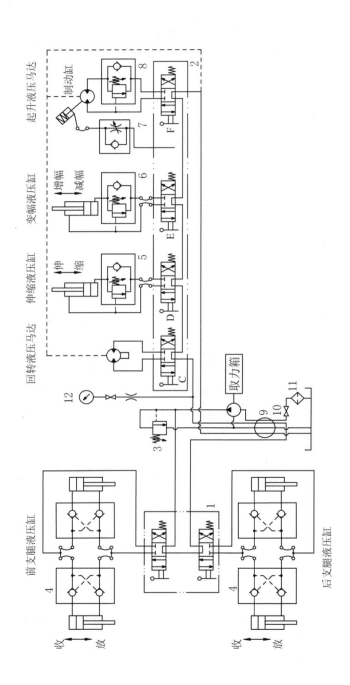

图8-3 Q2-8型汽车起重机液压原理图

1、2—手动阀组; 3—安全阀; 4—双向液压锁; 5、6、8—平衡阀; 7—单向节流阀;
9—中心回转接头; 10—开关; 11—滤油器; 12—压力表

2. 回转机构回路

回转机构采用一个液压马达,通过蜗杆蜗轮减速器和开式小齿轮(与转盘上的内齿轮啮合)来驱动转盘。转盘回转速度较低,一般为 $1\sim3$ r/min。驱动转盘的液压马达转速也不高,故不必设置马达制动回路。因此,回转机构回路比较简单,通过三位四通手动换向阀 C 就可获得左转、停转、右转三种不同工况。在不同角度上的起重量,应按规定的作业范围进行。

3. 起升机构回路

起升机构是起重机的主要执行机构,它是一个由大扭矩液压马达带动的卷扬机。马达的正、反转由一个手动三位四通阀 F 控制。马达的转速,即起吊速度可通过改变汽车发动机的转速来调节。在马达下降的回油路上有平衡阀 8,用以防止重物自由下落。平衡阀 8 由经过改进的液控顺序阀和单向阀组成。由于设置了平衡阀,液压马达只有在进油路上有压力的情况下才能旋转。改进后的平衡阀使重物下降时不会产生"点头"现象。由于液压马达的泄漏量比液压缸大得多,当负载吊在空中时,尽管油路中设有平衡阀,仍有可能产生"溜车"现象。为此,在液压马达上设有制动缸,以便在马达停转时,用制动器锁住起升液压马达。单向节流阀 7 的作用是使制动器上闸快、松闸慢。使制动器上闸快是为了使马达迅速制动,重物迅速停止下降;而使制动器松闸慢则是为了避免负载在半空中再次起升时,拖动液压马达反转而产生滑降现象。

4. 吊臂伸缩回路

吊臂由基本臂和伸缩臂组成,伸缩臂套在基本臂之中。吊臂的伸缩由一伸缩液压缸控制。为防止吊臂在自重作用下下落,伸缩回路中装有平衡阀 5。

5. 吊臂变幅回路

所谓变幅,就是用一液压缸改变起重臂的起落角度。变幅作业也要防止吊臂因自重而下降,因此吊臂变幅回路上也装有平衡阀 6。

Q2-8 型汽车起重机是一种中小型起重机,为简化机构,常用一个液压泵以串联形式给各执行元件供油。在执行元件不满载的情况下,各串联的执行元件可任意组合,使一个或几个执行元件同时运动。如使起升机构回路和吊臂变幅回路(或起升机构回路和回转机构回路)同时动作,又如在起升机构回路工作的同时,也可操纵机构回转回路和吊臂伸缩回路等。但是大型汽车起重机多数采用多泵供油。

8.3　YA32-200 型四柱万能液压机液压系统

8.3.1　概述

液压机是锻压、冲压、冷挤、校直、弯曲、粉末冶金等压力加工工艺中广泛应用的机械设备,它是最早应用液压传动的机械之一。按其工作介质是油还是水(乳化液),液压机可分为油压机和水压机两种。本节介绍一种以油为介质的 YA32-200 型四柱万能液压机。该液压机主缸最大压制力为 2000 kN。液压机要求液压系统完成的主要动作是:主缸滑块的快速下行、慢速加压、保压、泄压、快速回程及在任意点停止;顶出缸活塞的顶出、退回等。在进行薄板拉伸时,有时还需要利用顶出缸将坯料压紧。这时顶出缸下腔须保持一定压力并随主缸一起下行,在一个工作循环内,系统中的压力和流量变化很大,因此要特别注意功率的合理利用。

8.3.2　YA32-200 型四柱万能液压机液压系统工作原理

图 8-4 所示为该液压机的液压系统原理图。系统中有两个泵:主泵 1 是一个高压、大流量恒功率(压力补偿)变量泵,最高工作压力为 32 MPa,由远程调压阀 5 调定;辅助泵 2 是一个低压小流量的定量泵,主要用以供给电液阀的控制油液,其压力由溢流阀 3 调整。

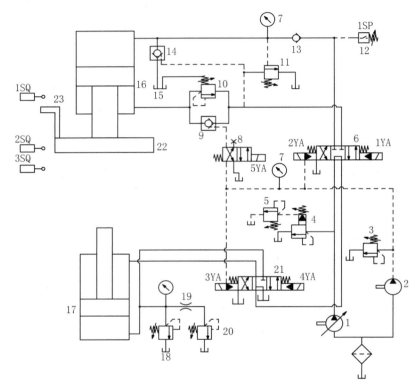

图 8-4　YA32-200 型四柱万能液压机的液压系统原理图

1—恒功率变量泵;2—辅助泵;3、4—溢流阀;5—远程调压阀;6、21—电液换向阀;7—压力表;8—电磁阀;
9—液控单向阀;10—背压阀;11—卸荷阀(带阻尼孔);12—压力继电器;13—单向阀;14—充液阀(带卸载阀芯);
15—充液箱;16—主缸;17—顶出缸;18—安全阀;19—节流器;20—背压阀;22—滑块;23—挡铁

1. 主缸运动

1) 快速下行

按下启动按钮,电磁铁1YA、5YA 通电吸合。低压控制油使电液换向阀 6 切换至右位,同时经阀 8 使液控单向阀 9 打开。泵 1 供油经阀 6 右位、单向阀 13 至主缸 16 上腔,而主缸下腔经液控单向阀 9、阀 6 右位、阀 21 中位回油。此时主缸滑块 22 在自重作用下快速下降,泵 1 虽采用最大流量,但还不足以补充主缸上腔空出的容积,因而上腔形成局部真空,置于液压缸顶部的充液箱 15 内的油液在大气压及油位作用下,经液控单向阀 14(充液阀)进入主缸上腔。

2) 慢速接近工件、加压

当主缸滑块 22 上的挡铁 23 压下行程开关 2SQ 时,电磁铁 5YA 断电,阀 8 处于常态位,阀 9 关闭。主缸回油经背压(平衡)阀 10、阀 6 右位、阀 21 中位至油箱。由于回油路上有背压,滑块单靠自重不能下降,由泵 1 供给的压力油使之下行,速度减慢。这时主缸上腔压力升高,充液阀(液控单向阀)14 关闭。来自泵 1 的压力油推动活塞使滑块慢速接近工件,当主缸活塞的滑块抵住工件后,阻力急剧增加,上腔油压进一步提高,变量泵 1 的排油量自动减小,主缸活塞以极慢的速度对工件加压。

3)保压

当主缸上腔的油压达到预定值时,压力继电器 12 发出信号,使电磁铁 1YA 断电,阀 6 回复中位,将主缸上、下油腔封闭。同时泵 1 供油经阀 6、阀 21 的中位卸荷。单向阀 13 保证了主缸上腔良好的密封性,主缸上腔保持高压。保压时间可由压力继电器 12 控制的时间继电器调整。

4)泄压、快速回程

保压过程结束,时间继电器发出信号,使电磁铁 2YA 通电(定程压制成型时,可由行程开关 3SQ 发信号),主缸处于回程状态。但由于液压机的油压高,且主缸的直径大,行程长,缸内液体在加压过程中受到压缩而储存相当大的能量。如果此时上腔立即与回油相通,缸内液体积蓄的能量突然释放出来,产生液压冲压,将造成机器和管路的剧烈振动,发出很大的噪声。为此,保压后必须先泄压然后再回程。

当电液换向阀 6 切换至左位后,主缸上腔还未泄压,压力很高,卸荷阀 11(带阻尼孔)呈开启状态,主泵 1 的油经阀 6 左位、阀 11 回油箱。这时主泵 1 在低压下运转,此压力不足以打开充液阀 14 的主阀芯,但能打开充液阀 14 中的卸载小阀芯,主缸上腔的高压油经此卸载小阀芯的开口泄回充液箱 15,压力逐渐降低。这一过程持续到主缸上腔压力降至较低值时,卸荷阀 11 关闭,泵 1 的供油压力升高,推开充液阀 14 的主阀芯。此时泵 1 的压力油经阀 6 左位、液控单向阀 9 进入主缸下腔;而主缸上腔油液经阀 14 回油至充液箱 15,实现主缸快速回程。

5)停止

当主缸滑块上的挡铁 23 压下行程开关 1SQ 时,电磁铁 2YA 断电,主缸活塞被采用 M 型中位机能的阀 6 锁紧而停止运动,回程结束。此时泵 1 油液经阀 6、阀 21 回油箱,泵处于卸荷状态。实际使用中,主缸随时都可处于停止状态。

2. 顶出缸运动

1)顶出

按下顶出按钮,3YA 通电吸合,压力油由泵 1 经阀 6 中位、阀 21 左位进入顶出缸下腔,上腔油液则经阀 21 回油,活塞上升。

2)退回

3YA 断电、4YA 通电吸合时,油路换向,顶出缸的活塞下降。

3)浮动压边

进行薄板拉伸压边时,要求顶出缸既保持一定压力,又能随主缸滑块的下压而下降。这时 3YA 通电,使顶出缸上升到顶住被拉伸的工件,然后 3YA 断电,顶出缸下腔的油液被阀 21 封住。主缸滑块下压时,顶出缸活塞被迫随之下行,顶出缸下腔回油经节流器 19 和背压阀 20 流回油箱,使缸下腔保持所需的压边力。图 8-4 中安全阀 18 在节流器 19 阻塞时起安全保护作用。

8.3.3　YA32-200型四柱万能液压机液压系统特点

（1）采用高压大流量恒功率变量泵供油，既符合工艺要求，又节省能量。

（2）利用活塞滑块自重的作用实现快速下行，并用充液阀对主缸充液。这种快速运动回路结构简单，使用元件少。

（3）本液压机采用单向阀13保压。为了减少由保压转换为快速回程时的液压冲击，采用了卸荷阀11和带卸载阀芯的充液阀14组成的泄压回路。

8.4　XS-ZY-250A型塑料注射成型机液压系统

8.4.1　概述

塑料注射成型机简称注塑机。它能将颗粒状的塑料加热熔化成流动状态，以快速高压注入模腔，并保压一定时间，经冷却后成型为塑料制品。

XS-ZY-250A型注塑机属中小型注塑机，每次最大注射容量为 $250\ \mathrm{cm^3}$。该机要求液压系统完成的主要动作有合模和开模、注射座整体前移和后退、注射、保压以及顶出等。根据塑料注射成型工艺，注塑机的工作循环如图8-5所示。它对液压系统的要求如下。

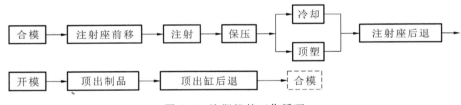

图8-5　注塑机的工作循环

（1）足够的合模力。熔融塑料通常以 $4\sim15\ \mathrm{MPa}$ 的高压注入模腔，因此模具必须具有足够的合模力，否则会使模具离缝而产生塑料制品的溢边现象。

（2）开模和合模速度可调节。由于既要考虑缩短空行程时间以提高生产率，又要考虑合模过程中的缓冲要求以防止损坏模具和制品，还要避免机器产生振动和撞击，所以合模机构在开模、合模过程中需要有多种速度。

（3）注射座整体前移和后退。为了适应各种塑料的加工需要，注射座移动液压缸应有足够的推力，以保证注射时喷嘴与模具浇口紧密接触。

（4）注射压力和注射速度可调节。根据塑料的品种、制品的几何形状及模具浇注系统的不同，注射成型过程中要求注射压力和注射速度可调节。

（5）保压。注射动作完成后需要保压，使塑料紧贴模腔而获得精确的形状；同时，保证在制品冷却凝固而收缩的过程中，熔融塑料可不断补充进入模腔，防止因充料不足而出现残品。保压压力也要求可调。

（6）速度平稳。顶出制品时速度平稳。以上各个动作分别由合模液压缸、注射座移动液压缸、注射液压缸和顶出液压缸来完成（见图8-6）。

8.4.2　XS-ZY-250A 型注塑机液压系统工作原理

图 8-6 所示为 XS-ZY-250A 型注塑机液压系统原理图。该注塑机采用了液压-机械式合模机构。合模液压缸通过对称五连杆机构推动模板进行开模和合模。连杆机构具有增力和自锁作用，依靠连杆弹性变形所产生的预紧力来保证所需的合模力。系统通过比例阀实现对多级压力（指开合模、注射座前移、注射、顶出、螺杆后退时的压力）和速度（指开合模、注射时的速度）的控制，油路简单，使用的阀少、效率高，压力及速度变换时冲击小、噪声低，能实现远程控制或程控，也为实现计算机控制创造了条件。现将液压系统的工作原理说明如下。

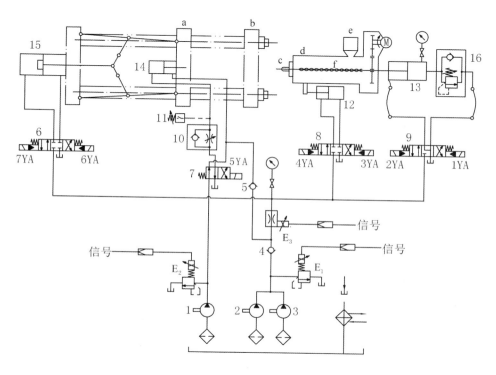

图 8-6　XS-ZY-250A 型注塑机液压系统原理图

1、2、3—液压泵；4、5—单向阀；6、7、8、9—换向阀；10—单向调速阀；11—压力继电器；12—注射座移动液压缸；13—注射缸；14—顶出缸；15—合模缸；16—背压阀；a—动模板；b—定模板；c—喷嘴；d—料筒；e—料斗；f—螺杆

1. 合模

（1）快速合模。电磁铁 7YA 通电，5YA 断电，泵 1 压力由电液比例压力阀 E_2 调整，其压力油经换向阀 7 左位、单向阀 5 到电液比例调速阀 E_3，泵 2、泵 3 的压力由比例压力阀 E_1 调整，其压力油经单向阀 4 也到调速阀 E_3 与泵 1 压力油汇合，经换向阀 6 的左位至合模缸 15 左腔，推动活塞及连杆实现快速合模。

（2）低压合模。电磁铁 7YA 通电，E_1 压力为零，使泵 2、泵 3 卸荷，E_2 使泵 1 的压力降低，形成低压合模。这时合模缸的推力较小，即使在两个模板间有硬质异物，继续进行合模动作也不致损坏模具表面。

（3）高压合模。电磁铁 7YA 通电，泵 2、泵 3 卸荷，E_2 使泵 1 压力升高，用来进行高压合模。高压油使模具闭合并使连杆产生弹性变形,牢固地锁紧模具。

2. 注射座前进

电磁铁 7YA 断电,3YA 通电,泵 2、泵 3 卸荷,泵 1 的压力油经换向阀 8 右位进入注射座移动液压缸 12 右腔,推动注射座整体向前移动,使喷嘴和模具贴紧,缸左腔的油经阀 8 回油箱。

3. 注射

3YA 断电,1YA 通电,三个泵的压力油均经换向阀 9 右位,以及单向阀 4 进入注射缸 13 右腔,注射缸的活塞带动注射头螺杆 f 进行注射。注射速度可由 E_3 调节。注射头螺杆以一定的压力和速度将机筒前端的熔料注入模腔。

4. 保压

此时 1YA 继续通电,由于保压时只需要极少量的油液,所以泵 2、泵 3 卸荷,仅由泵 1 单独供油,压力由 E_2 调节,并将多余油液溢回油箱,使注射缸对模腔内熔料保压并进行补塑。

5. 预塑

1YA 断电,3YA 通电,电动机 M 通过齿轮减速机构使螺杆旋转,料斗 e 中的塑料颗粒进入料筒,被转动着的螺杆带至前端,进行加热塑化。同时螺杆向后退,注射缸右腔的油液在螺杆反推力作用下,经背压阀 16,换向阀 9 的中位后,一部分进注射缸左腔,一部分回油箱。当螺杆后退到预定位置时便停止转动,准备下次注射。与此同时,在模腔内的制品处于冷却成形过程中。

6. 注射座后退

电磁铁 3YA 断电,4YA 通电,泵 2、泵 3 卸荷,泵 1 的压力油经阀 7、阀 5、阀 E_3、阀 8 的左位使注射座移动缸 12 后退。

7. 开模

(1) 慢速开模。4YA 断电,6YA 通电,泵 2、泵 3 卸荷,泵 1 压力油经阀 7、阀 5、阀 E_3、阀 6 右位使合模缸 15 慢速后退。

(2) 快速开模。6YA 通电,泵 1、泵 2、泵 3 的压力油同时经阀 E_3、阀 6 右位使合模缸 15 快速后退。

8. 顶出

(1) 顶出缸 14 前进。6YA 断电,5YA 通电,泵 2、泵 3 卸荷,泵 1 的压力油经阀 7 右位,单向调速阀 10 进入顶出缸 14 左腔,推动顶出杆顶出制品,其速度由阀 10 调节。

(2) 顶出缸后退。5YA 断电,泵 1 压力油经阀 7 进入顶出缸 14 右腔,左腔回油经阀 10 中单向阀、阀 7 回油箱。

9. 螺杆后退

为了拆卸和清洗螺杆,有时需要螺杆后退。2YA 通电、1YA 断电即可完成。

8.4.3　XS-ZY-250A 型注塑机液压系统特点

(1) 注塑机液压系统中执行元件数量较多,是一种速度和压力变化较多的系统。本系统利用电液比例阀进行控制,使系统简单,元件数量大大减少。

（2）自动工作循环主要靠行程开关来实现。

（3）在系统保压阶段，多余的油液要经过溢流阀流回油箱，所以有部分能量损耗。

如果把图 8-6 中定压溢流的节流调速系统用变压容积调速系统来代替，亦即如果用电液比例压力调节泵代替比例溢流阀来对系统实行压力控制，用电液比例流量调节泵代替流量阀来对系统实现速度控制，则可以避免不必要的溢流损失和节流损失，系统的输出便与负载功率和压力完全匹配，这样就变成一个节能型的高效系统了，如图 8-7 所示。图 8-7 中前置式节流器 2、先导式压力阀 1 与恒压阀 6 构成泵 5 的压力控制回路。比例节流阀 4 和恒流量阀 3 构成泵 5 的流量控制回路。图 8-7 中所示阀 3、6 的位置是系统还未设定压力时的位置。如负载变化，使阀 4 压差偏大或偏小，则推动阀 3 左移或右移，使泵的排量减少或增大，最终使流量保持恒定。这时泵的输出压力仅比负载压力高出一个阀 4 的压差。在保压阶段，当系统压力达到阀 1 设定的最高压力时，阀 6 左移使泵排量迅速减小到接近于零，变成高压小流量的工况。

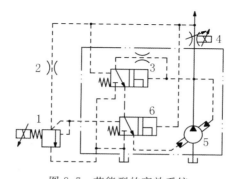

图 8-7　节能型的高效系统
1—先导式压力阀；2—前置式节流器；3—恒流量阀；4—比例节流阀；5—泵；6—恒压阀

总之，这个系统在流量控制阶段可使泵的输出压力与负载相协调，在压力控制阶段可使输出流量接近于零，仅消耗极小的功率，所以它的效率极高。

练 习 题

8-1　图 8-1 为 YT4543 型动力滑台液压系统原理图。

（1）试写出差动快进时液压缸左腔压力 p_1 与右腔压力 p_2 的关系式。

（2）当滑台进入工进状态，但切削刀具尚未触及被加工工件时，系统压力将升高并将液控顺序阀 2 打开，这是因为什么因素的作用？

（3）在限压式变量泵的 p-q 曲线上定性标明动力滑台在差动快进、第一次工进、第二次工进、死挡铁停留、快退及原位停止时限压式变量叶片泵的工作点。

8-2　图 8-8 所示的压力机液压系统能实现"快进→慢进→保压→快退→停止"的动作循环。试读懂此液压系统图，并写出：

（1）包括油液流动情况的动作循环表；

（2）标号元件的名称和功用。

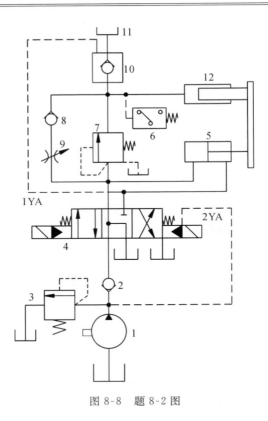

图 8-8   题 8-2 图

第 9 章 | 液压系统的设计计算

液压系统的设计计算步骤大致如下：

(1) 明确系统设计要求；

(2) 分析系统工况，确定主要参数；

(3) 拟定液压系统原理图；

(4) 液压元件的计算与选择；

(5) 液压系统的性能验算；

(6) 进行结构设计，编写技术文件。

在以上的设计步骤中，前五项属于性能设计，它们相互影响，相互渗透，本章将扼要叙述这些内容；最后一项属于结构设计，进行时须先查明液压元件的结构和配置形式，仔细查阅有关产品样本、设计手册和资料，对此项本章不做介绍。

9.1 明确系统的设计要求

在开始设计液压系统时，首先要对机械设备主机的工作情况进行详细的分析，明确主机对液压系统提出的要求，具体包括以下方面：

(1) 主机的用途、主要结构、总体布局，主机对液压系统执行元件在位置布置和空间尺寸上的限制；

(2) 主机的工作循环，液压执行元件的运动方式（移动、转动或摆动）及其工作范围；

(3) 液压执行元件的负载和运动速度的大小及其变化范围；

(4) 主机各液压执行元件的动作顺序或互锁要求；

(5) 对液压系统工作性能（如工作平稳性、转换精度等）、工作效率、自动化程度等的要求；

(6) 液压系统的工作环境和工作条件，如周围介质、环境温度、湿度、尘埃情况、外界冲击振动等；

(7) 其他方面，如液压装置在重量、外形尺寸、经济性等方面的规定或限制。

9.2 分析系统工况，确定主要参数

9.2.1 工况分析

所谓工况分析，就是分析主机在工作过程中各执行元件的运动速度和负载的变化规律。对于动作较复杂的机械设备，根据工艺要求，将各执行元件在各阶段所需克服的负载用图 9-1(a)所示的负载-位移(F-l)曲线表示，称为负载图。将各执行元件在各阶段的速度用图 9-1

(b)所示的速度-位移(vl)曲线表示,称为速度图。设计简单的液压系统时,这两种图可省略不画。

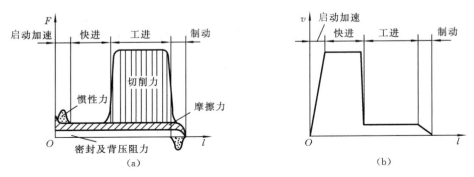

图 9-1 液压系统执行元件的负载图和速度图

(a) 负载图;(b) 速度图

9.2.2 确定主要参数

这里是指确定液压执行元件的工作压力和最大流量。

执行元件的工作压力,可以根据负载图中的最大负载来选取(见表 9-1),也可以根据主机的类型来选取(见表 9-2);而最大流量则由执行元件速度图中的最大速度计算出来。这两者都与执行元件的结构参数(指液压缸的有效工作面积 A 或液压马达的排量 V_M)有关。一般的做法是,先选定工作压力 p,再按最大负载和预估的执行元件机械效率求出 A 或 V_M,经过各种必要的验算、修正和圆整后定下这些结构参数,最后再算出最大流量 q_{max}。

在机床的液压系统中,工作压力选得小些,对系统的可靠性、低速平稳性和降低噪声都是有利的,但在结构尺寸和造价方面则须付出一定的代价。

表 9-1 不同负载下执行元件的工作压力

负载 F/N	<5 000	5 000~10 000	10000~20000	20000~30000	30 000~50 000	>50000
工作压力 p/MPa	<0.8~1	1.5~2	2.5~3	3~4	4~5	>5~7

表 9-2 不同主机中执行元件的工作压力

主机类型	机床				农业机械 小型工程机械 工程机械辅助机构	液压机、中大型挖掘机、重型机械、起重运输机械
	磨床	组合机床	龙门刨床	拉床		
工作压力 p/MPa	≤2	3~5	≤8	8~10	10~16	20~32

在本步骤的验算中,必须使执行元件的最低工作速度 v_{min} 或 ω_{min}($\omega_{min}=2\pi n_{min}/60$)符合以下要求:

对于液压缸

$$\frac{q_{min}}{A} \leqslant v_{min} \tag{9-1}$$

对于液压马达

$$\frac{q_{\min}}{V_{M}} \leqslant \omega_{\min}$$

式中：$q_{\min}$ 为节流阀或调速阀、变量泵的最小稳定流量，由产品性能表查出。

此外，有时还须对液压缸的活塞杆进行稳定性验算，验算工作常常和这里的参数确定工作交叉进行。以上的一些验算结果如不能满足有关的规定要求，就必须对 A 或 V_{M} 的量值进行修改。这些执行元件的结构参数最后还必须圆整成标准值（见国标 GB 2347—1980 和 GB/T 2348—1993）。

液压系统执行元件的工况图是在执行元件结构参数确定之后，根据设计任务要求，算出不同阶段中的实际工作压力、流量和功率之后作出的（见图 9-2）。工况图显

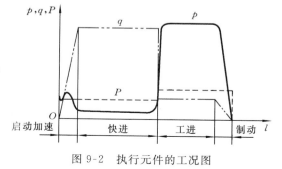

图 9-2　执行元件的工况图

示了在液压系统整个工作循环中这三个参数的变化情况。当系统中包含多个执行元件时，其工况图是各个执行元件工况图的综合。

液压执行元件的工况图是选择系统中其他液压元件和液压基本回路的依据，也是拟定液压系统方案的依据，这是因为以下原因：

（1）液压泵和各种控制阀的规格是根据工况图中的最大压力和最大流量选定的。

（2）各种液压回路及其油源形成都是按工况图中不同阶段内的压力和流量变化情况初选后，再通过比较确定的。

（3）将工况图所反映的情况与调研得来的参考方案进行对比，可以对原来设计参数的合理性做出鉴别，或进行调整。例如，在工艺情况允许的条件下，调整有关工作阶段的时间或速度，可以减少所需的功率；当功率分布很不均匀时，适当修改参数，可以避开（或削减）功率峰值等。

9.3　拟定液压系统原理图

拟定液压系统原理图是整个设计工作中最主要的步骤，它对系统的性能以及设计方案的经济性、合理性具有决定性的影响。其一般方法是，根据动作和性能的要求先分别选择和拟定基本回路，然后将各个回路组合成一个完整的系统。

选择液压回路是根据系统的设计要求和工况图从众多的成熟方案中（参见本书第 7 章和有关的设计手册、资料）评比挑选出来的。选择时，既要考虑调速、调压、换向、顺序动作、动作互锁等要求，也要考虑节省能源、减少发热、减少冲击、保证动作精度等问题。

组合液压系统是把挑选出来的各种液压回路综合在一起，进行归并整理，增添必要的元件或辅助油路，使之成为完整的系统。

9.4　液压元件的计算与选择

液压泵的最大工作压力必须等于或超过液压执行元件最大工作压力与进油路上总压力

损失这两者之和。液压执行元件的最大工作压力可以从工况图中找到;进油路上的总压力损失可以通过估算求得,也可以按经验资料估计(见表9-3)。

表 9-3　进油路压力损失经验值

系统结构情况	总压力损失 Δp/MPa
一般节流调速及管路简单的系统	0.2~0.5
进油路有调速阀及管路复杂的系统	0.5~1.5

液压泵的流量必须等于或超过几个同时工作的液压执行元件总流量的最大值与回路中泄漏量这两者之和。液压执行元件总流量的最大值可以从工况图中找到(当系统中备有蓄能器时此值应为一个工作循环中液压执行元件的平均流量);而回路中的泄漏量则可按总流量最大值的10%~30%估算。

在参照产品样本选取液压泵时,泵的额定压力应选得比上述最大工作压力高20%~60%,以便留有压力储备;额定流量则只需选得能满足上述最大流量需要即可。

液压泵在额定压力和额定流量下工作时,其驱动电动机的功率一般可以直接从产品样本上查到。电动机功率也可以根据具体工况计算出来,有关的算式和数据见液压工程手册。

阀类元件的规格按液压系统的最大压力和通过该阀的实际流量从产品样本上选定。选择节流阀和调速阀时,还要考虑它的最小稳定流量是否符合设计要求。选择阀时须使其实际通过流量最多不超过其公称流量的120%,以免引起发热、噪声和造成过大的压力损失。对于可靠性要求特别高的系统,阀类元件的额定压力应高出其工作压力较多。

油管规格的确定和油箱容量的估算见本书第6章。

9.5　液压系统的性能验算

在确定了各个液压元件之后,有时还要根据需要对整个液压系统的某些技术性能进行必要的验算,以便对所选液压元件和液压系统参数做进一步调整。液压系统性能验算的项目很多,常见的有回路压力损失验算和发热温升验算。

9.5.1　回路压力损失验算

压力损失包括管道内的沿程损失、局部损失以及阀类元件处的局部损失三项。管道内的这两种损失可用第2章中的有关公式估算;阀类元件处的局部损失则需从产品样本中查出。当通过阀类元件的实际流量 q 不是其公称流量 q_n 时,它的实际压力损失 Δp 与其额定压力损失 Δp_n 间将呈如下的近似关系:

$$\Delta p = \Delta p_n \left(\frac{q}{q_n} \right)^2 \tag{9-2}$$

计算液压系统的回路压力损失时,不同的工作阶段要分开来计算。回油路上的压力损失一般都须折算到进油路上去。计算时所得的总压力损失如果与液压元件计算时假定的压力损失相差太大,则应对设计进行必要的修改。

9.5.2　发热温升验算

这项验算是用热平衡原理来对油液的温升值进行估计。单位时间内进入液压系统的热

量 Q(以 W 计)是液压泵输入功率 P_1 和液压执行元件有效功率 P_0 之差。假如这些热量全部由油箱散发出去,不考虑系统其他部分的散热效能,则油液温升的估算公式可以根据不同的条件分别从有关的手册中找出来。例如,当油箱三个边的尺寸比例为 $1:(1\sim2):(1\sim3)$、油面高度是油箱高度的 80% 且油箱通风情况良好时,油液温升 ΔT 的计算式可以用单位时间内输入热量 Q(W)和油箱有效容积 V(m^3)近似地表示成

$$\Delta T = \frac{Q}{\sqrt[3]{V^2}} \times 10^{-2} \quad (℃) \tag{9-3}$$

当验算出来的油液温升值超过允许数值时,必须考虑在系统中设置合适当的冷却器。油箱中油液允许的温升随主机的不同而异:一般机床为 $25\sim30$ ℃,工程机械为 $35\sim40$ ℃,等等。

9.6　液压系统的设计计算举例

这里介绍某厂气缸加工自动线上的一台卧式单面多轴钻孔组合机床的液压系统设计实例。已知:机床工作时轴向切削力 $F_t=25000$ N;往复运动加速、减速的惯性力 $F_m=500$ N;静摩擦阻力 $F_{fs}=1500$ N,动摩擦阻力 $F_{fd}=850$ N;快进、快退速度 $v_1=v_3=0.1$ m/s;快进行程 $l_1=0.1$ m;工进速度 $v_2=0.000833$ m/s;工进行程 $l_2=0.04$ m。由于本机床为自动线的一台设备,为了保证自动化要求,其工件的定位、夹紧都应采用液压控制。机床的动作顺序应为:定位→夹紧→动力滑台快进→工进→快退→原位→夹具松开→拔定位销。

液压系统的设计过程如下。

9.6.1　工况分析

本例以动力滑台液压缸的分析计算为主,表 9-4 所示为液压缸在各工作阶段的负载值,其负载图、速度图分别与图 9-1(a)、(b)相似。

表 9-4　液压缸在各工作阶段的负载值

工况	负载组成	负载值 F/N	$\dfrac{F}{\eta_m}$/N
启动	$F=F_{fs}$	1 500	1 667
加速	$F=F_{fd}+F_m$	1 350	1 500
快进	$F=F_{fd}$	850	945
工进	$F=F_{fd}+F_t$	25 850	28 722
快退	$F=F_{fd}$	850	945

注:(1) 液压缸的机械效率取 $\eta_m=0.9$;
　(2) 不考虑动力滑台上的颠覆力矩的作用。

9.6.2　液压缸主要参数的确定

由表 9-1 和表 9-2 可知,组合机床液压系统在最大负载约为 29000 N 时宜取 $p_1=4$ MPa。液压缸选用单杆式,并在快进时做差动连接。此时液压缸无杆腔工作面积 A_1 应为有杆腔工作面积 A_2 的两倍,即活塞杆直径 d 与缸筒直径 D 的关系为 $d=0.707D$。

在钻孔加工时,液压缸回油路上必须具有背压 p_2,以防孔被钻通时滑台突然前冲,可取

$p_2 = 0.8$ MPa。快进时液压缸虽为差动连接，但由于油管中有压降 Δp 存在，有杆腔的压力必须大于无杆腔，估算时可取 $\Delta p \approx 0.5$ MPa。快退时回油腔中是有背压的，这时 p_2 亦可按 0.5 MPa 估算。

由工进时的推力计算液压缸面积。因

$$F/\eta_m = A_1 p_1 - A_2 p_2 = A_1 p_1 - (A_1/2) p_2$$

故有

$$A_1 = \left(\frac{F}{\eta_m}\right) / \left(p_1 - \frac{p_2}{2}\right) = 28\,722 / \left[\left(4 - \frac{0.8}{2}\right) \times 10^6\right] \text{m}^2 = 0.008 \text{ m}^2 = 80 \text{ cm}^2$$

$$D = \sqrt{4A_1/\pi} = 10.09 \text{ cm}, d = 0.707D = 7.13 \text{ cm}$$

当按 GB/T 2348—1993 将这些直径就近圆整成标准值时，得 $D = 10$ cm，$d = 7$ cm。由此求得液压缸两腔的实际有效作用面积为

$$A_1 = \pi D^2/4 = 78.54 \text{ cm}^2, \quad A_2 = \pi (D^2 - d^2)/4 = 40.06 \text{ cm}^2$$

根据上述 D 和 d 值，可估算液压缸在各个工作阶段中的压力、流量和功率，如表 9-5 所示，并据此绘出工况图，如图 9-3 所示。

表 9-5　液压缸在不同阶段的压力、流量和功率值

工况		负载 F/N	回油腔压力 p_2/Pa	进油腔压力 p_1/Pa	输入流量 q/(m³/s)	输入功率 P/W	计算式
快进（差动）	启动	1 667	$p_2 = 0 (\Delta p = 0)$	0.433×10^6	—	—	$p_1 = \dfrac{F + A_2 \Delta p}{A_1 - A_2}$
	加速	1 500	$p_2 = p_1 + \Delta p$	0.910×10^6	—	—	$q = (A_1 - A_2) v_1$
	恒速	945	$(\Delta p = 0.5 \times 10^6 \text{ Pa})$	0.766×10^6	$23.09/(60 \times 10^3)$	0.30×10^3	$P = p_1 q$
工进		28 722	0.85×10^6	4.065×10^6	$0.39/(60 \times 10^3)$	0.026×10^3	$p_1 = \dfrac{F + p_2 A_2}{A_1}$ $q = A_1 v_2$ $P = p_1 q$
快退	启动	1 667	$p_2 = 0$	0.416×10^6	—	—	$p_1 = F + \dfrac{p_2 A_1}{A_2}$
	加速	1 500	0.5×10^6	1.36×10^6	—	—	$q = A_2 v_3$
	恒速	945		1.216×10^6	$24.04/(60 \times 10^3)$	0.487×10^3	$P = p_1 q$

9.6.3　液压系统图的拟定

1. 液压回路的选择

首先选择调速回路。由工况图（见图 9-3）得知，这台机床液压系统的功率小，滑台运动速度低，工作负载变化小，可采用进口节流的调速形式。为了避免在孔钻通时进口节流调速回路中的滑台突然前冲现象，回油路上要设置背压阀。

由于液压系统选用了节流调速的方式，系统中油液的循环必然是开式的。

分析工况图可知，在这个液压系统

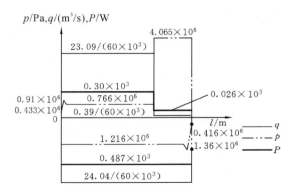

图 9-3　组合机床动力滑台液压缸的工况图

的工作循环内,液压缸交替地要求油源提供低压大流量和高压小流量的油液。

最大流量与最小流量之比约为 60,而快进快退所需的时间比工进所需的时间少得多,因此从提高系统效率、节省能量的角度来看,采用单个定量泵作为油源显然是不合适的,宜采用双泵供油系统,或采用限压式变量泵加调速阀组成容积节流调速系统。

在调速方案确定以后,供油方式、调压方式均已定。

本机床快进快退速度较大,为保证换向平稳,且液压缸在快进时为差动连接,故采用三位五通 Y 型电液换向阀来实现运动换向,并实现差动连接。

为保证夹紧力可靠,且能单独调节,在支路上串接减压阀和单向阀;为保证定位→夹紧的顺序动作,在进入夹紧缸的油路上接单向顺序阀,只有当定位缸达到和超过顺序阀的调节压力时,夹紧缸才动作;为保证工件确已夹紧后进给缸才能动作,在夹紧缸进口处装一压力继电器,只有当夹紧压力达到压力继电器的调节压力时,才能发出信号,使进给缸油路的三位五通电液换向阀电磁铁通电,进给缸才能开始快进。

2. 拟定液压系统原理图

综合上述分析和所拟定的方案,将各种回路合理地组合成为该机床液压系统原理图,如图 9-4 所示。

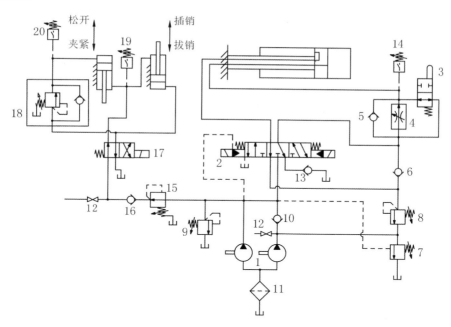

图 9-4　整理后的液压系统原理图

1—双联叶片泵;2—三位五通电液阀;3—行程阀;4—调速阀;5、6、10、13、16—单向阀;7—顺序阀;8—背压阀;9—溢流阀;11—过滤器;12—压力表开关;14、19、20—压力继电器;15—减压阀;17—二位四通电磁阀;18—单向顺序阀

9.6.4　液压元件的选择

1. 液压泵

液压缸在整个工作循环中的最大工作压力为 4.065 MPa,如取进油路上的压力损失为 0.8 MPa(见表 9-3),压力继电器调整压力应比系统最大工作压力高出 0.5 MPa,则小流量

泵的最大工作压力应为

$$p_{p1} = (4.065 + 0.8 + 0.5) \text{MPa} = 5.365 \text{ MPa}$$

大流量泵是在快速运动时才向液压缸输油的,由图 9-3 可知,快退时液压缸中的工作压力比快进时大,如取进油路的压力损失为 0.5 MPa,则大流量泵的最高工作压力为

$$p_{p2} = (1.216 + 0.5) \text{MPa} = 1.716 \text{ MPa}$$

两个液压泵应向液压缸提供的最大流量为 $23.09/(60 \times 10^3) \text{m}^3/\text{s}$(见图 9-3),若回路中的泄漏量按液压缸输入流量的 10% 估计,则两个泵的总流量为 $q_p = 1.1 \times 23.09/(60 \times 10^3) \text{ m}^3/\text{s} = 25.4/(60 \times 10^3) \text{ m}^3/\text{s}$。由于溢流阀的最小稳定溢流量为 $3/(60 \times 10^3) \text{ m}^3/\text{s}$,工进时输入液压缸的流量为 $0.39/(60 \times 10^3) \text{ m}^3/\text{s}$,所以小流量泵的流量规格最少应为 $3.39/(60 \times 10^3) \text{ m}^3/\text{s}$。

根据以上压力和流量的数值查阅产品目录,最后确定选取 YB-4/25 型双联叶片泵。

由于液压缸在快退时输入功率最大,这相当于液压泵输出压力为 1.716 MPa、流量为 $29/(60 \times 10^3) \text{m}^3/\text{s}$ 时的情况。如取双联叶片泵的总效率为 $\eta_p = 0.75$,则液压泵驱动电动机所需的功率为

$$P = p_p q_p / \eta_p = [1.716 \times 10^6 \times 29/(60 \times 10^3)]/0.75 \text{ W} = 1\,106 \text{ W} \approx 1.1 \text{ kW}$$

根据此数值查阅电动机产品目录,选择功率和额定转速相近的电动机。

2. 阀类元件及辅助元件

根据液压系统的工作压力和通过各个阀类元件和辅助元件的实际流量,可选出这些元件的型号及规格,表 9-6 给出了所选出的一种方案。

表 9-6　元件的型号及规格

序号	元件名称	估计通过流量/(L/min)	型号	规格	调节压力/MPa
1	双联叶片泵	—	YB-4/25	6.3 MPa 25 L/min 和 4 L/min	—
2	三位五通电液阀	60	35DY-63BYZ	6.3 MPa	—
3	行程阀	50	QCI-63B	6.3 MPa	
4	调速阀	<1			
5	单向阀	60			
6	单向阀	45	I-63B	6.3 MPa	—
7	顺序阀	25	XY-63B	6.3 MPa	2.0
8	背压阀	<1	B-10B	6.3 MPa	0.8
9	溢流阀	4	Y-10B	6.3 MPa	5.4
10	单向阀	25	I-10B	6.3 MPa	—
11	过滤器	30	XU-22X100	50 L/min	—
12	压力表开关	—	K-3B	6.3 MPa(3 测点)	—
13	单向阀	60	I-63B	6.3 MPa	—
14	压力继电器	—	DP$_1$-63B	6.3 MPa	4.5
15	减压阀	30	J-63B	6.3 MPa	4.6
16	单向阀	30	I-63B	6.3 MPa	—
17	二位四通电磁阀	30	24D-40B	6.3 MPa	—
18	单向顺序阀		XI-63B	6.3 MPa	大于插销的压力
19	压力继电器	—	DP$_1$-63B	6.3 MPa	4.6
20	压力继电器	—	DP$_1$-63B	6.3 MPa	4.6

9.6.5　液压系统的性能验算

1. 回路压力损失验算

由于系统的具体管路布置尚未确定,整个回路的压力损失无法估算,仅可以得出阀类元件对压力损失所造成的影响,供调定系统中某些压力值时参考,这里估算从略。

2. 油液温升验算

工进在整个工作循环中所占的时间比例达 96%,所以系统发热和油液温升可用工进时的情况来计算。

工进时液压缸的有效功率为

$$P_0 = p_2 q_2 = F v_2 = 25\ 850 \times 0.000\ 833\ \text{W} = 21.5\ \text{W}$$

这时大流量泵通过顺序阀 7 卸荷(卸荷压力 $p_{p1} = 0.3 \times 10^6\ \text{Pa}$),小流量泵在高压($p_{p2} = 5.4 \times 10^6\ \text{Pa}$)下供油,所以两个泵的总输出功率为

$$P_1 = \frac{p_{p1} q_{p1} + p_{p2} q_{p2}}{\eta}$$

$$= \frac{0.3 \times 10^6 \times [25/(60 \times 1\ 000)] + 5.4 \times 10^6 \times [4/(60 \times 1\ 000)]}{0.75}\ \text{W}$$

$$= 646.67\ \text{W}$$

由此得液压系统单位时间的发热量为

$$Q = P_1 - P_0 = (646.67 - 21.5)\ \text{W} = 625.2\ \text{W}$$

此机床允许油液温升 $\Delta T = 30\ \text{K}$,为使温升不超过允许的 ΔT 值,可按式(6-9)计算油箱的最小有效容积 $V_{\min}$,即

$$V_{\min} = 10^{-3} \sqrt{\left(\frac{Q}{\Delta T}\right)^3} = 10^{-3} \sqrt{\left(\frac{625.2}{30}\right)^3}\ \text{m}^3 = 0.095\ 1\ \text{m}^3$$

取 $V = 0.096\ \text{m}^3$。

按式(6-12)计算油箱的总容积 V_a,即

$$V_a = 1.25 V = 1.25 \times 0.096\ \text{m}^3 = 0.12\ \text{m}^3$$

必须指出:如果实际所采用的油箱的有效容积 V 小于按式(6-9)计算出的最小有效容积 $V_{\min}$($V_{\min} = 0.0957\ \text{m}^3$),则必须设置冷却器。

练　习　题

9-1　设计一卧式单面多轴钻孔组合机床动力滑台的液压系统,动力滑台的工作循环是:快进→工进→快退→停止。液压系统的主要参数与性能要求如下:轴向切削力为 21000 N,移动部件总重力为 10000 N,快进行程为 100 mm,快进与快退速度均为 4.2 m/min,工进行程为 20 mm,工进速度为 0.05 m/min,加速、减速时间为 0.2 s。工作台采用平导轨,静摩擦因数为 0.2,动摩擦因数为 0.1,动力滑台可以随时在中途停止运动。试设计该组合机床的液压传动系统。

9-2　设计一台专用铣床,若工作台、工件和夹具的总重力为 5500 N,轴向切削力为 30 kN,工作台总行程为 400 mm,工作行程为 150 mm,快进、快退速度为 4.5 m/min、工进速

度为 60～1000 mm/min,加速、减速时间均为 0.05 s,工作台采用平导轨,静摩擦因数为 0.2,动摩擦因数为 0.1,试设计该机床的液压传动系统。

9-3　设计一台小型液压压力机的液压系统,要求实现"快速空程下行→慢速加压→保压→快速回程→停止"工作循环,快速往返速度为 3 m/min,加压速度为 40～250mm/min,压制力为 200000 N,运动部件总重力为 20000 N。

第 10 章　气压传动概述

气压传动简称气动,是以空气压缩机为动力源,以压缩空气为工作介质,进行能量和信号传递的工程技术,是实现传动与控制的重要手段之一。

10.1　气压传动的优缺点

1. 气压传动的主要优点

（1）工作介质是取之不尽的空气,流动损失小,可集中供气,适应远距离输送。废气排放处理简单,无污染,成本低。

（2）气动装置简单、轻便、安装维护简单。压力等级低,使用安全。

（3）气动元件结构简单,制造容易,适合标准化、系列化、通用化。气动元件可靠性高,使用寿命长(有效动作最大可达到 1 亿次)。

（4）气动执行元件响应速度高,动作较快。对冲击负载和过负载有较强的适应能力。

（5）全气动装置具有防火、防爆、耐潮的能力,能适应高温、强电磁干扰、粉尘环境等恶劣工作环境。

2. 气压传动的主要缺点

（1）空气具有可压缩性,气动执行元件的速度受负载变化影响较大,定位精度低。采用气液联动和比例控制技术可以克服这一缺陷。

（2）气信号比光、电信号的传递速度慢,不宜用于要求传递速度高的复杂控制系统。

（3）虽然在许多应用场合,气动执行元件的输出力能满足工作要求,但其输出力、输出功率比液压执行元件小。

10.2　气压传动系统的基本组成

气压传动系统由气压发生装置、执行元件、控制元件和辅助元件四个部分组成,如图10-1 所示。

1. 气压发生装置

气压发生装置包括压缩空气的发生装置,以及压缩空气的存储、净化等辅助装置。它为气压系统提供满足最基本使用要求的压缩空气。

2. 执行元件

执行元件是将压缩空气的压力能转变为机械能的元件,如气缸、气马达等。

3. 控制元件

控制元件又称操纵、运算、检测元件,是用来控制压缩空气流的压力、流量和流动方向

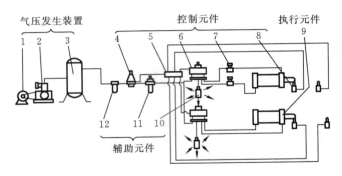

图 10-1　气压传动及控制系统的组成

1—电动机；2—空气压缩机；3—储气罐；4—压力控制阀；5—逻辑元件；6—方向控制阀；7—流量控制阀；

8—行程阀；9—气缸；10—消声器；11—油雾器；12—分水滤气器

等，以便使执行机构完成预定运动规律的元件。控制元件包括各种压力阀、方向阀、流量阀、逻辑元件、射流元件、行程阀和传感器等。

4. 辅助元件

辅助元件是使压缩空气净化、润滑，并实现消声以及元件连接所需要的一些装置，如分水滤气器、油雾器、消声器以及各种管路附件等。

练　习　题

10-1　简述气压传动的优缺点。

10-2　试述一个典型的气动系统由哪几个部分组成。

第 11 章　　气压传动基础知识

11.1　空气的物理性质

1. 空气的组成

空气的主要成分是氮气、氧气,其他气体(惰性气体和二氧化碳等)所占的比例极小。含有水蒸气的空气称为湿空气,不含水蒸气的空气称为干空气。

2. 基本状态参数

气体常用的状态参数有六个:温度 T、体积 V、压力 p、内能、焓、熵。其中前三个参数可以测量,称为基本状态参数。有了三个基本状态参数可以算出其他三个状态参数。可根据三个基本状态参数规定空气的两个状态:基准状态和标准状态。

基准状态:温度为 0 ℃、压力为 101.3 kPa 的干空气的状态。基准状态下空气的密度 ρ $= 1.293$ kg/m³。

标准状态:温度为 20 ℃、相对湿度为 65%、压力为 101.3 kPa 的空气状态。标准状态下空气的密度 $\rho = 1.185$ kg/m³。

3. 空气的其他物理性质

由于空气的含水量对气压传动系统的稳定性有影响,因此各种气动元件对压缩空气的含水量有明确的规定,为此,常采用相应的措施去除压缩空气中的水分。

含有水分的空气称为湿空气,其含有水分的程度用湿度和含湿量来表示。湿度又分为绝对湿度和相对湿度。

(1) 绝对湿度 χ:每立方米湿空气中所含的水蒸气的质量,即

$$\chi = m_s/V \tag{11-1}$$

式中:m_s 为湿空气中水蒸气的质量(kg);V 为空气的体积(m³)。

(2) 饱和绝对湿度 χ_b:湿空气中水蒸气的分压力达到该温度下水蒸气的饱和压力时的绝对湿度,即

$$\chi_b = p_b/(R_s T) \tag{11-2}$$

式中:p_b 为饱和湿空气中水蒸气的分压力;R_s 为水蒸气的气体常数,$R_s = 462.05$ N·m/(kg·K);T 为绝对温度(K)。

绝对湿度只能说明湿空气中含有水蒸气的量的多少。湿空气所具有的吸收水蒸气的能力,需要用相对湿度来说明。

(3) 相对湿度 ϕ:在相同温度和压力的条件下,绝对湿度和饱和绝对湿度的比值,即

$$\phi = \frac{\chi}{\chi_b} \times 100\% = \frac{p_s}{p_b} \times 100\% \tag{11-3}$$

式中:χ、χ_b 分别为绝对湿度和饱和绝对湿度;p_s、p_b 分别为水蒸气的分压力和饱和水蒸气的

分压力。

ϕ 值在 $0\sim100\%$ 之间。干空气的相对湿度 ϕ 为 0,饱和湿空气的相对湿度为 100%。ϕ 值越大,表示湿空气吸收水蒸气的能力越弱,离水蒸气达到饱和而析出的极限越近。因此,在气压传动系统中相对湿度 ϕ 值越小越好。气压传动系统要求压缩空气的相对湿度小于 95%。

(4) 含湿量 d:每千克质量的干空气中所混合的水蒸气的质量,即

$$d = m_s/m_g \tag{11-4}$$

式中:m_s、m_g 分别为水蒸气的质量和干空气的质量(kg)。

当湿空气的温度和压力发生变化时,其中的水分可能由气态变为液态或由液态变为气态。计算过程中应考虑湿空气中水分物相变化的影响。表 11-1 所示为绝对压力为 0.1013 MPa 时饱和空气中水蒸气的分压力、含湿量与温度的关系。

表 11-1　绝对压力为 0.1013 MPa 时饱和空气中水蒸气的分压力、含湿量与温度的关系

温度 t / ℃	饱和水蒸气的分压力 p_b /($\times10^5$ MPa)	容积含湿量 d'_b /(g/m³)	温度 t/ ℃	饱和水蒸气的分压力 p_b/ ($\times10^5$ MPa)	容积含湿量 d'_b/ (g/m³)
100	1.013	597.0	30	0.042	30.4
80	0.473	292.9	25	0.032	23.0
70	0.312	197.9	20	0.023	17.3
60	0.199	130.1	15	0.017	12.8
50	0.123	83.2	10	0.012	9.4
40	0.074	51.2	0	0.006	4.8
35	0.056	39.6	−10	0.002 6	2.2

2. 黏性

空气的黏性是空气质点相对运动时产生阻力的性质。空气的黏性受压力变化的影响极小,只受温度的影响。随温度的升高,空气的黏度增大。空气运动黏度随温度的变化如表 11-2 所示。

表 11-2　空气的运动黏度与温度的关系(1 个标准大气压时)

t/ ℃	0	5	10	20	30	40	60	80	100
ν/(m²/s)	0.133 $\times10^{-4}$	0.142 $\times10^{-4}$	0.147 $\times10^{-4}$	0.157 $\times10^{-4}$	0.166 $\times10^{-4}$	0.176 $\times10^{-4}$	0.196 $\times10^{-4}$	0.210 $\times10^{-4}$	0.238 $\times10^{-4}$

3. 气体(空气)的易变特性

气体的体积受压力和温度变化的影响极大,与液体和固体相比较,气体的体积是易变的,称为气体的易变特性。例如,液压油在一定温度下,工作压力为 0.2 MPa,若压力增加 0.1 MPa,体积将减少 1/20000,而空气压力增加 0.1 MPa 时,体积减少 1/2。两者体积随压力的变化相差很大。又如,水温每升高 1 ℃,体积增大 1/20000,而气体温度每增加 1 ℃,体积增大 1/273。两者体积随温度的变化相差约 73 倍。气体与液体体积变化相差悬殊,主要原因是气体分子间的距离大,分子间的内聚力小,分子间的平均自由程大。

11.2 气体的状态变化

11.2.1 理想气体的状态方程

没有黏性的气体称为理想气体。一定质量的理想气体处于某一平衡状态时,其压力、温度和密度之间的关系称为理想气体状态方程,即

$$pV = mRT \tag{11-5}$$

$$\frac{pV}{T} = 常数 \tag{11-6}$$

$$p = \rho RT \tag{11-7}$$

式中:p 为气体的绝对压力(N/m^2);V 为气体的体积(m^3);m 为气体的质量(kg);R 为气体常数,干空气 $R=278.1$ N·m/(kg·K),水蒸气 $R=462.05$ N·m/(kg·K);T 为气体的绝对温度(K);ρ 为气体的密度(kg/m^3)。

由于实际气体具有黏性,因此严格地说,它并不完全服从理想气体状态方程,随着压力升高和温度降低,气体的 $pV/(mRT) \neq 1$。当压力在 $0 \sim 10$ MPa,温度在 $0 \sim 200$ ℃之间变化时,$pV/(mRT)$ 接近 1,其误差小于 4%。气压传动系统中的压缩空气,其压力一般在 1 MPa 以下,可将其看成理想气体。

11.2.2 气体的状态变化过程及规律

气体的状态变化是指气体的状态参数(压力、温度、体积)由一个平衡状态变化到另一个平衡状态。下面介绍几个简单的状态变化过程及规律。

1. 等容变化过程

一定质量的气体,在状态变化过程中体积保持不变,则有

$$\frac{p_1}{T_1} = \frac{p_2}{T_2} = 常数 \tag{11-8}$$

式(11-8)表明:当体积不变时,压力的变化与温度的变化成正比,当压力上升时,气体的温度随之上升。

2. 等压变化过程

一定质量的气体,在状态变化过程中压力保持不变,则有

$$\frac{V_1}{T_1} = \frac{V_2}{T_2} = 常数 \tag{11-9}$$

式(11-9)表明:当压力不变时,温度上升则气体的体积增大(膨胀),温度下降则气体的体积减小。

3. 等温变化过程

一定质量的气体,在状态变化过程中温度保持不变,则有

$$p_1 V_1 = p_2 V_2 = 常数 \tag{11-10}$$

式(11-10)表明:当温度不变时,压力上升则气体的体积减小(压缩),压力下降则气体的体积增大。

4. 绝热变化过程

一定质量的气体,在状态变化过程中与外界完全没有热交换时,有

$$p_1 V_1^k = p_2 V_2^k = 常数 \tag{11-11}$$

式中:k 为绝热指数,$k=1.4$。

5. 多变过程

在实际问题中,气体的变化过程往往不能简单地归属为上述几个过程中的任何一个,而是不加任何条件限制的过程,称之为多变过程,此时可用下式表示:

$$p_1 V_1^n = p_2 V_2^n = 常数 \tag{11-12}$$

式中:n 为多变指数,在 $0\sim1.4$ 之间变化。在某一多变过程中,多变指数 n 保持不变;对于不同的多变过程,n 有不同的值。前面四种典型过程是多变过程的特例。

11.3 气压传动系统中的气体变化过程

在气压传动系统中,储气罐、气缸、管道及其他执行机构的充气和放气过程也是较为复杂的气体状态变化过程。这些过程中的温度变化、质量变化(流量)及变化过程的时间都是气动技术中的重要问题。下面介绍这些变化过程的分析思路和结论。

首先,考虑气体质量的变化。将气体的状态方程变为

$$\frac{\mathrm{d}p}{p} + \frac{\mathrm{d}V}{V} - \frac{\mathrm{d}m}{m} - \frac{\mathrm{d}T}{T} = 0 \tag{11-13}$$

式中各参数意义与式(11-5)相同。

其次,还要考虑气体在与外界进行质量和能量的交换过程中,外界对所分析系统能量的影响。绝热系统无热量交换,定容积系统无机械功的作用,则对定容积的绝热系统只考虑质量变化对系统能量的影响。

最后,结合前面介绍的简单的状态变化过程的规律,得到气压传动系统中充气和放气过程的变化规律及参数计算公式(推导过程略)。

1. 绝热充气过程

如图 11-1 所示体积为 V 的容器,由一管道向其充入压力恒定为 p_0、温度为 T_0 的气体,充气前容器内的气体处于状态 1(p_1、T_1、m_1),充气后容器内的气体变为状态 2(p_2、T_2、m_2)。虚线所示的容器边界与外界既无热量交换($\delta q=0$),也无能量交换($\delta W=0$)。

1) 充气引起的温度和质量变化

充气的过程进行得较快,可认为是绝热过程(绝热指数为 k)。如果充入的气体和容器内的气体是同一气体,则充气后与充气前容器中的温度之比为

$$\frac{T_2}{T_1} = \frac{k}{\dfrac{T_1}{T_0} + \left(k - \dfrac{T_1}{T_0}\right)(p_1/p_0)} \tag{11-14}$$

若充气前容器中的气体温度等于充入气体的温度,即 $T_1 = T_0$,则式(11-14)简化为

$$T_2 = \frac{kT_0}{1 + (k-1)(p_1/p_0)} \tag{11-15}$$

充入容器中的气体质量为

$$\Delta m = m_2 - m_1 = \frac{V}{kRT_0}(p_2 - p_1) \tag{11-16}$$

2）充气时间

向某容器充气：当容器中气体压力 $p < 0.528p_0$ 时，称为声速充气阶段，该阶段流向容器的气体流速保持为声速，需要时间 t_1；当容器中的压力 $p > 0.528p_0$ 时，称为亚声速充气阶段，该阶段流向容器的气体流速逐渐降低，需要时间 t_2。称 $0.528p_0$ 为充气过程的临界压力。充气过程的压力-时间曲线如图 11-2 所示。

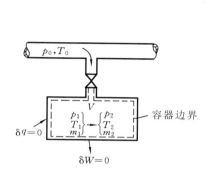

图 11-1　绝热充气过程

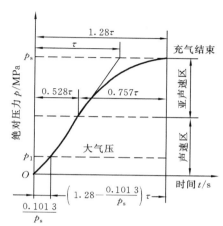

图 11-2　充气过程的压力-时间特性曲线

容器内气体压力由 p 充到 p_0 所需的时间 t 为

$$t = t_1 + t_2 = [0.528 - (p_1/p_0)]\tau + [1.285 - (p_1/p_0)]\tau \tag{11-17}$$

式中：p_0 为充气气源的绝对压力（MPa）；p_1 为容器中的初始绝对压力（MPa）；τ 为充气与放气过程的时间常数（s），有

$$\tau = 5.217 \times 10^{-3} \frac{V}{kS} \sqrt{\frac{273}{T_0}}$$

其中 V 为容器的容积（m³），S 为管道的有效截面面积（mm²），T_0 为气源的绝对温度（K）。

2. 绝热放气过程

如图 11-3 所示，容积为 V 的容器内部储存一定压力的气体，经过阀门将气体排向大气。经阀门排出的气体质量为 $\mathrm{d}m''$。排气前容器内的气体状态为状态 1（p_1、T_1、m_1），排气后气体变为状态 2（p_2、T_2、m_2）。

1）放气引起的温度和质量变化

放气过程是绝热过程，放气后气体的温度为

$$T_2 = T_1 \left(\frac{p_2}{p_1}\right)^{(k-1)/k} \tag{11-18}$$

放气后，容器中剩余的气体质量为

$$m_2 = m_1 \left(\frac{p_2}{p_1}\right)^{1/k} \tag{11-19}$$

2）放气时间

某容器向外放气：当容器内压力 $p > 1.893p_a$ 时，称为声速放气阶段，需要时间 t_1；当容器内压力 $p < 1.893p_a$ 时，为亚声速放气阶段，放气至容器内压力降至等于大气压 p_a 需要时间 t_2。

称 $p_* = 1.893 p_a$ 为放气过程的临界压力。放气过程的压力-时间曲线如图 11-4 所示。

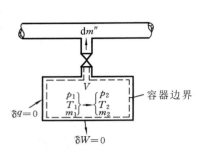

图 11-3　绝热放气过程

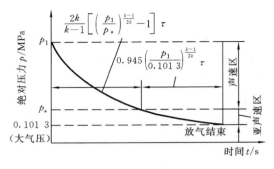

图 11-4　放气过程的压力-时间曲线

容器从初始压力放气到大气压所需的时间为

$$t = t_1 + t_2 = \frac{2k}{k-1}\left[\left(\frac{p_1}{p_a}\right)^{\frac{k-1}{2k}} - 1\right]\tau + 0.945 \times \left(\frac{p_1}{1.013 \times 10^5}\right)^{\frac{k-1}{2k}}\tau \tag{11-20}$$

式中：p_1 为充气前容器中压力（MPa）；p_a 为大气压（MPa）；τ 为充、放气时间常数（s）；V 为容器的体积（m^3），有

$$\tau = 5.217 \times 10^{-3} \times \frac{V}{kS}\sqrt{\frac{273}{T_1}}$$

其中 S 为充放气口的有效截面面积。

在式（11-15）的假设条件下，充气过程伴随着温度的升高，在极限情况下，充气后气体的绝对温度为充气前气体绝对温度的 1.4 倍。

式（11-18）表明，绝热放气过程必然是一个降温的过程。放气终了的气体温度将随着压力比 p_1/p_2 的增大和初温的降低而降低。如果放气前容器中的气体压力足够高，起始温度又足够低，那么经过绝热放气后，容器中的剩余气体将被冷却直至液化。

11.4　气体的流动规律

11.4.1　气体流动的基本方程

对于气压传动系统中的一维定常流动，忽略黏性和热传导，则只要四个参数就能确定流场，即速度、压力、密度和温度。相应的四个独立方程为连续方程、动量方程、能量方程和状态方程。

1. 连续性方程

气体在管道内做定常流动时，根据质量守恒定律，通过管道任意截面的气体质量流量都相等，即

$$\rho_1 v_1 A_1 = \rho_2 v_2 A_2 \tag{11-21}$$

式中：ρ_1、ρ_2 分别是截面 1 和 2 处气体的密度（kg/m^3）；v_1、v_2 分别是截面 1 和 2 处气体的流动速度（m/s）；A_1、A_2 分别是截面 1 和 2 的面积（m^2）。

2. 动量方程

动量方程又称为欧拉运动方程，是把牛顿第二定律和动量定律应用于运动流体所得到

的数学表达式。其微分形式为

$$v\mathrm{d}v + \frac{\mathrm{d}p}{\rho} = 0 \tag{11-22}$$

式中：v 为气体的流速（m/s）；p 为气体的压力（Pa）；ρ 为气体的密度（kg/m³）。

3. 能量方程

能量方程即伯努利方程。在流管的任意截面上，推导出的伯努利方程为

$$\frac{v^2}{2} + gz + \int \frac{\mathrm{d}p}{\mathrm{d}\rho} + gh_w = 常量 \tag{11-23}$$

式中：z 为位置高度（m）；h_w 为摩擦阻力损失水头（m）；g 为重力加速度（m/s²）；其他参数定义与式（11-22）相同。

因为气体流动一般都很快，来不及和周围环境进行热交换，故可认为是绝热流动。考虑气体的可压缩性（$\rho \neq$ 常量），其伯努利方程可写为

$$\frac{v^2}{2} + gz + \frac{k}{k-1} \frac{p}{\rho} + gh_w = 常量 \tag{11-24}$$

因为气体的黏度很小，再忽略摩擦阻力和位置高度的影响，伯努利方程为

$$\frac{v^2}{2} + \frac{k}{k-1} \frac{p}{\rho} = 常量 \tag{11-25}$$

在低速流动时，气体可认为是不可压缩的（$\rho =$ 常量），则有

$$\frac{v^2}{2} + \frac{p}{\rho} = 常量 \tag{11-26}$$

11.4.2　声速和马赫数

1. 声速

声音所引起的波称为声波。声波在介质中的传播速度称为声速。声波是一种微弱的扰动波。声波的传播速度很快，在传播过程中来不及和周围的介质进行热交换，其变化过程为绝热过程。对理想气体，声音在其中传播的相对速度只与气体的温度有关，可用下式计算

$$c = \sqrt{kRT} \approx 20\sqrt{T} = 20\sqrt{273+t} \tag{11-27}$$

式中：c 为声速（m/s）；k 为绝热指数，$k = 1.4$；R 为气体常数，对于干空气，$R = 278.1\mathrm{N} \cdot \mathrm{m}/(\mathrm{kg} \cdot \mathrm{K})$；$T$ 为气体的绝对温度（K）；t 为气体的摄氏温度（℃）。

2. 马赫数

气流速度 v 和当地声速 c 之比称为马赫数，用符号 Ma 表示

$$Ma = v/c \tag{11-28}$$

当 $Ma < 1$ 即 $v < c$ 时，气体处于亚声速流动状态；当 $Ma > 1$ 即 $v > c$ 时，气体处为超声速流动状态；当 $Ma = 1$ 即 $v = c$ 时，气体处于临界流动状态。

马赫数反映了气流的压缩性。马赫数越大，气流密度的变化就越大。当气体 $v = 50$ m/s，气体密度变化仅 1% 时，可不考虑气体的压缩性。当 $v = 140$ m/s、气体密度变化 8% 时，一般要考虑气体的压缩性。在气动系统中，气体流速一般较低，且经过压缩，因此可以认为是不可压缩（指流动特性）流体的流动。

气体在截面面积变化的管道中流动时，在 $Ma > 1$ 和 $Ma < 1$ 两种情况下，气体的流速、密度、压力、温度等参数随管道截面面积变化的规律截然不同。图 11-5 所示为气体流动参

数与管道截面面积变化的关系。

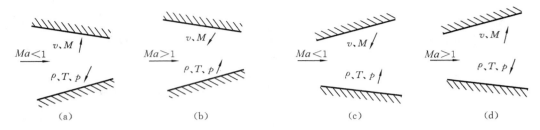

图 11-5　气流参数与管道截面面积变化的关系
(a) 亚声速喷管；(b) 超声速扩压管；(c) 亚声速扩压管；(d) 超声速喷管

11.4.3　气体通过收缩喷嘴（小孔）的流动

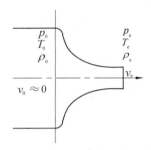

图 11-6　气体通过收缩喷嘴的流动

收缩喷嘴是用来将气体的压力能转换为动能的元件。

如图 11-6 所示，大容器中的气体经收缩喷嘴流出。设喷嘴外界压力为 p_b，喷嘴出口截面面积为 A_e，喷嘴出口处压力为 p_e，流速为 v_e；容器内气体流速 $v_0 \approx 0$，压力为 p_0，温度为 T_0。

当 $p_b = p_0$ 时，喷嘴处的流速为零。

如果 p_b 减小，容器中的气体将经喷嘴流出。在 p_b 减小到临界压力即 $p_b = 0.528 p_0$ 之前，气体处于亚声速流动状态。

当 p_b 降至临界压力时，v_e 达到声速。

若继续降低 p_b，同样以声速传播的具有背压（p_b）的扰动波将不能影响喷嘴内部的流动状态，v_e 保持声速，压力保持为临界压力。所以，当 v_e 达到声速后，不论背压如何降低，v_e 均保持声速，称此状态为超临界流动状态。

根据气体绝热流动规律，得到基准状态下的体积流量如下。

当 $p_b > 0.528 p_0$ 时，亚声速流动的体积流量为

$$q_z = 234 A_e \sqrt{\Delta p p_0} \sqrt{273/T_0} \ \text{(L/min)} \tag{11-29}$$

式中：q_z 为基准状态下的体积流量（L/min）；A_e 为喷嘴截面面积（mm²）；Δp 为喷嘴前后压差，$\Delta p = p_0 - p_e$，p_e 为喷嘴出口的压力（MPa）；p_0 为容器中的压力（MPa）；T_0 为容器中的绝对温度（K）。

当 $p_b \leqslant 0.528 p_0$ 时，超临界流动的体积流量为

$$q_z = 113.4 A_e p_0 \sqrt{273/T_0} \quad \text{(L/min)} \tag{11-30}$$

11.4.4　气动元件和管道的有效截面面积 A

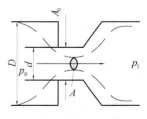

图 11-7　节流孔的有效截面面积

气动元件和管道的流通能力可以用由式（11-29）算出的流量表示，还可以用有效截面面积 A 来描述。

如图 11-7 所示，气体通过截面面积为 A_0 的孔口流动。由于孔口具有尖锐的边缘，而流线又不可能突然转折，经孔口后流束发生收缩，其最小截面面积称为有效截面面积，以 A 表示。有效截面面积 A 与孔口实际截面面积 A_0 之比称为收缩系数，以 α 表示，即

$$\alpha = A/A_0 \tag{11-31}$$

（1）对于图 11-7 所示的圆形节流孔，设节流孔直径为 d，节流孔上游直径为 D，节流孔口面积 $A_0 = \pi d^2/4$。令 $\beta = (d/D)^2$，根据 β 值可以从图 11-8 中查到收缩系数 α 值，便可以计算有效截面面积 A。

（2）对于内径为 d、长为 l 的管道，其有效截面面积仍按式（11-31）计算。此时的 A_0 为管道的实际截面面积，式中收缩系数由图 11-9 查得。

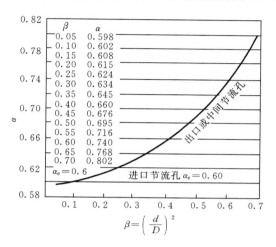

图 11-8　节流孔的收缩系数 α

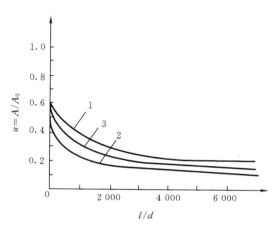

图 11-9　管路的收缩系数 α

$1-d=11.6$ mm 具有涤纶编织物的乙烯软管；

$2-d=2.52$ mm 的尼龙管；$3-d=\dfrac{1}{4}''\sim1''$ 的瓦斯管

系统中有若干元件串联，合成有效截面面积为

$$\frac{1}{A^2} = \frac{1}{A_1^2} + \frac{1}{A_2^2} + \cdots + \frac{1}{A_n^2} = \sum_{i=1}^{n} \frac{1}{A_i^2} \tag{11-32}$$

系统中有若干元件并联，合成有效截面面积为

$$A = A_1 + A_2 + \cdots + A_n = \sum_{i=1}^{n} A_i \tag{11-33}$$

式中：$A_1, A_2, \cdots, A_n$ 分别为各元件的有效截面面积。

练 习 题

11-1　在常温 $t=20$ ℃时，将空气从 0.1 MPa（绝对压力）压缩到 0.8 MPa（绝对压力），试计算温升 Δt。

11-2　空气压缩机向容积为 50 L 的储气罐充气至 $p_1=0.8$ MPa 时停止，此时储气罐内温度 $t_1=40$ ℃，又经过若干小时，罐内温度降至室温 $t=10$ ℃。试问：

（1）此时罐内表压力为多少？

（2）此时罐内压缩的室温为 10 ℃的自由空气（设大气压力近似为 0.1 MPa）质量为多少？

11-3　在室温（18 ℃）下把压力为 1 MPa 的压缩空气通过有效截面面积为 25 mm^2 的阀口，充入容积为 100 L 的储气罐中，压力从 0.25 MPa 上升到 0.7 MPa 时，充气时间及储气罐内的温度 t_2 为多少？当温度降至室温时罐内压力为多少？

第 12 章　气源装置和辅助元件

气源装置和气动辅件是气压系统中两个不可缺少的重要组成部分。气源装置为气压系统提供足够清洁、干燥且具有一定压力和流量的压缩空气。气动辅件是元件连接和提高系统可靠性、使用寿命以及改善工作环境等所必需的。

12.1　气源装置

12.1.1　气动系统对压缩空气品质的要求

由空气压缩机排出的压缩空气虽然可以满足气动系统工作时的压力和流量的要求,但其温度高达 170 ℃,且含有汽化的润滑油、水蒸气和灰尘等污染物,这些污染物将对气动系统造成下列不利影响。

（1）混在压缩空气中的油蒸气可能聚集在储气罐、管道、气动元件的容腔里形成易燃物,有爆炸危险。另外,润滑油被汽化后会形成一种有机酸,使气动元件、管道内表面腐蚀、生锈,影响其使用寿命。

（2）压缩空气中含有的水分,在一定压力温度条件下会饱和而析出水滴,并聚集在管道内形成水膜,增加气流阻力;如遇低温（$t \leqslant 0$ ℃）或膨胀排气降温等,水滴会结冰而阻塞通道、节流小孔,或使管道附件等胀裂;游离的水滴形成冰粒后,会冲击元件内表面而使元件遭到损坏。

（3）混在空气中的灰尘等污染物沉积在系统内,与凝聚的油分、水分混合形成胶状物质,堵塞节流孔和气流通道,使气动信号不能正常传递,气动系统工作不稳定;同时,还会使配合运动部件间产生研磨磨损,降低元件的使用寿命。

（4）压缩空气温度过高,会加速气动元件中各种密封件、膜片和软管材料等的老化,且温差过大,元件材料会发生胀裂,使系统使用寿命降低。

因此,由空气压缩机排出的压缩空气必须经过降温、除油、除水、除尘、干燥和净化处理,达到一定要求后才能投入使用。

12.1.2　气源装置的组成和布置

一般气源装置的组成和布置如图 12-1 所示。

空气压缩机 1 产生一定压力和流量的压缩空气,其吸气口装有空气过滤器,以减少进入压缩空气内的污染杂质量;冷却器 2 用以将压缩空气温度从 140~170 ℃ 降至 40~50 ℃,使高温汽化的油分、水分凝结出来;油水分离器 3 用于将降温冷凝出的油滴、水滴杂质等从压缩空气中分离出来,并从排污口除去;储气罐 4 和 7 用于储存压缩空气,以平衡空气压缩机流量和设备用气量,并稳定压缩空气压力,同时还可以除去压缩空气中的部分水分和油分;干燥器 5 进一步吸收、排除压缩空气中的水分、油分等,使压缩空气变成干燥空气;过滤器

（又称为一次过滤器）6 用于进一步过滤除去压缩空气中的灰尘颗粒杂质。

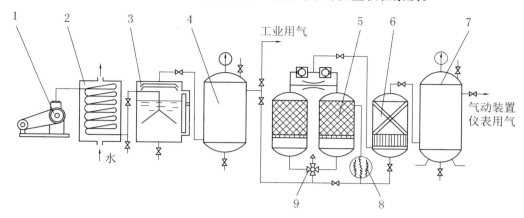

图 12-1　气源装置的组成和布置示意图

1—空气压缩机；2—冷却器；3—油水分离器；4、7—储气罐；5—干燥器；6—过滤器；8—加热器；9—四通阀

储气罐 4 中的压缩空气即可用于一般要求的气动系统，储气罐 7 输出的压缩空气可用于要求较高的气动系统（如气动仪表、射流元件等组成的系统）。

12.1.3　空气压缩机

空气压缩机是将电动机输出的机械能转换成气体的压力能输送给气压系统的装置。

1. 分类

空气压缩机简称空压机，用以将原动机输出的机械能转化为气体的压力能。空压机有以下几种分类方法。

（1）按工作原理分类，如表 12-1 所示。

表 12-1　空压机按工作原理分类

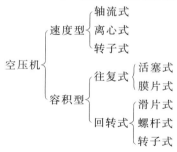

（2）按输出压力 p 分类，有以下几种：

① 鼓风机（$p \leq 0.2$ MPa）

② 低压空压机（0.2 MPa $\leq p \leq 1$ MPa）；

③ 中压空压机（1 MPa $< p \leq 10$ MPa）；

④ 高压空压机（10 MPa $< p \leq 100$ MPa）；

⑤ 超高压空压机（$p > 100$ MPa）。

（3）按输出流量 q_z（即铭牌流量或自由流量）分类，有以下几种：

① 微型空压机（$q_z \leq 0.017$ m³/s）；

② 小型空压机（0.017 m³/s $< q_z \leq 0.17$ m³/s）；

③ 中型空压机($0.17\ \mathrm{m^3/s} < q_z \leqslant 1.7\ \mathrm{m^3/s}$);

④ 大型空压机($q_z > 1.7\ \mathrm{m^3/s}$)。

2. 活塞式空压机工作原理

气动系统中最常用的是往复活塞式空压机,其工作原理如图 12-2 所示。曲柄 9 由原动机(电动机)带动旋转,通过连杆 8、滑块 6、活塞杆 5 使驱动活塞 4 在缸体内做往复运动。当活塞向右移动时,气缸 3 左腔的压力低于大气压力,吸气阀 2 被打开,空气在大气压力的作用下进入气缸 3 内,这个过程称为吸气过程;当活塞向左移动时,吸气阀 2 在缸内压缩空气的作用下关闭,缸内气体被压缩,这个过程称为"压缩过程"。当气缸内空气压力增高到略高于输气管内压力 p 时,排气阀 1 被打开,压缩空气排入输气管路内,这个过程称为排气过程。图中为单活塞单缸空气压缩机;大多数空气压缩机是多缸多活塞的组合。

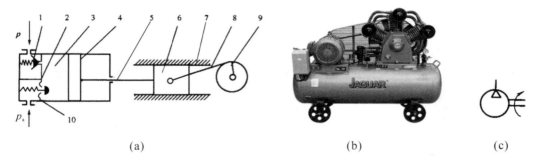

(a)   (b)   (c)

图 12-2 活塞式空压机

(a) 工作原理图;(b) 实物图;(c) 图形符号

1—排气阀;2—进气阀;3—气缸;4—活塞;5—活塞杆;6—滑块;7—滑道;8—连杆;9—曲柄;10—弹簧

3. 空压机的选用

选择空压机依据的是气动系统所需的工作压力和流量两个主要参数。一般气动系统的工作压力为 0.4~0.8 MPa,故常选用低压空压机,有特殊需要时亦可选用中、高压或超高压空压机。

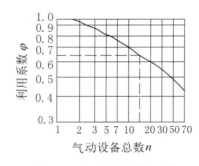

图 12-3 气动设备利用系数

空压机或空压站的供气量(自由流量)q_z 可按下式估算:

$$q_z = \varphi K_1 K_2 \sum_{i=1}^{n} q_{i\max} \quad (\mathrm{m^3/s}) \qquad (12\text{-}1)$$

式中:$q_{i\max}$ 为系统内第 i 台设备的最大自由空气消耗量($\mathrm{m^3/s}$);n 为系统内所用气动设备总数;φ 为利用系数(因同类气动设备较多时不会同时使用);K_1 为漏损系数;K_2 为备用系数。

利用系数 φ 表示气动系统中气动设备同时使用的程度,其数值与气动设备的多少有关,可利用图 12-3 查得。

漏损系数 K_1 是考虑各元件、管道、接头等处的泄漏,尤其是气动设备(如风动工具等)的磨损泄漏而设置的系数,一般取 $K_1 = 1.15\sim1.5$,管路长、管路附件多、气动设备多时取大值。备用系数 K_2 是考虑到各工作时间用气量不等以及为将来增加气动设备留有余地而设置的系数,一般取 $K_2 = 1.3\sim1.6$。

12.1.4　冷却器

冷却器安装在空压机输出管路上,用来降低压缩空气的温度,并使压缩空气中的大部分水汽、油汽冷凝成水滴、油滴,以便经油水分离器析出。冷却器一般用间接式水冷换热器,其结构形式有蛇管式(见图 12-4(a))、列管式(见图 12-4(b))、套管式(见图 12-4(c))、散热片式等,如图 12-4 所示。蛇管式冷却器结构简单,使用维护方便,在流量较小时适用于任何压力范围下,应用最广泛。

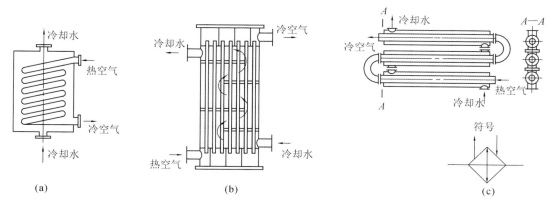

图 12-4　几种常见冷却器
(a) 蛇管式冷却器;(b) 列管式冷却器;(c) 套管式冷却器

12.1.5　油水分离器

油水分离器的作用主要是用离心、撞击、水洗等方法使压缩空气中凝聚的水分、油分等杂质从压缩空气中分离出来,让压缩空气得到初步净化。其结构形式有环形回转式、撞击并折回式、离心旋转式、水浴式以及以上形式的组合使用等。

图 12-5 所示为撞击折回并环形回转式油水分离器,气流以一定的速度 v_1 经输入口进入分离器内,受挡板阻挡被撞击折向下方,然后产生环形回转并以一定速度 v_2 上升。为了达到满意的油水分离效果,气流回转后上升的速度应缓慢,一般要求采用低压空气时 $v_2 \leqslant 1\ \mathrm{m/s}$,采用中压空气时 $v_2 \leqslant 0.5\ \mathrm{m/s}$,采用高压空气时 $v_2 \leqslant 0.3\ \mathrm{m/s}$。因而对于一般低压气动系统,有

$$q_z = \frac{\pi}{4}d^2 v_1 = \frac{\pi}{4}D^2 v_2 \leqslant \frac{\pi}{4}D^2 \times 1 \tag{12-2}$$

$$D \geqslant \sqrt{v_1} d \tag{12-3}$$

式中:D 为油水分离器内径(m);d 为气体输入口管道内径(m);v_1 为气体输入流速(m/s);v_2 为油水分离器中气体回转后上升的速度(m/s)。

油水分离器的高度 H 一般为其内径 D 的 3.5～4 倍。

图 12-6 所示为水浴并旋转离心串联式油水分离器。压缩空气先通过水浴清洗,除掉较难除掉的油分等杂质,再沿切向进入旋转离心式分离器中,利用离心力的作用除去油和水分。此种分离器的油水分离效果很好。

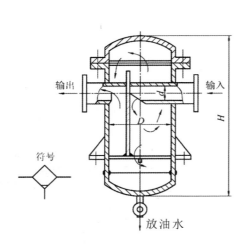

图 12-5　撞击折回并环形回转式油水分离器

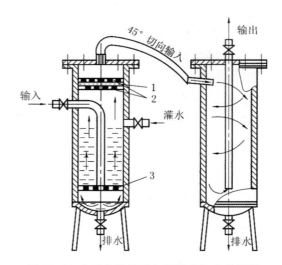

图 12-6　水浴并旋转离心串联式油水分离器
1—羊毛毡;2—多孔塑料隔板;3—多孔不锈钢板

12.1.6　储气罐

储气罐的作用是:消除压力波动,保证输出气流的连续性;储存一定数量的压缩空气,以供调节用气量或发生故障和临时需要应急使用;进一步分离压缩空气中的水分和油分。其结构形式如图 12-7 所示。进气口在下,出气口在上,两者间的距离应尽可能大。储气罐上应设置安全阀、压力表、清洗人孔或手孔、排污管阀等。

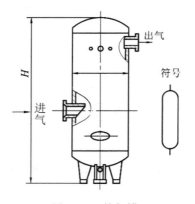

图 12-7　储气罐

设计或选择储气罐容积 V_c 时,若以消除压力波动为目的,可以参考以下经验公式:

当 $q_z < 0.1 \ \mathrm{m^3/s}$ 时,
$$V_c = 12q_z \quad (\mathrm{m^3}) \tag{12-4}$$

当 $q_z = 0.1 \sim 0.5 \ \mathrm{m^3/s}$ 时,
$$V_c = 9q_z \quad (\mathrm{m^3}) \tag{12-5}$$

当 $q_z > 0.5 \ \mathrm{m^3/s}$ 时,
$$V_c = 6q_z \quad (\mathrm{m^3}) \tag{12-6}$$

若以储存压缩空气、调节系统设备用气量与空压机流量之间的平衡为目的,则有
$$V_c \geqslant \frac{(q - q_z)tp_0}{p_1 - p_2} \tag{12-7}$$

以上各式中:V_c 为储气罐容积($\mathrm{m^3}$);q_z 为空压机或空压站供气量(自由流量)($\mathrm{m^3/s}$);q 为气动系统中设备装置消耗的自由空气流量($\mathrm{m^3/s}$);t 为气动系统一个工作循环所用的时间(周期)(s);p_0 为大气压力,$p_0 = 0.101\ 3 \ \mathrm{MPa}$;$p_1$ 为储气罐中气体能够上升达到的最高压力(MPa);p_2 为储气罐中气体允许下降达到的最低压力(MPa)。

在一个工作周期内,当 $q < q_z$ 时,气源向储气罐充气;当 $q > q_z$ 时,储气罐向系统供气,以平衡空压机流量与系统用气量。

储气罐的高度 H 可为其内径 D 的 $2\sim3$ 倍,由 V_c 计算而得到。

12.1.7　干燥器

干燥器是为了进一步吸收和排除压缩空气中的水分、油分,使之变为干燥空气,以供对气源品质要求较高的气动仪表、射流元件组成的系统使用。

表 12-2　常用干燥方法所得压缩空气的性能

干燥剂名称或干燥方法	分子式	干燥后空气的饱和气密度/ ($g \cdot m^{-3}$)	相应的露点温度/℃
粒状氯化钙	$CaCl_2$	1.5	−14
棒状苛性钠	$NaOH$	0.8	−19
棒状苛性钾	KOH	0.014	−58
硅胶	$SiO_2 \cdot H_2O$	0.03	−52
铝胶(活性氧化铝)	$Al_2O_3 \cdot H_2O$	0.005	−64
分子筛		$0.011\sim0.003$	$-60\sim-70$
用氨液冷冻两级 制冷析水干燥		0.007	−45

目前使用的干燥方法主要是吸附法和冷冻法。冷冻法是利用制冷设备使空气冷却到一定的露点温度,析出空气中超过饱和水蒸气压部分的水分,以降低其含湿量,增加干燥程度的方法。吸附法是利用硅胶、铝胶、分子筛、焦炭等吸附剂吸收压缩空气中的水分,使压缩空气得到干燥的方法。常用干燥方法所得到压缩空气的性能见表 12-2。吸附法除水效果很好。采用焦炭作吸附剂效果较差,但成本低,还可以吸附油分。

图 12-8 所示为吸附式干燥器中的一种。压缩空气从进气管 1 进入干燥器,通过上吸附剂层 21、铜丝过滤网 20、上栅板 19 和下吸附剂层 16 以后,其中的水分被吸收而得到干燥;然后经过铜丝过滤网 15、下栅板 14、毛毡 13 和铜丝过滤网 12 过滤掉灰尘和其他固态杂质后从排气管 8 中输出。干燥器中的吸附剂吸水达到饱和状态后失去吸附水分的能力,需用干燥的热空气或其他方法除去吸附剂中的水分,使其再生后才能使用。因此,气源装置中一般设置两个干燥器,一个工作时用,另一个再生时用(见图 12-1)。硅胶一般用 $180\sim200$ ℃的热空气再生,铝胶用 200 ℃的热空气再生。吸附剂的再生在干燥器中直接进行:关闭进气管 1 和排气管 8,将干燥再生热空气从管 7 通入,使吸附剂吸附的水分蒸发为水蒸气,从管 4 和 6 排入大气。经过 $3\sim4$ 小时干

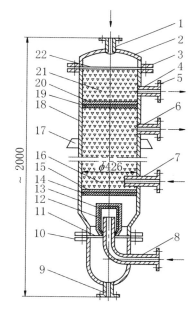

图 12-8　吸附式干燥器

1—湿空气进气管;2—顶盖;3、5、10—法兰;
4、6—再生空气排气管;7—再生空气进气管;
8—干燥空气排气管;9—排水管;11、22—密封垫;
12—毛毡;13、15、20—铜丝过滤网;14—下栅板;
16、21—吸附剂层;17—支撑板;18—筒体;19—上栅板

燥,4~5 小时冷却,干燥器就可以再使用了。

气源装置中冷却器、油水分离器、干燥器、过滤器及储气罐等均属压力容器,需按有关标准设计制造并进行水压试验,一般试验压力 $p_s \geqslant 1.5p$(工作压力)。

12.2 辅 助 元 件

气动控制系统中,许多辅助元件都是不可缺少的,如分水滤气器、油雾器、消声器、管道、接头及管路附件和气液转换器等其他辅助元件。

12.2.1 过滤器

过滤器用以除去压缩空气中的油污、水分和灰尘等杂质。表 12-3 列出了常用气动元件对气源过滤的要求。

表 12-3 常用气动元件对气源过滤的要求

元件名称	杂质颗粒平均直径/μm
气缸、膜片式和截止式气动元件	$\leqslant 50$
气动马达	$\leqslant 25$
一般气动仪表	$\leqslant 20$
气动轴承、射流元件、硬配滑阀、气动传感器、气动量仪等	$\leqslant 5$

1. 分类

过滤器分一次过滤器、二次过滤器和高效过滤器。一次过滤器又称简易过滤器,置于空压站内干燥器之后(见图 12-1),常用滤网、毛毡、硅胶、焦炭等材料制成,起吸附过滤作用,其滤灰效率为 50%~70%。二次过滤器又称分水滤气器,其滤灰效率为 70%~90%。高效过滤器是滤芯孔径很小的精密分水滤气器,常用于气动传感器和检测装置等,装在二次过滤器之后作为第三级过滤设备,其滤灰效率可达到 99%。

2. 分水滤气器

图 12-9(a)所示为普通型分水滤气器的结构。从输入口进入的压缩空气被旋风叶片 1 导向,使气流沿存水杯 3 的圆周产生强烈的旋转,空气中夹杂的水滴、油污物等在离心力的作用下与存水杯内壁碰撞,从空气中分离出来落到杯底。当气流通过滤芯 2 时,由于滤芯的过滤作用,气流中的灰尘及雾状水分被滤除,洁净的气体从输出口输出。挡水板 4 可以防止气流的旋涡卷起存水杯中的积水。为保证分水滤气器正常工作,须及时打开手动放水阀 5 放掉存水杯中的污水。存水杯由透明材料制成,便于观察其工作情况、污水高度和滤芯 2 的污染程度。滤芯可用多种材料制成,多用铜颗粒烧结成形,也有陶瓷滤芯。滤芯过滤精度常有 5~10 μm、10~25 μm、25~50 μm、50~75 μm 四种规格,还有 0~5 μm 的精过滤滤芯。

3. 选用

一次过滤器只在气源装置中使用。分水滤气器要根据气动设备要求的过滤精度和自由空气流量来选用。分水滤气器一般装在减压阀之前,也可单独使用;要按壳体上的箭头方向正确连接其进出口,不可将进出口接反,也不可将存水杯朝上倒装。

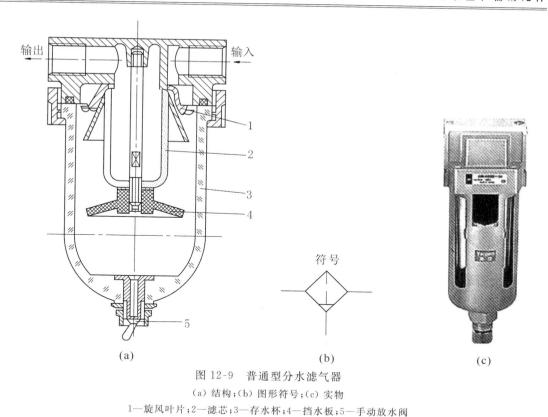

图 12-9　普通型分水滤气器

(a) 结构；(b) 图形符号；(c) 实物

1—旋风叶片；2—滤芯；3—存水杯；4—挡水板；5—手动放水阀

12.2.2　油雾器

油雾器是一种特殊的注油装置。它可使润滑油雾化，并随气流进入需要润滑的部件，在那里气流撞壁，使润滑油附着在部件上，以达到润滑的目的。用这种方法注油，具有润滑均匀、稳定、耗油量少和不需要大的储油设备等特点。油雾器分一次油雾器和二次油雾器两种，下面分别介绍。

1. 一次油雾器

润滑油在油雾器中只经过一次雾化，油雾粒径为 20～35 μm，一般输送距离在 5 m 以内，适于一般气动元件的润滑。图 12-10 所示为 QIU 型普通一次油雾器。压缩空气从输入口进入，在油雾器的气流通道中有一个立杆 1，立杆上有两个通道口，上面背向气流的是喷油口 B，下面正对气流的是油面加压通道口 A。一小部分进入 A 口的气流经过加压通道到截止阀 2（见图 12-11），在压缩空气刚进入时，钢球被压在阀座上，但钢球与阀座密封不严，有点漏气，可使储油杯上腔 C 中气体的压力逐渐升高，使截止阀 2 打开，杯内油面受压，迫使储油杯内的油液经吸油管 4、单向阀 5 和节流针阀 6 滴入透明的视油器 7 内，然后从喷油口 B 被主气道中的气流引射出来，在气流的气动力和油黏性力的作用下，油滴雾化后随气流从输出口流出。视油器上部可调针阀用来调节滴油量，滴油量为 0～200 滴/分。关闭针阀即停止滴油喷雾。

这种油雾器可以在不停气的情况下加油。当没有气流输入时，截止阀 2 中的弹簧把钢球顶起，封住加压通道，阀处于截止状态（见图 12-11(a)）。正常工作时，压力气体推开钢球进入油杯，油杯内气体的压力加上弹簧的弹力使钢球处于中间位置，截止阀处于打开状态

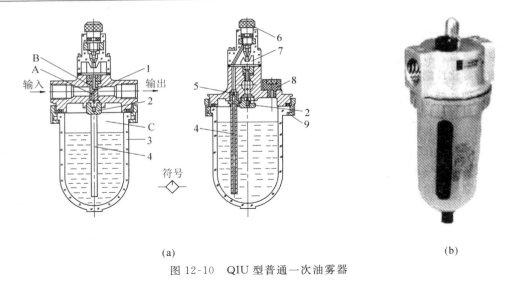

(a)   (b)

图 12-10　QIU 型普通一次油雾器

(a) 结构图；(b) 实物图

1—立杆；2—截止阀；3—储油杯；4—吸油管；5—单向阀；6—针阀；7—视油器；8—油塞；9—螺母

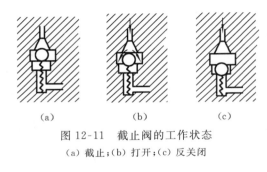

(a)　　　　　(b)　　　　　(c)

图 12-11　截止阀的工作状态

(a) 截止；(b) 打开；(c) 反关闭

(见图 12-11(b))。当进行不停气加油时，拧松加油孔的油塞 8，储油杯中气压降至大气压，输入的气体把钢珠压到下限位置，使截止阀处于反关闭状态(见图 12-11(c))。这样便封住了油杯的进气道，保证在不停气的情况下可以从油孔加油。油塞 8 的螺纹部分开有半截小孔，当拧开油塞加油时，不等油塞全部旋开小孔已先与大气相通，油杯中的压缩空气通

过小孔逐渐排空，这样油、气就不致从加油孔冲出来。

2. 二次油雾器

二次油雾器可使润滑油在其中进行两次雾化，油雾粒径更均匀、更小，可达到 5 μm，油雾在传输中不易附壁，可输送更远的距离，适用于气马达和气动轴承等对润滑要求特别高的场合。图 12-12 所示为二次油雾器的结构图。压缩空气从输入口进来后分成三路。第一路通过接头 6 中的细长孔和输气小管 9，以气泡形式在输油管 8 中上升，将油带到小油杯 10 中，使小油杯中始终充满油。第二路进入喷雾套 4，经环形喷口 A 及接头 6 进入大储油杯的上腔。有压气体作用在大、小油杯的油面上，使小油杯内的油经过吸油管 C、单向阀 11、套管 12 的环形孔道及节流针阀 1 滴入视油器 2 内，再经过滤片 3 滴入喷嘴 5，被流经环形喷口 A 处的高速气流引射出来，进行一次雾化。雾化后的油雾喷射到大储油杯的上腔，其中粒径大的油滴沉到油杯内，只有粒径小的油雾悬浮在大储油杯上腔。第三路气流经过喷雾套 4 的外部空间，从喷口 B 喷出，将油杯上腔悬浮的粒度较小又比较均匀的油雾引射出来，并进行第二次雾化，变成粒径更小(约 5 μm)、更均匀的油雾。这种油雾器增加了一个小油杯，其目的是为了使滴油量比较稳定，不受大油杯中油面变化的影响。在喷口 B 前面装有浓度调节螺钉，可调节引射气流的流量和压力，改变引射能力，以调节雾化油的浓度，可通过观察油杯内油面变化的情况了解油的耗量，再加以适当地调节。二次油雾器中只有 5%～20% 的一次雾化油被带走，因此通过视油器

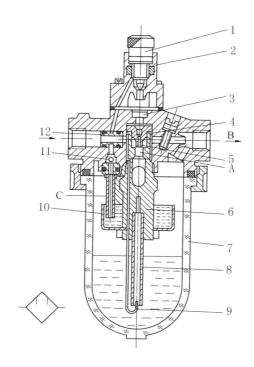

图 12-12　二次油雾器

1—节流针阀；2—视油器；3—过滤片；4—喷雾套；5—喷嘴；6—接头；7—大储油杯；8—输油管；

9—输气小管；10—小油杯；11—单向阀；12—套管

调节油滴数目，应调节到所需油量的 10～20 倍。

3. 油雾器的选用

油雾器主要根据通气流量及油雾粒径大小来选择，一般场合选用一次油雾器，特殊要求的场合可选用二次油雾器。油雾器一般安装在减压阀之后，尽量靠近换向阀；油雾器进出口不能接反，储油杯不可倒置。油雾器的给油量应根据需要调节，一般 10 m^3 的自由空气供给 1 mL 的油量。

4. 气动三联件

气动系统中的分水滤气器、减压阀和油雾器常组合在一起使用，俗称气动三联件，其安装次序如图 12-13 所示。目前新结构的气动三联件插装在同一支架上，形成无管连接，如图 12-14 所示。其结构紧凑、拆装及更换元件方便，因此应用普遍。

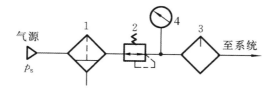

图 12-13　气动三联件安装次序

1—分水滤气器；2—减压阀；3—油雾器；4—压力表

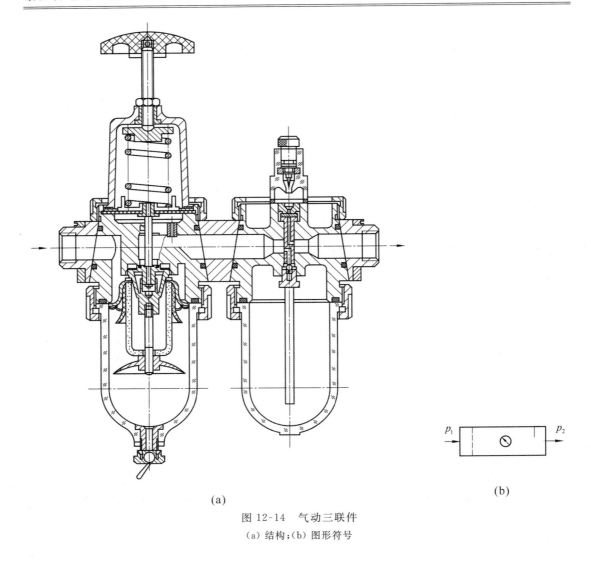

(a)

(b)

图 12-14　气动三联件

（a）结构；（b）图形符号

12.2.3　消声器

气缸、气马达及气阀等排出的气体速度很高，气体体积急剧膨胀，易引起气体振动，产生强烈的排气噪声，噪声强度有时可达到 100～120 dB。噪声是一种公害，影响人体健康，一般噪声强度高于 85 dB 时就要设法降低。消声器是通过阻尼或增加排气面积等方法降低排气速度和功率，来达到降低噪声的目的的。常用的消声器有吸收型、膨胀干涉型和膨胀干涉吸收型三种。

1. 吸收型消声器

吸收型消声器是依靠吸声材料来消声的。吸声材料有玻璃纤维、毛毡、泡沫塑料、烧结材料等。图 12-15 所示为常用的 QXS 型消声器，消声套由聚苯乙烯颗粒或铜珠烧结而成，气体通过消声套排出，气流受到阻力，声波被吸收一部分，从而降低噪声。此类消声器用于消除中、高频噪声，可降低噪声约 20 dB，在气动系统中应用最广。

2. 膨胀干涉型消声器

此类消声器结构很简单，相当一段比排气孔口径大的管件。当气流通过时，让气流在其内部扩散、膨胀、碰壁撞击、反射、相互干涉而消声。其特点是排气阻力小,消声效果好,但结构不紧凑。主要用于消除中、低频噪声,尤其是低频噪声。

3. 膨胀干涉吸收型消声器

此类消声器是上述两类消声器的组合,又称混合型消声器,如图 12-16 所示。气流由斜孔引入,在 A 室扩散、减速、碰壁撞击后反射到 B 室,气流束互相冲撞、干涉,进一步减速,再通过敷设在消声器内壁的吸声材料排向大气。此类消声器消声效果好,低频可消声 20 dB,高频可消声约 45 dB。

一般根据排气口通径选用相应型号的吸收型消声器就可以了,对消声效果要求较高的场合,可选用膨胀干涉型或膨胀干涉吸收型消声器。

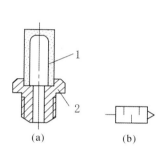

图 12-15 QXS 型消声器

(a) 结构;(b) 图形符号

1—消声套;2—连接螺母

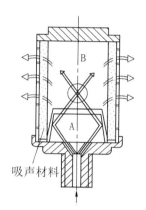

图 12-16 膨胀干涉吸收型消声器

12.2.4 管道与管接头

1. 管道

气动系统中常用的管道有硬管和软管。硬管以钢管、紫铜管为主,常用于高温高压和固定不动的部件之间的连接。软管有各种塑料管、尼龙管和橡胶管等,其特点是经济、拆装方便、密封性好,但应避免在高温、高压、有辐射场合使用。常用几种连接管的尺寸规格见表 12-4。

表 12-4 常用管道的尺寸规格 (单位:mm)

材料	项目	尺寸规格							
紫铜管	外径	6	8	10	12	14	18	22	28
	壁厚	0.75	1	1	1	1	1.5	2	2
尼龙 1010 管	外径	4	6	8	10	12	15	20	25
	壁厚	0.5	1	1	1	1	2	2	2
聚乙烯管	外径	3	4	6	10	15	20		
	壁厚	0.5	0.5	1	1.5	1.5	2		

2. 管接头

管接头分为硬管接头和软管接头两类。硬管接头有螺纹连接及薄壁管扩口式卡套连接,与液压用管接头基本相同。常用的几种软管接头形式见表12-5。对于通径较大的气动设备、元件、管道等可采用法兰连接。

表 12-5　常用气动软管接头

类型	结构简图	特点
卡箍式接头	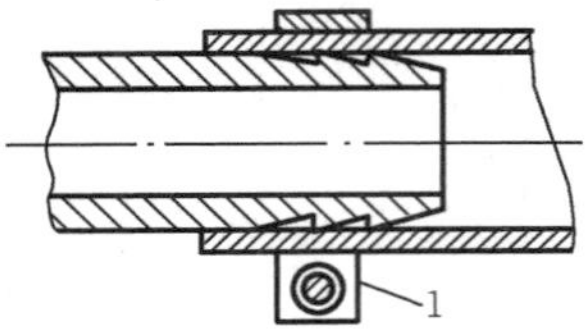	适用于直径较大软管的连接,用外用卡箍1卡紧。密封可靠,但拆卸较费力,用于不经常拆装的连接处
扩口螺纹接头	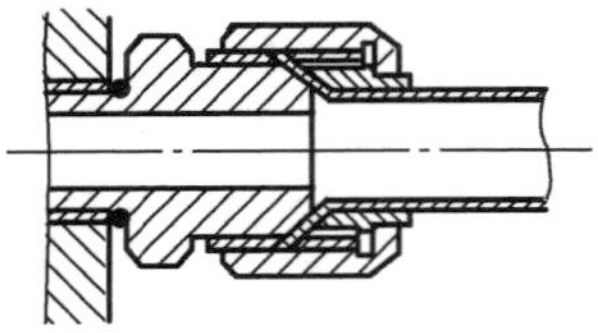	将尼龙或金属管管口扩大,用螺帽压紧在接头上。采用锥面密封,为保证很好的密封性能,要求管子扩口均匀、光滑
长管式、卡套式接头	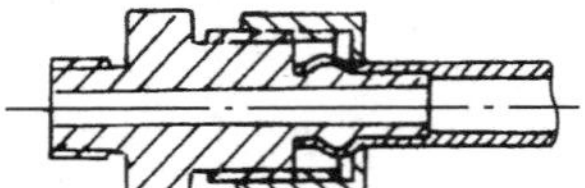 (a) 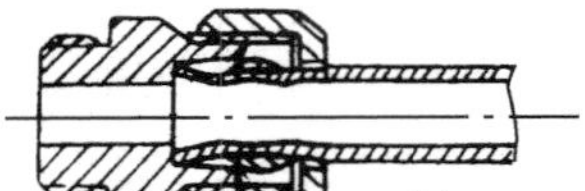 (b)	适用于直径较小软管的连接,装卸方便,密封可靠。图(a)所示为长管式,对软管外径尺寸要求不高;图(b)所示为卡套式,对卡套及管外径尺寸要求较高
插入式快换接头	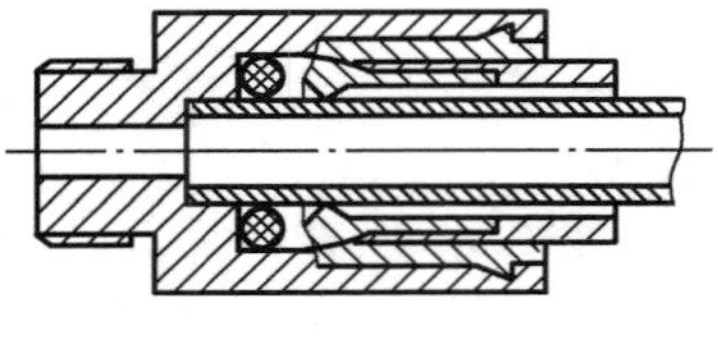	用于微型气动元件、逻辑元件的小直径软管连接。管子插到头向外拉动,卡头即将管子卡紧;推动卡头可拔下管子。对管接头及管外径加工尺寸要求较严,否则易漏气

12.2.5　其他辅助元件

1. 转换器

气动控制系统与其他自动控制装置一样,都有发信、控制和执行部分,其控制部分工作介质是气体,而信号传感部分和执行部分不一定全用气体,可能用电或液体传输,这就需要通过转换器来转换。常用的有气电转换器、电气转换器和气液转换器等。

1)气电转换器

气电转换器是把气信号转换成电信号的装置,即利用输入气信号的变化引起可动部件(如膜片、顶杆等)的位移来接通或断开电路,以输出电信号。气电转换器按输入气信号压力的大小分为高压(>0.1 MPa)型、中压($0.01\sim0.1$ MPa)型和低压(<0.01 MPa)型三种。高压气电转换器又称为压力继电器。

　　图 12-17 所示为低压气电转换器结构。硬芯 4 和焊片 1 是两个触点,无气信号输入时是断开的。有一定压力气信号输入时,膜片 2 向上运动,带动硬芯 4 和限位螺钉 11 接触,与焊片 1 接通,发出电信号;气信号消失时,膜片带动硬芯复位,触点断开,电信号消失。调节螺钉 11 可以调整接收气信号压力的大小。

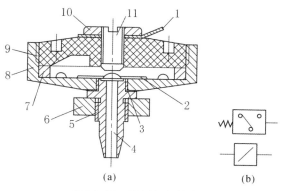

图 12-17　低压气电转换器

（a）结构;（b）图形符号

1—焊片;2—膜片;3—密封垫;4—硬芯;5—接头;6—大螺母;

7—压圈;8—外壳;9—盖;10—小螺母;11—限位螺钉

　　图 12-18 所示为压力继电器的工作原理图。输入气信号使膜片 4 受压变形,去推动顶杆 3 启动微动开关 1,输出电信号。输入气信号消失时,膜片 4 复位,顶杆在弹簧作用下下移,脱离微动开关。调节螺母 2 可以改变接收气信号的压力值。其结构简单,制造容易,应用广泛。

　　使用气电转换器时,应避免将其安装在振动较大的地方,并不应倾斜和倒置,以免产生误动作,造成事故。

　　2）电气转换器

　　电气转换器是将电信号转换成气信号输出的装置,与气电转换器作用刚好相反。按输出气信号的压力也分为高压（>0.1 MPa）、中压（0.01～0.1 MPa）和低压（<0.01 MPa）三种。常用的电磁阀即是一种高压电气转换器。图 12-19 所示为喷嘴挡板式电气转换器结构图。通电时线圈 3 产生磁场将衔铁吸下,使挡板 5 堵住喷嘴 6,气源输入的气体经过节流孔 7 后从输出口输出,即有输出气信号。断电时磁场消失,衔铁在弹性支承 2 的作用下使挡板 5 离开喷嘴 6,气源输入的气体经节流孔 7 后从喷嘴 6 喷出,输出口则无气信号输出。这种电气转换器一般为直流电源,电压为 6～12 V,电流为 0.1～0.4 A,气源压力小于 0.01 MPa,属低压电气转换器。

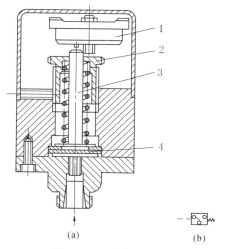

图 12-18　压力继电器

（a）结构;（b）图形符号

1—微动开关;2—调节螺母;3—顶杆;4—膜片

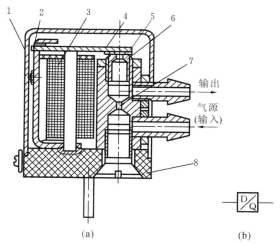

图 12-19　喷嘴挡板式电气转换器

（a）结构;（b）图形符号

1—罩壳;2—弹性支承;3—线圈;4—杠杆;

5—挡板;6—喷嘴;7—固定节流孔;8—底座

3)气液转换器

气动系统中常常使用气液阻尼缸或液压缸作执行元件,以获得平稳的速度,因此就需要一种把气信号转换成液压信号输出的装置,这种装置就是气液转换器。常用的气液转换器有两种:一种是气液直接接触或带活塞、隔膜式,即在一筒式容器内,压缩空气直接作用在液面(多为液压油)上,或通过活塞、隔膜作用在液面上,推压液体以同样的压力输出至系统(液压缸等)。如图12-20所示,压缩空气由输入口1进入转换器,经缓冲装置2后作用在液压油面上,因而液压油以与压缩空气相同的压力从转换器输出口3输出。缓冲装置2用以避免气流直接冲到液面上引起飞溅;视窗4用于观察液位高低(转换器的储油量应不小于液压缸最大有效容积的1.5倍)。另一种是换向阀式,这种气液转换器就是一个气控液压换向阀。在该转换器中气液不接触,可防止油气混合,且输入较低压力的气控信号就可以获得较高压力的液压输出,放大倍数大,但需另外配备液压油源,因此气液转换器应用不如前者方便。

4)单缸双作用气液泵

单缸双作用气液泵也是一种气液转换装置,它可以连续输出较高压力的液压油,给一个或多个液压执行元件供油。图12-21所示为单缸双作用气液泵的工作原理图,气缸活塞3向下运动时驱动液压缸活塞向下运动,液压缸下腔压力升高,关闭单向阀2,并打开单向阀1,使液压缸下腔的油液经单向阀1至液压缸上腔从输出口输出;气缸活塞3向上运动时,液压缸上腔压力升高,单向阀1关闭,上腔油液被压缩,从输出口输出,同时液压缸下腔压力下降,当压力下降到一定值时,单向阀2打开,油箱中的油液在大气压作用下经单向阀2给液压缸下腔补油。由于气缸活塞有效作用面积比液压缸大,输出液压油的压力就比输入气体压力高,根据需要设计两者的有效作用面积比,就可以得到所需的气液转换放大倍数。这样,通过不断切换换向阀4使气缸不断往复动作,就能够得到连续不断的高压油输出。单缸双作用气液泵多用于用油量大而又无专用液压站的场合。

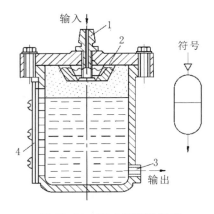

图12-20 筒式气液转换器

1—输入口;2—缓冲装置;3—输出口;4—视窗

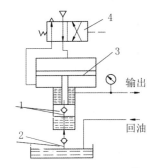

12-21 单缸双作用气液泵的工作原理图

1、2—单向阀;3—气缸活塞;4—换向阀

2. 延时器

气动延时器的工作原理如图12-22所示。当输入气体由管道A分两路进入延时器时,由于节流口1的作用,膜片2下面空腔的气压首先升高,使膜片堵住喷嘴3,切断气室4的排气通路;同时,输入气体经节流口1向气室缓慢充气。当气室4的压力逐渐上升至达到一定值时,膜片5堵住上喷嘴6,切断低压气源的排空通路,于是输出口S便有信号输出。这个输出信号S发出的时

间在输入信号 A 以后,延迟了一段时间,延迟时间的大小取决于节流口的大小、气室的大小及膜片 5 的刚度。当输入信号消失后,膜片 2 复位,气室内的气体经下喷嘴排空;膜片 5 复位,气源经上喷嘴排空,输出口无输出。节流口 1 可调时,即称该延时器为可调式延时器。

3. 程序器

程序器的作用是储存各种预定的工作程序,按预先制定的顺序发出信号,使其他控制装置或执行机构以需要的次序自动动作。程序器一般有时间程序器和行程程序器两种。时间程序器是依据动作时间的先后安排工作程序,按预定的时间间隔顺序发出信号的程序器。其结构形式有码盘式、凸轮式、棘轮式、穿孔带式、穿孔卡式等。常见的是码盘式和凸轮式。图 12-23 所示为码盘式时间程序器的工作原理图。把一个开有槽或孔的圆盘固定在一根旋转轴上,盘轴随同减速机构或同步电动机按一定的速度转动,在圆盘两侧面装有发信管和接收管。由发信管发出的气信号在圆盘无孔、槽的地方被挡住,接收管无信号输出;在圆盘上有孔、槽的地方,发信管的信号由接收管接收,信号输出,并送入相应的控制线路,完成相应的程序控制。这个带孔、槽的圆盘一般称为码盘。

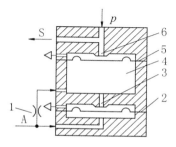

图 12-22　延时器的工作原理图
1—节流口;2,5—膜片;3—喷嘴;4—气室;6—喷嘴

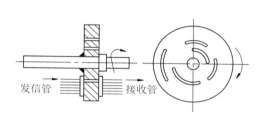

图 12-23　码盘式时间程序器的工作原理图

行程程序器依据执行元件的动作先后顺序安排工作程序,并利用每个动作完成以后发回的反馈信号控制程序器向下一步程序的转换,发出下一步程序相应的控制信号。无反馈信号发回时,程序器就不能转换,也不会发出下一步的控制信号。这样就使程序信号指令的输出和执行机构的每一步动作有机地联系起来,只有执行机构的每一步都达到预定位置,发回反馈信号,整个系统才能一步步地按预先选定的程序工作。行程程序器也有多种结构形式,此处不详细介绍。

12.2.6　真空元件

以真空压力作为动力源来吸附抓取物件,作为自动化系统抓取物件的一种手段,已在工业各领域和机器人等许多方面得到了广泛应用。任何具有较光滑表面的物体都可使用真空吸附来完成抓取,特别是那些不适合于夹紧的物体,采用真空吸附抓取方式将很方便。

真空元件包括真空泵及真空发生器。采用真空泵的系统主要用于大规模连续需要负压的场合,对间歇工作,需要抽吸流量较小的场合,采用真空发生器更方便、更经济。

1. 真空发生器

真空发生器结构简单,体积小,无可动机械部件,使用寿命长,安装使用方便,真空度可达 88 kPa,尽管产生的负压力(真空度)不大,流量也不大,但可控、可调,稳定可靠,瞬时开关特性好,无残余负压,同一输出口可正负压交替使用。

1）工作原理

典型的真空发生器的结构原理如图 12-24 所示。它由先收缩后扩张的拉瓦尔喷管 1、负压腔 2 和接收管 3 等组成，有供气口、排气口和真空口。当供气口的供气压力高于一定值时，喷管射出超声速射流，射流能卷吸走负压腔内的气体，使该腔形成很低的真空度，在真空口处接上真空吸盘，靠真空压力和吸盘吸附面积可吸取物体。

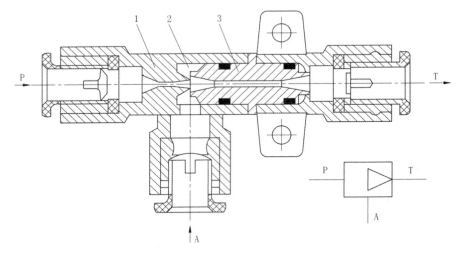

图 12-24　真空发生器工作原理
1—拉瓦尔喷管；2—负压腔；3—接收管

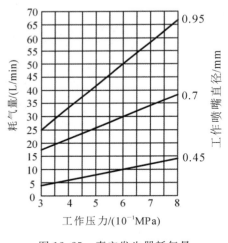

图 12-25　真空发生器耗气量
与工作压力的关系

2）主要性能参数

（1）真空发生器的耗气量　真空发生器耗气量是由工作喷嘴直径决定的，但同时也与工作压力有关。同一喷嘴直径，其耗气量随工作压力的增加而增加，如图 12-25 所示。喷嘴直径是选择真空发生器的主要依据。喷嘴直径越大，抽吸流量和耗气量越高，真空度越低；喷嘴直径越小，抽吸流量和耗气量越小，真空度越高。图 12-26 反映了真空发生器的排气特性和流量特性。

（2）真空度　图 12-27 所示为真空度特性曲线。由图可知，真空度存在最大值，超过最大值时，增加工作压力，真空度不但不会增加，反而会下降。真空发生器产生的真空度最大可达 88 kPa。实际使用时，建议真空度可选定为 70 kPa，工作压力在 0.5 MPa 左右。

（3）抽吸时间　抽吸时间表示了真空发生器的动态指标，即在工作压力为 0.6 MPa 时，抽吸 1 L 容积空气所需时间。

2. 真空吸盘

吸盘是直接吸附物件的元件，通常由橡胶材料与金属骨架压制成型。

根据吸取对象的不同，除要求吸盘材料的性能要合适外，吸盘的形状和安装方式也要与吸取对象的工作要求相适应。图 12-28 所示为常见真空吸盘的形状和结构。

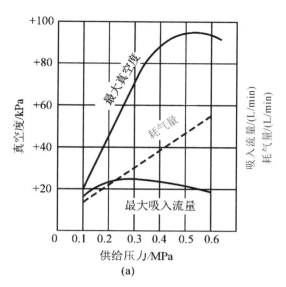

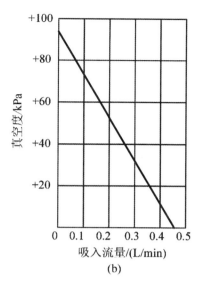

图 12-26　真空发生器排气特性和流量特性

（a）排气特性；（b）流量特性

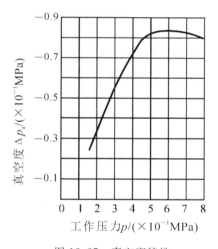

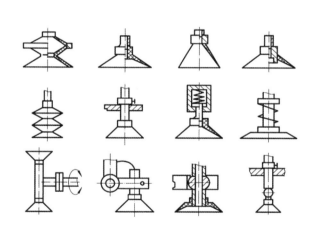

图 12-27　真空度特性　　　　　图 12-28　真空吸盘的形状和结构

　　除材料、形状和安装形式外,真空吸盘的一个重要使用性能指标就是吸力。在实际应用中,真空吸盘相当于正压系统的气缸。真空吸盘的外径称为公称直径,其在吸持时被抽空的直径称为有效直径。吸盘的理论吸力 F 为

$$F = \frac{\pi}{4} D_e^{\,2} \cdot \Delta p_v \qquad\qquad (12\text{-}8)$$

式中：D_e 为吸盘有效直径；Δp_v 为真空度。

　　根据吸盘安装位置和带动负载运动状态(方向和快慢、直线运动和回转运动)的不同,吸盘的实际吸力应考虑一个安全系数 n,即实际吸力 F_r 为

$$F_r = \frac{F}{n} \qquad\qquad (12\text{-}9)$$

　　在水平安装提升物体(见图 12-29(a))时 n 为 4,在垂直安装提升物体(见图 2-29(b))时

n 为 8,如果吸盘吸取物体后要高速运动和回转,则须计算要克服的惯性力和离心力,甚至风阻力,加大安全系数,增加吸盘数量或吸盘尺寸。对大型物件宜采用多个吸盘同时吸取。

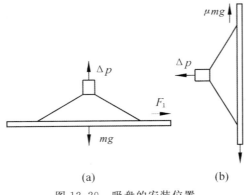

图 12-29　吸盘的安装位置

(a) 水平安装;(b) 垂直安装

12.3　气动系统的管道设计

气动系统管道主要包括压缩空气站内配管、室外厂区压缩空气管道和厂房车间内压缩空气管道等。在气动系统管道设计中,应全面考虑系统流量、压力,空气的干燥净化,以及系统可靠性、经济性等各个方面的要求。

12.3.1　管道的布置

(1)所有气压传动系统管道应统一根据现场实际情况因地制宜地安排,尽量与其他管道(如水管、煤气管、暖气管网等)、电线等统一协调布置,并在管道外表面涂敷相应颜色的防锈油漆和标识环,以防腐和便于识别。

(2)管道进入用气车间,首先应设置压缩空气入口装置,即压力表、流量计、油水分离器、减压阀和阀门等,如图 12-30 所示。

(3)车间内部干线管道应沿墙或柱子顺气流流动方向向下倾斜3°～5°敷设,在干管和支管终点(最低点)设置集水管(罐),定期排放积水、污物,如图 12-31 所示。

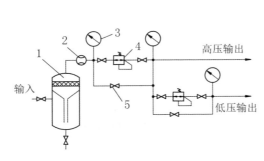

图 12-30　压缩空气入口装置

1—入口油水分离器;2—孔板流量计;
3—压力表;4—减压阀;5—阀门

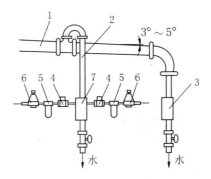

图 12-31　车间内管道布置示意图

1—主管;2—支管;3—水罐;4—阀门;
5—过滤器;6—减压阀;7—配气器

（4）沿墙或沿柱接出的支管必须在干管的上部大角度拐弯后再向下引出。在离地面 1.2～1.5 m 处，接入一配气器。在配气器两侧接分支管引入用气设备，配气器下端设置排污装置，如图 12-31 所示。

（5）为保证可靠供气，可采用多种供气网络，如单树枝状管网、双树枝状管网和环形管网等，如图 12-32 所示。其中，单树枝状管网结构简单、经济性好，较适于间断供气的工厂或车间使用；双树枝状管网相当于两套单树枝状管网，能保证对所有气动装置不间断供气。环形管网供气可靠性高，且压力较稳定，末端压力损失较小，但成本较高。

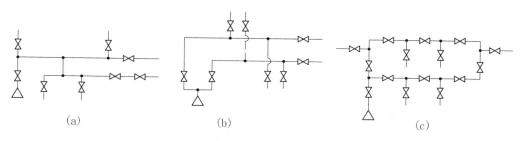

图 12-32　系统管网
（a）单树枝状管网；（b）双树枝状管网；（c）环形管网

12.3.2　管道计算

主要根据流量和流速要求及允许的压力损失来确定管径，管壁可按薄壁容器强度公式确定。

1. 管道内径 d

管道内径 d 的校核公式为

$$d = \sqrt{\frac{4q}{\pi v}} \quad (\text{m}) \tag{12-10}$$

式中：q 为计算管段内压缩空气流量（m^3/s）；v 为计算管段内压缩空气流速（m/s）。一般压缩空气在厂区管道内的流速取 8～10 m/s，用气车间流速可取 10～15 m/s。为避免压力损失过大，限定压缩空气管内流速 $v \leqslant 25\sim30$ m/s。

2. 管道壁厚 δ

管道壁厚 δ 的校核公式为

$$\delta = \frac{pd}{2[\sigma]} \quad (\text{m}) \tag{12-11}$$

式中：p 为计算管段内气体的压力（Pa）；$[\sigma]$ 为管材许用应力（Pa），有

$$[\sigma] = \sigma_b/n \tag{12-12}$$

其中 σ_b 为材料抗拉强度（Pa），n 为安全系数（一般取 $n=6\sim8$）。

3. 压力损失

由于空气具有黏性，它在管内流动时有沿程压力损失和局部压力损失，二者之和即为总压力损失。压力损失不应超过允许范围。一般对较大型的空压站，在厂区范围内，从管道的起点到终点，压力损失不应超过气源初始压力的 8%；在车间范围内，不应超过供气压力的 5%；流水生产线上，不应超过 2%，若超过 3%，可采用增大管道直径 d 的办法来解决。

练 习 题

12-1　试简述气源装置的组成及各组成设备的作用。

12-2　在气压传动系统设计中,如何计算并选择空压机?

12-3　试简述油水分离器及分水滤气器的工作原理。

12-4　试简述油雾器的工作原理,并说明油雾器中截止阀的作用。

12-5　为什么要设置储气罐? 一般如何确定其尺寸?

12-6　气电转换器和电气转换器各起什么作用?

12-7　试简述单缸双作用气液泵的工作原理。

第 13 章　气动执行元件

气动执行元件有做直线往复运动的气缸、做连续回转运动的气马达和做不连续回转运动的摆动马达等。

13.1　气　缸

13.1.1　气缸的分类、原理和特点

气缸的分类、原理和特点见表 13-1。

表 13-1　气缸的分类、原理和特点

类别	名称	简图	原理和特点
单作用气缸	柱塞式气缸	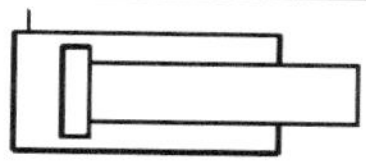	由压缩空气驱动柱塞向一个方向运动;借助外力复位;对负载的稳定性较好,输出力小。主要用于小直径气缸
	活塞式气缸		由压缩空气驱动活塞向一个方向运动;借助外力或重力复位;较双向作用气缸耗气量小
	薄膜式气缸	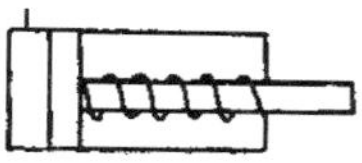	由压缩空气驱动活塞向一个方向运动;借助弹簧力复位;结构简单、耗气量小;弹簧起背压作用,输出力随行程变化而变化。适用于短行程场合
		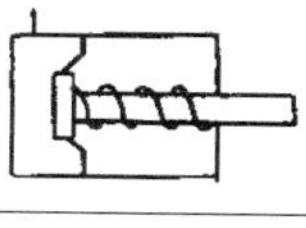	以膜片代替活塞的气缸;单向作用,借助弹簧力复位;行程短、结构简单、密封性好,缸体不需加工。仅适用于短行程场合
双作用气缸	普通气缸	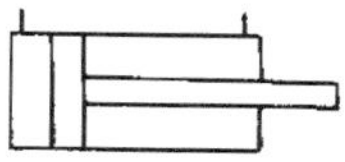	由压缩空气驱动活塞向两个方向运动,活塞行程可根据实际需要选定。双向作用的力和速度不同
	双活塞杆气缸	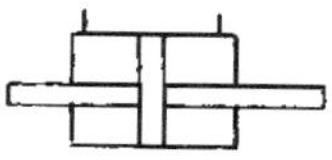	由压缩空气驱动活塞向两个方向运动,且其速度和行程分别相等。适用于长行程
	不可调缓冲气缸	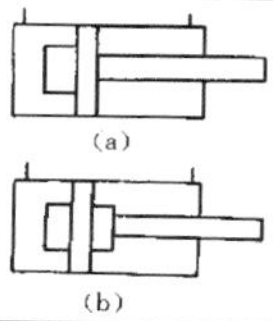 (a) (b)	设有缓冲装置,以使活塞接近行程终点时减速,防止活塞撞击缸的端盖,减速值不可调整。图(a)所示为一侧缓冲式;图(b)所示为两侧缓冲式
	可调缓冲气缸	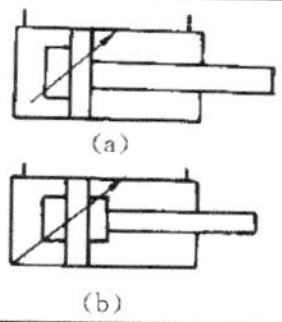 (a) (b)	设有缓冲装置,使活塞接近行程终点时减速,且减速值可根据需要调整。图(a)所示为一侧可调缓冲式;图(b)所示为两侧可调缓冲式

续表

类别	名称	简图	原理和特点
特殊气缸	差动气缸		气缸活塞两侧有效作用面积差较大,利用压差原理使活塞往复运动,工作时活塞杆侧始终通以压缩空气,其推力和速度均较小
	双活塞杆气缸		两个活塞同时向相反方向运动
	多位气缸		活塞沿行程长度方向可有四个位置,当气缸的任一空腔接通气源时,活塞杆就占据四个位置中的一个
	串联气缸		在一根活塞杆上串联多个活塞,因各活塞有效作用面积总和大,所以增加了输出推力
特殊气缸	冲击式气缸		利用突然大量供气和快速排气相结合的方法得到活塞杆的快速冲击运动,用于切断、冲孔、打入工件等
	滚动膜片式气缸		利用膜片式气缸的优点,克服其缺点,可获得较大行程,但膜片因受气缸和活塞之间不间断的滚压,所以寿命较低。活塞动作灵活,摩擦小
	数字气缸		将若干个活塞沿轴向依次装在一起,每个活塞的行程由小到大按几何级数增加
	伺服气缸		将输入的气压信号成比例地转换为活塞杆的机械位移。包括测量环节、比较环节、放大转换环节、执行环节及反馈环节。用于自动调节系统
	回转气缸		进排气导管和气缸本体可相对转动。用于机床夹具和线材卷曲装置
	增压气缸		活塞杆两端面积不相等,利用压力与面积乘积不变的原理,可由小活塞端输出高压气体
	气-液增压缸		根据液体不可压缩的性能和力的平衡原理,利用两个相连活塞面积的不等,通过压缩空气驱动大活塞,可由小活塞输出高压液体
	气-液阻尼缸		利用液体不可压缩的性能及液体排量易于控制的优点,获得活塞杆的稳速运动
特殊气缸	挠性气缸		气缸为挠性管材。左端进气时滚轮向右滚动,可带动机构向右移动;反之,则带动机构向左移动。常用于门窗阀开闭
	钢索式气缸		活塞杆由钢索构成,当活塞靠气压推动时,钢索跟随移动,并通过滚轮牵动托盘,可带动托盘往复移动
	伸缩气缸		伸缩气缸由套筒构成,可增大活塞行程,适合用作翻斗车气缸。推力和速度随行程而变化

13.1.2   气缸的设计计算

以普通双作用单活塞杆式气缸(见图 13-1)为例,其设计计算方法与液压缸基本相同,一般是在已知气缸负载大小和气缸行程的条件下按如下步骤计算。

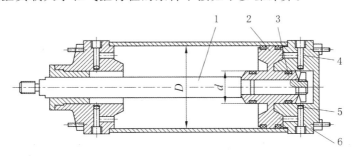

图 13-1   普通双作用单活塞杆式气缸

1—活塞杆;2—活塞;3—缓冲柱塞;4—节流阀;5—单向阀;6—端盖

1. 气缸作用力

气缸活塞杆的推力 F_1 和拉力 F_2 分别为

$$F_1 = \frac{\pi D^2}{4} p\eta \quad \text{(N)} \tag{13-1}$$

$$F_2 = \frac{\pi(D^2 - d^2)}{4} p\eta \quad \text{(N)} \tag{13-2}$$

式中:D 为气缸内径(m);d 为活塞杆直径(m);p 为气缸工作压力(Pa);η 为负载率。

负载率 η 与气缸工作压力 p 有关,且综合反映活塞的快速作用和气缸的效率。表 13-2 列出了传输气缸 η 与 p 的关系。η 的最佳值为 $0.3\sim0.5$,气缸高速运动或垂直安装时取 $\eta=0.3$,低速运动时取 $\eta=0.5$。对于作夹具用的夹紧气缸,取 $\eta=0.8\sim0.9$。

表 13-2   负载率 η 与气缸工作压力 p 的关系

p/MPa	0.16	0.20	0.24	0.30	0.40	0.50	0.60	0.70~1
η	0.10~0.30	0.15~0.40	0.20~0.50	0.25~0.60	0.30~0.65	0.35~0.70	0.40~0.75	0.45~0.75

2. 气缸内径 D 的计算

由式(13-1)和式(13-2)可求出气缸的内径 D。

(1)推力做功时

$$D = \sqrt{\frac{4F_1}{\pi p\eta}} \quad \text{(m)} \tag{13-3}$$

(2)拉力做功时

$$D = \sqrt{\frac{4F_2}{\pi p\eta} + d^2} \quad \text{(m)} \tag{13-4}$$

式中各符号意义同前。计算出 D 后,应按表 13-3 所示的缸筒标准内径系列圆整。

表 13-3   缸筒标准内径系列   (单位:mm)

8	10	12	16	20	25	32	40	50	63	80	(90)	100
(110)	125	(140)	160	(180)	200	(220)	250	(280)	320	(360)	400	(450)

注:无括号的数值为优先选用者。

3. 活塞杆直径 d 的计算

与计算气缸内径 D 相同。一般取 $d/D = 0.2 \sim 0.3$，必要时也可取 $d/D = 0.16 \sim 0.4$。当活塞杆受压，且其行程 $L \geqslant 10d$ 时，还须校核其稳定性（校核方法与液压缸相同）。算出 d 后，按表 13-4 所示的活塞杆标准直径系列圆整。

表 13-4　活塞杆标准直径系列 （单位：mm）

4	5	6	8	10	12	14	16	18	20	22	25	28
32	36	40	45	50	56	63	70	80	90	100	110	125
140	160	180	200	250	280	320	360	—	—	—	—	—

4. 气缸筒壁厚 δ 的计算

一般气缸筒壁厚 δ 与缸径 D 之比小于 $1/10$（$\delta/D \leqslant 1/10$），可按薄壁圆筒公式计算：

$$\delta = \frac{Dp_s}{2[\sigma]} \quad \text{(m)} \tag{13-5}$$

式中：D 为缸筒内径（m）；p_s 为试验压力（Pa），取 p_s 为工作压力 p 的 1.5 倍；$[\sigma]$ 为缸筒材料的许用应力（Pa），有

$$[\sigma] = \sigma_b/n \quad \text{(Pa)} \tag{13-6}$$

其中 σ_b 为缸筒材料的抗拉强度（Pa），n 为安全系数（一般取 $n = 6 \sim 8$）。

表 13-5 列出了几种常用材料的缸筒壁厚的参考值。

表 13-5　缸筒壁厚 （单位：mm）

材料	缸筒内径							
	50	80	100	125	160	200	230	320
	壁厚							
铸铁 HT100	7	8	10	10	12	14	16	16
A3 钢及 45、20 无缝钢管	4	5	6	6	7	7	9	10
铝合金 ZL	8～12		12～14			14～17		

5. 耗气量的计算

气缸耗气量与其自身结构、动作时间以及连接管道容积等有关。一般连接管道容积比气缸容积小得多，故可忽略。因而气缸一个往复行程的压缩空气耗量 q 为

$$q = \frac{\pi(2D^2 - d^2)s}{4\eta_v t} \quad \text{(m}^3\text{/s)} \tag{13-7}$$

式中：s 为气缸行程（m）；t 为气缸一个往复行程所用的时间（s）；η_v 为气缸容积效率，一般取 $\eta_v = 0.9 \sim 0.95$。

将压缩空气耗量 q 换算成自由空气耗量 q_z 为

$$q_z = [1 + (p/p_0)]q \quad \text{(m}^3\text{/s)} \tag{13-8}$$

式中：p、p_0 分别为气缸工作压力（MPa）和大气压力（MPa），$p_0 = 0.1013$ MPa。

6. 缓冲计算

气缸运动速度很快，一般达 1 m/s。为了使活塞与端盖在行程末端不发生碰撞，常设置缓冲装置。如图 13-1 所示，在活塞接近行程末端时，利用缓冲柱塞将柱塞孔堵死，使封在气缸右腔内的剩余气体被压缩，并经节流阀缓慢流出，被压缩的气体起到吸收运动活塞动能的

缓冲作用。

缓冲室内气体被急剧压缩，属绝热过程，其中气体所吸收的能量 E_p 为

$$E_p = \frac{k}{k-1} p_2 V_2 \left[\left(\frac{p_3}{p_2} \right)^{\frac{k-1}{k}} - 1 \right] \quad (J) \tag{13-9}$$

式中：k 为绝热指数，对于空气，$k=1.4$；V_2 为缓冲柱塞堵死柱塞孔时，环形缓冲气室的容积（m^3）；p_2 为气缸排气背压（绝对压力，Pa）；p_3 为缓冲气室内气体被压缩最后达到的压力，其最高值等于气缸安全强度所容许的压力（绝对压力，Pa）。

运动部件在行程末端的动能 E_v 为

$$E_v = mv^2/2 \quad (J) \tag{13-10}$$

式中：m 为运动部件总质量（kg）；v 为活塞运动行程末端的速度（m/s）。

按能量平衡原则应有

$$E_p \geqslant E_d + E_v \pm E_g - E_f \quad (J) \tag{13-11}$$

式中：E_d 为进气腔传递给活塞的压力能（J）；E_g 为气缸非水平放置时重力产生的能量（J）；E_f 为摩擦力产生的能量（J）。

式（13-11）也可近似为

$$E_p > E_v \tag{13-12}$$

若不满足式（13-11）或式（13-12），则应采取一定措施，如增大缓冲行程或关小节流阀阀口等，以满足缓冲要求。但 p_3 不应太高，一般 $p_3 \leqslant 5p_2$，故对高速、运动能量大的负载应采用其他方法进行缓冲，如采用缸外缓冲，以防气缸尺寸过大。

13.2　气　马　达

13.2.1　气马达分类

气马达是将气体的压力能转换成旋转机械能输出的装置，分连续回转式和摆动式两类。连续回转式气马达又分为容积式和透平式，常用气马达以容积式为主。表 13-6 给出了摆动式气马达的分类及工作原理和特点。表 13-7 给出了容积式气马达的分类及性能比较。

表 13-6　摆动式气马达的分类、工作原理和特点

类别名称	简图	工作原理和特点
齿轮齿条式气马达		利用齿轮齿条传动，将活塞的往复运动变为输出轴的旋转运动
单叶片摆动式气马达		由压缩空气推动叶片，使输出轴产生旋转运动。单叶片的摆动角小于 360°
双叶片摆动式气马达		由压缩空气推动叶片，使输出轴产生旋转运动。双叶片的摆动角小于 180°，较单叶片输出力矩提高约一倍

表 13-7 容积式气马达的分类及性能比较

类别	齿轮式马达		活塞式马达（径向活塞式）		
	双齿轮式	多齿轮式	有连杆式	无连杆式	滑杆式
简图	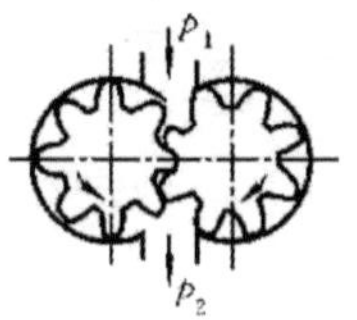	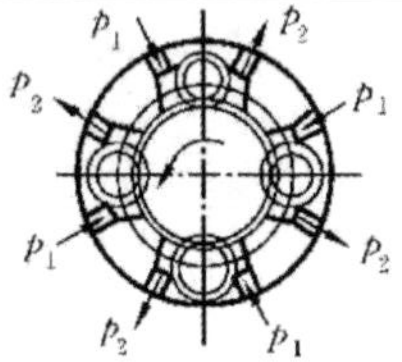	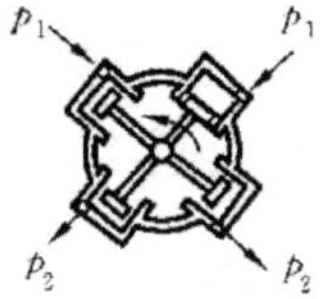	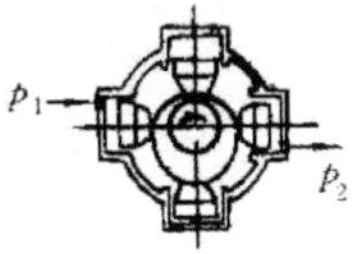	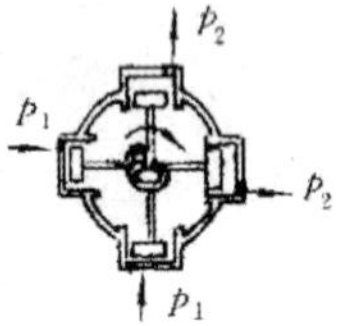
转速范围/(r·min⁻¹)	1 000～10 000		100～1 300（最大至 6 000）		
转矩	较小	较双齿轮马达大	大		
功率范围/(×735 W)	1～50		1～25		
效率	低		较高		
单位功率的耗气量/(m³·(735 W)⁻¹)	>1.2		大型马达一般为 0.7～1.0，小型马达一般为 1.4～1.7		
单位功率的机重	较轻	较双齿轮马达轻	重		
结构特点	结构简单，噪声大，振动大。人字齿轮式马达换向困难		结构复杂		

类别	活塞式马达	叶片式马达		
	轴向活塞式马达	单向回转的叶片马达	双向回转的叶片马达	双作用的双向叶片马达
简图	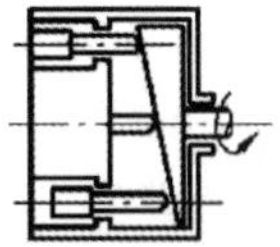	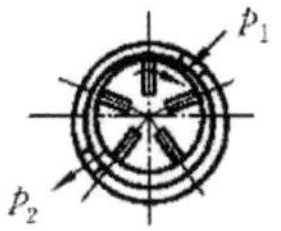	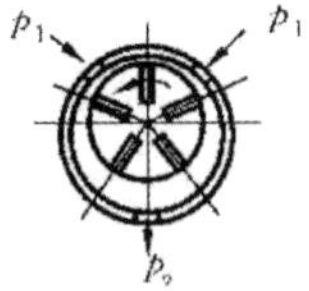	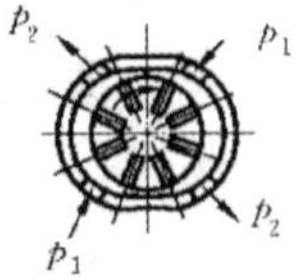
转速范围/(r·min⁻¹)	<3 000	500～50 000		
转矩	较径向活塞式马达大	小		
功率范围/(×735 W)	<5	0.2～25		
效率	高	较低		
单位功率的耗气量/(m³·(735 W)⁻¹)	0.8 左右	大型马达一般为 1.0，小型马达一般为 1.3～1.7		
单位功率的机重	较重	轻		
结构特点	结构紧凑，但很复杂	结构简单，维修容易		

13.2.2 气马达的工作原理及特性

图 13-2 所示为双向旋转叶片式气马达的工作原理。压缩空气从进口 A 进入气室后立即喷向叶片 1，作用在叶片的外伸部分，产生转矩带动转子 2 做逆时针转动，输出旋转机械能，废气从排气口 C 排出，残余气体则经小口 B 排出（二次排气）；若进气口和排气口互换，则转子反转，输出相反方向的旋转机械能。转子转动的离心力和叶片底部的气压力、弹簧力（图中未示出）使得叶片紧密地抵在定子 3 的内壁上，以保证密封良好，提高容积效率。

图 13-3 所示为在一定工作压力下作出的叶片式气马达的机械特性曲线。由图可知，气马达具有软机械特性。当外加转矩 T 等于零时，即为空转工况，此时转速达到最大值 n_{max}，气马达输出的功率等于零；当外加转矩等于气马达的最大转矩 T_{max} 时，马达停止转动，此时功率也等于零；当外加转矩等于最大转矩的一半时，马达的转速也约为最大转速的 1/2，此时气马达的输出功率 P 最大，以 P_{max} 表示。

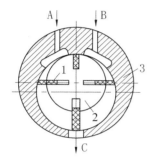

图 13-2 双向旋转叶片式气马达工作原理图
1—叶片；2—转子；3—定子

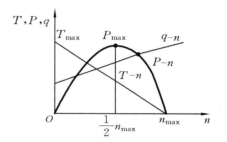

图 13-3 叶片式气马达的机械特性曲线

练 习 题

13-1 单杆双作用气缸内径 $D=125$ mm，活塞杆直径 $d=32$ mm，工作压力 $p=0.45$ MPa，气缸的负载率 $\eta=0.5$，求气缸的推力和拉力。如果此气缸内径 $D=80$ mm，活塞杆直径 $d=25$ mm，工作压力 $p=0.4$ MPa，负载率不变，其活塞杆的推力和拉力各为多少？

13-2 上题中气缸若为双活塞杆双作用气缸，其推力和拉力各为多少？

13-3 试说明双向旋转叶片式气马达的工作原理。

第 14 章　气动控制元件

气动控制元件按功能和用途可分为压力控制阀、流量控制阀和方向控制阀三大类。此外,还有通过改变气流方向和通断以实现各种逻辑功能的气动逻辑元件等。

14.1　压力控制阀

压力控制阀是控制系统中压力的阀类,它包括减压阀、定值器、安全阀和顺序阀等。

14.1.1　减压阀

减压阀的功用是:将气源压力减到每台装置所需要的压力,并保证减压后压力值稳定。

1.减压阀的工作原理

1) 直动式减压阀

图 14-1(a)所示为直动式带溢流阀的减压阀(简称溢流减压阀,其符号见图 14-1(b))的结构。压力为 p_1 的压缩空气,由左端输入经阀口 10 节流后,压力降为 p_2 输出。p_2 的大小可由调压弹簧 2、3 进行调节。顺时针旋转旋钮 1,压缩弹簧 2、3 及膜片 5 使阀芯 8 下移,增大阀口 10 的开度,使 p_2 增大。若逆时针旋转旋钮 1,阀口 10 的开度减小,p_2 随之减小。

若 p_1 瞬时升高,p_2 将随之升高,使膜片气室 6 内压力也升高,在膜片 5 上产生的推力相应增大。此推力破坏了原来力的平衡,使膜片 5 向上移动,有少部分气流经溢流孔 12、排气孔 11 排出。在膜片上移的同时,因复位弹簧 9 的作用,阀芯 8 也向上移动,关小进气阀口 10,节流作用增大,使输出压力下降,直至达到新的平衡为止,此时输出压力基本又回到原来值。若输入压力瞬时下降,输出压力下降,膜片 5 下移,阀芯 8 随之下移,阀口 10 开度增大,节流作用减小,使输出压力也基本回到原来的值。

逆时针旋转旋钮 1,使调压弹簧 2、3 放松,气体作用在膜片 5 上的推力大于调压弹簧的作用力,膜片向上弯曲,靠复位弹簧的作用关闭阀口 10。再旋转旋钮 1,阀芯 8 的顶端与溢流阀座 4 将脱开,膜片气室 6 中的压缩空气便经溢流孔 12、排气孔 11 排出,使阀处于无输出状态。

总之,溢流减压阀是靠进气口的节流作用减压,靠膜片上力的平衡作用和溢流孔的溢流作用实现稳压的;调节弹簧即可使输出压力在一定范围内改变。为防止以上溢流式减压阀排出少量气体对周围环境的污染,可采用不带溢流阀的减压阀(即普通减压阀),其符号如图 14-1(c)所示。

2) 先导式减压阀

当减压阀的输出压力较高或通径较大时,用调压弹簧直接调压,则弹簧刚度必然过大,流量变化时,输出压力波动较大,阀的结构尺寸也将增大。为了克服这些缺点,可采用先导式减压阀。先导式减压阀的工作原理与直动式的基本相同。先导式减压阀所用的调压气

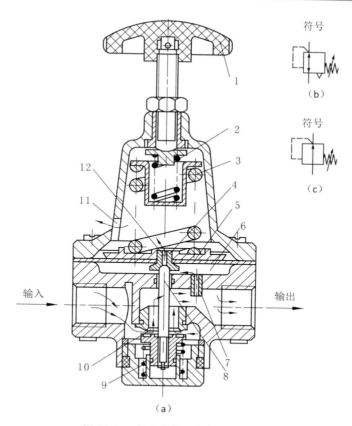

符号

(b)

符号

(c)

输入

输出

(a)

图 14-1　直动式带溢流阀的减压阀

(a) 减压阀结构；(b) 溢流减压阀图形符号；(c) 不带溢流阀的减压阀(即普通减压阀)图形符号

1—调节旋钮；2、3—调压弹簧；4—溢流阀座；5—膜片；6—膜片气室；7—阻尼管；8—阀芯；

9—复位弹簧；10—进气阀口；11—排气孔；12—溢流孔

体,是由小型的直动式减压阀供给的。若将小型直动式减压阀装在阀体内部,则称为内部先导式减压阀;若将小型直动式减压阀装在阀体外部,则称为外部先导式减压阀。

图 14-2 所示为内部先导式减压阀的结构。与直动式减压阀相比,该阀增加了由喷嘴 4、挡板 3、固定节流孔 9 及气室 B 所组成的喷嘴挡板放大环节。当喷嘴与挡板之间的距离发生微小变化时,就会使 B 室中的压力发生很明显的变化,从而引起膜片 10 发生较大的位移,促使阀芯 6 上下移动,开大或关小进气阀口 8,这样就提高了对阀芯控制的灵敏度,也即提高了阀的稳压精度。

图 14-3 所示为外部先导式减压阀的主阀,其工作原理与直动式阀相同。在主阀体外部还有一个小型直动式减压阀(图中未画出),由它来控制主阀。此类阀适用于通径在 20 mm 以上、远距离(30 m 以内)、位置高、危险、调压困难的场合。

　3) 定值器

定值器是一种高精度的减压阀,主要用于压力定值。目前有两种压力规格的定值器:其气源压力分别为 0.14 MPa 和 0.35 MPa,输出压力范围分别为 0~0.1 MPa 和 0~0.25 MPa。其输出压力波动不大于最大输出压力的 1%,常用于需要供给精确气源压力和信号压力的场合,如用于气动试验设备、气动自动装置等。

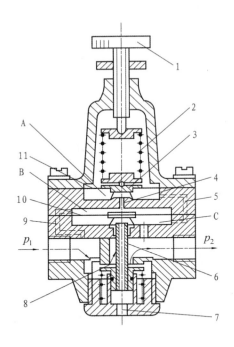

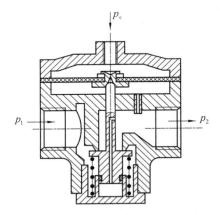

图 14-2 内部先导式减压阀结构

图 14-3 外部先导式减压阀的主阀

1—旋钮；2—调压弹簧；3—挡板；4—喷嘴；5—孔道；

6—阀芯；7—排气阀口；8—进气阀口；9—固定节流孔；

10、11—膜片；A—上气室；B—中气室；C—下气室

图 14-4(a)、(b) 分别为定值器的工作原理图和结构简图。它由三部分组成：Ⅰ是直动式减压阀的主阀部分；Ⅱ是恒压降装置，相当于一定差值减压阀，主要作用是使喷嘴得到稳定的气源流量；Ⅲ是喷嘴挡板装置和调压部分，起调压和压力放大作用，利用被它放大了的气压去控制主阀部分。由于定值器具有调定、比较和放大的功能，因而稳压精度高。

定值器处于非工作状态时，由气源输入的压缩空气经过滤器 1 过滤后进入 A 室和 E 室。主阀芯 19 在弹簧 20 和气源压力作用下压在阀座上，使 A 室与 B 室断开。进入 E 室的气流经阀口（又称为活门）12 至 F 室，再通过恒节流孔 13 降压后，分别进入 G 室和 D 室。由于这时尚未对膜片 8 加力，挡板 5 与喷嘴 4 之间的间距较大，气体从喷嘴 4 流出时的气流阻力较小，G 室及 D 室的气压较低，膜片 3 及 15 皆保持原始位置。进入 H 室的微量气体主要部分经 B 室通过阀口（溢流口）2 从排气口排出；另有一部分从输出口排空。此时输出口无气流输出，由喷嘴流出而排空的微量气体是维持喷嘴挡板装置工作所必需的，因其为无功耗气量，所以希望其耗量越小越好。

定值器处于工作状态时，转动手柄 7 压下弹簧 6 并推动膜片 8 连同挡板 5 一同下移，挡板 5 与喷嘴 4 的间距缩小，气流阻力增加，使 G 室和 D 室的气压升高。膜片 15 在 D 室气压的作用下下移，将阀口（溢流口）2 关闭，并向下推动主阀芯 19，打开阀口，压缩空气即经 B 室和 H 室由输出口输出。与此同时，H 室压力上升并反馈到膜片 8 上，当膜片 8 所受的反馈作用力与弹簧力平衡时，定值器便输出一定压力的气体。

当输入压力波动时，如压力上升，B 室和 H 室气压瞬时增高，使膜片 8 上移，导致挡板 5

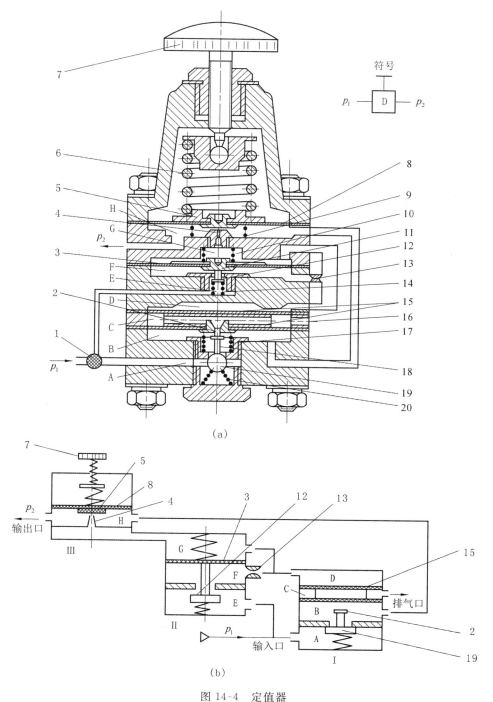

图 14-4 定值器

（a）定值器结构图；（b）定值器工作原理图

1—过滤器；2—溢流口；3、8、15—膜片；4—喷嘴；5—挡板；6、9、10、14、17、20—弹簧；7—调压手柄；
11—稳压阀芯；12—稳压阀口；13—恒节流孔；16—排气口；18—阀杆；19—主阀芯；20—弹簧

与喷嘴 4 之间的间距加大,G 室和 D 室的气压下降。由于 B 室压力增高,D 室压力下降,膜片 15 在压差的作用下向上移动,使主阀口减小,输出压力下降,直到稳定在调定压力上为止。此外,在输入压力上升时,E 室压力和 F 室瞬时压力也上升,膜片 3 在上下压差的作用下上移,关小阀口 12。由于节流作用加强,F 室气压下降,始终保持节流孔 13 的前后压差恒定,故通过节流孔 13 的气体流量不变,使喷嘴挡板的灵敏度得到提高。当输入压力降低时,B 室和 H 室的压力瞬时下降,膜片 8 连同挡板 5 由于受力平衡破坏而下移,喷嘴 4 与挡板 5 的间距减小,G 室和 D 室压力上升,膜片 3 和 15 下移。膜片 15 下移使主阀口开度加大,使 B 室及 H 室气压回升,直到与调定压力平衡为止。而膜片 3 下移,使阀口 12 开大,F 室气压上升,始终保持恒节流孔 13 前后压差恒定。

同理,输出压力波动时与输入压力波动时的调节方式相同。

由于定值器利用输出压力的反馈作用和喷嘴挡板的放大作用控制主阀,使其能对较小的压力变化做出反应,从而使输出压力得到及时调节,保持出口压力基本稳定,即定值稳压精度较高。

2. 减压阀的基本性能

(1) 调压范围。它是指减压阀输出压力 p_2 的可调范围,在此范围内要求达到规定的精度。调压范围主要与调压弹簧的刚度有关。为使输出压力在高、低调定值下都能得到较好的流量特性,常采用两个并联或串联的调压弹簧。并联时,在低压范围内只用刚度小的弹簧调压,高压范围内则合成调压;串联时,在低压范围内合成调压,高压范围内则让其中一个起作用。一般 QTY 型减压阀的调压范围为 0.05~0.63 MPa。

(2) 压力特性。它是指流量 q 为定值时,减压阀输入压力 p_1 波动而引起输出压力 p_2 波动的特性。输出压力波动越小,减压阀的特性就越好。输出压力 p_2 必须低于输入压力 p_1 一定值时才基本上不随输入压力变化而变化,如图 14-5 所示。

(3) 流量特性。它是指输入压力 p_1 一定时,减压阀输出压力 p_2 随输出流量 q 的变化而变化的特性。当流量 q 发生变化时,输出压力 p_2 的变化越小越好。一般输出压力 p_2 越低,它随输出流量的变化波动就越小,如图 14-6 所示。

流量特性和压力特性是减压阀的两个重要特性,是选择和使用减压阀的重要依据。

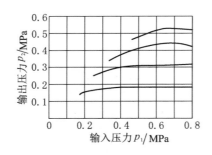

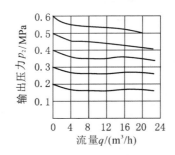

图 14-5　压力特性曲线(流量 $q=5$ m³/h)　　　图 14-6　流量特性曲线(输入压力 $p_1=0.7$ MPa)

3. 减压阀的选用

根据使用要求选定减压阀的类型和调压精度,再根据所需最大输出流量选择其通径。决定阀的气源压力时,应使其大于最高输出压力 0.1 MPa。减压阀一般安装在分水滤气器之后,油雾器或定值器之前(见图 14-7),并注意不要将其进出口接反;阀不用时应把旋钮放

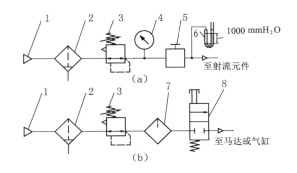

图 14-7 减压阀的安装

（a）一般射流元件的供气系统；（b）气缸或气马达的供气系统

1—气源；2—分水滤气器；3—减压阀；4—压力表；5—定值器；6—测压管；7—油雾器；8—换向阀

松，以免膜片经常受压变形而影响其性能。

14.1.2 顺序阀

图 14-8 所示为单向顺序阀（顺序阀与单向阀的组合）的工作原理图，当压缩空气进入腔 4，作用在活塞 3 上的力小于弹簧 2 上的力时，阀处于关闭状态。当作用在活塞上的力大于弹簧力时，将活塞顶起，压缩空气从入口 P 经腔 4、腔 5 到输出口 A（见图 14-8（a）），然后进入气缸或气控换向阀。切换气源时，由于腔 4 内压力迅速下降，顺序阀关闭，此时腔 5 内压力高于腔 4 内压力，在压差作用下，单向阀 6 打开，压缩空气从 A 口到 T 口反向排出（见图 14-8（b））。图 14-9 所示为常用单向顺序阀的结构。通过旋转手轮调节弹簧预紧力，即可改变顺序阀的开启压力。单向顺序阀常用于控制气缸自动顺序动作或不便于安装机控阀的场合。

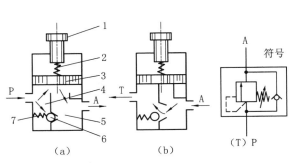

图 14-8 单向顺序阀的工作原理图

（a）开启状态；（b）关闭状态

1—手轮；2、7—弹簧；3—活塞；4、5—腔；6—单向阀

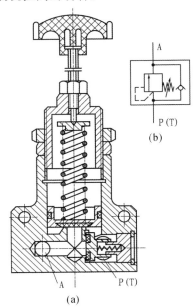

图 14-9 单向顺序阀的结构

（a）结构；（b）图形符号

14.1.3 安全阀

安全阀即在系统中起安全保护作用的溢流阀。当系统压力超过规定值时,安全阀打开,将系统中的一部分气体排入大气,使系统压力不超过允许值,从而保证系统不因压力过高而发生事故。图 14-10 所示为安全阀的几种典型结构形式。图 14-10(a) 所示为活塞式安全阀,阀芯是一平板。气源压力 p_s 作用在活塞 A 上,当压力超过由弹簧力确定的安全值时,活塞 A 被顶开,一部分压缩空气即从阀口排入大气;当气源压力低于安全值时,弹簧驱动活塞下移,关闭阀口。图 14-10(b) 和图(c) 所示分别为球阀式和膜片式安全阀,其工作原理与活塞式完全相同。这三种安全阀都靠弹簧提供控制力,调节弹簧预紧力,即可改变安全值大小,故称这种阀为直动式安全阀。图 14-10(d) 所示为先导式安全阀。由小型直动阀提供的控制压力 p_c 作用于膜片上,膜片上的硬芯就是阀芯,压在阀座上。当气源压力 p_s 大于安全压力时,阀芯开启,压缩空气从左侧输出口排入大气。膜片式安全阀和先导式安全阀的压力特性较好、动作灵敏,但它们的最大开启力比较小,即流量特性较差。应用时,应根据实际需要选择安全阀的类型,并根据最大排气量选择其通径。

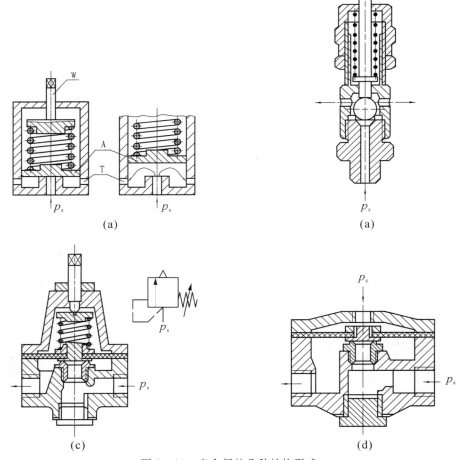

图 14-10　安全阀的几种结构形式
(a) 活塞式;(b) 球阀式;(c) 膜片式;(d) 先导式

14.2　流量控制阀

流量控制阀的功用是通过改变节流口的通流面积来改变流量的大小,从而实现对执行元件运动速度的控制。流量控制阀有节流阀、单向节流阀、排气节流阀和柔性节流阀等。

14.2.1　节流阀和单向节流阀

图 14-11 所示为节流阀。气流经 P 口输入,经过节流口的节流后由 A 口输出。节流口的流通面积与阀芯位移量之间有一定的函数关系,这个函数关系与阀芯节流部分的形状有关。常用的有针阀型、三角沟槽型和圆柱斜切型等,与液压节流阀阀芯节流部分的形状基本相同,这里不再重复。图 14-11 所示即是采用圆柱斜切型阀芯的节流阀。

图 14-12 所示为单向节流阀结构,它是单向阀和节流阀并联而成的控制阀。当气流由 P 口向 A 口流动时,经过节流阀节流;反方向流动,即由 A 口向 P 口流动时,单向阀打开,不节流。

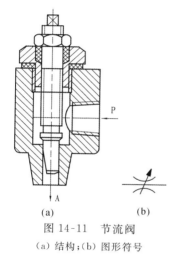

图 14-11　节流阀
（a）结构;（b）图形符号

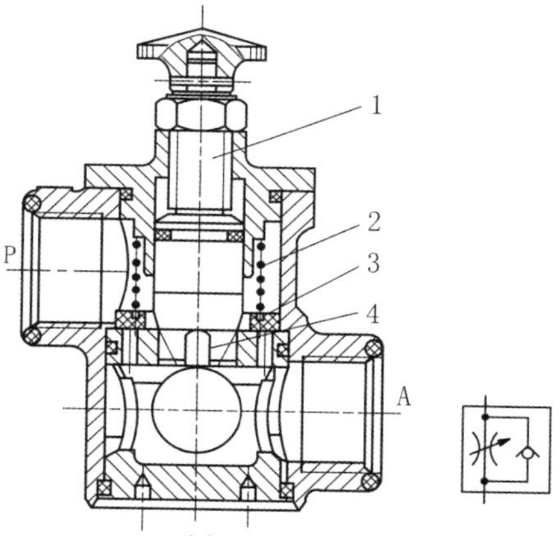

图 14-12　单向节流阀
（a）结构;（b）图形符号
1—调节杆;2—弹簧;3—单向阀;4—节流口(三角沟槽型)

14.2.2　排气节流阀

图 14-13 所示为排气节流阀的工作原理,该阀靠调节节流口 1 处的流通面积来调节排气流量,由消声套 2 减少排气噪声。图 14-14 所示为排气节流阀,调节旋钮 8,可改变阀芯 3 左端节流口(三角沟槽型)的开度,即改变由 A 口来的排气量大小。排气节流阀常安装在换向阀和执行元件的排气口处,起单向节流阀的作用。其特点是结构简单,安装方便。

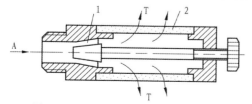

图 14-13　排气节流阀的工作原理图
1—节流口;2—消声套(用消声材料制成)

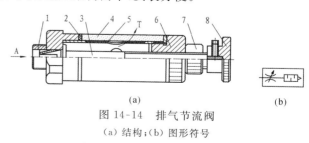

图 14-14　排气节流阀
（a）结构;（b）图形符号
1—阀座;2—垫圈;3—阀芯;4—消声套;
5—阀套;6—锁紧法兰;7—锁紧螺母;8—旋钮

14.2.3 柔性节流阀

图 14-15 所示为柔性节流阀的工作原理,它依靠阀杆夹紧柔韧的橡胶管而产生节流作用,也可以利用气体压力来代替阀杆压缩胶管。柔性节流阀结构简单,压力降小,动作可靠性高,对污染不敏感,通常工作压力范围为 0.3～0.63 MPa。

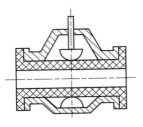

图 14-15 柔性节流阀工作原理

应用气动流量控制阀对气动执行元件进行调速,比用液压流量控制阀调速要困难,因气体具有压缩性。因此,用气动流量控制阀调速时为防产生爬行应注意以下几点:

(1) 管道上不能有漏气现象;

(2) 气缸、活塞间的润滑状态要好;

(3) 流量控制阀应尽量安装在气缸或气马达附近;

(4) 尽可能采用出口节流调速方式;

(5) 外加负载应当稳定。若外负载变化较大,应借助液压或机械装置(如气液联动装置)来补偿由于载荷变动造成的速度变化。

14.3 方向控制阀

方向控制阀是用来控制压缩空气的流动方向和气流通断的阀类。

14.3.1 方向控制阀的分类

方向控制阀按阀芯结构不同可分为滑阀式、截止式(又称提动式)、平面式(又称滑块式)、旋塞式和膜片式等,其中以滑阀式和截止式应用较多;按控制方式不同可分为电磁控制式、气压控制式、机械控制式、人力控制式和时间控制式等;按作用特点可分为单向型和换向型;按通口数和阀芯工作位置数可分为二位二通、二位三通、三位五通等多种形式(见表 14-1);按阀的密封形式可分为硬质密封式和软质密封式,其中软质密封式因制造容易、泄漏少、对介质污染不敏感等优点被广泛采用。

表 14-1 换向阀的通口和工作位置

通口数	二位	三位		
		中间封闭式	中间泄压式	中间加压式
二通	A / P 常断　　A / P 常通			
三通	A / P T 常通　　A / P T 常断	A / P T		
四通	A B / P T	A B / P T	A B / P T	A B / P T
五通	A B / T_1 P T_2	A B / T_1 P T_2	A B / T_1 P T_2	A B / T_1 P T_2

14.3.2　单向型方向控制阀

单向型方向控制阀只允许气流沿着一个方向流动。它主要包括单向阀、梭阀、双压阀和快速排气阀等。

1. 单向阀

如图 14-16 所示,单向阀是使气流只能沿一个方向流动而不能反向流动的方向控制阀。压缩空气从 P 口进入,克服弹簧力和摩擦力使单向阀阀口开启,压缩空气从 P 口流至 A 口;当 P 口无压缩空气时,在弹簧力和 A 口(腔)余气压力作用下,阀口处于关闭状态,使从 A 口至 P 口气流不通。单向阀应用于不允许气流反向流动的场合,如空压机向储气罐充气时,在空压机与储气罐之间设置一单向阀,当空压机停止工作时,可防止储气罐中的压缩空气回流到空压机。单向阀还常与节流阀、顺序阀等组合成单向节流阀、单向顺序阀使用。

2. 梭阀

如图 14-17 所示,梭阀相当于两个单向阀组合的阀,其作用相当于"或门"。梭阀有两个进气口 P_1 和 P_2,一个出口 A,其中,P_1 口和 P_2 口都可与 A 口相通,但 P_1 口与 P_2 口不相通。P_1 口和 P_2 口中的任一个有信号输入,A 口都有输出。若 P_1、P_2 口都有信号输入,则先加入侧($p_1 = p_2$ 时)或信号压力高侧($p_1 \neq p_2$ 时)的气信号通过 A 口输出,另一侧则被堵死。仅当 P_1、P_2 口都无信号输入时,A 口才无信号输出。梭阀可将控制信号有次序地输入控制执行元件。

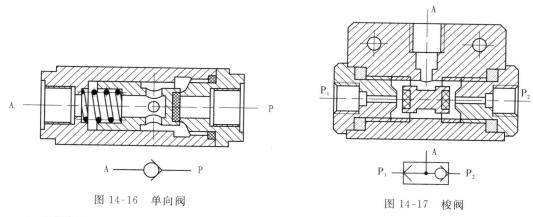

图 14-16　单向阀　　　　　　　　　　　图 14-17　梭阀

3. 双压阀

如图 14-18 所示,双压阀也相当于两个单向阀的组合结构形式,其作用相当于"与门"。它有两个输入口 P_1 和 P_2、一个输出口 A。当 P_1 口或 P_2 口单独有输入时,阀芯被推向另一侧,A 口无输出。只有当 P_1 口和 P_2 口同时有输入时,A 口才有输出。当 P_1 口与 P_2 口输入的气体压力不等时,气压低的一端气体通过 A 口输出。双压阀在气动回路中常被当成"与门"元件使用。

4. 快速排气阀

如图 14-19 所示,快速排气阀有三个阀口,即 P 口、A 口、T 口,P 口接气源,A 口接执行元件,T 口通大气。当 P 口有压缩空气输入时,推动阀芯右移,P 口与 A 口通,给执行元件供气;当 P 口无压缩空气输入时,执行元件中的气体通过 A 口,使阀芯左移,堵住 P、A 口间的通路,同时打开 A、T 口通路,气体通过 T 口快速排出。快速排气阀常装在换向阀和气缸之间,使气缸的排气不用通过换向阀而快速排出,从而加快了气缸的往复运动速度,缩短其工作周期。

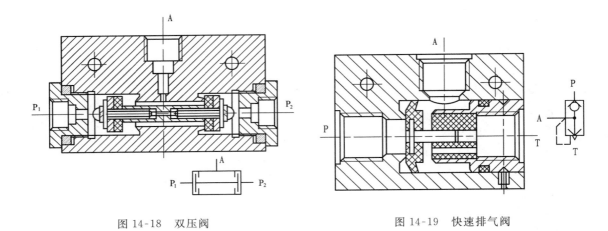

图 14-18　双压阀　　　　　　　　　　图 14-19　快速排气阀

14.3.3　换向型方向控制阀

换向型方向控制阀(简称换向阀)的作用,是通过改变气流通道而使气体流动方向发生变化,从而改变执行元件运动的方向。它包括气压控制换向阀、电磁控制换向阀、机械控制换向阀、人力控制换向阀和时间控制换向阀等。

1.气压控制换向阀

气压控制换向阀是利用气体压力来使主阀芯运动,从而使气体改变流向的阀类,按控制方式不同分为加压控制、卸压控制和差压控制三种。加压控制是指所加的控制信号压力是逐渐上升的,当气压增加到阀芯的动作压力时,主阀便换向;卸压控制是指所加的气控信号压力是逐渐减小的,当减小到某一压力值时,主阀换向;差压控制是使主阀芯在两端压差的作用下换向。

气压控制换向阀按主阀结构不同,又可分为截止式和滑阀式两种主要形式。滑阀式气压控制换向阀的结构和工作原理与液动换向阀基本相同,在此主要介绍截止式气压控制换向阀(以下简称截止式换向阀)。

1)截止式换向阀的工作原理

图 14-20 为二位三通单气控截止式换向阀的工作原理图。图 14-20(a)所示为 K 口没有控制信号时的状态,阀芯在弹簧与下腔气压作用下,使 P 口与 A 口断开,A 口与 T 口通,阀处于排气状态。当 K 口有控制信号时(见图 14-20(b)),P 口与 A 口通,A 口与 T 口断开,A 口出气。

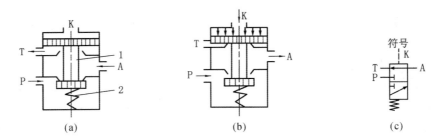

图 14-20　二位三通截止式换向阀的工作原理图

(a) 无控制信号状态;(b) 有控制信号状态;(c) 图形符号

1—阀芯;2—弹簧

图 14-21 所示为二位三通单气控截止式换向阀。当 K 口无信号时，A 口与 T 口通，阀处于排气状态；当 K 口有信号输入时，压缩空气进入活塞 9 的右端，使阀芯 5 左移，P 口与 A 口通。图中所示的为常断型阀，如果 P 口、T 口换接，则成为常通型阀。

2）截止式换向阀的特点

截止式换向阀和滑阀式换向阀一样，可组成二位三通、二位四通、三位五通等多种形式。与滑阀式换向阀相比，它的特点如下。

（1）阀芯行程短，只要移动很小的距离即能使阀完全开启（见图 14-22），故阀开启的时间短，通流能力强，流量特性好，结构紧凑，适用于大流量的场合。

图 14-22 所示为两种截止式换向阀阀芯的结构形式，当阀芯与阀座间的流通面积与阀座内的流通面积相等时，阀就完全打开。对于图 14-22（a）所示结构，有

$$\pi D^2/4 = \pi D l$$

即

$$l = D/4 \tag{14-1}$$

对于图 14-22（b）所示结构，有

$$\pi (D^2 - d^2)/4 = \pi D l$$

即

$$l = \frac{D^2 - d^2}{4D} < \frac{D}{4} \tag{14-2}$$

式中：l 为阀芯位移（m）；D 为阀座孔径（m）；d 为阀芯的阀杆直径（m）。

显然，阀芯位移 l 只要达到阀座孔径 D 的 1/4，就可使阀完全打开。

（2）截止式阀一般采用软质密封形式，且阀芯始终有背压，所以关闭时密封性好，泄漏量小；但换向力较大，换向时冲击力也较大，所以不宜用在灵敏度要求较高的场合。

（3）抗粉尘及抗污力强，对过滤精度要求不高。

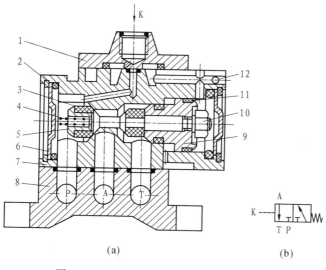

图 14-21　二位三通单气控截止式换向阀

（a）结构；（b）图形符号

1—气控接头；2—挡圈；3—密封圈；4—弹簧；

5—阀芯；6—端盖；7—阀体；8—阀板；9—活塞；

10—螺母；11—Y 形密封圈；12—钢球

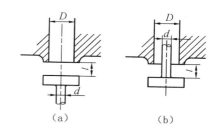

图 14-22　截止式换向阀阀芯的结构形式

（a）阀芯在管道外部；（b）阀芯在管道内部

2. 电磁控制换向阀

电磁控制换向阀是利用电磁力的作用来实现阀的切换以控制气流的流动方向的。按控制方法不同分为电磁铁直接控制（直动）式和先导式两种。

1）直动式电磁换向阀

图 14-23 为二位三通直动式单电控电磁换向阀的工作原理图。它只有一个电磁铁,通电时（见图 14-23(a)）,电磁铁推动阀芯向下运动,A 口与 T 口断开,P 口与 A 口通,阀处于进气状态。断电时（见图 14-23(b)）,弹簧力使阀芯复位,P 口与 A 口断开,A 口与 T 口通,阀处于排气状态。

图 14-24 所示为二位三通单电控常断式直动电磁换向阀的结构图。通电时,线圈 4 产生磁场,静铁芯 2 被磁化,因电磁力大于弹簧 7 的弹力,所以动铁芯 6 向上移动,使 P 口与 A 口通,排气口 T 被封住。断电时,静铁芯 2 消磁,动铁芯靠弹簧 7 复位,P 口与 A 口断开,A 腔气体经动铁芯两侧的长孔和静铁芯的中心孔从防尘螺帽 3 上的排气孔排空。如果 P 口与 A 口经常处于通气状态,则称为常通式直动电磁换向阀。

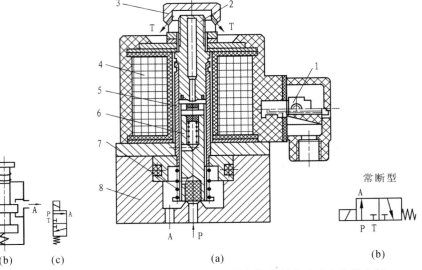

图 14-24 二位三通单电控常断直动式电磁换向阀
(a) 结构;(b) 图形符号
1—接线压板;2—静铁芯;3—防尘螺帽;4—线圈;
5—隔磁套管;6—动铁芯;7—弹簧;8—阀体

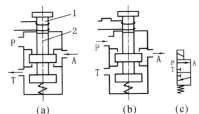

图 14-23 二位三通直动式单电控
电磁换向阀的工作原理图
(a) 断电时状态;(b) 通电时状态;(c) 图形符号
1—电磁铁;2—阀芯

2）先导式电磁换向阀

先导式电磁换向阀是由电磁铁首先控制气路,产生先导压力,再由先导压力去推动主阀芯,使其换向的。此类换向阀适用于通径较大的场合。

3. 机械控制换向阀

机械控制换向阀（简称机控阀）多用于行程程序控制系统,作为信号阀使用,所以又称为行程阀。通常依靠凸轮、撞块或其他机械外力推动阀芯,使阀换向。按阀芯头部结构形式分类,常见的有直动圆头式、滚轮式、杠杆滚轮式和可通过式等。

图 14-25 所示为二位三通直动圆头式机控阀,它借助凸轮或撞块直接推动阀芯的头部而使阀切换。当凸轮或撞块压下阀芯的圆头时,阀芯下移,P 口与 A 口通,A 口与 T 口断开;当凸轮或撞块松开时,弹簧力使阀芯上移,关闭阀口,A 口与 P 口断开,同时 A 口与 T 口通（排气）。

滚轮式机控阀在阀芯顶端加了一个滚轮,使机械凸轮或撞块直接与滚轮接触,再由滚轮传递力给阀芯使阀换向。其优点是:可以减小阀芯所受到的侧向力,从而减轻阀芯和阀体之间的整劲现象,以增加阀的寿命和可靠性。

杠杆滚轮式机控阀在滚轮式机控阀上增加了一个杠杆,借助杠杆传力,可减小机械压力,并利用气压复位。

4. 人力控制换向阀

人力控制换向阀分为手动阀及脚踏阀两种,其主阀部分结构和工作原理与前述几种换向阀的相同。人力控制阀按操作形式分有按钮式、旋钮式、锁式、推拉式、长手柄式和脚踏式等。

5. 时间控制换向阀

时间控制换向阀是使气流通过气阻、气容等,延长一定时间再使阀芯切换的阀类,包括延时阀和脉冲阀等。

1) 延时阀

图 14-26 所示为二位三通固定气容、可调气阻常

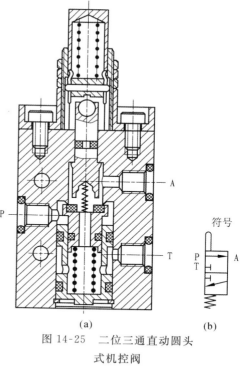

图 14-25　二位三通直动圆头式机控阀

(a) 结构;(b) 图形符号

断延时通型延时阀。当 K 口无控制信号时,靠弹簧力作用,阀芯处于左边,A 口与 T 口通,无输出

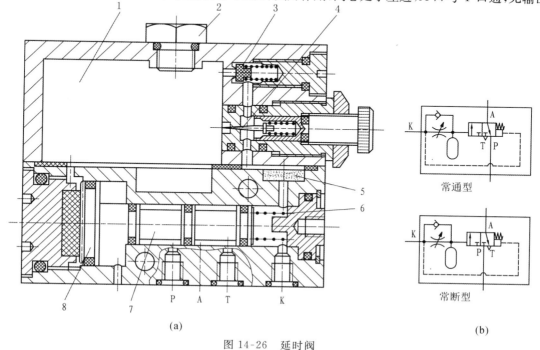

(a)

(b)

图 14-26　延时阀

(a) 结构;(b) 图形符号

1—气容;2—螺塞;3—单向阀;4—可调节流阀;5—过滤片;6—弹簧;7—阀芯;8—控制活塞

信号;当 K 口有控制信号输入时,控制信号通过过滤片 5 经可调节流阀 4 向气容 1 充气,当气容 1 内气压上升到某一数值时,通过小孔进入阀芯左端,推动控制活塞 8 使阀芯换向,P 口与 A 口通,A 口有信号输出。K 口控制信号消失后,气容 1 内的气体经单向阀 3 从 K 口迅速排空,在弹簧力作用下阀芯复位,A 口无信号输出。若 P 口与 T 口换接,即为常通延时断型延时阀。图示主阀部分即是一个二位三通差压控制换向阀。此延时阀延时时间为 0～20 s,延时精度为±8%,常用于易燃、易爆、粉尘大等不允许使用继电器的场合。

2)脉冲阀

脉冲阀是使气流经气阻、气容的延时作用,将输入的长信号变为脉冲信号输出的阀类。脉冲阀有截止式和滑阀式两种。图 14-27 所示为滑阀式脉冲阀。当 P 口有输入信号时,阀芯向上移动,使 P 口与 A 口通,A 口有输出信号;同时,从阀芯中心小孔不断给上部气室

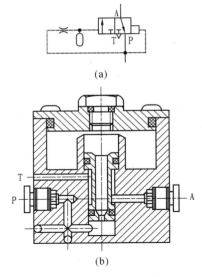

图 14-27　滑阀式脉冲阀
(a) 图形符号;(b) 结构

中充气,当气室中气体压力上升达到一定值时,因阀芯上、下端面面积差的作用,阀芯向下移动,P 口与 A 口断开,A 口与 T 口通,A 口无信号输出。这样,P 口连续的输入信号就变成了 A 口的脉冲输出信号。此类阀脉冲宽度约为 2 s。

14.4　气动逻辑元件

14.4.1　逻辑运算简介

逻辑运算又称逻辑代数、开关代数或布尔代数,是逻辑回路的设计基础,是分析、设计和简化逻辑回路常用的数学工具。

1. 基本规律

逻辑代数的变量和真值之间有下列规定。

(1) 逻辑代数中的某一变量(如 a、b 等),其值不为 1 即为 0,不为 0 即为 1。在气动系统中,以"1"代表有输入、有输出、有气、接通等;以"0"代表无输入、无输出、无气、断开等。

(2) 两个条件同时存在时,才出现某一结果,称为"逻辑乘"或"逻辑与",表示为

$$s = a \times b \quad 或 \quad s = a \cdot b \qquad (14\text{-}3)$$

式中:s 为因变量;a、b 为自变量;符号"×"或"·"读作"乘"或"与"。若有两个以上自变量的与门组,其逻辑关系表示为

$$s = a \cdot b \cdot c \cdots n \qquad (14\text{-}4)$$

式中:n 表示第 n 个自变量。

(3) 两个条件中,只要有一个存在时,就出现某一结果,称为"逻辑或"或"逻辑加",表示为

$$s = a + b \qquad (14\text{-}5)$$

若有两个以上自变量的或门组,其逻辑关系表示为

$$s = a + b + c + \cdots + n \qquad (14\text{-}6)$$

式中:各字母意义同前,符号"+"读作"或"或"加"。

(4) 任意事物(变量)的"否定"或"反相",称为"逻辑非",表示为

$$s = \bar{a} \qquad (14\text{-}7)$$

式中:"$\bar{a}$"表示 s 的状态与 a 相反,读作"a 非"。

(5) 或、与、非三种基本逻辑真值的演算规定见表 14-2。

表 14-2　基本逻辑运算定义

$1+1=1$	$1 \cdot 1 = 1$	
$0+0=0$	$0 \cdot 0 = 0$	$\bar{1}=0$
$1+0=1$	$1 \cdot 0 = 0$	$\bar{0}=1$
$0+1=1$	$0 \cdot 1 = 0$	

2. 逻辑代数基本运算定律

逻辑代数以逻辑与、逻辑或、逻辑非为基础,可以导出八个基本运算定律,见表 14-3。

表 14-3　逻辑代数基本运算定律

名称	含义	公式	备注
(1) 吸收律	两项因子互相吸收只存在其一	① $a+0=a$ ② $a+1=1$ ③ $a \cdot 0 = 0$ ④ $a \cdot 1 = a$	前两式又称加法法则,可依逻辑代数基本定义求证;后两式又称乘法法则,与普通代数相同
(2) 交换律	在逻辑加和逻辑乘的运算中,变量的位置可以交换	⑤ $a+b=b+a$ ⑥ $a \cdot b = b \cdot a$	与普通代数同
(3) 结合律	在连加、连乘的运算中,各因子可以任意结合	⑦ $a+b+c=a+(b+c)=(a+b)+c$ ⑧ $a \cdot b \cdot c = a \cdot (b \cdot c) = (a \cdot b) \cdot c$	与普通代数同
(4) 分配律	公因子可以提出,因式可以展开	⑨ $ab+ac+ad=a(b+c+d)$ ⑩ $(a+b)(c+d)=ac+bc+ad+bd$	与普通代数同
(5) 重复律	重复相加、重复相乘时,其结果仍为原变量	⑪ $a+a+a=a$ ⑫ $ab+ab+ab=ab$ ⑬ $a \cdot a \cdot a = a$ ⑭ $ab \cdot ab \cdot ab = ab$	
(6) 逆相结合律	逆相相加等于1,逆相相乘等于0	$a+\bar{a}=1$　$\bar{1}=0$ $a \cdot \bar{a}=0$　$\bar{0}=1$	a 与 $\bar{a}$ 互为逆相,两因子相加等于1时,两因子为互补因子
(7) 否定之否定定律	否定之否定为肯定	$\bar{\bar{a}}=a$	
(8) 德·摩根定律(又称倒相律或反相律)	逻辑加的倒相等于各倒相的逻辑乘;逻辑乘的倒相等于各倒相的逻辑和	$\overline{a+b}=\bar{a} \cdot \bar{b}$ $\overline{a \cdot b}=\bar{a}+\bar{b}$	

3. 形式定理

依据逻辑代数八个基本定律,可以导出"与/或"式和"或/与"式的形式定理,见表 14-4。

形式定理有三个特征。

表 14-4　逻辑代数形式定理

定理 1	⑮ $a+a \cdot b=a$ ⑯ $a \cdot (a+b)=a$
定理 2	⑰ $a+\bar{a} \cdot b=a+b$ ⑱ $a \cdot (\bar{a}+b)=ab$
定理 3	⑲ $ab+bc+\bar{a}c=ab+\bar{a}c$ ⑳ $(a+b)(b+c)(\bar{a}+c)=(a+b)(\bar{a}+c)$

(1) 定理 1 表明:在逻辑函数表达式中,如果某一乘积项中有该表达式中的另一项为其因子,则该乘积项可以消去。例如,在 $s=a+a \cdot b$ 中,$a \cdot b$ 中有第一项 a 为其因子,则 $a \cdot b$ 可消去,即 $s=a$。

(2) 定理 2 表明:在逻辑函数表达式中,如果一个乘积项中有该表达式中的另一项的反相为其因子,则该乘积项中的反相可消去。例如,在式 $s=a+\bar{a} \cdot b$ 中,第二项 $\bar{a} \cdot b$ 中包含了第一项 a 的反相 $\bar{a}$,则 $\bar{a}b$ 中的 $\bar{a}$ 可消去,即 $s=a+b$。

(3) 定理 3 表明:在逻辑函数表达式中,若在两个乘积项中存在互补因子,而该表达式中的另一项又由互补因子以外的剩余因子所组成,则由剩余因子所组成的项可消去。例如,在式 $s=ab+bc+\bar{a}c$ 中,第一项与第三项中的 a 和 $\bar{a}$ 为互补因子(互为反相),第二项则为第一、三项除去互补因子 a 和 $\bar{a}$ 后的剩余因子 b 和 c 组成,则 bc 项可消去,即 $s=ab+\bar{a}c$。

例 14-1　试化简逻辑函数

$$s = a+a\bar{b}\bar{c}+\bar{a}cd+e(\bar{c}+\bar{d})+cg+\bar{c}h+gh$$

解　由定理 1:$a+a\bar{b}\bar{c}=a$

由定理 2:$a+\bar{a}cd=a+cd$

由倒相律和定理 2:$cd+e(\bar{c}+\bar{d})=cd+e\overline{cd}=cd+e$

由定理 3:$cg+\bar{c}h+gh=cg+\bar{c}h$

所以,原逻辑函数式可简化为

$$s = a+cd+e+cg+\bar{c}h = a+c(d+g)+e+\bar{c}h$$

在气动学中,常用逻辑函数来表达实现自动控制的逻辑线路,而运用上述基本运算定律和定理来简化逻辑函数(另一方法是卡诺图法),有助于寻求使用元件最少和工作性能最可靠的最佳回路。

14.4.2　气动逻辑元件

气动逻辑元件是以压缩空气为工作介质,通过元件的可动部件在气控信号作用下动作,改变气体流动方向以实现一定逻辑功能的流体控制元件。实际上,气动方向阀也具有逻辑元件的各种功能,所不同的是它的输出功率较大、尺寸大,而气动逻辑元件的尺寸较小。因此,在气动控制系统中广泛采用各种形式的气动逻辑元件。

1. 气动逻辑元件的分类

气动逻辑元件的种类很多,一般有下列几种分类方式。

(1) 按工作压力来分,有高压(0.2~0.8 MPa)元件、低压(0.02~0.2 MPa)元件和微压(低于 0.02 MPa)元件等三种。

(2) 按逻辑功能来分,有是门($s=a$)元件、或门($s=a+b$)元件、与门($s=a \cdot b$)元件、非门($s=\overline{a}$)元件和双稳元件等。

（3）按结构形式来分，有截止式、膜片式和滑阀式等。

2. 高压截止式逻辑元件

高压截止式逻辑元件是依靠控制气压信号推动阀芯或通过膜片的变形推动阀芯动作，改变气流的流动方向以实现一定逻辑功能的元件。其特点是：行程小、流量大、工作压力高，对气源净化要求低，便于实现集成安装和集中控制，其拆卸也很方便。

1）或门元件

图 14-28 所示为或门元件结构图。a、b 为信号输入口，s 为信号输出口。仅 a 口有输入信号时，阀芯 2 下移封住信号输入口 b，气流经 s 口输出；仅 b 口有输入信号时，阀芯 2 上移封住信号输入口 a，s 口也有信号输出；若 a 口、b 口就有信号输入，阀芯 2 在两个信号作用下或上移、或下移、或暂时保持中位，s 口均会有信号输出。即 a 口和 b 口中只要一个有信号输入，s 口就有信号输出。指示活塞 1 用于显示 s 有无信号输出：s 口有输出时，活塞被顶出；s 口无输出时，活塞靠自重复位。或门元件的逻辑关系见表 14-5。

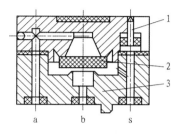

图 14-28　或门元件工作原理图
1—指示活塞；2—阀芯；3—阀体

表 14-5　高压截止式逻辑元件的逻辑关系

逻辑功能	或门			是门		与门			非门	
逻辑函数	$s=a+b$			$s=a$		$s=a \cdot b$			$s=\overline{a}$	
逻辑符号	a,b —[+]— s			a —[ ]— s		a,b —[·]— s			a —[ ]— s	

或门真值表：

a	b	s
0	0	0
0	1	1
1	0	1
1	1	1

是门真值表：

a	b
0	0
1	1

与门真值表：

a	b	s
0	0	0
0	1	1
1	0	1
1	1	1

非门真值表：

a	b
0	0
1	1

逻辑功能	禁门	或非门	双稳
逻辑函数	$s=\overline{a}b$	$s=\overline{a+b}$	$s_1=k\dfrac{a \cdot \overline{b}}{b \cdot \overline{a}}$　$s_2=k\dfrac{b \cdot \overline{a}}{a \cdot \overline{b}}$
逻辑符号	a,b —[+]— s	a,b —[+]— s	a —[1]— s_1　b —[0]— s_2

禁门真值表：

a	b	s
0	0	0
0	1	1
1	0	0
1	1	0

或非门真值表：

a	b	c	s
0	0	0	1
1	0	0	0
0	1	0	0
0	0	1	0
1	1	0	0
1	0	1	0
0	1	1	0
1	1	1	0

双稳真值表：

a	b	s_1	s_2
1	0	1	0
0	0	1	0
0	1	0	1
0	0	0	1

2）是门和与门元件

如图 14-29 所示，在是门元件中，P 口接气源，a 口接信号，s 口为输出口。当 a 口无输入时，阀芯 5 在气源压力和弹簧力的作用下，将阀口关死，s 口无信号输出；当 a 口有信号输入时，信号气压作用在膜片 3 上，由于膜片作用面积大，膜片压迫阀杆 4 和阀芯 5 向下运动，阀口开启，s 口有信号输出。指示活塞 2 可以显示 s 口有无输出。当气源口 P 改为信号输入口 b 时，该元件成为与门元件，只有当 a、b 两口同时有信号输入时，s 口才有信号输出。手动按钮 1 可以实现手动操作（作是门元件时）。是门和与门元件的逻辑关系见表 14-5。

3）非门和禁门元件

如图 14-30 所示，在非门元件中，a 为信号输入口，P 为气源口，s 为信号输出口。当 a 口无输入时，气源压力将阀芯连同阀杆推至上端极限位置，阀口打开，s 口有输出；当 a 口有输入时，膜片 3 在信号压力作用下，使阀杆和阀芯下移，将阀口封死，s 口无输出。手动按钮 1 和指示活塞 2 的作用与是门元件中相同。如果将气源口 P 改为信号 b 输入口，该元件就变为禁门元件：a 口无输入时，元件的输出随 b 口而定，当 b 口有输入时，s 口有输出，当 b 口无输入时，s 口无输出；若 a 口有输入，则无论 b 口有无输入，s 口均无输出。这说明，信号 a 对信号 b 起制约作用。非门和禁门元件的逻辑关系见表 14-5。

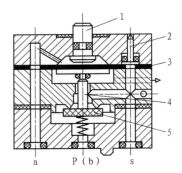

图 14-29　是门和与门元件工作原理图
1—手动按钮；2—指示活塞；3—膜片；4—阀杆；5—阀芯

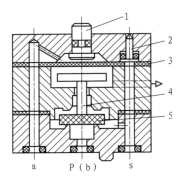

图 14-30　非门和禁门元件工作原理图
1—手动按钮；2—指示活塞；3—膜片；4—阀杆；5—阀芯

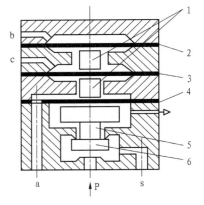

图 14-31　或非门元件工作原理图
1—阀柱；2、3、4—膜片；5—阀杆；6—阀芯

4）或非门元件

图 14-31 所示为或非门元件的工作原理图。P 为气源口，s 为信号输出口，a、b、c 为信号输入口。当 a、b、c 口均无信号输入时，阀芯 6 在气源压力作用下处于上限位，s 口有输出。a、b、c 中只要有一个口有输入信号，信号气压作用在膜片上，使阀杆 5 和阀芯 6 下移，将阀口封死，s 口就无输出。或非门元件是一种多功能元件，利用这种元件可以组成或门、与门等多种逻辑元件，如图 14-32 所示。或非门元件的逻辑关系见表 14-5。

5）双稳元件

双稳元件也称中间记忆元件，如图 14-33 所示。P 为气源口，T 为排气口，a、b 为控制口（即信号输入口），s_1、s_2 为信号输出口。当 a 口有输入时，阀芯处于右极限位置，P 口与 s_1 口通，T 口与 s_2 口通，即 s_1 口有信号输出，s_2 口无信号输出。信号 a 取消后，阀芯保持原位不变，不改变 s_1 口的输出信号状态。当 b 口有输入时，阀芯到左极限位置，这时 s_2 有输出，s_1 口无输出。信号 b 取消后，仍保持这种输出状态不变。但必须注意，信号 a 和 b 只能分别输入，不能同时输入。手动按钮 3 可以实现手动操作。双稳元件在未加控制信号的条件下接通气源时，其输出的初始状态具有随机性。这一特点往往使系统产生误动作。

为消除此缺陷,可在相应的控制口加一脉冲信号,使初始状态的输出符合工作要求。双稳元件的逻辑关系见表14-5。

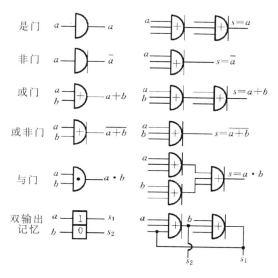

图 14-32　由或非门元件组成的逻辑门

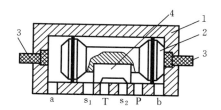

图 14-33　双稳元件的工作原理图
1—阀体;2—阀芯;3—手动按钮;4—滑块

3. 高压膜片式逻辑元件

高压膜片式逻辑元件是利用膜片式阀芯的变形来实现各种逻辑功能的。它最基本的单元是三门元件和四门元件。

1) 三门元件

三门元件的结构和工作原理如图14-34所示。它由膜片和被分隔的两个气室构成。a 为控制口,b 为输入口,s 为输出口(s 孔道在气室中做成凸起阀口),共三个孔口,故称为三门元件。当 a 口无控制信号时,由 b 口输入的气流将膜片顶开并从 s 口输出,即 s 口有输出(见图 14-34(b))。当 a 口有控制信号时,元件可能有以下两种输出状态。

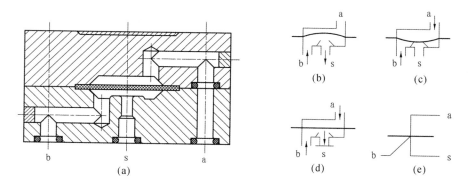

图 14-34　三门元件
(a) 结构;(b)～(d) 原理图;(d) 图形符号

(1) 若 s 口与大气相通(开路),则上气室压力高于下气室压力,膜片下移,堵住 s 口,则 s 口无输出(见图 14-34(c))。由于上、下气室膜片受力面积不等,上侧面受力面积大,下侧面受力面积小,膜片将保持图 14-34(c)所示的状态不变,s 口无输出。

(2) 若 s 口是封闭的,a、b 口输入相同压力气信号,膜片两侧受力面积相同,膜片受力平衡处于中间位置,s 口有输出(有气,无流量),如图 14-34(d)所示。

三门元件是构成双稳元件等多种控制元件必不可少的组成部分。

2) 四门元件

四门元件的结构和工作原理如图 14-35 所示。它由膜片和被分隔的两个对称气室构成。a、c 为输入口,b、d 为输出口(b、d 孔道在气室内各有一凸起的阀口),共四个孔口,故称为四门元件。当 a、c 口同时接气源,b 口通大气(开路)、d 口封闭(见图 14-35(b)),膜片下气室气体由 c 口输入,等于气源压力,膜片上气室放空,压力很小,膜片上移,关闭输出口 b,b 口无气输出,d 口有气但无流量。此时,若将 b 口封闭(见图 14-35(c)),由于 b 孔道已无气压存在,元件输出状态仍与上述相同。若此时再放开 d 口,则 c 口至 d 口气体流动,放空,下气室压力很小,膜片上气室气体由 a 口输入,为气源压力(b 口封闭),膜片下移,关闭 d 口,则 d 口无气,b 口有气但无流量。同理,此时再将 d 口封闭,元件仍保持这一状态(见图 14-35(e))。

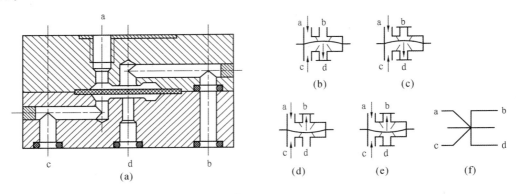

图 14-35　四门元件

(a) 四门元件结构图;(b) ～(e) 四门元件原理图;(f) 图形符号

根据上述三门元件和四门元件这两个基本元件,就可以构成逻辑回路中常用的或门、与门、非门、双稳元件等。

4. 逻辑元件的选用

气动逻辑控制系统所用气源的压力变化,必须保障逻辑元件正常工作需要的气压范围和输出端切换时所需的切换压力;而逻辑元件的输出流量和响应时间等,在设计系统时可根据系统要求参照相关资料选取。

无论采用截止式还是膜片式高压逻辑元件,都要尽量将元件集中布置,以便于集中管理。

由于信号的传输有一定的延时,信号的发出点(如行程开关)与接收点(如元件)之间不能相距太远。一般来说,最好不要超过几十米。

当逻辑元件要相互串联时,一定要有足够的流量,否则可能推不动下一级元件。

另外,尽管高压逻辑元件对气源过滤要求不高,但最好使用过滤后的气源,一定不能使加入油雾的气源进入逻辑元件。

练 习 题

14-1　试述定值器的工作原理。定值器与普通减压阀有什么区别？

14-2　气动换向阀与液压换向阀有哪几个主要的区别？

14-3　试用逻辑函数、逻辑符号、真值表说明与门、或门、或非门、双稳元件等气动逻辑元件的工作原理。

14-4　用逻辑代数简化下列各式：

(1) $s=\overline{a}bc+a\overline{b}c+ab\overline{c}+abc$；

(2) $s=\overline{(ab+a\overline{b}+c)\overline{ab}}$

14-5　下列供气系统有何错误？请正确布置（见图 14-36）。

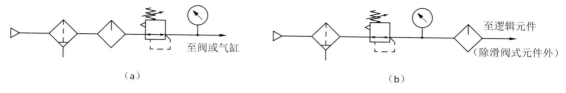

（a）　　　　　　　　　　　　　　　　　　　（b）

图 14-36　题 14-5 图

第 15 章　气动基本回路

气动系统无论多么复杂,都是由一些基本回路所组成的。本章介绍一些常用的气动基本回路。

15.1　压力控制回路

压力控制回路用于调节和控制系统压力,使之保持在某一规定的范围内。常用的有一次压力控制回路和二次压力控制回路。

15.1.1　一次压力控制回路

此回路用于控制储气罐的压力,使之不超过规定的压力值。常采用外控溢流阀见(图 15-1)或采用电接点压力表来控制空压机的转、停,使储气罐内压力保持在规定的范围内。采用溢流阀,结构简单,工作可靠,但浪费气量大;采用电接点压力表,对电动机及控制系统要求较高,常用于对小型空压机的控制。

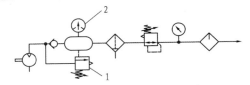

图 15-1　一次压力控制回路

1—溢流阀;2—电接点压力表

15.1.2　二次压力控制回路

此类回路用于控制系统气源压力(见图 15-2)。图(a)所示回路是由气动三联件组成的,主要由溢流减压阀来实现压力控制;图(b)所示回路是由减压阀和换向阀构成的,对同一系统实现对高、低压力 p_1、p_2 输出的控制;图(c)所示回路是采用减压阀来实现对不同系统输出不同压力 p_1、p_2。

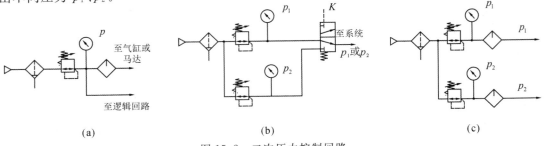

图 15-2　二次压力控制回路

(a)由溢流减压阀控制压力;(b)由换向阀控制高、低压力;(c)由减压阀控制高、低压力

15.2 | 速度控制回路

速度控制回路因气动系统的功率不大,所以主要的调速方法是节流调速。

15.2.1 单作用气缸速度控制回路

如图 15-3(a)所示,两个反接的单向节流阀,可分别控制活塞杆伸出和缩回的速度。图 15-3(b)中,气缸活塞上升时节流调速,下降时则通过快速排气阀排气,使活塞杆快速返回。

15.2.2 双作用气缸速度控制回路

图 15-4(a)所示是采用单向节流阀的双向调速回路,取消图中任意一个单向节流阀,便得到单向调速回路。图(b)所示为采用了排气节流阀的双向调速回路。它们都采用了排气节流调速方式。当外负载变化不大时,采用排气节流调速方式,进气阻力小,负载变化对速度影响小,比进气节流调速效果好。

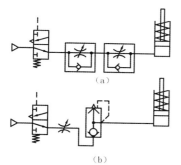

（a）

（b）

图 15-3　单作用气缸速度控制回路

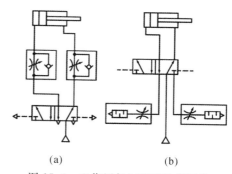

(a) (b)

图 15-4　双作用气缸速度控制回路

（a）单向节流阀调速；（b）排气节流阀调速

15.2.3 快速往复动作回路

图 15-5 所示为采用快速排气阀的快速往复动作回路,若欲实现气缸单向快速运动,可省去图中一个快速排气阀。

15.2.4 速度换接回路

如图 15-6 所示,当撞块压下行程开关时,发出电信号,使二位二通阀换向,改变排气通路,从而改变气缸速度。行程开关 S 的位置由需要而定。二位二通阀也可以用行程阀代替。

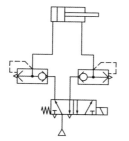

图 15-5　快速往复动作回路

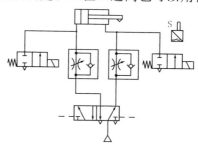

图 15-6　速度换接回路

15.2.5 缓冲回路

气缸在行程长、速度快、惯性大的情况下,往往需要采用缓冲回路来消除冲击。图 15-7(a)所示的回路可实现快进—慢进缓冲—停止—快退的循环,行程阀可根据需要调整缓冲行程,常用于惯性大的场合。图 15-7(b)所示的回路中,当活塞返回至行程末端时,其左腔压力已降至打不开顺序阀 2 的程度,剩余气体只能经节流阀 4 排出,使活塞得到缓冲。该回路适用于行程长、速度快的场合。图中只是实现了单向缓冲,若气缸两侧均安装此回路,则可实现双向缓冲。

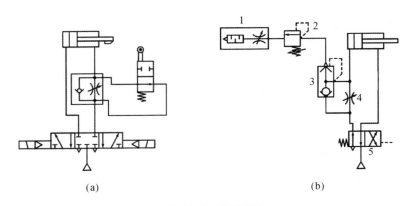

(a) (b)

图 15-7 缓冲回路
(a) 采用行程阀的缓冲回路;(b) 采用快速排气阀、顺序阀和节流阀的缓冲回路
1—排气节流阀;2—顺序阀;3—快速排气阀;4—节流阀;5—换向阀

15.3 换 向 回 路

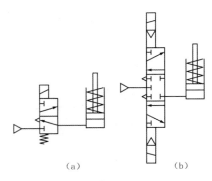

(a) (b)

图 15-8 单作用气缸换向回路
(a) 二位运动控制;(b) 三位运动控制

15.3.1 单作用气缸换向回路

图 15-8(a)所示为由二位三通电磁阀控制的换向回路,通电时,活塞杆伸出;断电时,在弹簧力作用下活塞杆缩回。图 15-8(b)所示为由三位五通阀电-气控制的换向回路,该阀具有自动对中功能,可使气缸停在任意位置,但定位精度不高、定位时间不长。

15.3.2 双作用气缸换向回路

图 15-9(a)所示为采用小通径的手动换向阀控制二位五通主阀,操纵气缸进行换向的回路;图 15-9(b)所示为采用二位五通双电控阀控制气缸换向的回路;图 15-9(c)所示为采用两个小通径的手动阀控制二位五通主阀,操纵气缸进行换向的回路;图 15-9(d)所示为采用三位五通阀控制气缸进行换向的回路。该回路有中停功能,但定位精度不高。

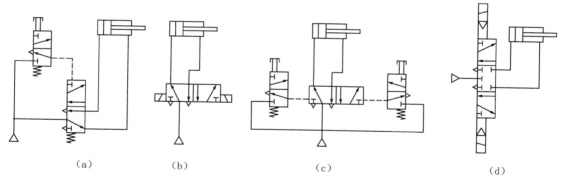

(a)　　　　　(b)　　　　　(c)　　　　　(d)

图 15-9　双作用气缸换向回路

15.4 　气液联动回路

气液联动是以气压为动力,利用气液转换装置把气压传动变为液压传动,或采用气液阻尼缸来实现能更为平稳、更为有效地控制运动速度的气压传动,或使用气液增压器来使传动力增大等。气液联动回路结构简单、经济可靠,充分利用了液压传动和气压传动的优点。

15.4.1 　气液转换速度控制回路

图 15-10 所示为用气液转换器将气压变成液压,再利用液压油去驱动液压缸的速度控制回路,调节节流阀,可以改变液压缸运行的速度。这里要求气液转换器的油量大于液压缸的容积,同时要注意气液间的密封,避免气油相混。

15.4.2 　气液阻尼缸速度控制回路

气液阻尼缸速度控制回路如图 15-11 所示。其中:图(a)所示回路通过节流阀 1 和 2 可以实现双向无级调速,油杯 3 用以补充漏油。图(b)所示为液压结构变速回路,可实现快进—慢进—快退工况。当活塞快速右行过 a 孔后,液压

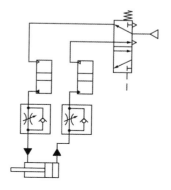

图 15-10　用气液转换器的
速度控制回路

缸右腔油液只能由 b 孔经节流阀流回左腔,活塞由快进变为慢进,直至行程终点;换向阀切换后,活塞左行,左腔油液经单向阀从 c 孔流回右腔,实现快退动作。此回路变速位置不能改变。图(c)所示为行程阀变速回路,只要改变撞块或行程阀的安装位置,即可改变开始变速的位置。这两个变速回路适于较长行程场合。图(d)所示为液压阻尼缸与气缸并联的形式,液压缸的速度由单向节流阀控制;调节螺母 6,可以改变气缸由快进变为慢进的变速位置;三位五通换向阀 7 处于中位时,液压阻尼缸油路被二位二通阀 4 切断,活塞即停在此位置上,实现中停。蓄能器 5 用以补充漏油。此回路较串联形式结构紧凑,气液不易相混,但易产生整劲现象,要考虑采用导向装置。

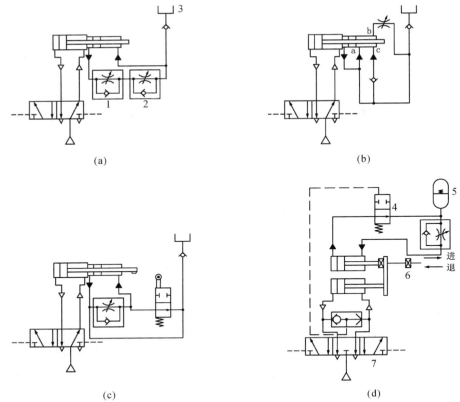

(a)

(b)

(c)

(d)

图 15-11　气液阻尼缸速度控制回路

1、2—节流阀;3—油杯;4—二位二通阀;5—蓄能器;6—螺母;7—三位五通换向阀

15.4.3　气液增压缸增力回路图

图 15-12(a)所示为利用气液增压缸 1 把压力较低的气压变为较高的液压力去驱动气液缸 A,使其输出力增大,并实现气液缸 A 单向节流调速的回路。图 15-12(b)所示为利用气液增压缸 1,把较低的气压变为较高的液压力去驱动液压缸 B,以增大缸 B 的输出力,同时实现缸 B 双向节流调速的回路。

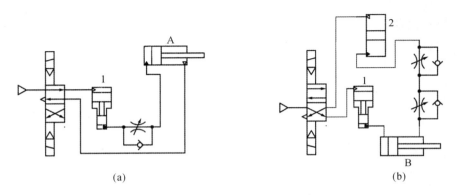

(a)

(b)

图 15-12　气液增压及调速回路

(a)气液增压及单向节流调速;(b)气液增压及双向节流调速

1—增压缸;2—气液传动器;A、B—工作缸

15.4.4　气液缸同步回路

如图 15-13(a)所示回路中,气液缸 A 的有效作用面积 A_1 与 B 缸的有效作用面积 A_2 相等,可保证两缸在运动过程中同步。回路中点 1 接放气装置,以放掉油中的空气。该回路可得到较高的同步精度。图 15-13(b)中,当三位五通主阀处于中位时,弹簧蓄能器能自动地通过补给回路对液压缸补充油液;该主阀处于另两个位置时,弹簧蓄能器的补给回路被切断,此时油缸内部油液交叉循环,以保证两缸同步运动。该回路可以保证加不等负荷 F_1、F_2 的工作台运动同步。图中点 1、2 接放气装置,以放掉混入油中的空气。

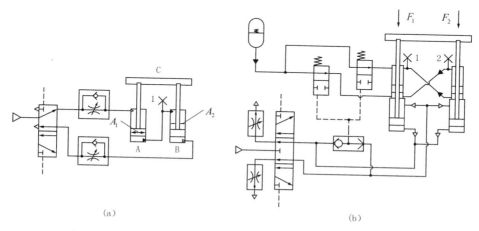

(a)　　　　　　　　　　　　　　　　(b)

图 15-13　气液缸同步回路

15.5 | 位置控制回路

15.5.1　采用缓冲挡铁的位置控制回路

如图 15-14 所示,气马达 4 带动小车 1 运动,当小车碰到缓冲器 2 时,小车缓冲减速行进一小段距离,然后挡铁 3 强迫小车停止运动。该回路较简单,采用活塞式气马达速度变化缓慢,调速方便,但小车与挡铁频繁碰撞、磨损,会使定位精度下降。

15.5.2　采用间歇转动机构的位置控制回路

如图 15-15 所示,气缸活塞杆前端连齿轮齿条机构。齿条 2 往复运动时,推动齿轮 4 往复摆动,齿轮上的棘爪摆动,推动棘轮做单向间歇转动,从而使与棘轮同轴的工作台间歇转动。工作台下装有凹槽缺口,当水平气缸活塞向右运动时,垂直缸活塞杆插入凹槽,让工作台准确定位。限位开关 1 用以控制阀 3 换向。

15.5.3　多位缸的位置控制回路

如图 15-16 所示回路的特点是:可以按设计要求控制多位气缸的单个或多个活塞伸出或缩回,从而得到多个位置。

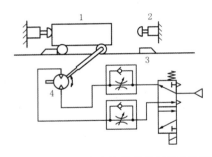

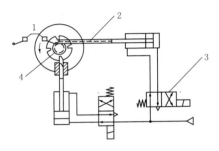

图 15-14　采用缓冲挡铁的位置控制回路
1—小车;2—缓冲器;3—挡铁;4—气马达

图 15-15　采用间歇转动机构的位置控制回路
1—限位开关;2—齿条;3—电磁换向阀;4—齿轮

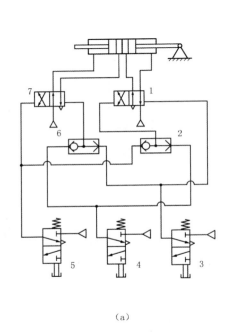

（a）

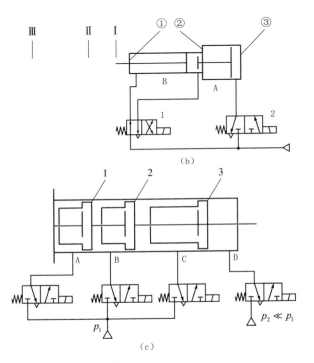

（b）

（c）

图 15-16　多位缸的位置控制回路

图 15-16(a)所示回路用手动阀 3、4、5 经梭阀 2 和 6 控制换向阀 1 和 7,使气缸两个活塞杆收回处于图示状态。当阀 4 切换时,两活塞杆一伸一缩;当阀 5 切换时,两活塞杆全部伸出。

图 15-16(b)所示为串列气缸实现三个位置的控制回路。A、B 两缸串列连接,当电磁阀 2 通电时,A 缸活塞杆向左推出 B 缸活塞杆,使 B 缸活塞杆由 I 位移动到 II 位。当电磁阀 1 通电时,B 缸活塞杆继续由 II 位伸到 III 位。B 缸活塞杆有 I、II、III 三个位置。如果在 A 缸的端盖②、③ 处及 B 缸的端盖① 处分别安上调节螺钉,就可以控制 A 缸和 B 缸的活塞杆在 I~III 之间的任意位置停止。

图 15-16(c)所示为三柱塞数字缸控制回路。其中,正常工作压力(p_1)气体供给 A,B,C 三通口推动柱塞 1、2、3 伸出或停于某一位置,D 口接低压(p_2)气,以使各柱塞复位或停于某个需要的位置。该回路可控制活塞杆得到 8 个位置(包括初始位置在内)。

15.6 安全保护回路

15.6.1 过载保护回路

　　如图 15-17 所示回路,在活塞杆伸出途中,若气缸因遇到偶发障碍或因其他原因过载,活塞将自动返回,实现过载保护。当气缸活塞向右运动,左腔压力升高超过预定值时,顺序阀 3 打开,控制气流经梭阀 4 将主控阀 2 切换至右位(图示位置),使活塞返回,气缸左腔气体经主控阀 2 排出,防止系统过载。

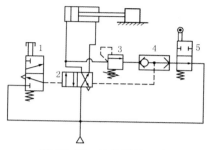

图 15-17　过载保护回路
1—手动阀;2—主控阀;3—顺序阀;
4—梭阀;5—行程阀

15.6.2 互锁回路

　　如图 15-18 所示,当图中一个气缸动作时,其他气缸不允许动作。回路主要利用梭阀 1、2、3 及换向阀 4、5、6 进行互锁。如切换阀 7,阀 4 也将切换,使 A 缸活塞杆伸出。与此同时,A 缸的进气气流使梭阀 1、2 动作,分别把阀 5 和 6 锁住。故此时即使阀 8、9 有切换信号,B、C 缸也不会动作。如要改变气缸的动作,必须把前动作缸的气控阀复位才行。

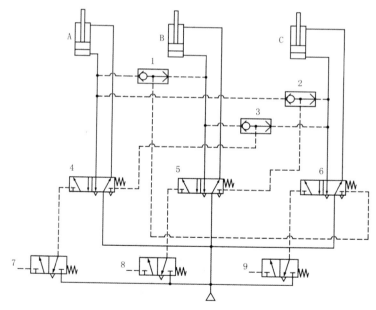

图 15-18　互锁回路

15.6.3 双手操作安全回路

　　图 15-19 所示为双手操作安全回路,在锻造、冲压机械上采用这种回路,可确保安全。

　　在图 15-19(a)所示回路中,只有同时操作手动阀 1 和 2,主阀 3 才切换,气缸活塞才能下落锻、冲工件。实际给主阀 3 的控制信号是阀 1 和 2 相"与"的信号。注意阀 1 和 2 的安装距离应保证人用单手不能同时操作。

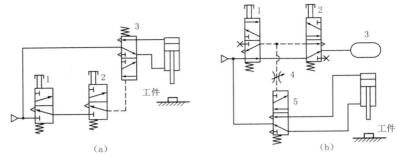

图 15-19　双手操作安全回路

图 15-19(b)所示回路中,若两手同时按下手动阀 1、2,气容 3 中预先充满的压缩空气经阀 2 及气阻 4 将节流延迟一定时间,然后切换主阀 5,使气缸活塞下落。如果两手不同时按下手动阀,或有其中任意一个手动阀不能复位,气容 3 内的压缩空气都将通过手动阀 1 的排气口排空,建立不起控制压力,阀 5 不能切换,活塞也不能下落。因此,此回路较前一回路安全可靠些。

15.7　往复动作回路

图 15-20 所示为两种常用的单往复动作回路。其中:图(a)所示为行程控制的单往复动作回路。按下阀 1,主阀 2 切换,气缸活塞右行;当撞块碰下行程阀 3 时,主阀 2 复位,气缸活塞自动返回。图(b)所示为压力控制的单往复动作回路。按下阀 1,主阀 2 切换,气缸活塞右行;与此同时,气压作用在顺序阀 3 上。当活塞运动到行程终点时,无杆腔压力升高并打开顺序阀,使主阀 2 复位,气缸活塞自动返回。

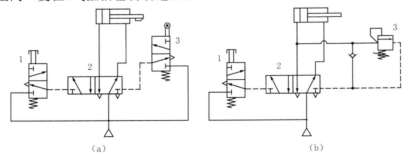

图 15-20　单往复动作回路
(a)行程控制的单往复动作回路;(b)压力控制的单往复动作回路

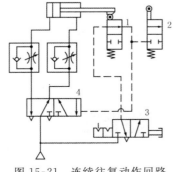

图 15-21　连续往复动作回路

图 15-21 所示为连续往复动作回路。按下阀 3,主阀 4 切换,气缸活塞右行。此时由于阀 1 复位,将控制气路断开,主阀 4 不能复位。当活塞前行到行程终点压下阀 2 时,主阀 4 的控制气体经阀 2 排出,主阀 4 在弹簧作用下复位,气缸活塞返回。当活塞返回到行程终点压下阀 1 时,主阀 4 切换,重复上一循环动作。断开手动阀 3,方可使这一连续往复动作在活塞返回到原位置时停止。

15.8　延时回路

延时回路分为延时接通回路和延时断开回路。

图 15-22(a)所示为延时接通回路。当有信号 K 输入时,阀 A 换向,此时气源经节流阀缓慢向气容 C 充气。经一段时间 t 延时后,气容内压力升高到预定值,使主阀 B 换向,气缸活塞开始右行。当信号 K 消失后,气容 C 中的气体可经单向阀迅速排出,主阀 B 立即复位,气缸活塞返回。改变节流口开度,可调节延时换向时间 t 的长短。

将单向节流阀反接时,得到延时断开回路(见图 15-22(b)),其功用正好与上述相反。

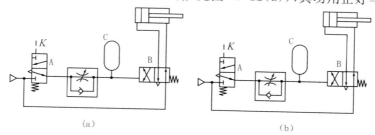

(a)　　　　　　　(b)

图 15-22　延时回路
(a)延时接通回路;(b)延时断开回路

15.9　计数回路

图 15-23 所示为二进制计数回路。在图(a)中,阀 4 的换向位置取决于阀 2 的位置,而阀 2 的换位又取决于阀 3 和阀 5。在图(a)所示状态下,若按下阀 1,气信号经阀 2 至阀 4 的左端使阀 4 换至左位,同时使阀 5 切断气路,此时气缸活塞杆伸出;当阀 1 复位后,原通入阀4 左控制端的气体排空,阀 5 复位,于是气缸无杆腔的气体经阀 5 至阀 2 左端,使阀 2 换至左位,等待阀 1 的下一次信号输入。第二次按下阀 1 后,气信号经阀 2 的左位至阀 4 右端使阀4 换至右位,气缸活塞杆退回,同时阀 3 将气路切断。待阀 1 复位后,阀 4 右端气体经阀 2、阀 1 排空,阀 3 复位,并将气流导至阀 2 右端使其换至右位,等待阀 1 下一次信号输入。这样,第 1,3,5,…次(奇数次)按下阀 1,气缸活塞杆伸出;第 2,4,6,…次(偶数次)按下阀 1,气缸活塞杆退回。

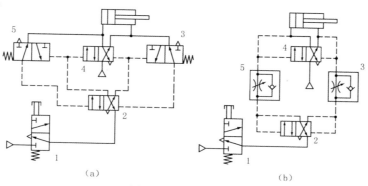

(a)　　　　　　　(b)

图 15-23　计数回路

图 15-23(b)所示回路的计数原理与图 15-23(a)所示回路的相同。所不同的是,在图 15-23(b)所示回路中,按下阀 1 的时间不能过长,只要使阀 4 切换后就放开,否则,气信号将经阀 5(或阀 3)通至阀 2 的左(或右端),使阀 2 换位,气缸反行,从而使气缸来回振荡。

练 习 题

15-1 要求气缸缸体左、右换向,可以在任意位置停止,并使其左右运动速度可调。试绘出气控回路图。

15-2 试设计一种常用的快进—慢进—快退的气控回路。

15-3 试用一个单电控二位五通阀和两个单电控二位三通阀,设计出可使双作用气缸活塞在运动中停止在任意位置的回路。

15-4 试用一个单电控二位五通阀、一个单向节流阀和一个快速排气阀,设计出一个可使双作用气缸快速返回的控制回路。

第 16 章　气动系统设计

16.1　行程程序控制回路设计概述

16.1.1　程序控制的分类

程序控制是根据生产过程的要求,使被控制的执行元件按预先规定的顺序协调动作的一种自动控制方法。程序控制有时间程序控制、行程程序控制和混合程序控制三类。

时间程序控制系统是指使各执行元件的动作按时间顺序进行。时间信号通过控制线路,按一定的时间间隔分配给相应的执行元件,令其产生有顺序的动作。时间程序控制框图如图 16-1(a)所示。时间程序控制系统是一种开环系统。

行程程序控制的原理是:执行元件执行某一动作后,由行程发信器发出信号,将此信号输入逻辑控制回路,再由其进行逻辑运算并发出有关执行信号,指挥执行元件完成下一步动作;此动作完成后,又发出新的信号,直到完成预定的控制任务为止。行程程序控制框图如图 16-1(b)所示。行程程序控制系统是一种闭环系统。

在图 16-1 所示的框图中,外部指令信号是启动信号或从其他装置来的信号。逻辑控制回路是由各种控制阀、逻辑元件形成的逻辑回路组合而成的。转换器是气、电、液转换装置。执行元件为气缸、气马达等。发信器包括检测装置、行程阀(机控阀)等。时间程序信号发生器常用机械式码盘、环形计数器等。

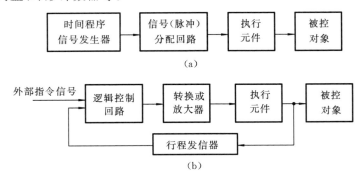

图 16-1　程序控制框图
(a) 时间程序控制框图;(b) 行程程序控制框图

混合程序控制通常都是在行程程序控制中采用了一些时间信号,若将时间信号视为行程信号的一种,则混合程序控制实际上亦属于行程程序控制。

行程程序控制的优点是结构简单、维护容易、动作稳定,特别是当程序中某节拍出现故障时,整个程序就会停止进行而实现自动保护。本章主要介绍多缸单往复和多缸多往复行程程序控制回路的设计。

16.1.2　行程程序控制回路的设计方法

行程程序控制回路常有以下几种设计方法。

1. 试凑法

该方法是指选用气动基本回路、常用回路试凑在一起组成控制回路，然后分析其能否满足要求。如不能满足要求，则要修改或另选回路，直到满足设计要求为止。

2. 逻辑设计法

（1）逻辑运算法。此法是根据控制要求，直接应用逻辑代数等进行计算简化，但计算过程复杂，特别对于复杂的控制回路不易得到最佳结果。

（2）图解法。此法是利用逻辑代数的特性，把复杂的计算用图解的方法表示出来，如信号-动作（X-D）线图法和卡诺图法等。

（3）快速消障法。此法是在图解法的基础上，找出了一些规律省去作图过程的快速设计方法。

（4）计算机辅助逻辑综合法。在变量多（如 6 个变量以上）的情况下采用卡诺图法、快速消障法来简化逻辑函数也很困难，因此可借助计算机简化逻辑函数，设计气控行程程序逻辑回路。

（5）采用步进控制回路或程序器的设计方法。采用此法时，若改变控制对象，回路可迅速变换。此法控制适应性好、机动性强，但成本较高。

3. 分组供气法

此法是在控制回路中增加若干个控制元件，对行程阀进行分组供气的方法。如产生障碍，可切断障碍信号的气源，防止障碍的产生。此法在单往复系统中应用比较方便。

本书只介绍 X-D 线图法，用这种方法设计行程程序控制回路，找障和消障比较简单、直观，设计出的气动回路控制准确、回路简单，使用和维护方便。

16.1.3　常用的符号规定

（1）把所用的气缸依次用大写字母 A、B、C、D…表示；用字母加下标"1"或"0"表示气缸活塞杆的伸缩状态，如 A_1 表示气缸 A 活塞杆的伸出状态，A_0 表示气缸 A 活塞杆的缩回状态。

（2）用与各气缸对应的小写字母 a、b、c、d…表示相应的行程阀发出的信号；其下标"1"表示活塞杆伸出时发出的信号，下标"0"表示活塞杆缩回时发出的信号。如 a_1 表示气缸 A 活塞杆伸出终端位置的行程阀和其所发出的信号；b_0 表示气缸 B 活塞杆缩回终端位置的行程阀和其所发出的信号。

（3）控制气缸换向的主控阀，也用与其控制的气缸相对应的文字符号表示。

（4）对于经过逻辑处理而排除障碍后的执行信号，在原始信号相应的字母右上角加"＊"号表示，如 a_1^*、a_0^* 等。

16.2　多缸单往复行程程序控制回路设计

多缸单往复行程程序控制回路，是指在一个循环中所有的气缸都只做一次往复运动的回路。本节主要结合多缸单往复行程程序回路的设计介绍 X-D 线图设计法。

16.2.1　用 X-D 线图法设计行程程序控制回路的步骤

行程程序控制回路设计主要是为了解决信号和执行元件动作之间的协调和连接问题。用 X-D 线图法设计行程程序控制回路的步骤如下：

（1）根据生产自动化的工艺要求，列出工作程序或工作程序图；

（2）绘制 X-D 线图；

（3）寻找障碍信号并排除，列出所有执行元件控制信号的逻辑表达式；

（4）绘制逻辑原理图；

（5）绘制气动回路图。

16.2.2　X-D 线图法介绍

X-D 线图法是一种图解法，它可以把各个控制信号的存在状态和气动执行元件的工作状态较清楚地用图线表示出来，从图中能分析出障碍信号的存在状态，以及消除信号障碍的各种可能性。下面以攻螺纹机为例，说明 X-D 线图设计法。

1. 根据工艺要求列出工作程序

攻螺纹机由 A、B 两个气缸组成，其中 A 为送料缸，B 为攻螺纹缸，其自动循环动作要求为

$$\text{启动} \longrightarrow \text{送料缸进} \longrightarrow \text{攻螺纹缸进} \longrightarrow \text{攻螺纹缸退} \longrightarrow \text{送料缸退} \longrightarrow$$

用字母简化后的工作程序为

$$\xrightarrow{q-qa_0} A_1 \xrightarrow{a_1} B_1 \xrightarrow{b_1} B_0 \xrightarrow{b_0} A_0 \xrightarrow{a_0}$$

略去箭头和小写字母，可进一步将工作程序简化为 $A_1 B_1 B_0 A_0$。

2. 绘制 X-D 线图

1）画方格图

如图 16-2 所示，由左至右画方格，并在方格的顶上依次填上序号 1、2、3、4 等。在序号下面填上相应的动作状态 A_1、B_1、B_0、A_0，在最右边留一栏作为"执行信号表达式"（简写为执行信号）。在方格图最左边纵栏由上至下填上控制信号及控制动作状态组的序号（简称 X-D 组）1、2、3、4 等。每个 X-D 组包括上、下两行，上行为行程信号行，下行为该信号控制的动作状态。图 16-2 中：$a_0(A_1)$ 表示控制 A_1 动作的信号是 a_0；$a_1(B_1)$ 表示控制 B_1 动作的信号是 a_1；等等。下面的备用格可根据具体情况填入中间记忆元件（辅助阀）的输出信号、消障信号及连锁信号等。

2）画动作状态线（D 线）

用横向粗实线画出各执行元件的动作状态线。动作状态线的起点是该动作程序的开始处，用符号"○"画出；动作状态线的终点处用符号"×"画出。动作状态线的终点是该动作状态变化的开始处，例如缸 A 伸出状态 A_1，变换成缩回状态 A_0，此时 A_1 的动作线的终点必然在 A_0 的开始处。

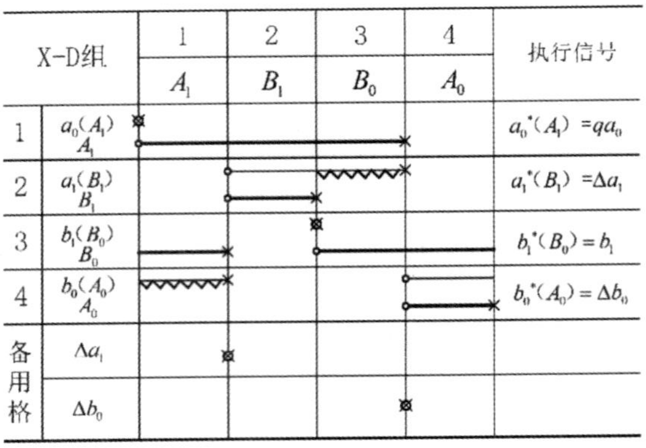

图 16-2　程序 $A_1 B_1 B_0 A_0$ 的 X-D 线图

3）画信号线（×线）

用细实线画各行程信号线。信号线的起点与同一组中动作状态线的起点相同，用符号"○"画出；信号线的终点和上一组中产生该信号的动作线终点相同。需要指出的是，若考虑到阀的切换及气缸启动等的传递时间，信号线的起点应超前于它所控制动作的起点，而信号线的终点应滞后于产生该信号动作的终点。当在 X-D 图上反映这种情况时，则要求信号线的起点与终点都伸出分界线，但因为这个值很小，因而除特殊情况外，一般不予考虑。

在图 16-2 中，符号"⊠"表示该信号线的起点与终点重合，实际上即表示该信号为脉冲信号。该脉冲信号的宽度相当于行程阀发出信号、气控阀换向、气缸启动和信号传递时间的总和。

3. 确定并排除障碍信号、找出执行信号

1）障碍信号的确定

用 X-D 线图设计气动回路时，很重要的问题是确定障碍信号并排除障碍信号。为了找出障碍信号，就要对画出的 X-D 图进行分析，检查每组中是否存在信号线比其所控制的动作线长的情况。如存在这种情况，说明动作状态要改变，而其控制信号不允许其改变（障碍动作状态的改变），这种障碍其动作状态改变的信号就称为障碍信号。信号线比其所控制的动作线长的那部分线段称为障碍段，即图 16-2 中用"〰〰〰"线表示的线段。在多缸单往复系统中，是一个信号妨碍另一个信号的输入而造成的障碍，称为Ⅰ型障碍。

2）排除障碍段（消障）

为了使各执行元件能按规定的动作顺序正常工作，设计时必须把有障碍信号的障碍段去掉，使其变为无障碍信号，再由它去控制主控阀。在 X-D 线图中，障碍信号表现为控制信号线长于其所控制的动作线，所以常用的排除障碍的办法就是缩短信号线的长度，使其短于此信号所控制的动作线的长度，其实质就是要使障碍段失效或消失。常用的消障方法有如下几种。

（1）脉冲信号法。这种方法的实质，是将所有的障碍信号变为脉冲信号，使其在命令主控阀完全换向后立即消失，这就必然能消除任何Ⅰ型障碍。图 16-2 中，信号 a_1 和 b_0 是两个障碍信号。如果将信号 a_1 和 b_0 都变成脉冲信号，即 $a_1 \rightarrow \Delta a_1$，$b_0 \rightarrow \Delta b_0$，它们就都变成无障碍信号了。这样，信号 a_1 对应的执行信号就是 $a_1^*(B_1)=\Delta a_1$，信号 b_0 对应的执行信号就是 $b_0^*(A_0)=\Delta b_0$，将它们填入 X-D 线图，就成为图 16-2 中所示的形式。

根据发出脉冲信号方式的不同，脉冲信号法又分为机械法和脉冲回路法。

318

机械法就是利用活络挡块或可通过式行程阀发出脉冲信号而进行排障的方法。如图 16-3(a)所示,当活塞杆伸出时,活络挡块使行程阀发出脉冲信号;而当活塞杆缩回时,行程阀不发信号。如图 16-3(b)所示,当活塞杆伸出时,压下单向滚轮式行程阀发出脉冲信号;当活塞杆缩回时,因行程阀头部可弯折,因而没有把阀压下,阀不发出信号。但在采用机械法排障时,不能用行程阀限位,因为不可能把这类行程阀安装在活塞杆行程的末端,而必须保留一段行程以便挡块或凸轮通过行程阀。

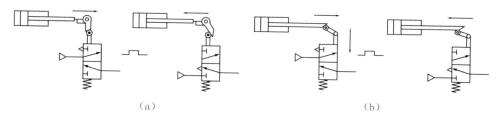

(a)　　　　　　　　　　　　　　(b)

图 16-3　机械法排障

脉冲回路法就是利用脉冲回路或脉冲阀将有障信号变为脉冲信号来进行排障的。图 16-4 所示为脉冲回路原理图。当有障信号 a 发出后,阀 K 立即有信号输出。同时,信号 a 又经气阻、气容延时,当阀 K 控制端的压力上升到切换压力后,输出信号 a 即被切断,从而变为脉冲信号。若将图 16-4 所示的脉冲回路制成一个脉冲阀,就可使回路简化。这时,只要将有障行程阀 a_1 和 b_0 换成脉冲阀就可将回路设计成无障的 $A_1B_1B_0A_0$ 回路了,但这样做成本相对较高。

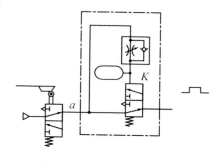

图 16-4　脉冲回路法原理图

(2) 逻辑回路法。即利用逻辑门的性质,将长信号变成短信号,从而排除障碍信号。

① 利用逻辑"与"排障。如图 16-5 所示,为了排除障碍信号 m 中的障碍段,可以引入一个辅助信号(制约信号)x,把 x 和 m 相"与"而得到消障后的无障信号 m^*,即 $m^* = m \cdot x$。制约信号 x 的选用原则是尽量选用系统中某原始信号,这样可不增加气动元件。但以原始信号作为制约信号 x 时,其起点应在障碍信号 m 开始之前,其长短应包括障碍信号 m 的执行段,但不包括它的障碍段。这种逻辑"与"的关系,可以用一个单独的逻辑"与"元件来实现,也可用一个行程阀两个信号的串联或两个行程阀的串联来实现。

② 利用逻辑"非"排障。此法是用原始信号经逻辑非运算得到反相信号来排除障碍。原始信号做逻辑"非"(即制约信号 x)的条件是,其起始点要在有障信号 m 的执行段之后、m 的障碍段之前,其终止点则要在 m 的障碍段之后,如图 16-6 所示。

(3) 辅助阀法。若在 X-D 线图中找不到可用来作为排除障碍的制约信号,可采用增加一个辅助阀的方法来消除障碍。这里的辅助阀就是中间记忆元件,即双稳元件。其方法是:用辅助阀的输出信号作为制约信号,用它和有障碍信号相"与"以排除掉 m 中的障碍段。其消障后执行信号为 $m^* = mK_d^t$,这里 m 为有障碍信号,m^* 为排障后的执行信号,K 为辅助阀输出信号,t 和 d 分别为辅助阀 K 的两个控制信号。

图 16-7(a)所示为辅助阀排除障碍的逻辑原理图,图 16-7(b)所示为其回路原理图。图中,K 为双气控二位三通(亦可用二位五通)阀,当 t 有气时 K 阀有输出,而当 d 有气时 K 阀无输出。显然,t 与 d 不能同时存在,只能一先一后存在,从 X-D 线图上看,t 与 d 二者不能

重合,用逻辑代数式表示,二者要满足 $t \cdot d = 0$ 的制约关系。在用辅助阀(中间记忆元件)排障时,辅助阀的控制信号 t、d 的选择原则是:t 是使 K 阀通的信号,其起点应选在 m 信号起点之前(或同时),其终点应在 m 的无障碍段中;d 是使 K 阀断的信号,其起点应在 m 信号的无障碍段中,其终点应在 t 起点之前。图 16-8 所示为辅助阀控制信号选择的示意图。

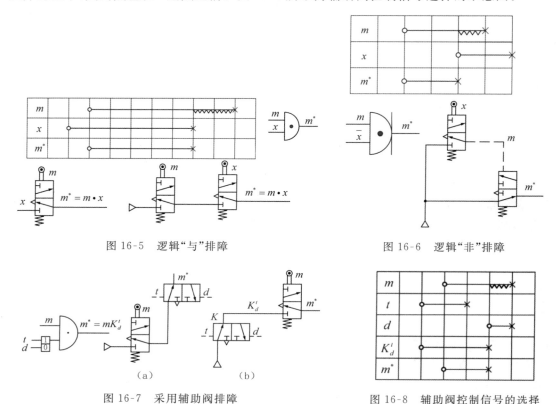

图 16-5　逻辑"与"排障　　　　　　　图 16-6　逻辑"非"排障

图 16-7　采用辅助阀排障　　　　　　图 16-8　辅助阀控制信号的选择

图 16-9 所示为攻螺纹机工作程序 $A_1 B_1 B_0 A_0$ 用辅助阀法排障(消除障碍信号 a_1 和 b_0)的 X-D 线图。

还需指出的是:在 X-D 线图中,若信号线与动作线等长,则此信号可称为瞬时障碍信号,它不加排除也能自动消失,仅使某个行程的开始比预定的程序产生稍微的时间滞后,一般不需要考虑。在图 16-9 中,排除障碍后的执行信号 $a_1^*(B_1)$ 和 $b_0^*(A_0)$ 实际上也属于这种类型。

图 16-9　用辅助阀排障的 X-D 图

4. 绘制逻辑原理图

气控逻辑原理图是根据 X-D 线图的执行信号表达式及考虑手动、启动、复位等所画出的逻辑方框图。画出逻辑原理图后,就可以较快地画出气动回路原理图了,因此它是由 X-D 线图画出气动回路原理图的桥梁。

1) 气动逻辑原理图的基本组成及符号

(1) 逻辑原理图主要是由"是"、"或"、"与"、"非"、"记忆"等逻辑符号表示的。其中任一符号均可理解为逻辑运算符号,不一定总代表某一确定的元件,这是因为逻辑关系在气动回路原理图上可由多种方案表示,例如"与"逻辑可以由一种逻辑元件得到,也可由两个气阀串联而得到。

(2) 执行元件的输出,由主控阀的输出表示,因为主控阀常具有记忆能力,因而可用逻辑记忆符号表示。

(3) 行程发信装置主要是行程阀,也包括外部信号输入装置如启动阀、复位阀等。这些符号加上小方框表示各种原始信号(有时简画不加小方框),而在小方框上方画相应的符号表示各种手动阀,如图 16-10 左侧所示。图 16-10 是根据图 16-9 所示的 X-D 线图绘制的逻辑原理图。

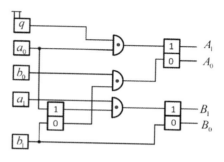

图 16-10　$A_1 B_1 B_0 A_0$ 逻辑原理图

2) 气动逻辑原理图的画法

根据 X-D 线图中执行信号栏的逻辑表达式,使用各种逻辑符号按下列步骤绘制气动逻辑原理图:

(1) 把系统中每个执行元件(两种状态)与主控阀相连后,自上而下一个个地画在图的右侧;

(2) 把行程发信装置(如行程阀)大致对应其所控制的元件,一个个地列于图的左侧;

(3) 在图上要反映出执行信号逻辑表达式体现的逻辑关系,并画出为操作需要而增加的阀(如启动阀)。

5. 绘制气动回路图

由图 16-10 所示的逻辑原理图可知,这一半自动程序需用一个启动阀、四个行程阀和三个双输出记忆元件(二位四通阀)来实现。三个与门可由元件串联来实现,由此可绘出如图 16-11 所示的气动回路图。图中,q 为启动阀,K 为辅助阀(中间记忆元件)。在具体画气动回路原理图时,特别要注意分清哪个行程阀为有源元件(即直接与气源相接),哪个阀为无源元件(即不能与气源相连)。无障碍的原始信号(如图 16-11 中的 a_0、b_1 信号)一般为有源元件信号;而有障碍的原始信号(如图 16-11 中的 a_0、b_1 信号),若用逻辑回路法排障,则为无源元件信号,若用辅助阀排障,则只需使它们与辅助阀、气源串接即可。

16.3　多缸多往复行程程序控制回路设计

多缸多往复行程程序控制回路,是指在同一个动作循环中,至少有一个气缸往复动作两次或两次以上的程序控制回路,其设计步骤与前述多缸单往复行程程序控制回路设计步骤基本一致。本节以一双气缸多往复行程程序控制回路为例说明其设计方法。设有一双气缸多往复行程程序控制回路,其工作程序为:

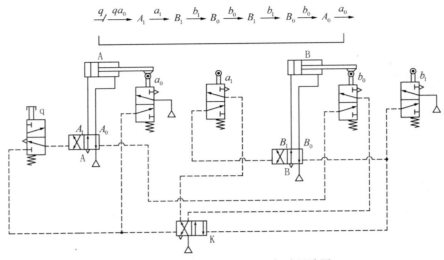

图 16-11　无障碍 $A_1 B_1 B_0 A_0$ 气动回路图

略去箭头及控制信号可简化为 $A_1 B_1 B_0 B_1 B_0 A_0$。

1. 画 X-D 线图

根据 16.2 节中所述的 X-D 线图的绘制方法,把在不同节拍内出现的同一动作线画在 X-D 线图的同一横行内,如 B_1 的动作线都画在第二行内;同时,把控制同一动作的不同信号线也错落地画在动作线的上方,如 $a_1(B_1)$、$b_0(B_1)$ 分别画在控制动作状态线 B_1 的上方。此外,把控制不同动作的同名信号线在相对应的格内补齐,如 $b_0(B_1)$ 要在第二行内补齐,$b_0(A_0)$ 要在第四行补齐。这样,就得到了程序 $A_1 B_1 B_0 B_1 B_0 A_0$ 的 X-D 线图,如图 16-12 所示。

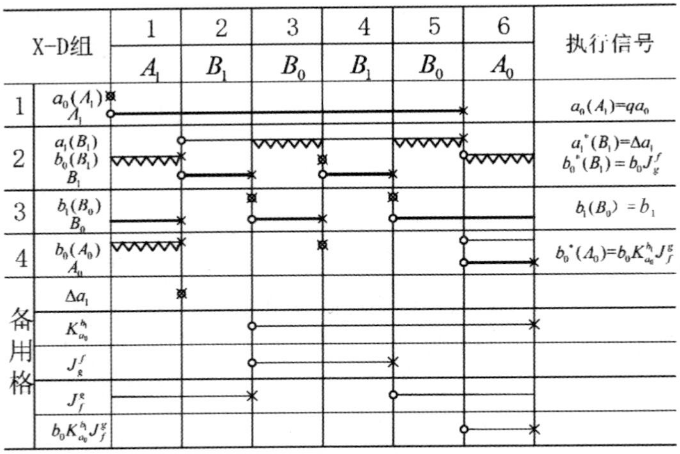

图 16-12　程序 $A_1 B_1 B_0 B_1 B_0 A_0$ 的 X-D 线图

2. 判断和排除障碍

在多缸多往复行程程序控制回路中,除了信号线长于动作线的信号引起的障碍,即 I 型障碍外,还有有信号线而无动作线或信号线重复出现而引起的障碍,称之为 II 型障碍。在图 16-12 中,a_1 信号存在 I 型障碍,b_0 信号既存在 I 型障碍又存在 II 型障碍。因而,在多缸多往复行程程序控制回路的设计中,障碍信号有其本身的特点,排除障碍信号的方法与前述多缸单往复程序程序控制回路也不完全相同。

（1）消除 I 型障碍的方法与 16.2 节中所述的方法相同，例如 a_1 信号障碍的消除方法就是脉冲信号法。

（2）不同节拍的同一动作由不同信号控制。这样，仅需用"或"元件对两个信号进行综合就可解决，例如 $a_1^* + b_0^* \Rightarrow B_1$。

（3）重复出现的信号在不同节拍内控制不同动作，这也是 II 型障碍的实质。消除 II 型障碍的根本方法是，对重复信号给以正确的分配。

由工作程序可知，第一个 b_0 信号应是动作 B_1 的主令信号，而第二个 b_0 信号应是动作 A_0 的主令信号。为了正确分配重复信号 b_0，需要在两个 b_0 信号之前确定两个辅助信号 a_0 和 b_1 信号。a_0 信号是出现在 b_0 信号之前的独立信号，而 b_1 虽然是非独立信号，它却是两个重复信号间的唯一信号，借助这些信号组成分配回路，如图 16-13(a) 所示。图中，与门 r_3 和单输出记忆元件 R_1 是为提取第二个 b_1 信号做制约信号而设置的元件。

信号分配的原则是：a_0 信号首先输入，使双输出记忆元件 R_2 置零，为第一个 b_0 信号提供制约信号，同时也使单输出记忆元件 R_1 置零，使它无输出。当第一个 b_1 输入后，与门 r_3 无输出(R_1 置零)，而当第一个 b_0 信号输入后，与门 r_2 输出执行信号 b_0^* (B_1) 去控制动作 B_1，同时使 R_1 置 1，为第二个 b_1 信号提供制约信号。在第二个 b_1 到来时，与门 r_3 输出使 R_2 置 1，为第二个 b_0 信号提供制约信号；第二个 b_0 输入后，与门 r_1 输出执行信号 b_0^* (A_0) 去控制动作 A_0。至此完成了重复信号 b_0 的分配。图 16-13(b) 为信号 b_0 分配回路图，按此原理也可组成多次重复信号分配原理图，但回路会变得很复杂。因此，可采用辅助机构和辅助行程阀或定时发信装置完成多缸多次重复信号的分配。它们的特点是：在多往复缸行程终点设置多个行程阀或定时发信装置，使每个行程阀只指挥一个动作或根据程序定时给出信号，这样就可排除 II 型障碍。

3. 绘制逻辑原理图

根据动作程序 $A_1 B_1 B_0 B_1 B_0 A_0$、图 16-12 的 X-D 线图和图 16-13 的重复信号 b_0 的分配回路(排除 II 型障碍)，可画出 $A_1 B_1 B_0 B_1 B_0 A_0$ 的逻辑原理图，如图 16-14 所示。

4. 绘制气动控制回路图

根据图 16-14 所示的 $A_1 B_1 B_0 B_1 B_0 A_0$ 程序的逻辑原理图，综合 I 型、II 型障碍的排除方法，就可绘出 $A_1 B_1 B_0 B_1 B_0 A_0$ 的气动控制回路图，如图 16-15 所示。该回路能准确地完成 $A_1 B_1 B_0 B_1 B_0 A_0$ 的动作程序。

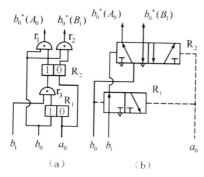

图 16-13　重复信号 b_0 的分配回路

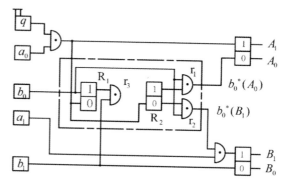

图 16-14　$A_1 B_1 B_0 B_1 B_0 A_0$ 的逻辑原理图

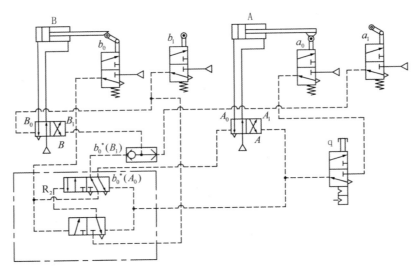

图 16-15 $A_1 B_1 B_0 B_1 B_0 A_0$ 的气动控制回路

16.4 气动系统设计的主要内容及步骤

气动系统设计包括回路设计、元件选择、管道设计等内容。前面已学过的气动元件、辅件、气动基本回路以及行程程序回路的 X-D 线图设计方法等知识,为正确设计一个完整的气动系统打下了基础。

1. 明确工作要求

设计气动系统之前,一定要明确主机对控制的要求,包括以下几个方面:

(1) 运动和操作力要求,如主机的动作顺序、动作时间、运动速度及其可调范围、运动的平稳性、定位精度、操作力以及连锁和自动化程度等;

(2) 工作环境条件,如温度、防尘、防爆、防腐蚀要求及工作场地的空间等情况,必须调查清楚;

(3) 与机、电、液控制相配合的情况及对气动系统的要求。

2. 设计气控回路

(1) 列出气动执行元件的工作程序图。

(2) 画 X-D 线图(或卡诺图),也可直接写出逻辑函数表达式。

(3) 画逻辑原理图。

(4) 画气动控制回路图。

为得到最佳的气动控制回路,设计时可根据逻辑原理图做出几种方案进行比较,如对气控制、电-气控制、逻辑元件等控制方案进行合理的选择。

3. 选择、设计执行元件

选择、设计执行元件包括确定气缸或气马达的类型,气缸的安装形式及气缸的具体结构尺寸(如缸径、活塞杆直径、缸壁厚)和行程长度、密封形式、耗气量等。设计中要优先考虑标准缸的参数。

4. 选择气控元件

（1）确定气控元件类型,根据表 16-1 比较而定。

（2）确定气控元件的通径,一般控制阀的通径可按阀的工作压力与最大流量确定。由表 16-2 初步确定阀的通径,但应使所选的阀通径尽量一致,以便于配管。至于逻辑元件和射流元件,类型选定后,它们的通径也就选定了。通常逻辑元件通径为 $\phi3$,个别为 $\phi1$;射流元件通径为 $\phi(0.5\sim1)$。对于减压阀或定值器,还必须根据压力调整范围确定其规格。

表 16-1　几种气控元件选用比较表

比较项目	控制方式			
	电磁气阀控制	气控气阀控制	气控逻辑元件控制	气控射流元件控制
安全可靠性	较好 (交流的易烧线圈)	较好	较好	一般
恶劣环境适应性 (易燃、易爆、潮湿等)	较差	较好	较好	好 (抗冲击、抗振动)
气源净化要求	一般	一般	一般	高
远距离控制性, 速度传递	好,快	一般,大于 十几毫秒	一般,几毫秒 至十几毫秒	较好,可达 1 ms
控制元件体积	中等	大	较小	小
元件无功耗气量	很小	很小	小	大
元件带负载能力	高	高	较高	有限
价格	稍贵	一般	便宜	便宜

表 16-2　标准控制阀各通径对应的额定流量

公称通径/ mm	$\phi3$	$\phi6$	$\phi8$	$\phi10$	$\phi15$	$\phi20$	$\phi25$	$\phi32$	$\phi40$	$\phi50$
额定流量/ $(10^{-3} m^3 \cdot s^{-1})$	0.1944	0.6944	1.3889	1.9444	2.7778	5.5555	8.3333	13.889	19.444	27.778
额定流量/ $(m^3 \cdot h^{-1})$	0.7	2.5	5	7	10	20	30	50	70	100
额定流量/ $(L \cdot min^{-1})$	11.66	41.67	83.34	116.67	166.68	213.36	500	833.4	1166.7	1666.8

注:额定流量是限制流速在 15~25 m/s 范围内时所测得的阀的流量。

5. 选择辅助元件

1) 分水滤气器

其类型主要根据过滤精度要求而定。对于一般气动回路、截止阀及操纵气缸等,要求过滤精度为 $50\sim75~\mu m$;对于操纵气马达等,有相对运动的情况,取过滤精度小于或等于 25 μm;对于气控硬配滑阀、射流元件、精密检测的气控回路,要求过滤精度不大于 $10~\mu m$。

对分水滤气器的通径,原则上查表 16-2 由流量确定,并且其大小要和减压阀的通径大小相同。

2)油雾器

根据油雾器所产生的油雾颗粒直径大小和流量来选取。当与减压阀、分水滤气器串联使用时,三者通径要一致。

3)消声器

可根据工作场合选用不同形式的消声器。其通径大小根据通过的流量而定,可查有关手册。

4)储气罐

储气罐的理论容积可按第 12 章的经验公式(12-4)～(12-7)计算,具体结构、尺寸可查有关手册。

6. 确定管道直径、计算压力损失

1)确定管道直径

管道直径主要根据流量、流速要求和允许的压力损失来确定,详见第 12 章。通常情况下,考虑与其连接的控制元件通径相一致的原则初步确定管径,并在验算压力损失后选定管径。

2)验算压力损失

为保证执行元件正常工作,压缩空气通过各种控制元件、辅助元件和连接输送管道后到达执行元件的总压力损失 $\sum \Delta p$,必须满足下式:

$$\sum \Delta p = \sum \Delta p_l + \sum \Delta p_\xi \leqslant \left[\sum \Delta p\right] \quad (\mathrm{MPa}) \tag{16-1}$$

式中:$\sum \Delta p_l$ 为沿程压力损失之和(MPa);$\sum \Delta p_\xi$ 为局部压力损失之和(MPa);$\left[\sum \Delta p\right]$ 为允许总压力损失(MPa),可根据供气的具体情况而定,详见第 12 章。

实际验算总压力损失,如系统管道不特别长(一般 $l < 100$ m),管子内表面粗糙度不大,在经济流速的条件下,沿程压力损失 $\sum \Delta p_l$ 很小,可以不单独计入,只是在总压力损失值的安全系数 $K_{\Delta p}$ 中稍予考虑就行了。而局部压力损失 $\sum \Delta p_\xi$ 中包含的流经弯头、截面突然放大、收缩等引起的损失 $\sum \Delta p_{\xi 1}$ 往往又比气流通过气动元件、辅件的压力损失 $\sum \Delta p_{\xi 2}$ 小得多,因此对不做严格计算的系统,式(16-1)可简化为

$$\sum \Delta p = K_{\Delta p} \sum \Delta p_{\xi 2} \leqslant \left[\sum \Delta p\right] \tag{16-2}$$

式中:$\sum \Delta p_{\xi 2}$ 为流经元件、辅件的压力损失之和(MPa),可查表 16-3 后经计算而得;$K_{\Delta p}$ 为压力损失简化修正系数,$K_{\Delta p} = 1.05 \sim 1.3$,对于长管道、截面变化复杂的管道,取大值。

如果验算的总压力损失 $\sum \Delta p > \left[\sum \Delta p\right]$,则必须加大管径或改进管道的布置,以降低总压力损失,直到 $\sum \Delta p < \left[\sum \Delta p\right]$ 为止。这样即得到最后确定的管径。

7. 选择空压机

1)计算空压机的供气量 q_z

空压机的供气量 q_z 可由式(12-1)计算而得。

表 16-3　额定流量下通过气动元辅件的压力损失 Δp_{z2}　　　　（单位：MPa）

元件名称			公称通径/mm									
			φ3	φ6	φ8	φ10	φ15	φ20	φ25	φ32	φ40	φ50
方向阀	换向阀	截止阀	0.025		0.022	0.015		0.01		0.009		
		滑阀	0.025		0.022	0.015		0.01	0.009			
	单向控制阀	单向阀、梭阀、双压阀	0.025	0.022	0.02	0.015	0.012	0.01		0.009		0.008
		快排阀 P→A		0.022	0.02	0.012		0.01		0.009		0.008
	脉冲阀、延时阀		0.025									
流量阀	节流阀		0.025	0.022	0.02	0.015	0.012	0.01		0.009		0.008
	单向节流阀 P→A		0.025					0.02				
	消声节流阀			0.02	0.012	0.01		0.009				
压力阀	单向压力顺序阀		0.025	0.022	0.02	0.015	0.012					
辅件	分水滤气器 过滤精度/μm	25		0.015				0.025				
		75		0.01				0.020				
	油雾器			0.015								
	消声器		0.022	0.02	0.012	0.001		0.009		0.008		0.007

注：其他元辅件可通过试验或按该表各元件的压力损失类比选定。

2）计算空压机的供气压力 p_s

空压机的供气压力按下式计算：

$$p_s = p + \sum \Delta p \quad (\text{MPa})$$

式中：p 为用气设备使用的额定压力（MPa）；$\sum \Delta p$ 为气动系统的总压力损失（MPa）。根据计算出的 q_z 和 p_s，即可选用相应型号的空压机。

16.5　气动系统实例

16.5.1　气动钻床气动系统

全气动钻床是一种利用气动钻削头完成主体运动（主轴的旋转），再由气动滑台实现进给运动的自动钻床。根据需要，机床上还可以安装由摆动气缸驱动的回转工作台。这样，一个工位在加工时，另一个工位则装卸工件，使辅助时间与切削加工时间重合，从而提高生产效率。

这里介绍的气动钻床，是利用气压传动来实现进给运动和送料、夹紧等辅助动作的。它共有三个气缸，即送料缸 A、夹紧缸 B、钻削缸 C。

1. 工作程序图

该气动钻床要求的动作顺序为

启动 → 送料 → 夹紧 →〔送料后退 / 钻　孔〕→ 钻头退 → 松开 →

用工作程序图表示为

$$\underrightarrow{q/qb_0} \; A_1 \; \xrightarrow{a_1} \; B_1 \; \xrightarrow{b_1} \; \begin{matrix} A_0 \\ C_1 \end{matrix} \; \Big] \; \xrightarrow[c_1]{c_1 a_0} \; C_0 \; \xrightarrow{c_0} \; B_0 \; \xrightarrow{b_0}$$

由于送料缸后退(A_0)与钻削缸前进(C_1)同时进行,考虑到 A_0 动作对下一个程序执行没有影响,因而可不设连锁信号,即省去一个发信元件 a_0。这样可克服因 C_1 动作先完成,A_0 动作尚未结束时,C_1 等待而造成钻头与孔壁相互摩擦,降低钻头寿命的缺点。在工作时只要 C_1 动作完成,即发信号执行下一个动作,而此时若 A_0 动作尚未结束,但由于控制 A_0 动作的主控阀具有记忆功能,A_0 动作仍可继续直至完成。

该工作程序可简写为

$$A_1 B_1 \begin{Bmatrix} A_0 \\ C_1 \end{Bmatrix} C_0 B_0$$

2. X-D 线图

按上述工作程序可绘出如图 16-16 所示的 X-D 线图。由图可知,其中有两个障碍信号 $b_1(C_1)$ 和 $c_0(B_0)$,分别用逻辑线路法和辅助阀法来消障,消障后的执行信号表达式为 $b_1^*(C_1)$ $=b_1 a_1$ 和 $c_0^*(B_0)=c_0 K_{b_0}^{c_1}$。

3. 逻辑原理图

根据图 16-16 所示的 X-D 图,可绘出如图 16-17 所示的逻辑原理图。图中,右侧列出了三个气缸的六个状态,中间部分用了三个与门元件和一个记忆元件(辅助阀);左侧列出了由行程阀、启动阀发出的原始信号。

4. 气动系统原理图

根据图 16-17 所示的逻辑原理图,即可绘出气动钻床的气动系统图,如图 16-18 所示。从图 16-16 所示的 X-D 线图中可以看出,a_1、b_0、c_1 均为无障碍信号,因而 a_1、a_0、c_0 都是有源元件,在气动回路中直接与气源相连;而 b_1、c_0 为有障碍的原始信号,按照其消障后的执行信号表达式 $b_1^*(C_1)=b_1 a_1$ 和 $c_0^*(B_0)=c_0 K_{b_0}^{c_1}$ 可知,b_1 为无源元件,应通过 a_1 与气源相连;原始信号 c_0 只需要与辅助阀(单记忆元件)、气源串接即可。另外,在设计中省略了 a_0 信号,即 A 缸活塞杆缩回(A_0)结束时元件 a_0 不发信号。

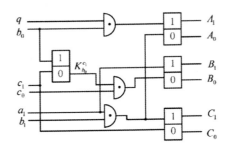

图 16-16 气动钻床的 X-D 图   图 16-17 气动钻床的逻辑原理图

按下启动按钮 q 后,该气动系统就能自动完成 $A_1 B_1 \begin{Bmatrix} A_0 \\ C_1 \end{Bmatrix} C_0 B_0$ 的工作循环。要使钻床停止工作,只需断开启动阀 q,钻床在完成工作循环中的最后一个动作 B_0 后就停止工作。

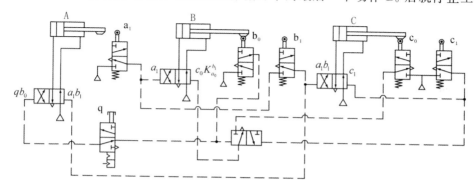

图 16-18　气动钻床的气动系统图

16.5.2　工件夹紧气动系统

　　图 16-19 所示为机械加工自动线、组合机床中常用的工件夹紧气压系统图。其工作原理是:当工件运行到指定位置时,气缸 A 的活塞杆伸出,将工件定位锁紧后,两侧的气缸 B 和 C 的活塞杆同时伸出,从两侧面夹紧工件,而后进行机械加工。该气动系统的动作过程如下:当用脚踏下脚踏换向阀 1(在自动线中也常采用其他形式的换向方式)后,压缩空气经单向节流阀进入气缸 A 的无杆腔,夹紧头下降至锁紧位置,使机动行程阀 2 换向,压缩空气经单向节流阀 5 进入中继阀 6 的右侧,使阀 6 换向;压缩空气经阀 6 通过主控阀 4 的左位进入气缸 B 和 C 的无杆腔,使两气缸活塞杆同时伸出,夹紧工件。与此同时,压缩空气的一部分经单向节流阀 3 调定延时后使主控阀 4 换向到右位,则两气缸 B 和 C 返回。在

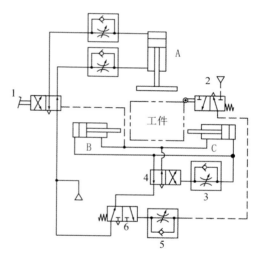

图 16-19　工件夹紧气动系统图
1—脚踏换向阀;2—机动行程阀;
3、5—单向节流阀;4—主控阀;
6—中继阀;A、B、C—气缸

两气缸返回的过程中,有杆腔的压缩空气使脚踏阀 1 复位,则气缸 A 返回。此时,由于行程阀 2 复位(右位),所以中继阀 6 也复位,则气缸 B 和 C 的无杆腔通大气,主控阀 4 自动复位,由此完成缸 A 活塞杆伸出压下(A_1)→夹紧缸 B、C 活塞杆伸出夹紧(B_1、C_1)→夹紧缸 B、C 活塞杆返回(B_0、C_0)→缸 A 活塞杆返回(A_0)的动作循环。

16.5.3　气液动力滑台气动系统

　　如图 16-20 所示,该气液动力滑台用气液阻尼缸作为执行元件,在机床设备中用来实现进给运动。它可完成以下两种工作循环。

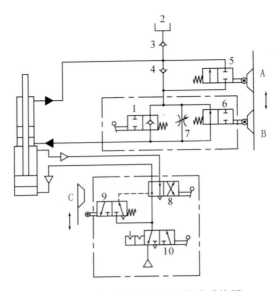

图 16-20　气液动力滑台的气动系统图

1、8、10—手动阀；2—补油箱；3、4—单向阀；5、6、9—行程阀；7—节流阀；A、B、C—挡铁

1. 快进→慢进(工进)→快退→停止

当手动阀 1 处于图示状态时，就可实现快进→慢进（工进）→快退→停止的动作循环。其动作原理为：当手动阀 8 切换到右位时，实际上就是给予进刀信号，在气压作用下气缸活塞开始向下运动，液压缸下腔的油液经行程阀 6 的左位和单向阀 4 进入液压缸活塞的上腔，实现快进。当快进到活塞杆上的挡铁 B 切换行程阀 6（使它处于右位）后，油液只能经节流阀 7 进入液压缸上腔，调节节流阀的开度，即可调节气液阻尼缸的运动速度，所以活塞开始慢进（工进）。当慢进到挡铁 C 使行程阀 9 切换到左位时，输出气信号使阀 8 切换到左位，这时气缸活塞开始向上运动，液压缸上腔的油液经阀 5 的左位和手动阀 1 中的单向阀进入液压缸的下腔，实现快退。当快退到挡铁 A 切换阀 5 而使油液通道被切断时，活塞便停止运动，改变挡铁 A 的位置，就可以改变"停"的位置。

2. 快进→慢进→慢退→快退→停止

关闭手动阀 1（使它处于左位）时，就可实现快进→慢进→慢退→快退→停止的双向进给程序。其动作循环中的快进→慢进动作原理与上述相同。当慢进至挡铁 C 切换行程阀 9 至左位时，输出气信号使阀 8 切换到左位，气缸活塞开始向上运动，这时液压缸上腔的油液经行程阀 5 的左位和节流阀 7 进入活塞下腔，实现慢退（反向进给）。慢退到挡铁 B 离开阀 6 的顶杆而使其复位（左位工作）后，液压缸上腔的油液就经阀 6 左位而进入活塞下腔，实现快退。快退到挡铁 A 切换阀 5 而使油液通路被切断时，活塞就停止运动。

图 16-20 中，带定位机构的手动阀 10、行程阀 9 和手动阀 8 组合成一个组合阀；阀 1、6 和 7 为另一个组合阀；补油箱 2 用以补偿系统中的漏油，一般可用油杯来代替。

16.5.4　射芯机气动系统

前面举了三个气动系统实例，都是全气（或气-液）动程序控制系统。目前，由电气元件和气动元件组成的电-气混合控制系统，在生产过程自动化领域中应用相当广泛，其位置检测元件用电行程开关,控制执行元件的主控阀用电控换向阀。下面给出一实例。

射芯机是铸造生产中广泛采用的一种制造砂芯的机器,它有许多种类型。这里介绍的是国产 2ZZ8625 型两工位全自动热芯盒射芯机主机部分(射芯工位)的气动系统。该机由一台热芯盒射芯机(主机)和两台取芯机(辅机)组合而成,有射芯和取芯两个工位。射芯工位的动作程序是:工作台上升→芯盒夹紧→射砂→排气→工作台下降→打开加砂闸门→加砂→关闭加砂闸门。芯盒进出主机是借助于工作台小车在射芯机和取芯机之间的往复运动来完成的。

全机采用电磁-气控系统,可以实现自动、半自动和手动三种工作方式。射芯机(主机)部分的气动工作原理图如图 16-21 所示。

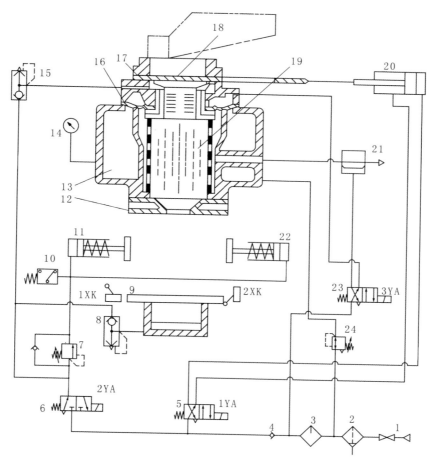

图 16-21 2ZZ8625 型射芯机主机部分气动系统原理图

1—总阀;2—分水滤气器;3—油雾器;4—单向阀;5、6、23—电磁换向阀;7—顺序阀;8、15—快速排气阀;9—顶升缸;
10—压力继电器;11、22—夹紧缸;12—射砂头;13—储气包;14—压力表;16—射砂阀;17—闸门密封圈;18—加砂闸门;
19—射砂筒;20—闸门气缸;21—排气阀;24—调压阀
1YA、2YA、3YA—电磁铁;1XK、2XK—行程开关

射芯机在原始状态时,加砂闸门 18 和环形薄膜射砂阀 16 关闭,射砂筒 19 内装满芯砂。按照射芯机的动作程序,现将其气动系统的工作过程分四个步骤叙述如下。

(1) 工作台上升和芯盒夹紧。空芯盒随同工作台被小车送到顶升缸 9 的上方,并压合行程开关 1XK,使电磁铁 2YA 通电,电磁换向阀 6 换向。经阀 6 出来的气流分为三路:第一路经快速排气阀 15 进入闸门密封圈 17 的下腔,用以提高密封圈的密封性能;第二路经快速排气阀 8 进入顶升缸 9,升起工作台,使芯盒压紧在射砂头 12 的下面,将芯盒垂直夹紧;当缸 9 中的活塞上升到顶点后,管路中的气压升高,达到 0.5 MPa 时,单向顺序阀 7 开启,使第三路气流进入夹紧缸 11 和 22,将芯盒水平夹紧。

(2)射砂。当夹紧缸 11 和 22 内的气压力大于 0.5 MPa 时,压力继电器 10 压合,电磁铁 3YA 通电,使换向阀 23 换向,排气阀 21 关闭,同时使环形薄膜射砂阀 16 的上腔排气。此时,储气包 13 中的压缩空气将顶起射砂阀 16 的薄膜,使储气包内的压缩空气快速进入射砂筒进行射砂。射砂时间的长短由时间继电器控制。射砂结束后,3YA 断电,换向阀 23 复位,使射砂阀 16 关闭,排气阀 21 敞开,排除射砂筒内的余气。

(3)工作台下降。射砂筒排气后,2YA 断电,换向阀 6 复位,使顶升缸 9 下降;夹紧缸 11 和射砂头 12 同时退回原位,并使闸门密封圈 17 下腔排气。当顶升缸下降到最低位置后,射好砂芯的芯盒由工作台小车带动与工作台一起被送到取芯机,去完成硬化与起模工序。

表 16-4　2ZZ8625 型射芯机的动作程序表

序号	动作名称	发信元件	电磁铁			动作时间/s													
			1YA	2YA	3YA	1	2	3	4	5	6	7	8	9	10	11	12	13	14
1	工作台上升	1XK		+		—	—												
2	芯盒夹紧	单向顺序阀		+				—											
3	射砂	压力继电器		+	+														
4	排气	时间继电器		+	—							—							
5	工作台下降	时间继电器		—									—	—					
6	加砂	2XK	+												—	—	—	—	—
7	停止加砂	时间继电器	—																—

(4)加砂。当工作台下降到终点压合行程开关 2XK 时,1YA 通电,换向阀 5 换向,使加砂闸门 18 打开,砂斗向射砂筒 19 内加砂,加砂的时间长短由时间继电器控制。到达预定时间时,电磁铁 1YA 断电,换向阀 5 复位,使加砂停止。

至此,射芯机完成一个工作循环。射芯机动作程序及循环时间参见表 16-4。

该系统由快速排气回路、顺序控制回路、电磁换向回路和调压回路等基本回路所组成。由于采用电磁-气控技术,此系统具有自动化程度高、实现了动作连锁、安全和系统简单等优点。

练 习 题

16-1　试分析图 16-22 所示的槽形弯板机的气压传动系统,其动作程序为

$$A_1\left\{\begin{matrix}B_1\\C_1\end{matrix}\right\}\left\{\begin{matrix}D_1\\E_1\end{matrix}\right\}A_0\left\{\begin{matrix}B_0\,D_0\\C_0\,E_0\end{matrix}\right\}$$

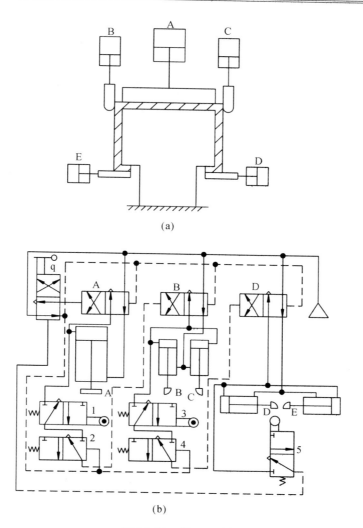

(a)

(b)

图 16-22　题 16-1 图

附录 | 液压气动图形符号

（摘自 GB/T 786.1—2009）

附表 1　基本符号、管路及连接图形符号

名　称	符　号	名　称	符　号
工作管路		管端连接于油箱底部	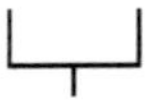
控制管路		密闭式油箱	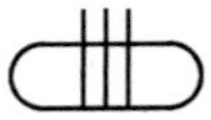
连接管路	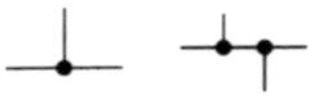	直接排气	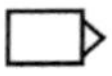
交叉管路		带连接排气	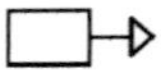
软管总成		带单向阀的快换接头	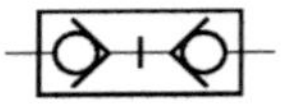
组合元件框线		不带单向阀的快换接头	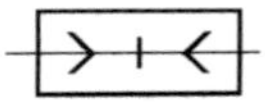
管口在液面以上油箱	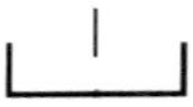	单通路旋转接头	
管口在液面以下油箱	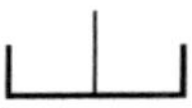	三通路旋转接头	

附表 2　控制机构和控制方法

名　称	符　号	名　称	符　号
按钮式人力控制	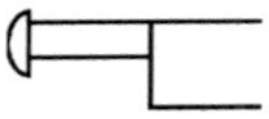	单向滚轮式机械控制	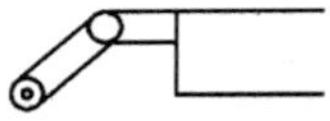

名　称	符　号	名　称	符　号
手柄式人力控制		单作用电磁控制	
踏板式人力控制		双作用电磁控制	
顶杆式机械控制		电动机旋转控制	
弹簧控制		加压或泄压控制	
滚轮式机械控制		内部压力控制	
外部压力控制		电-液先导控制	
气压先导控制		电-气先导控制	
液压先导控制		液压先导泄压控制	
液压二级先导控制		电反馈控制	
气-液先导控制		差动控制	

附表 3　泵、马达和缸

名　称	符　号	名　称	符　号
变量液压泵		单作用的半摆动气缸或摆动气马达	

续表

名　称	符　号	名　称	符　号
双向流动,带外泄油路的单向变量泵	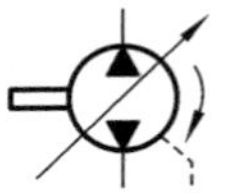	气马达	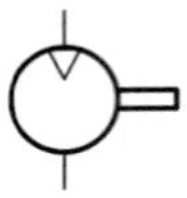
双向流动,带外泄油路的双向变量液压泵或马达	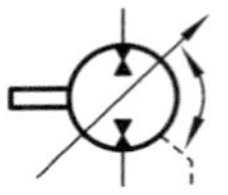	空气压缩机	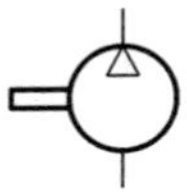
单向旋转的定量泵或马达	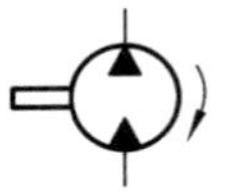	变方向定流量双向摆动气马达	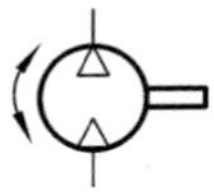
摆动气缸或摆动气马达	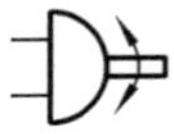	真空泵	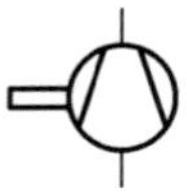
单作用弹簧复位缸		单作用伸缩缸	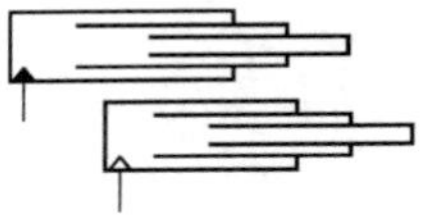
双作用单活塞缸	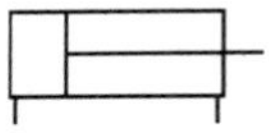	双作用双活塞缸	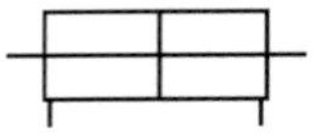
单向缓冲缸	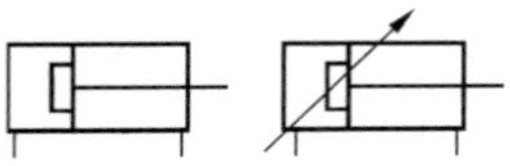	双作用伸缩缸	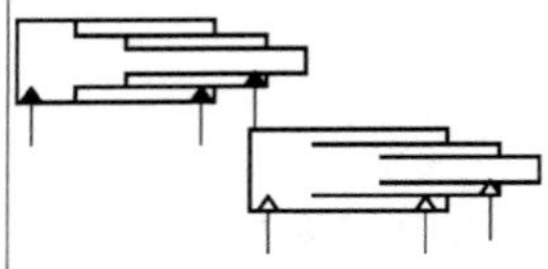
双向缓冲缸	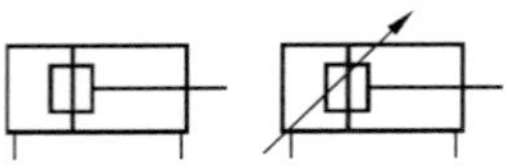	增压缸	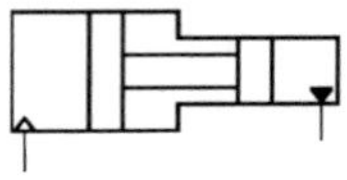

附表4　控制元件

名　称	符　号	名　称	符　号
直动式溢流阀	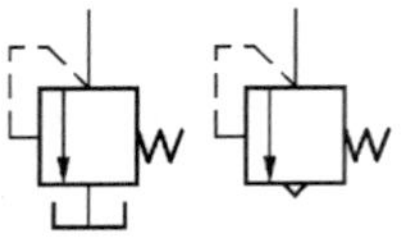	溢流减压阀	

名　　称	符　　号	名　　称	符　　号
先导式溢流阀	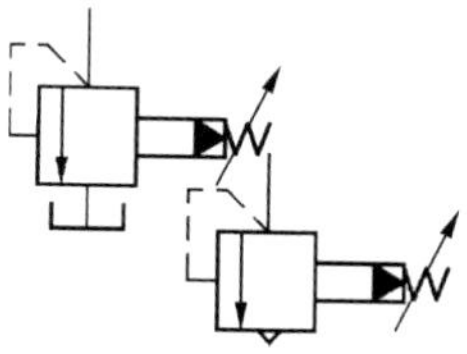	先导式比例电磁溢流阀	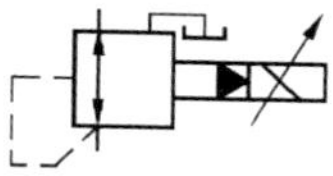
先导式比例电磁溢流阀	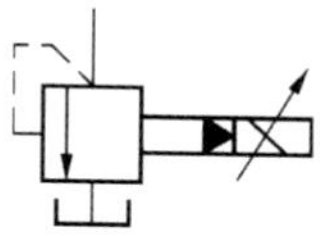	定比减压阀	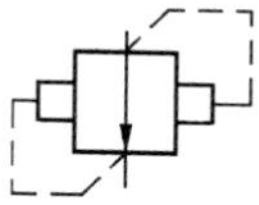
卸荷溢流阀	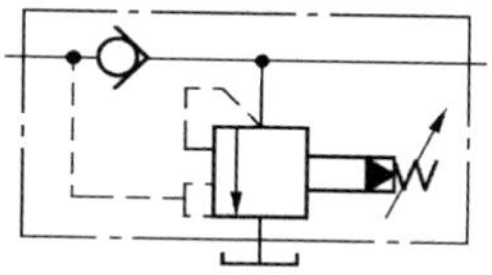	定差减压阀	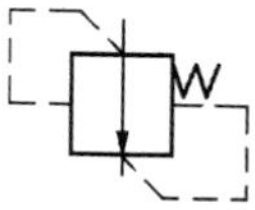
双向溢流阀	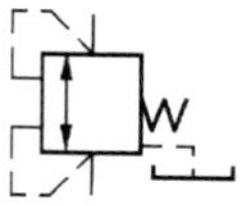	直动式顺序阀	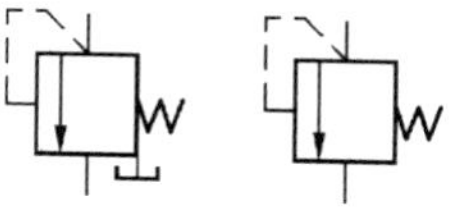
直动式减压阀	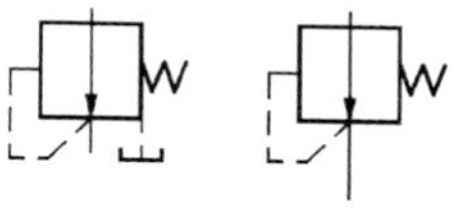	先导式顺序阀	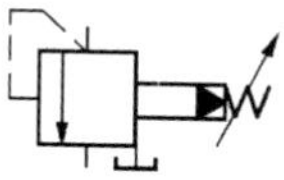
先导式减压阀	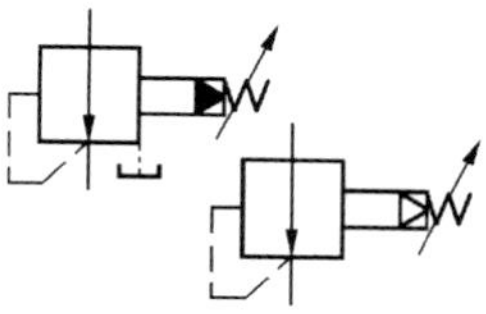	单向顺序阀(平衡阀)	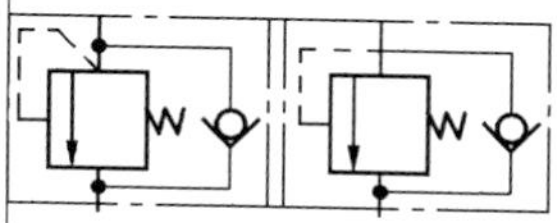
直动式卸荷阀	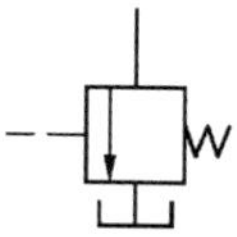	集流阀	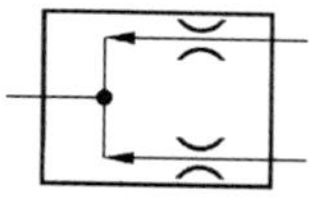
制动阀	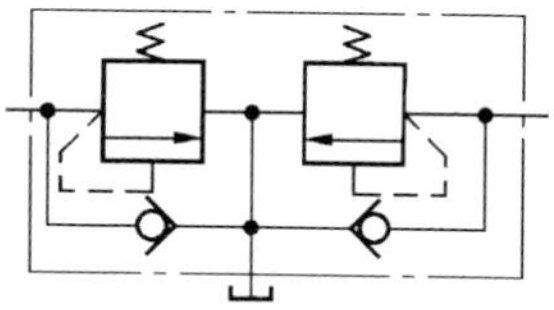	分流集流阀	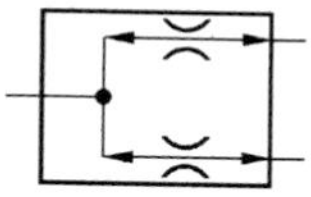
不可调节流阀		单向阀	

续表

名　称	符　号	名　称	符　号
可调节流阀	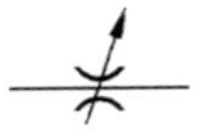	液控单向阀	
可调单向节流阀	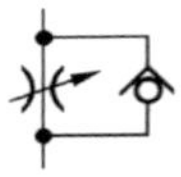	液压锁	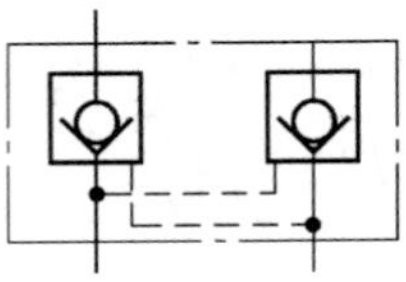
减速阀	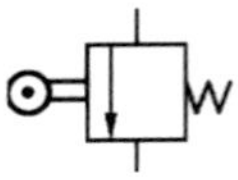	或门型梭阀	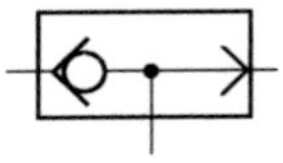
带消声器的节流阀	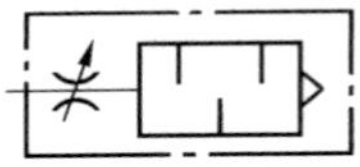	与门型梭阀	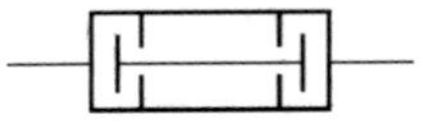
调速阀	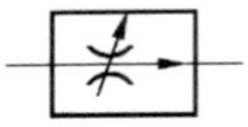	快速换气阀	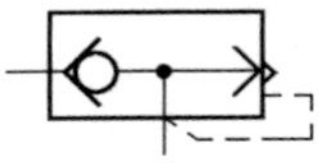
温度补偿调速器	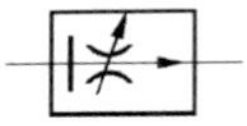	二位二通换向阀	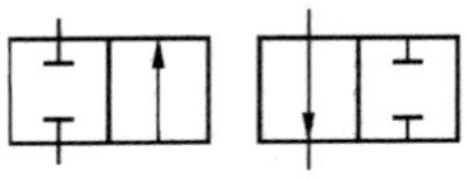
旁通式调速阀	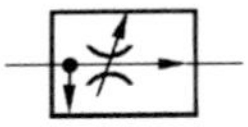	二位三通换向阀	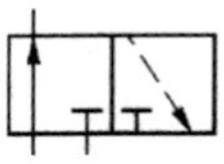
单向调速阀	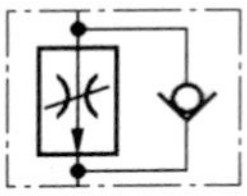	二位四通换向阀	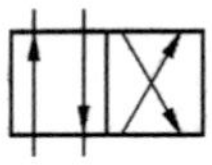
分流阀	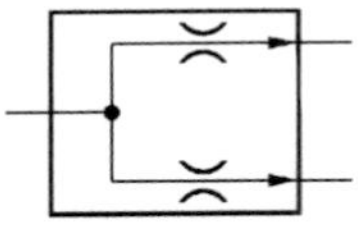	二位五通换向阀	
三位四通换向阀	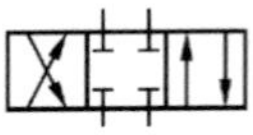	四通电液伺服器	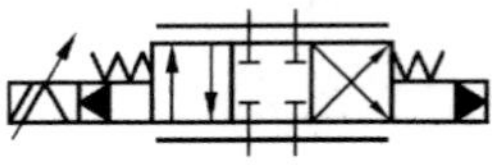
三位五通换向阀			

附表 5　辅助元件

名　称	符　号	名　称	符　号
过滤器	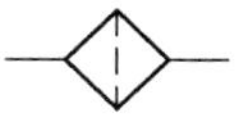	储气罐	
磁芯过滤器	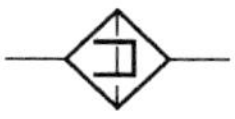	压力计	
污染指示过滤器	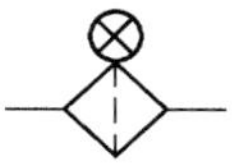	液面计	
流体分离器	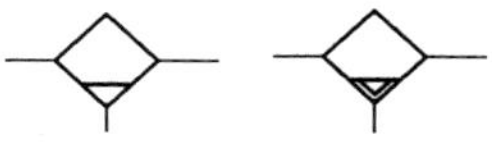	温度计	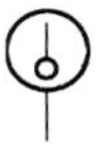
空气过滤器	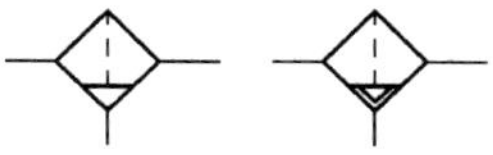	流量计	
除油器		压力继电器	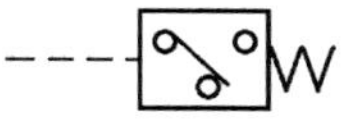
空气干燥器	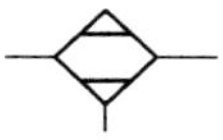	消声器	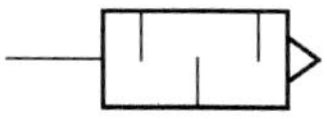
油雾器	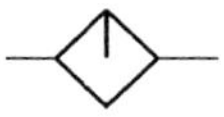	液压源	
气源调节装置	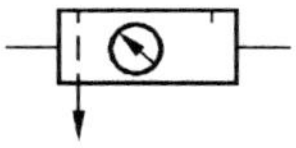	气压源	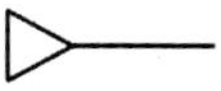
冷却器	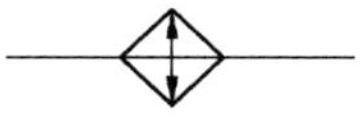	电动机	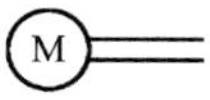
加热器	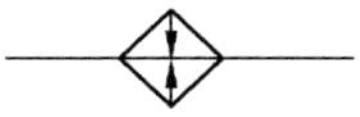	原动机	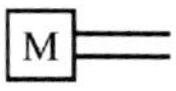
蓄能器		气-液转换器	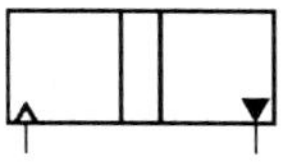

参 考 文 献

[1] 杨曙东,何存兴.液压传动与气压传动[M].3版.武汉:华中科技大学出版社,2008.

[2] 王春行.液压控制系统[M].北京:机械工业出版社,2011.

[3] 何存兴.液压元件[M].北京:机械工业出版社,1982.

[4] 曾祥荣,叶文炳,吴沛容.液压传动[M].北京:国防工业出版社,1980.

[5] 王春行.液压伺服控制系统[M].北京:机械工业出版社,1981.

[6] 苏尔皇.液压流体力学[M].北京:国防工业出版社,1979.

[7] 盛敬超.工程流体力学[M].北京:机械工业出版社,1988.

[8] 官忠范.液压传动系统[M].北京:机械工业出版社,1981.

[9] 蔡文彦,詹永麒.液压传动系统[M].上海:上海交通大学出版社,1990.

[10] 薛祖德.液压传动[M].北京:中央广播电视大学出版社,1995.

[11] 郑洪生.气压传动及控制[M].北京:机械工业出版社,2002.

[12] 李天贵.气压传动[M].北京:国防工业出版社,1985.

[13] 陈汉超,盛永才.气压传动与控制[M].北京:北京工业学院出版社,1987.

[14] 李壮云.液压元件与系统[M].北京:机械工业出版社,2011.

[15] 刘延俊.液压与气压传动[M].3版.北京:机械工业出版社,2012.

[16] 明仁雄,万会雄.液压与气压传动[M].北京:国防工业出版社,2003.

[17] 冀宏.液压气压传动与控制[M].武汉:华中科技大学出版社,2009.

[18] 宋锦春,苏东海,张志伟.液压与气压传动[M].北京:科学出版社,2006.

[19] 易孟林,曹树平,刘银水.电液控制技术[M].武汉:华中科技大学出版社,2010.

[20] 刘银水,许福玲.液压与气压传动[M].4版.北京:机械工业出版社,2017.